既有建筑供能系统节能分析与优化技术

赵　军　马洪亭　李德英　主编
许文发　主审

中国建筑工业出版社

图书在版编目(CIP)数据

既有建筑供能系统节能分析与优化技术/赵军等主编.—北京：中国建筑工业出版社，2010.12

ISBN 978-7-112-12656-9

Ⅰ.①既… Ⅱ.①赵… Ⅲ.①建筑物-节能-研究 Ⅳ.①TU111.4

中国版本图书馆CIP数据核字(2010)第226924号

本书基于“十一五”国家科技支撑计划重大项目“既有建筑综合改造关键技术研究与示范”课题之一：“既有建筑供能系统升级改造关键技术研究”研究内容，针对不同地域、不同建筑类型、不同供能系统特点等阐述对既有建筑供能系统升级改造技术研究。

书中首先对既有建筑供能系统的特点、统计与评价作了简要介绍；然后详细给出了我国严寒、寒冷地区、过渡地区以及炎热地区既有建筑功能系统节能设计的关键技术；结合工程实例，对既有建筑能量梯级利用的相关技术进行了研究；最后，详细阐述了既有建筑电力系统升级改造的关键技术。

本书理论与实践相结合，对于我国既有建筑节能改造工作具有很好的参考价值。适用于暖通空调、建筑节能等相关专业研究人员、工程技术人员，建筑运行、维护管理工程技术人员。高等学校相关专业师生。

* * *

责任编辑：张文胜 姚荣华

责任设计：张 虹

责任校对：马 赛 关 健

既有建筑供能系统节能分析与优化技术

赵 军 马洪亭 李德英 主编

许文发 主审

*

中国建筑工业出版社出版、发行(北京西郊百万庄)

各地新华书店、建筑书店经销

北京天成排版公司制版

北京蓝海印刷有限公司印刷

*

开本：787×1092毫米 1/16 印张：21¼ 字数：536千字

2011年1月第一版 2011年1月第一次印刷

定价：**48.00**元

ISBN 978-7-112-12656-9

(19910)

本 书 编 委 会

主　　编　赵　军　马洪亭　李德英

副 主 编　刘金平　张秀平　袁东立　贾宏杰　刘　立　齐承英

主　　审　许文发

参编人员　天津大学机械学院：杨宾　葛明慧　颜爱斌　崔倚琳　项敬岩
华南理工大学：刘雪峰
合肥通用研究院：王磊　贾磊
中国建筑科学研究院：狄彦强　刘寿松　杨裔　陈彩霞
天津大学自动化学院：曾沅　穆云飞　刘哲　苗伟威
北京科技大学：马飞　曲世琳
北京建筑工程学院：孙方田　张群力　刘珊　刘玲玲
河北工业大学：孙春华　夏国强　胡建军　黄斌　周丹
硕人时代科技有限公司：史登峰　戴斌文　李琳　单毅

前　言

近年来随着我国城市化进程的加快，带动了我国建筑业的快速发展。目前，全国既有建筑面积共436.5亿m^2，其中城镇既有建筑保有量约140亿m^2，公共建筑约60亿m^2。但随着建筑规模的增大，也带来了建筑能耗的迅猛增长，目前建筑能耗已接近全国总能耗的27.8%，并呈现持续增长趋势。约有30%～50%的建筑物出现安全性降低或进入使用功能退化期，大量既有建筑为非节能建筑，亟待进行节能改造。

本书基于“十一五”国家科技支撑计划重大项目“既有建筑综合改造关键技术研究与示范”课题之一：“既有建筑供能系统升级改造关键技术研究”研究内容，针对不同地域、不同建筑类型、不同供能系统特点等阐述对既有建筑供能系统升级改造技术研究。

本书主编单位为天津大学机械工程学院，参编单位包括中国建筑科学研究院、天津大学电气与自动化工程学院、北京科技大学、北京建筑工程学院、河北工业大学、合肥通用机械研究院、华南理工大学、北京硕人时代科技有限公司。

在项目研究及本书编写过程中，得到了多家单位和专家的大力支持，汇集了项目组成员的智慧与心血，在此对他们的辛勤工作表示衷心的感谢。

建筑节能改造是一个长期不断发展的过程，还有很多我们“看不清”的问题。本书作为一个初步研究，有待继续深入。同时，由于时间仓促，书中难免有疏漏和不足之处，敬请读者批评指正。

目　录

第 1 章　能源与建筑供能系统

1.1　概述

1.1.1　能源与建筑节能

1. 能源现状

能源是人类生存和发展的重要物质基础，也是当今国际政治、经济、军事、外交关注的焦点。中国经济社会持续快速发展，离不开有力的能源保障。

人类的能源利用经历了从薪柴时代到煤炭时代，再到油气时代的演变，在能源利用总量不断增长的同时，能源结构也在不断变化。每一次能源时代的变迁，都伴随着生产力的巨大飞跃，极大地推动了人类经济社会的发展。同时，随着人类使用能源特别是化石能源的数量越来越多，能源对人类经济社会发展的制约和对资源环境的影响也越来越明显。

20 世纪 50 年代以来，中国能源工业从小到大，不断发展。特别是改革开放以后，能源供给能力不断增强，促进了经济持续快速发展。但在经济发展过程中，能源供给不足的矛盾十分突出。往往只要固定资产投资规模扩大、经济发展加速，煤电油运就会出现紧张，成为制约经济社会发展的瓶颈。到 20 世纪 90 年代末，随着能源市场化改革不断推进、能源工业进一步对外开放和能源投入增加，煤炭、电力产能大幅度提高，油气进口增多，能源对经济社会发展的制约得到很大缓解。进入 21 世纪以来，能源供求形势又发生了新的变化，工业化和城市化步伐加快，一些高耗能行业发展过快，能源需求出现了前所未有的高增长态势，能源对经济社会发展的制约又开始加大。中国是一个人口众多的发展中国家，达到较高水平的现代化社会还要走相当长的路。随着经济社会持续发展和人民生活水平不断提高，能源需求还会继续增长，供需矛盾和资源环境制约将长期存在。

能源需求继续增加，可持续发展面临挑战。随着中国经济持续快速发展，工业化、城镇化进程加快，居民消费结构升级换代，能源需求不断增长，今后一段时期，能源消费弹性系数难以大幅降低。同时，油气需求的增长将快于煤炭需求的增长，而国内资源受到自然条件限制难以较快增加，能源尤其是油气供求矛盾进一步显现。因此，我国只有从现在起就加大节能力度，加快产业结构调整步伐，合理引导消费行为，才有可能在未来逐步实现能源需求增长率的降低，实现化石能源需求的低增长直至零增长。

2. 建筑节能

有关研究表明，全球的能源消耗中，45％用于满足建筑物的采暖、制冷和照明等要求，5％用于建筑物的建造过程。

建筑物用能包括采暖、制冷空调和通风、照明、热水供应、电梯、办公和家用电器等方面的能源消费。工业化国家建筑物用能占能源消费总量的30%以上。我国正处在建筑业高速发展的阶段，每年新建成的建筑面积达20亿m^2左右，是世界上最大的建筑市场，用于建筑物的能源消费逐渐上升。推进建筑节能，政府办公用房、公共建筑设施应当先行，并引导居民住房和商业用房节能。积极推广建筑物节能技术，可以采用高效隔热材料、低散热玻璃、高效供热和空调系统、太阳能热水、水(地)源和空气源热泵、节能照明、楼宇智能化等技术，可显著降低建筑物用能需求，使新建建筑物节能50%～65%，超低能耗建筑物节能可达90%，未来还有可能实现新建建筑的低碳乃至零碳排放；可以对集中供热系统进行综合技术改造，改善末端和管网系统调节，提高热源效率，使集中供热系统效率由目前的不到55%提高到85%左右；强化建筑节能标准，提高节能建筑设计水平，采用节能建筑材料和设备，使建筑物能源系统的运行效率不断改善。这样，可以在改善人民居住和生活条件的同时，有效地减缓建筑物能源需求的增长速度。因此，对建筑用各种能量供应系统进行节能分析与优化的研究，有着重大的意义。

建筑节能应处理好围护结构节能与建筑设备节能、单体设备节能与系统节能、建筑节能与室内环境品质(IEQ)以及节能与节电的关系。同时，应建立科学、合理和简单的建筑节能评价体系。建筑设计方案是否满足节能设计要求在很大程度上取决于其全寿命周期内能否达到建筑节能的目的，通过设计降低建筑的能耗，可减少全球的能耗，有利于保持整个生态系统的稳定。节能建筑的设计与评价密不可分，节能评价是实现建筑节能设计的必要手段，节能建筑的设计要求建筑设计人员在设计阶段对所设计的建筑进行建筑能耗分析，以评价建筑方案是否节能。

1.1.2 建筑供能系统

建筑供能系统，即为建筑物提供其各种所需能量的系统。目前，我国既有建筑供能系统主要包括集中供热系统、供冷系统、热水供应系统、空调系统、供配电系统、建筑照明系统和建筑智能化系统。

集中供热系统要向许多不同的热用户供给热能，它是由热源、热网和热用户3部分组成的；一个完整的热水供应系统由加热设备、热媒管道、热水输配与循环管道、配水龙头或用水设备、热水箱及水泵等组成，主要采用闭式系统和开式系统两种形式；建筑物的空调采暖系统一般由冷热源(制冷机、冷却塔、锅炉等)、输配系统(水泵、空调箱风机、管道)和末端空调设备(表冷器、风机盘管等)组成；建筑供配电系统的作用，就是要在数量和质量上满足各种用电设备在正常和事故状况下的不同用电要求，保证供电的安全和可靠；在我国，照明用电量大约占总发电量的10%左右，并且主要以低效照明为主，照明终端节能具有很大的潜力，同时照明用电大都属于高峰用电，照明节能具有节约能源和缓解高峰用电的双重作用；建筑智能化系统，一般是由智能建筑中的建筑设备监控管理系统(BAS)、办公自动化系统(OAS)和通信网络系统(CAS)3部分构成。以上几种供能系统共同组成了我国目前既有建筑供能系统，而建筑节能的分析与优化技术的研究就应从上述几个方面入手。

然而，由于地域特点的不同，对我国既有建筑供能系统节能分析与优化的研究过程中，可按地域的不同，将其划分为北方地区、过渡地区和南方地区建筑供能系统3类。本书将按照这 3 类系统分别探讨我国既有建筑供能系统的节能评价与优化技术。

1.1.3 建筑供能系统节能在当前形势下的作用

1. 当前气候变化与低碳技术研究

当今世界，气候变化问题已成为全人类共同面对的挑战。最近 30 多年，从斯德哥尔摩到里约热内卢，从京都到巴厘岛，再到哥本哈根，国际社会召开了一系列重要会议，在保护全球环境、应对气候变化问题上达成了广泛共识，采取了一系列有效行动。但是也要注意到，哥本哈根会议没有完成巴厘路线图的谈判，各方面对一些重大问题的认识仍难以取得一致，相互之间存在误解，甚至影响到彼此的信任。

2007 年 9 月，中国国家主席胡锦涛在亚太经合组织（APEC）第 15 次领导人会议上，明确主张“发展低碳经济”、研发和推广“低碳能源技术”、“增加碳汇”、“促进碳吸收技术发展”，并建议建立“亚太森林恢复与可持续管理网络”，共同促进亚太地区森林恢复和增长，减缓气候变化。同月，科学技术部部长万钢在 2007 中国科协年会上呼吁大力发展低碳经济。

低碳技术是指涉及电力、交通、建筑、冶金、化工、石化等部门以及在可再生能源及新能源、煤的清洁高效利用、油气资源和煤层气的勘探开发、二氧化碳捕获与埋存等领域开发的有效控制温室气体排放的新技术。

低碳技术可分为 3 个类型：第一类是减碳技术，是指高能耗、高排放领域的节能减排技术，煤的清洁高效利用、油气资源和煤层气的勘探开发技术等。第二类是无碳技术，比如核能、太阳能、风能、生物质能等可再生能源技术。在过去的 10 年里，世界太阳能电池产量年均增长 38%，超过 IT 产业。全球风电装机容量 2008 年在金融危机中逆势增长 28.8%。第三类就是去碳技术，典型的是二氧化碳捕获与埋存(CCS)。

举世瞩目的哥本哈根会议之后，“低碳”概念铺天盖地而来，如何切实减少能耗和污染，为可持续发展做贡献，已经成为各行各业追求的目标。然而，纵观早已成型的绿色建筑领域，深耕细作者却屈指可数。

2. 建筑供能系统在当前低碳技术与气候变化中的作用

目前，我国既有建筑供能系统的节能技术与需求差距很大，达到节能标准的经济、适用、可靠的技术体系尚不完善。若用国际水准衡量，问题表现更为突出：多数现有技术比较低级，系统配套差，产业化程度也不高；可再生能源建筑应用缺乏具有独立自主知识产权的核心技术；高效、低能耗、高可靠性的高效供能技术的系统集成化不高。如果大幅度提高节能标准要求，现有技术恐怕大都难以支撑。

中国建筑科学研究院与朗诗集团股份有限公司项目组开始了大胆的尝试与实践，以理论研究、数学模型分析、实验室研究、现场测试研究、仿真模拟、样板房建设以及大型示范工程建设等相结合的技术手段为研究路线，全面集成了室外取放热系统、能量提升系统、生活热水系统、新风处理系统、辐射顶棚系统、排风能量回收系统等 6 个子系统，着重于研究和解决“低㶲损供能系统”中各个子系统之间的优化、匹配、集成等技术难点，着力于通过工程应用进一步完善节能建筑设计、产品、装置与示范工程的协调、优化等系列难题，着眼于发展一套系统、全面的建筑 HVAC 高效供能系统技术集成体系，取得了诸多突破性成果。

1.2　建筑供能系统节能潜力与节能优化技术

建筑供能系统主要包括集中供热系统、热水供应系统、空调系统、供配电系统、建筑照明系统和建筑智能化系统。

1.2.1　集中供热系统

集中供热系统一般是由热源、热力管网和热用户 3 部分组成。为保护大气环境、降低能耗，近代城镇均采用热电联产或区域锅炉房；或用工业余热等作为热源，经过供热管网输配热媒到城镇各热用户。图 1-1 为热电联产供热系统示意图，其中(*a*)(1)为蒸汽供热系统，(*a*)(2)为热水供热系统，(*b*)为蒸汽锅炉供热系统，(*c*)为热水供热系统。蒸汽供热多用于工业生产，热水供热多为城镇居民。

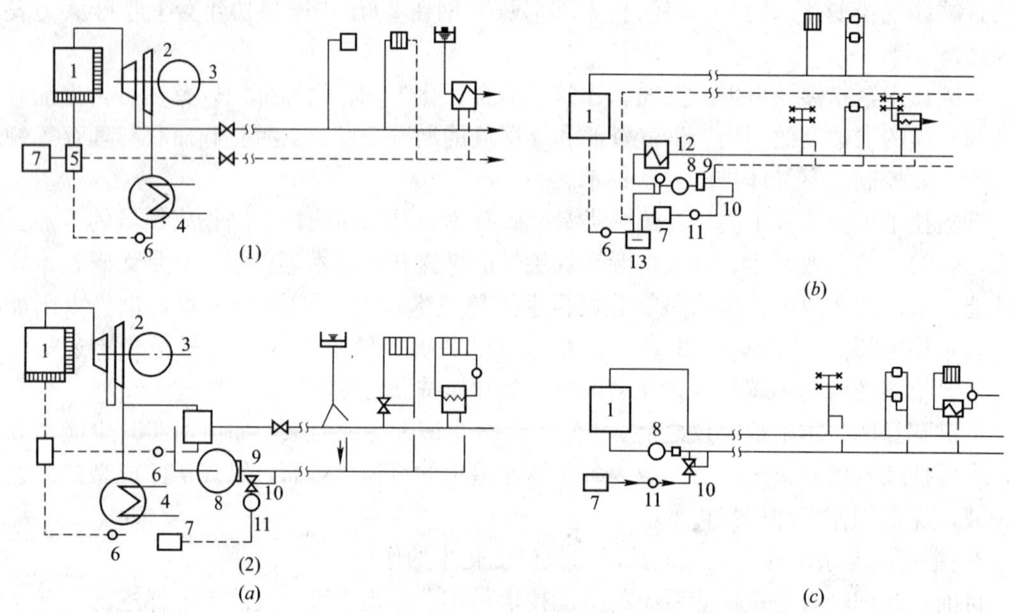

图 1-1　热电联产供热系统示意图

(*a*)热电联产供热系统；(*b*)蒸汽锅炉供热系统；(*c*)热水锅炉供热系统

1—锅炉；2—汽轮机；3—发电机；4—冷凝器；5—回热循环系统装置；6—凝水泵；7—软化水；8—热网水泵；9—除污器；10—压力调节器；11—补水泵；12—加热器；13—凝水池

现简要介绍热源、热交换站和热力网 3 个组成部分。

1. 热源

当前我国城镇集中供热的热源主要是热电联产和锅炉房，以及少量的工业余热和地热等，此外也有少量原子能电厂、太阳能利用等。

(1) 热电联产的热源。主要是采用供热汽轮机组实行发电和供热。供热汽轮机按工作原理可分为背压式和抽汽式两种。背压式汽轮机全部排气(做功发电后的乏汽)直接供热用户，而抽汽式汽轮机由可调节的抽气口，抽出部分做功后高压蒸汽作为热源，其余做功后蒸汽进入冷凝器变为凝水回收。图 1-2 为热电联产的热力系统示意图。

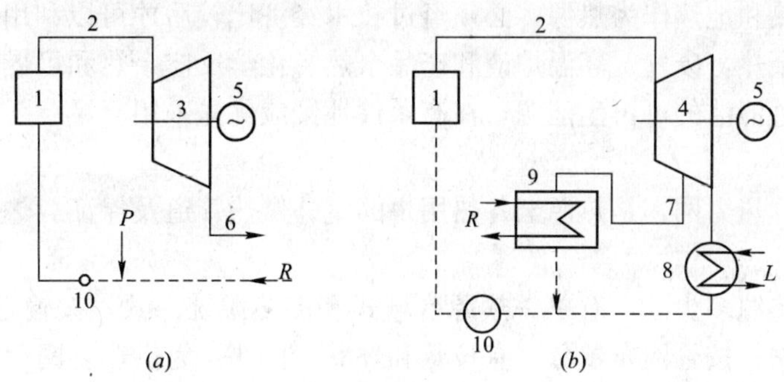

图 1-2 热电联产的热力系统示意图

1—锅炉；2—蒸汽管；3—背压式汽轮机；4—抽汽式汽轮机；
5—发电机；6—排汽；7—抽汽；8—冷凝器；9—热网加热器；
10—凝水泵；R 热力网；P 补水；L 冷却水

供热式汽轮机按其所供蒸汽参数有 4 种：

中温中压：35 绝对大气压，温度为 435℃；

高温高压：90 绝对大气压，温度为 535℃；

超高压：130 绝对大气压，温度为 535℃；

超临界参数：240 绝对大气压，温度为 540℃。

部分国产背压式供热机组主要技术参数范围：进汽压力为 3.5～9.0MPa，进汽温度为 435～535℃，额定进汽量为 36～280t/h，排汽压力为 0.4～4.1MPa。抽汽式供热机组主要技术参数范围：进汽压力为 3.5～9.0MPa，进汽温度为 435～535℃。额定进汽量为 22～550t/h，抽汽压力为 0.4～1.3MPa，抽汽量 10～180t/h，

（2）锅炉供热的热源。锅炉产热作为热源有蒸汽锅炉和热水锅炉之分，载热体有蒸汽、热水和汽-水并行之别。蒸汽-热水并行只是增加换热设备，把载热体蒸汽经传热转换为热水。蒸汽锅炉供热多用于工业生产。热水锅炉多用于民用。图 1-3 为蒸汽、热水供应系统图。

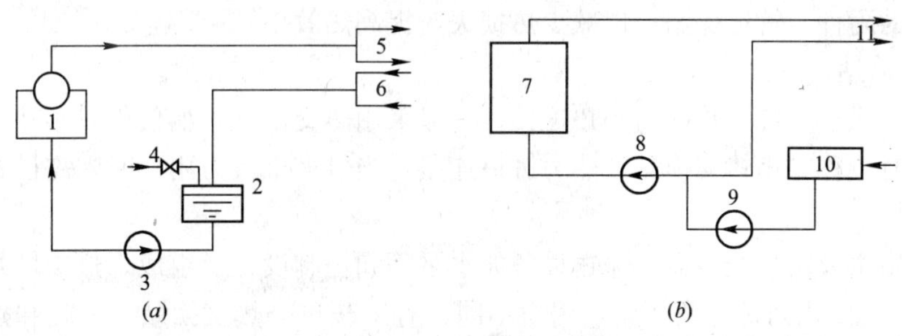

图 1-3 蒸汽及热水锅炉供热系统示意图

(a)蒸汽锅炉；(b)热水锅炉

1—蒸汽锅炉；2—凝结水箱；3—锅炉给水泵；4—软化水；
5—蒸汽管网；6—凝结回水；7—热水锅炉；8—循环水泵；
9—补水泵；10—水处理设备；11—热水供回水管网

蒸汽锅炉和热水锅炉规格很多。我国对工业蒸汽锅炉制定有国家标准。热水锅炉也作了规定，详见有关规范和规程。

至于工业余热和地热作为热源，必须经过技术经济比较后才可以利用。工业余热有冷却水、冷却蒸汽余热，废气、高温炉渣和产品余热、化学反应余热和可燃废气的载热性余热。地热作为一种清洁的可再生能源，在有条件地区应优先采用。

2. 供热管网

供热管网也称热力网，是热源至各热用户的室外供热管道及保证载热体安全输配所必需的附件总称。

供热管网按热源多少分，有单一热源区域式和多热源统一式；按输送载热体介质分，有蒸汽和热水管网；按管网布置分，有枝状和环状。图1-4为供热管网示意图，城镇集中供热一般多采用枝状管网。

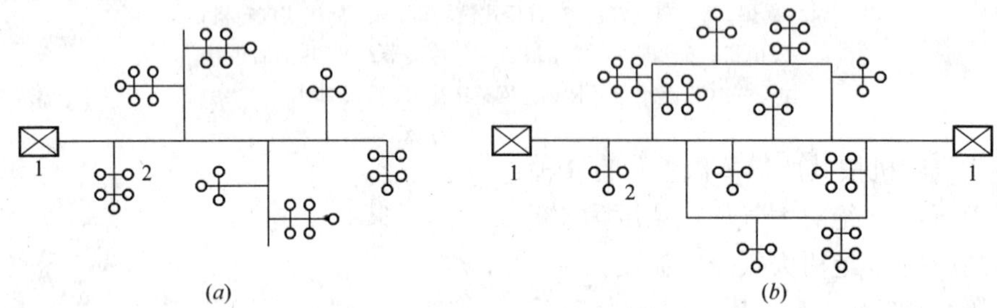

图1-4 供热管网

(a)枝状；(b)环状

1—热源；2—热用户

供热管网应尽量沿街道一边敷设，南北走向时，一般供水(汽)管靠东；回水(凝水)管靠西，东西向敷设时，可置供水管(汽)靠北；回水(凝水)管靠南。供热管网可置于地下通行、半通行或不通行管沟，也可直埋(无沟)或架空敷设。

为保证供热管网安全、便于检修及减少热损失，需设置许多附件，如管道阀门是用以联通、关闭和调节载热体流量的附件，补偿器则是用以管道受热伸长补偿的附件，支座则是支撑管道的附件，管道保温可以减少热损失，提高热效率。

3. 热交换站

区域集中供热系统的热网与用户连接，一般采用热交换站，如仅供一座建筑或一个单一用户，有时也称专用热交换站或热力进口连接，当供多个热力用户时则需设置公共热交换站。

热交换站主要由热交换器、输送设备如水泵等和控制设备等组成。热交换站按热源不同，有汽-水、水-水两种；按热用户用途不同，有采暖单一热交换站、采暖和热水供应双用热交换站和生产、生活、采暖多用热交换站。本节仅对独立公共热交换站的一般知识进行简单介绍。

独立热交换站供热作用半径，应作技术经济分析择优确定，目前国内作为单一采暖区域性热交换站作用半径一般控制在500m以内为宜。

4. 集中供热系统的节能潜力和节能优化技术

目前，在我国既有建筑的供热热源中还有大量分散安装的小型燃煤锅炉，这些锅炉的热效率较低，能耗较高，对环境的污染比较严重，属于国家明令淘汰的落后产品，其节能潜力最大。如果将这些分散安装的小型燃煤锅炉更换成大型燃煤链条炉、循环流化床锅炉或煤粉炉，采用区域锅炉房或热电联产集中供热，提高单台锅炉的容量，则可以减少锅炉的数量，提高锅炉的热效率，并使能量得到合理的梯级利用，大大提高能源的利用效率，并减少粉尘、CO_2、SO_2 和 NO_X 等污染物的排放，取得明显的经济效益和环境效益。

随着煤炭、石油、天然气等化石燃料资源的不断枯竭和全球经济社会发展对能源需求的不断增加，世界性能源供应形势日益紧张，而且在能源利用过程中排放的大量温室气体对环境的影响也日益突出。在此背景下，地热、太阳能等可再生能源的开发和利用就显得十分迫切和重要。在有条件的地区，水源热泵、土壤源热泵、空气源热泵等作为既有建筑供热热源近年得到迅速发展。

太阳能作为一种清洁的可再生能源，其开发和利用日益受到重视。但由于受地域、天气、日照强度变化、成本等因素的影响，目前太阳能还主要用于供应生活热水。作为建筑采暖的热源还处于小范围、多热源联供的实验阶段。相信随着技术的进步和太阳能集热器成本的降低，将来在建筑采暖中的应用会不断增加。

既有建筑的供热管网大多存在管网老化、漏汽、漏水严重、保温层脱落、设计不合理等问题，造成热媒输送过程热损、汽损、水损严重，管网输送效率低下。

既有建筑供热管网的节能应着重从以下几个方面入手：

(1) 优化管网设计。应根据建筑热负荷和热媒流量的变化，通过计算选取合适的管道直径和敷设方式，以降低热媒输送过程的阻力和动力消耗。

(2) 加强对老旧管网的检查和维护，及时更换已经腐蚀和泄漏的管道，减少漏汽、漏水带来的热量和水资源损失。

(3) 加强管网的保温，及时更换已经脱落和保温效果差的保温材料，以减少管道及附件表面的散热损失。

换热站主要由热交换器、输送设备(水泵等)和控制设备等组成。换热站的节能应从以下几个方面入手：

(1) 选择合理的换热站位置。换热站一般应建在靠近用热负荷中心的位置，采暖区域性热交换站的作用半径一般应控制在 500m 以内，以利于供热管网的水力平衡，缩短供热半径、减少输热管网的热损失。

(2) 应通过选用高效节能型换热器、热水循环泵和补水泵等产品，提高换热效率和电能利用率。

(3) 应根据需要对负荷变化较大的循环泵和补水泵等采用变频调速节能技术。由于泵和风机类产品的轴功率与转速的三次方成正比，当流量减小时，如果通过降低转速来改变流量，则可以大大减少输入功率，降低电能消耗。

(4) 对换热站内表面温度超过 50℃的设备和管道采取保温措施。换热站设备和管道表面散热是换热站热损失的主要途径，根据《设备及管道保温技术通则》GB 4272 的规定，当设备和管道表面温度高于 50℃时，需要进行保温。

(5) 居住建筑冬季属于 24h 连续供热，应采取室内、室外温度补偿措施，在保证室内人体舒适度的前提下，应根据室内、室外温度的变化自动调节供热量，达到节能的目的。

1.2.2 热水供应系统

一个完整的热水供应系统是由加热设备、热媒管道、热水输配与循环管道、配水龙头或用水设备、热水箱及水泵等组成。生活热水供应系统按其范围大小可以分为局部热水供应系统、集中热水供应系统和区域热水供应系统。

1. 热水供应系统的分类

(1) 局部热水供应系统

局部热水供应系统是指采用小型加热器在用水场所就地加热，供局部范围内一个或几个用水点使用的热水系统。其特点为：

1) 各用户按需要加热热水；

2) 系统简单，造价低，维护管理容易；

3) 热水管道短，热损失小；

4) 不需要建造锅炉房、加热设备、管道系统和聘用司炉人员；

5) 热媒系统设施增加，投资增大；

6) 小型加热器效率低，热水成本高。

适用于热水用水量小且分散的建筑：如饮食店、理发店、门诊所、办公楼、住宅等。

(2) 集中热水供应系统

集中热水供应系统就是在锅炉房、热交换站或加热间把水集中加热，然后通过热水管网输送给整幢或者几幢建筑的热水供应系统，其特点为：

1) 加热设备集中管理方便；

2) 考虑热水用水设备的同时使用率，加热设备的总负荷可减少；

3) 大型锅炉热效率高，可使用煤等廉价的燃料；

4) 设备系统复杂，建筑投资较高；

5) 管道热损失大，需要专门的管理、操作维护工人；

6) 改建、扩建困难，大修复杂。

(3) 区域热水供应系统

区域热水供应系统是把水在热电厂、区域性锅炉房或热交换站集中加热，通过市政热水管网送至整个建筑群、居住区或整个工矿企业的热水供应系统，其特点为：

1) 便于集中统一维护管理和热能综合利用；

2) 大型锅炉房的热效率和操作管理的自动化程度高；

3) 消除分散小型锅炉房，减少环境污染；

4) 设备系统复杂，需敷设室外供水和回水管道；

5) 需专门的管理技术人员。

2. 热水供应系统的节能

(1) 系统末端节能技术

1) 热水用水点迅速出热水

热水系统的用水点在用水时，一般先流出冷水，之后再流出热水。放出的冷水实际上是由管道中的热水转变过来的：热水管道上的散热使管道中的热水逐渐降温，而连接用水器具的管道是支管，无循环水补充热量，故变成了冷水。热水系统的用水点流冷水，一方面是热能的浪费，另一方面还造成水的浪费和增加输水动力能耗。

用水点出热水快、少放冷水则表明支管的热浪费少，达到节能效果。采取的具体措施除做好管道保温外，还要使立管靠近用水点，使支管尽量短。

2）保持热水出水水温稳定

热水系统用水点的出水水温保持稳定可以节省电能，其措施主要有：①系统设计中减少冷、热水的水压波动。水压波动同冷水源的供应方式及管网的设置有很大关系，一般而言，高位水箱作为冷水水源比变频调速泵供水的水压(冷、热水)稳定，热水管布置得容易窝气则热水水压易波动。②选用高效的冷热水混合阀。高效率的冷热水混合阀能够减小阀前水压波动对出水水温的影响，稳定水温，即水温调好后，就不容易发生变化，尽管阀前水压有波动。同时，高效率的混合阀还能快速地把水温调节到使用者所需要的温度，减少水温调节和空间放水时间，使浪费的热水量减少。③保持冷、热水的水压平衡。保持冷、热水压平衡是指在水压不波动的情况下，用水处的冷水水压和热水水压相差较小，这样可减少水温调节时间和减缓冷热水在管道内的混掺现象。

3）控制热水用水点无效的出水流量

对热水系统用水点的无效流量进行控制能一举两得，实现节能和节水的双重功效，节省的能耗主要是因用水量的减少而节省的热水耗热量和输水动力能耗。用水点无效出流控制技术主要有：①采用减压稳压阀控制用水点的水压逼近额定流量水压；②改变器具构造(节水器具)减小额定流量。

(2) 管网输送能耗减少技术

1）减少管网压力损失

生活供水管网和热水管网的压力损失主要受管道流速、管长、管径局部阻力系数等因素的影响。按经济流速选择管径和维持运行、减少局部阻力损失是节能技术中需要重点关注的内容。

2）热水管道的高效保温

生活热水经管道输配到用水点，温度会下降。损失的热量主要是管壁热传导散发到周围环境中。一般情况下会下降5℃左右，这意味着总耗热量的10%在输送过程中被浪费掉了。控制热传递损失的措施首先是选用保温效果好的保温材料，其次是先进的保温方法。保温技术的关键是保持保温层的完整和固定，保证管道伸缩不会把保温材料拉开裂缝；阀门、三通等局部形状变化点采用形状吻合的保温层等。

3）缩短热水系统的管道长度

在热水输送管网中，同程布置技术主要是为了防止循环水在配水管网中的短路，这使热水管道的长度大大增加，同时造成管道热损耗的相应增加。用同阻技术和循环流量限流控制装置取代同程布置方式，可以缩短热水管道的长度，从而减少热水管道系统的热损失量。

(3) 水泵、加热设备、供水工艺节能技术

对于公共建筑可考虑采用水泵直吸技术，即把二次加压水泵的吸水管直接连接到城市自来水引入管上，进行接力供水，水泵进水管上的水压便会叠加到水泵出水管的一端，减少水泵的扬程，节省能耗。为保持水泵的高效率运行，可在屋顶设置水箱，其供水方式的工艺是：水泵—屋顶水箱—配水管网—用水点。另外，还可通过消减变频水泵无效扬程、智能控制循环水泵的启停来达到节能的目的。

(4) 可持续能源利用和废热回收技术

1) 生活热水太阳能利用

利用太阳能加热建筑中的生活热水通常称为太阳能生活热水系统。大型公共建筑中，太阳能热水系统适宜采用集中加热式，集热器置于屋面和墙面，生活热水集中在热水箱中，通过输水管道和配水管网到达用水点。

2) 中央空调制冷废热回收

回收空调制冷废热来制备生活热水的技术有直接式和间接式两种。直接式废热回收的技术原理是：把制备生活热水的换热器串联接入空调压缩机和冷凝器之间的工质管道中，使高温高压气态工质先在新增的换热器放热而加热生活热水，然后再经过原有的冷凝器放热，达到空调所要求的工况。此方式适用于活塞式和螺杆式制冷机组。间接式废热回收制备生活热水的技术是利用热泵的原理把冷却水所携带的空调冷凝热提取出来，此方式适用于离心式制冷机组。

3) 气、水源热利用

空气、生活废水、地下水都含有热量，这些热量可作为加热生活热水的热源加以利用，实现途径是采用空气源热泵和水源热泵。

1.2.3　空调系统

建筑物的空调采暖系统一般由冷热源(制冷机、冷却塔、锅炉等)、输配系统(水泵、空调箱风机、管道)和末端空调设备(表冷器、风机盘管等)组成。基本的空调过程是由冷热源产生冷量或热量，经风机或水泵输送到房间内，再经送风口、风机盘管等末端空调设备将冷或热量送进空调房间，从而保证房间环境要求。因此，应主要从这3个环节寻求节能途径。

1. 冷热源

冷热源在空调系统中被称为主机，是系统的心脏、运行的主要部分，因而空调系统中的大部分能量(约50%～60%)是在冷热源系统中消耗掉的。所以合理选择冷热源系统对空调系统节能至关重要。空调系统常采用的冷热源方式为：

(1) 冷水机组＋锅炉

夏季制冷用冷水机组，消耗的是电能；冬季供热则使用锅炉，以燃煤为主。在设计工况下，冷水机组的能效比*COP*(制冷量/耗电量)比较高，一般为3.7～5.0左右。为节省电能，一般空调制冷量在300RT(1RT＝3.517kW)以上选用离心式压缩机；空调制冷量在150～300RT的范围内选用螺杆式压缩机比较合适；当空调制冷量小于150RT时，选用活塞式压缩机较为合适。在水源充足的地区使用水冷冷水机组比较合适，否则用风冷冷水机组代替。

(2) 热泵

热泵技术的不断发展，使空调技术发生了变革。热泵技术的核心思想是通过逆卡诺循环提升能源品位，有效利用空气、水体和土壤中蕴藏的低温位热能，以较少的能源(通常为电能)消耗获得较多的冷热量。热泵可以分为空气源热泵、水源热泵和土壤源热泵3种类型。空气源热泵又有水机与冷媒直供机两种，后者发展成商用空调的“多联机”，由于爱默生的谷轮强制热型数码涡旋技术以及大金的双压缩机直流变频技术，使其突破了技术局限，在北方地区的使用成为可能。水源热泵在地下水水源热泵遭遇瓶颈之后，却慢慢地发展了其他几项技术，如地表水水源热泵、中水源水源热泵、海水源水源热泵及原生污水水源热泵系统等。当前尤以土壤源的地源热泵发展最快。另外，热泵还可以结合太阳能作为其辅助热源，有效地提高了能源的利用率。

(3) 溴化锂吸收式制冷机组＋锅炉

溴化锂机组的能效比(制冷量/消耗的热能)比较低，外燃式(以蒸汽或热水为能源的)为1.0～1.2左右。外燃式溴化锂机组主要用于有废热、余热的地方，如热电厂、钢铁厂等。既利用了废热、余热，又达到了制冷的目的。对于缺电而无废热或余热的地区可以考虑使用直燃式机组。

(4) 直燃式溴化锂冷热水机组

采用燃气(油)为能源可实现夏季供冷冬季供暖的同时，也可提供卫生用水。

2. 输配系统的节能

在建筑空调能耗中，约有20%～30%的能耗消耗在输送和分配冷热量的风机和水泵上，这是导致建筑能耗过高的主要原因之一。对大规模集中供热系统，负责输配热量的各级水泵的能源消耗也在供热系统运行成本中占很大比例。分析表明，这部分能量消耗可以降低50%～70%。因此，降低输配系统能源消耗应是建筑节能中潜力最大的部分，其节能措施主要有：提高供回水温差、降低热损失、改变输配系统结构等。图1-5为输配系统连接采暖空调过程的各个环节。

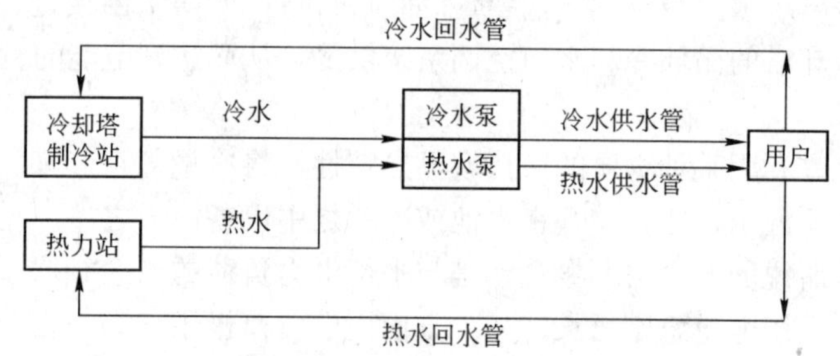

图1-5 输配系统连接采暖空调过程的各个环节

(1) 提高供回水温差

若系统中输送冷(热)量的载冷(热)介质的供回水温差采用较大值，当它与原温差的比值为N时，从流量计算式可知，采用大温差时的流量为原来流量的$1/N$，而输送冷、热媒的水泵或风机功耗则为原来的$1/N^2$，节能效果显著。故应在满足空调精度、人体舒适度和工艺要求的前提下，尽可能加大温差，但供回水温差一般不宜大于8℃。

(2) 降低热损失

为降低输配系统能耗，一方面可用水代替空气作为传输媒介、在水中添加减阻剂来降低流动阻力等，从而以较小的能耗输送更多的热量、冷量。国内外的研究都表明，采用某些减阻剂可以使管道阻力降低到20%，这将极大地降低输配系统能耗。另一方面，可采用高效能保温材料减小冷(热)量散失。

(3) 改变输配系统结构

目前，采用变频风机、变频水泵对流量进行调节已经非常普及。但大多数采暖空调输配系统的结构设计基本上还是沿用传统的基于阀门调节的输配系统，没有真正发挥变频调速的作用。研究表明，水泵能耗的一半和风机能耗的20%～40%都消耗在各种阀门上。而用分布的风机、水泵充当调节装置，去掉各种调节阀，这样便可使输配系统能耗降低50%～70%。目前国内外都在此方面进行尝试，并有一些成功的工程实例，但仍需要大量的研究与推广工作，包括满足这种调节性能的恒流量特性的风机、水泵的研究、新的输配系统结构与设计方法、新的调节理论与方法等。更重要的可能还有改变工程技术人员的传统观点和涉及运行方法，才能使这一方式最终被广泛应用。

3. 空调机组及末端设备的节能

风机盘管等末端设备的主要技术指标是耗电量、盘管重量和噪声等。因此，选型时一定注意选用重量轻、单位风机功率供冷(热)量大的机组。空调机组应选用机组风机风量、风压匹配合理、漏风量少、空气输送系数大的机组。另外，变风量系统可克服常规空调冷热抵消的缺点，它可以通过改变送到房间(或区域)风量的办法来满足负荷变化的需要。因此，可选用变风量空调系统来减少系统运行时空调的能耗。

4. 其他节能方式

(1) 利用冷却塔供冷技术

冷却塔供冷技术又称为免费供冷技术，是指在室外空气湿球温度较低时，关闭制冷机组，利用流经冷却塔的循环水直接或间接地向空调系统供冷，提供建筑物所需的冷量，从而节约冷水机组的能耗，是近年来国外发展较快的节能技术。如当室外湿球温度降至某个值以下时，冷却塔出水水温与空调末端装置(如风机盘管)所需水温接近。此时，可关闭人工冷源，以流经冷却塔的循环冷却水向空调系统供冷，从而达到节能的目的。

(2) 蓄冷技术

所谓蓄冷，就是利用某种物质的潜热或显热特性，将冷量蓄存起来。比如在夜间把人工制冷手段获得的低温水、冰，储存在水池或冰罐之中以备白天之需。

现在人们通常所说的蓄冷空调概念，是与平衡电力负荷的概念相联系的。现代城市的用电状况是：一方面用电量急剧增长；另一方面用电负荷极不均衡。白天用电高峰，电力不足；夜间用电低谷，有电送不出，使电厂在低负荷下低效率运转。采用冰蓄冷技术有利于减少国家对电力建设的投资及压力；有利于均衡电力负荷、提高现有发电设备与供电电网的利用率和改善电力建设的投资效益；有利于降低系统的运行费用。

(3) 采用热回收与热交换装置

新风的引入必然要求排出一部分空气，而大气温度与排气温度有一定的温差，如制冷时室内温度为27℃，室外温度为35℃，则将27℃的气体排入大气会带来能量损失，采用热回收交换设备使新风在被处理前与排气进行热交换，新风温度便有所降低，就可减少新风机组的负荷，减少了能耗，这种装置一般用于可集中排风而需新风量较大的场合。

1.2.4 建筑物供配电系统的节能

建筑供配电系统的作用就是要在数量和质量上满足各种用电设备在正常、事故状况下的不同用电要求，保证供电的安全和可靠。随着现代建筑用电设备的大型化和系统化，建筑供配电系统的节能潜力很大。

供配电系统的节能不仅是技术问题，也是科学管理问题，贯穿于供、用电工作的全过程。从规划设计选择供电点的位置，到确定变压器的台数、容量和型号配置等，都要科学规范，节能措施要贯穿到供用电过程的始终。

1. 合理布置电源点

合理设置变电站的位置，变电站的位置应尽量靠近用电负荷中心，以缩短配电线缆长度、降低线路损耗。

2. 重视变压器的选型

选型包括型号的选择和容量的确定两个内容。

变压器损耗包括两部分：铁损和铜损。铁损又称空载损耗，基本是恒定值；铜损又称负载损耗，与负载电流大小的平方成正比，是个变量。变压器的类型选择对于建筑物的日常用电节能非常关键。变压器的空载损耗(铁损)主要发生在变压器铁芯叠片内，它是因交变的磁力线通过铁心产生磁滞及涡流而带来的损耗。近年来，变压器的铁芯材料已采用最新的非晶态磁性节能材料，非晶合金铁芯变压器便应运而生。另外，S11、S13 等型号变压器卷铁芯改变了传统的叠片式铁心结构，大大减少了磁阻，使空载电流减少 60%～80%，提高了功率因数，降低了电网线损，改善了电网的供电质量，使空载损耗降低 20%～35%。

变压器容量受负载大小、负载特点、变压器台数和接线方式等诸多因素的影响，一般由设计部门提出。选用什么型号的变压器则视具体条件而定，总的要求是选技术性能好的，即在相同负载条件下损耗小的为优，损耗大的为劣，以此来实现变压器的高效、经济运行。

3. 平均三相负荷

变压器三相负荷分配不均匀，不仅使设备容量得不到充分利用，而且损耗会加大，温度升高，危及变压器的安全运行，对变压器的使用寿命有影响。同理，如果三相供电的馈线负荷不平均，线路损耗要加大，三相供电损耗为 $3I^2R\times10^{-3}$；当三相负荷不平均时，中性线(零线)上也有了电流，更增加了损耗。根据相关规程要求：变压器出线端三相负荷不平均电流应小于 10%，中性线上应无电流。为此，在使用电气设备时应充分考虑三相负荷尽可能平衡，如对单体的商场和复式楼等可采用三相供电，而居民则分楼层、按户数单相供电，力争三相平衡。

在用电过程中发现三相负荷不平衡时要及时调整，这样不仅对降损有利，对改善电压质量也有好处。

4. 提高设备负载率

任何电器设备在轻负载下运行都是不经济的。因此，应力争减少轻负载运行，变压器也不例外。当变压器负载率<0.4 时，为不良运行区，损耗亦高。实践表明，变压器负荷率在 65%～80%比较合适，而变压器的负荷率过高(高于 85%)，变压器的寿命也将缩短，效率变低，这样就更不经济了。因此，应减少和杜绝“大马拉小车”和“小马拉大车”的现象，动力容量要合理匹配。可适时、适当地调配变压器和各个馈线之间的负荷，通过负荷分配的调整，达到所供负荷不变而损耗减少的目的。

5. 提高功率因数，合理进行无功补偿

功率因数是有功功率与视在功率的比值，即

$$\cos\psi=\frac{\text{有功功率}}{\text{视在功率}}=\frac{\text{有功功率}}{\sqrt{\text{有功功率}^2+\text{无功功率}^2}}$$

$\cos\psi$ 是个小于1的数。国家规定的标准是 $\cos\psi \geqslant 0.9$。

功率因数低会导致如下影响：无功占用了设备容量，增加了电力损耗；电压降低加大，影响电压质量。

提高功率因数最常用的方法就是加装无功补偿装置——电力电容器。可以把它置于电动机旁进行随机补偿，使无功功率就地平衡。因随机补偿容量小，资金投入少，运行维护简单，所以是个好办法。也可以把电容器置于变压器旁，对变压器本身所消耗的无功进行补偿。

补偿方式根据无功功率的大小决定，可采取置于变压器旁的电容器组和置于电动机旁的随器补偿可以同时设置，或者择其一，总的目的是功率因数达标，总功率消耗最小。

6. 抑制和消除谐波

理想的电力系统电压和电流波都是工频正弦波，但随着新技术的应用，由于非线性设备和负荷的存在，使电网电流的波形发生畸变，继而使电压波形亦发生畸变，即产生了谐波电流和电压。它产生的危害主要有：电能质量变坏；损耗增加，设备发热；电器寿命降低；导致保护和自动装置误动；通信干扰；影响计算机等正常工作；电能表和电器仪表误差加大；可能引起电容器组谐振。

抑制谐波可以采取的措施有：

(1) 增加换流装置的相数，有效消除幅值较大的低频相，降低谐波电流的有效值；

(2) 变压器选用△/接线，电容器组加限流电抗器，保持三相负荷平衡；

(3) 采用交流谐波装置在谐波源附近吸收谐波电流，降低连接点的谐波电压，是抑制谐波污染的一种有效措施；

(4) 采用有源电力滤波器(APF)，对电流和频率都在变化的无功进行动态补偿。

7. 合理调整变压器分接开关位置

根据电压负荷情况，合理调整变压器的分接开关位置。如前所述，变压器的损耗中，铁损基本是个恒定值，而铜损是与负荷电流的平方成正比关系的，传输的功率 $P=U\cdot I\cdot\cos\Phi$，即当传输的功率为恒定值时，电压与电流成反比关系，当电压升高则电流减小，反之亦然。故在满足负荷侧对供电电压的需要和符合变压器运行规程规定(即电源侧的电压对分接头的电压在±10%内变化)的两个基本条件的基础上，可选择变压器分接开关的位置，使损耗最小。因为电源侧的电压和负荷侧的电流都是变化的，所以使用有载调压变压器适时变换分接开关位置较为方便、直观。

1.2.5　建筑照明系统的节能

在我国，照明用电量大约占总发电量的10%左右，并且主要以低效照明为主，照明终端节能具有很大的潜力。同时，照明用电大都属于高峰用电，照明节能具有节约能源和缓解高峰用电的双重作用。从以下几个方面开展照明节能工作将会产生良好的经济和社会效益。

1. 选择优质高效节能光源

对于不同功能类型的建筑，由于用途和环境特色不同，对于照明要求也不尽相同。

(1) 办公室

1) 一般照明宜选用T8或T5的细管径(≤26mm)荧光灯，它比粗管径(38mm)的T12

荧光灯节约电能10%。

2）选用稀土三基色荧光灯，其一般显色指数在80以上，可满足长时间工作场所对显色性的要求。

3）选用中间色温(3300～5300K)的荧光灯，最佳选择是约4000K的荧光灯，它比高色温(6200K)荧光灯节约电12%。

4）选用直接型灯具，它比半直接型或漫射型灯具节约电能，可将90%以上的光线投射到下半球表面上，有更大的能效。

5）宜有限选用电子镇流器或节能电感镇流器，电子镇流器功耗在3～5W之间，而普通电感镇流器的自身功耗约为灯功率的20%～25%，耗去大量电能。

(2) 商场类

1）一般照明宜选用T8或T5细管径三基色荧光灯，也可采用自镇流节能荧光灯，较高的空间可采用金属卤化物灯。

2）光源色温可根据商品类型选择相应的色温，其范围在3300K～6200K之间，但选用4000K色温的光源比6200K高色温的光源节约电能。

3）一般照明应选用直接型灯具。

4）重点照明可选用嵌入式、筒灯式、小型轨道式投光灯。

5）超市宜选用蝠翼式配光灯具。

(3) 教学类

1）充分利用天然光，以节约电能。

2）一般照明宜选用T8或T5三基色荧光灯。

3）宜选用4000K中间色温的荧光灯。

4）选用蝠翼式配光的直接型灯具(配照型灯具)。

5）荧光灯管应垂直于黑板面安装，以降低灯管亮度对学生产生的眩光。

6）荧光灯管采用悬吊式安装，以提高桌面照度并节约电能。

7）因黑板面的照度为垂直面照度，且高于课桌面，故均应装设黑板灯。

8）教室各表面为无光泽的饰面，墙面的反射比宜为40%～60%，顶棚的反射比宜为70%～85%，地面的反射比宜为15%～30%，通过各表面反射来提高照度，以节约电能。

9）单侧反光时，侧窗的上半部宜采用向玻璃砖或设置明亮的反射板，可有效增加教室深处的光线，同时还节约电能。

(4) 宾馆类

1）大堂及公共走廊宜选用小功率自镇流荧光灯。

2）客房内宜采用小功率自镇流荧光灯，不宜采用能耗大的白炽灯。

3）客房卫生间宜采用细管径直管形三基色荧光灯和自镇流荧光灯。

4）多功能厅一般照明尽量采用三基色直管形荧光灯，装饰用花灯可采用自镇流荧光灯，不宜采用白炽灯。

5）客房床头灯为可调光开关。

6）客房入口处应设置节能总控开关。

7）多功能厅全部灯光回路均宜设可调光回路，以满足不同功能要求。

(5) 医院类

1) 一般照明宜选用T8或T5细管径三基色直管形荧光灯和自镇流荧光灯。

2) 药房宜采用蝠翼式配光的灯具，以保证药架上有足够的垂直照度并节约电能。

3) 最好选用电子镇流器以防止频闪或出现噪声，同时也节约电能。

4) 开关控制灵活，宜多设开关点。

5) 充分利用天然光，利用侧窗和中庭采光，以节约照明用电。

2. 提高照明设计质量精度

能源高效的照明设计或具有节能意识的设计是实现建筑照明节能的关键环节，通过高质量的照明设计可以创造高效、舒适、节能的建筑照明空间。因此，在这个环节中应加强专业照明设计队伍的业务建设，提高照明设计质量意识和能源意识，提高设计质量的精度，从建筑照明的最初设计环节上实现能源的高效利用。

3. 优化照明控制和管理

(1) 充分利用自然光，根据自然光的照度变化规律，分区、分组控制照明灯具的开与关。要适当增加照明开关的控制点，每个开关控制的灯具数量不宜过多、控制范围不宜过大，以便管理和节能。

(2) 对大面积场所的照明设计，宜采取分区管理的控制方式，以增加分支回路控制的灵活性，避免浪费电能。

(3) 条件允许时，应尽量采用定时开关、节电开关、声光控制开关、调光器等照明控制设备。公共场所照明可采用集中控制和分区控制相结合的照明方式，并安装带延时的光电自动控制装置。

(4) 室外公共照明系统最好采用光电控制器代替普通照明开关，以利于节能。

4. 优化照明供配电系统

一般照明光源采用220V电压，对于大功率(1500W及以上)的高强度气体放电灯有220V及380V两种电压者，采用380V电压可以降低损耗。为减少分支线路长度，降低电压损失，照明配电宜采用放射式和树干式结合的方式。按使用单位设置电能表，以实现分户计量，节约电能。

1.2.6　建筑智能化系统

建筑智能化系统一般由智能建筑中的建筑设备监控管理系统(BAS)、办公自动化系统(OAS)和通信网络系统(CAS)3部分构成。其中，建筑设备监控管理系统是具有闭环功能的为数不多的系统，能实行节能管理因而能取得最大经济效益的系统。

在智能建筑中，建筑设备的电能消耗要占到大楼能源消耗总量的极大部分比例。特别是冷冻机组、冷却塔、各类水泵、空调机组、新风机组和灯光照明都是消耗电能的主要设备。采用最优化的节能控制模式来满足大楼的功能要求，不仅为物业管理带来很大的经济效益，还可使系统在较佳的工况下运行，从而延长设备的使用寿命。

建筑设备监控管理系统中，通过各类传感器和仪表检测建筑物各项能耗，建立能量使用的数据库，运用集散控制系统是智能建筑实现节能增效的基础措施，更是实施节能的媒介。在中央建筑管理系统中建立一个人工智能知识库，可对能量使用问题进行诊断，提出最优解。如用人工智能技术强化对HVAC系统的控制，为居住者提供热舒适，并在居住人数预测基础上有效地降低运行价格。根据每天各个时间段的使用区域、居住者流动情况、真实的环境条件等确立控制策略。

在建筑设备监控管理系统中，当运行负荷经常出现大量溢流或放空时，使用变频技术可以实现大幅度节能。对中央空调系统冷水机组的冷却水泵采用变频控制，根据冷却水泵供回水管的压差，调节变频器的频率，改变冷却水泵的转速，可使压差稳定进而实现节能效果。中央空调的冷冻水随时都处于调节过程中，采用变频技术可通过控制冷冻水循环泵的转速(即改变冷冻水流量)跟踪冷冻水需求量，当管道用水量增大时，压差会下降，系统将调节变频器，使其输出频率升高，水泵转速随即上升，使管道压差回到设定值；反之亦然，达到供回水压差恒定的目的。该控制系统可由多台循环水泵组成，可实现 1 台变频器 4 泵联用、3 泵联用、2 用 1 备、1 用 1 备等形式。智能建筑的给水一般采用恒压供水系统，采用变频技术使建筑在用水高峰和低谷时的供水压力恒定，具有显著的节能效果。电梯是载人工具，要求拖动系统既可靠又要频繁地加速和正转/反转，采用变频调速技术可提高动态可靠性，增加乘坐的安全感、舒适感及效率。

供热、通风及空调系统在高层建筑中耗能比例非常大。运用 PMV 指数进行节能设计，以能耗较小的风扇提速谋取同样的 PMV 指数的手段局部取代能耗较大的制冷量。变风量空气调节系统初始投资略大于定风量系统，但可降低能耗、运行和维护费用，也可降低噪声，提高空调房间的舒适性，达到降低能耗、节能、环保的目的。

离心式冷冻机组全负荷运行时能耗达全部设备的 60%，在建筑设备监控管理系统中，冷冻机的运行策略是：主冷冻机运行到额定功率的 90%时启动辅助冷冻机；当负荷跌到 80%以下时关闭辅机。现场由供水盘管水温与设定温度之差调节冷冻机叶片，在中央空调室由智能化 BAS 软件监视建筑物各区热负荷。热负荷发生变化时，冷冻机房现场 AHU 不能直接控制叶片，仅当零旁路盘管的冷却容量在给定冷却水供水温度下达最大值时，由现场 AHU 发信号给中央控制室，中央控制室根据接收到的一个或多个 AHU 信号发指令给现场冷冻机侧的叶片控制器，使冷冻机水温进一步降低。

另外，中央空调的废热回收与再利用、热交换器及管道的清洗和根据有效负载控制运行的冷水机组群控技术均能实现优化能源利用的效果。

为了实现节能，建筑设备监控管理系统中照明系统采用微电脑控制器，实时采集输出、输入电压值与最佳照明电压比较进行自动调节，输出最佳的工作电压，具有实时调压稳压、多段自动调整、对灯具的软启动和软关闭、三相独立可调的功能，可随负荷变化动态调整运行状态下的电流和电压，实现对功率的自动调整，节电率达 25% 以上。系统中使用电子镇流器，其功率因数大于 90%，谐波畸变小于 20%，能消除闪烁，提高视觉清晰度。对开关每天只需切换一次的公共办公区域，使用瞬时启动镇流器；会议室、复印机房等每天几次开关电路的场合使用高速启动镇流器并安装检测是否有人的传感器，能敏感地探测到雇员的移位。没人时使灯光变暗直到切断；并使温度设定值置无人状态，这项技术可使照明节能 1/3。由于办公室计算机的大量使用，系统对显示器采用调暗技术；把亮度下降到 0.9～1.2 烛光，可大幅度节能并减小对人眼的刺激，避免产生肩肘痛毛病。用密集荧光灯取代白炽灯作脚灯、壁灯，可成十倍地节能并延长寿命。采用镜面反射，抛物线天窗等技术。使用智能照明系统进行定时控制、灯光调节控制、场景控制。

建筑设备监控管理系统中可使用太阳能光伏技术实现节能。太阳能热水器和太阳能热水系统是我国目前最大的太阳能热利用产业，其节能的作用和效果十分明显。节能环保的太阳能建筑代表了智能建筑的发展方向，集发电、隔声、隔热、安全和装饰于一体，体现了智能化与人性化的建筑理念与发展潮流，应用前景广阔。建筑物的外壳为光伏系统提供了足够的面积，省去光伏系统的支撑结构，并在建筑施工中可将光伏系统的安装集成到建筑物中。

综上所述，智能建筑的节能是全方位的、持久的和综合性的系统工程。智能建筑的节能需要多部门的努力，通过执行节能标准、建立终端节能优先的观念，加强管理，精确与优化控制，引进节能设备，实现主动式节能。工程技术人员也应树立全方位节能意识、提高能源利用效率，体现智能建筑在节能方面的优势，实现可持续发展。

1.2.7 建筑节能指标

1. 建筑能耗现状及发展趋势

截至2010年底，我国现有各类建筑总面积约480亿m^2，且大部分是20世纪80～90年代建筑，能够达到民用建筑节能设计标准的仅占全部城乡面积的千分之几，绝大多数建筑的围护结构保温隔热性能差，其传热系数与我国气候相近的发达国家相比，外墙为其3.5～4.5倍，外窗为其2～3倍，屋面为其3～6倍，门窗空气渗透为其3～6倍，单位建筑面积平均能耗高出发达国家的2～4倍。其中，既有住宅能耗高也是造成我国能源紧张的一个重要因素。我国既有城乡住宅建筑总量约330亿m^2，而节能型住宅还不足2%。

据统计，我国每年用于建筑的总商品能源消耗在6亿t标准煤左右，建筑业能耗已占到社会总能耗的28%左右，成为耗能大户。建筑采暖造成的空气污染比与我国气候条件接近的发达国家高2～5倍。而且按照目前的建筑能耗状况，到2020年我国建筑能耗将比2004年增加2.5亿t标准煤/a和新增耗电(5800～6300)$\times 10^8$kWh/a，总计折合电力约1.3$\times 10^{12}$kWh，新增量相当于目前建筑总能耗的1.3倍。根据发达国家的经验，随着城市发展，建筑将超越工业、交通等其他行业而最终居于社会能源消耗的首位，达到33%左右。我国城市化进程如果按照发达国家发展模式，使人均建筑能耗接近发达国家的人均水平，需要消耗全球目前消耗的能源总量的1/4来满足中国建筑的用能要求。因此，必须探索一条不同于世界上其他发达国家的节能途径，大幅度降低建筑能耗，实现城市建设的可持续发展。

2. 建筑节能指标

为推进建筑节能工作的开展，我国先后颁布实施了《公共建筑节能设计标准》(GB 50189)、《民用建筑节能设计标准(采暖居住建筑部分)》(JGJ 26)、建设部建筑节能“九五”计划和2010年规划、《建筑照明设计标准》(GB 50034)和《既有采暖居住建筑节能改造技术规程》(JGJ 129)，对新建建筑围护结构、室内环境节能设计计算参数、对冷热源规定设备选型的能效比限值、照明光源和灯具的选择等进行了具体规定，并对既有采暖居住建筑节能改造的方案、工艺、技术、条件、效果等提出了具体要求。在此基础上，提出居住建筑实行“三步节能”，也就是建筑采暖能耗节能强制性标准的第三阶段，即要求新设计的采暖居住建筑能耗水平在1980～1981年当地通用设计能耗水平的基础上节约65%，公共建筑与1980年典型公共建筑能耗基础相比，节约能源50%以上，既有建筑物改造后与改造前相比节能率应达40%。

参考文献

[1] 高明远. 建筑设备技术 [M]. 北京：中国建筑工业出版社，2007

[2] 徐吉浣，寿炜炜. 公共建筑节能设计指南 [M]. 上海：同济大学出版社，2007

[3] 薛志锋. 公共建筑节能 [M]. 北京：中国建筑工业出版社，2007

[4] 北京节能环保服务中心. 大型公建节能读本 [M]. 北京：经济日报出版社，2006

[5] 李英姿，洪元颐. 现代建筑电气供配电设计技术 [M]. 北京：中国建筑工业出版社，2010

[6] 中国建筑学会建筑电气分会. 建筑供配电新技术 [M]. 北京：经济日报出版社，2009

[7] 北京节能环保服务中心. 大型公建节能读本 [M]. 北京：经济日报出版社，2009

[8]《建筑照明设计标准》编制组. 建筑照明设计标准培训讲座 [M]. 北京：中国建筑工业出版社，2004

[9] 章云. 建筑智能化系统 [M]. 北京：清华大学出版社，2007

[10] 程大章. 智能建筑理论与工程实践 [M]. 北京：机械工业出版社，2009

[11] 第二届国际智能、绿色建筑与建筑节能大会编委会及建设部科学技术司编. 智能与绿色建筑文集(2) [M]. 北京：中国建筑工业出版社，2006

[12] 李玉忠. 建筑智能化系统的设计与实现 [J]. 山西建筑，2008，34：15

第 2 章　建筑供能系统的能量分析理论与应用

2.1　能量分析理论与方法

2.1.1　能量分析方法分类

为了确定能量损失的性质、大小与分布，指明提高能量利用率的方向，对系统或装置所进行的分析，称为“能量分析”[1]。

能量分析的方法一般可分为以下两种：

第一种是能分析方法，依据的是能量的数量守恒关系，即热力学第一定律。通过分析，揭示出能量在数量上转换、传递、利用和损失情况，确定出某个系统或装置的能量利用或转换效率。由于这种分析方法和由此得出的效率是以热力学第一定律为基础的，故称为能分析和能效率。

第二种是㶲分析方法，依据的是能量中㶲的平衡关系。通过分析，揭示出能量中㶲的转换、传递、利用和损失的情况，确定出某个系统或装置的㶲利用效率。这种分析方法和由此得出的效率是以热力学第一定律和热力学第二定律为基础的，称为㶲分析和㶲效率[2]。

能量分析是不同质的能量在数量上的平衡，它只考虑了量的利用程度，反映的只是量的外部损失，无法揭示系统内部存在的能量的“质”的贬降，不能深刻地揭示能量损耗的本质。㶲分析比能分析更科学，能更全面且深刻地揭示各种损失的原因与部位，从而能更准确地指出系统或装置的改进方向。

2.1.2　能量分析方法

无论是能分析还是㶲分析，能量分析的主要内容是相似的，下面以㶲分析为例进行说明。㶲分析主要包括以下 3 部分内容：

(1) 计算系统中所有元件的㶲损失；

(2) 计算系统中所有元件的㶲效率及系统的㶲效率；

(3) 进行结果分析，提出系统改进的方向。

㶲效率定义为作为收益的㶲与作为代价的㶲的比值，即

$$\eta_{ex}=\frac{E_{x.gain}}{E_{x.cost}} \tag{2-1}$$

式中　η_{ex}——㶲效率；

$E_{x.gain}$——作为收益的㶲；

$E_{x.cost}$——作为代价的烟。

为便于揭示系统内烟损的分布和相对大小，可计算各元件的烟损系数。烟损系数定义为局部烟损失与系统总收益烟的比值，以Ω_i表示，即

$$\Omega_i=\frac{E_{x.cost}}{E_{x.gain}} \tag{2-2}$$

式中 $E_{x.cost}$——元件 i 的局部烟损失；

$E_{x.gain}$——系统总收益烟。

系统的总烟损系数等于各元件的局部烟损系数的总和，即

$$\Omega=\frac{E_{x.cost}}{E_{x.gain}}=\frac{\Sigma E_{x.cost}}{E_{x.gain}}=\Sigma\Omega_i \tag{2-3}$$

烟效率与烟损系数之间的关系为：

$$\eta_{ex}=\frac{1}{1+\Omega}=\frac{1}{1+\Sigma\Omega_i} \tag{2-4}$$

烟损系数不仅可揭示系统中烟损的分布和相对大小，而且能直接反映烟效率的高低。

通过对烟损失的计算结果进行分析，明确烟损失的分布特性。通过对烟效率进行分析，了解元件的热力学完善性。对这些结果进行综合分析，并考虑系统元件的联系与它们之间的相互影响，指明系统改进的方向[3]。

2.2 北方寒冷地区常规供热系统能量分析与应用

2.2.1 集中供热系统能量消耗环节

供热系统把热量由热源送到热用户，一般都要经过热制备、转换、输送和用热这几个环节。我国城市集中供热的热制备主要来自燃烧化石燃料(煤、油、气)的区域锅炉房和城市热电厂。区域锅炉房的主要耗能设备是锅炉、燃料输送及灰渣清除机械、鼓风机和引风机、水制备和输配系统的水泵(循环水泵、补水泵和加压泵)等；它们耗用的能源是燃料、电力、水和热；通常可以用单位供热量的消耗量来评定耗能水平。热电厂是由抽凝式或背压式供热机组排(抽)汽后通过热能转换装置(通常称为首站热交换器)传递给热网系统；首站是供热系统的热源，主要耗能设备是热交换器、输配系统的水泵，它们耗用的能源是热能、电力、水；通常可用单位供热量的消耗量来评定耗能水平。热能输送由热网承担，供热管道由钢管、保温层和保护层组成，其结构依敷设而异。管道敷设有架空、管沟和直埋3种方式。它们的能量消耗是沿途散热的热损失和泄漏的水、热损失。能量转换是通过热力站交换器把一级网的热能传递给二级网，并由它输送到热用户。热力站是二级网的热源，主要耗能设备是热交换器、二级网系统循环水泵和补水泵。用热环节即终端系统用热设备。城市集中供热主要是建筑物内的采暖。供热系统从热制备→转换→输送→用热环节的能量进入和输出必须相等，即：输入能量＝可用能量＋Σ 能量损失，能源利用率＝可用能量/输入能量。供热系统由多个子系统组成：热用户是终端，采暖散热器是终端用热设备；热力站、二级网和终端组成二级网子系统，热力站热交换器成为该子系统的能量转换点，一级网水则为它的热源；锅炉房(或热电厂首站)，一级网和热力站组成一级网子系统，热力站是该子系统的热用户，锅炉受热面(或首站热交换器)成为能量转换设备，锅炉

（或热电厂流经汽机制蒸汽）是热源；锅炉本体（或热电厂）自成一个子系统，称为热源子系统[1]。

2.2.2　集中供热系统能量分析的基本方法

对于供能系统的能量分析至今共出现了3种基本工具和方法：能分析法、㶲分析法和热经济学分析法。

1. 能分析法

能量平衡分析法以热力学第一定律为基础，追求较高的总能利用率。但是，能量与能量之间存在不等价性，如果以能量为基准，其评价指标之间将缺乏可比性。因此，以热力学第一定律为基础的评价指标，无法有效地实现对能源利用的监督与管理[2]。

2. 㶲分析法

㶲分析法是在热力学两大定律的基础上结合环境情况，从对能的本质的全面认识以及从能的实用性出发而提出的一种思想和方法。㶲分析法认为：能分为两类，㶲是这样一种能：在给定环境的作用下，它可以完全、连续地转化为任何一种其他形式的能量。能的可用性、能的使用价值在于它能促成变化。真正为我们服务的不是能，而是能中的㶲。在用能过程中，一切损失的实质都是㶲的耗损。可逆过程是实际过程理想化的极限，是在体系与外界㶲的总量保持不变的情况下所进行的过程。列㶲平衡式是确定㶲耗损的常用方法。㶲效率是从能量转化的角度表示设备或过程热力学完善性的科学指标。㶲损系数体现了具体的设备或过程在造成总的㶲耗损中的相对地位，它与㶲效率一起相辅相成的从一个侧面为节能目标提供参考依据[3]。

3. 热经济学分析法

热经济学分析法是将经济学与热力学结合起来进行分析的方法。热经济学力图将社会经济环境与㶲指标的自然环境结合起来研究具体问题，考虑了现实条件下的人为规定性，对于系统优化与决策很有意义，既考虑了节能又考虑到了省钱，结合现实条件，寻找两者的平衡，并最终实现两者兼顾的最优目标。

三种能量系统分析方法的比较如表2-1所示。

三种能量系统分析方法比较　　**表2-1**

	能量平衡分析法	㶲分析法	热经济学分析法
基础理论	热力学第一定律、能平衡	热力学第一、第二定律、㶲平衡	综合运用分析原理与经济学理论和方法结合的技术
评价能量过程的准则	能量利用率（有效输出能量/输入系统的能量）	㶲效率（有效利用的㶲/系统消耗的总㶲）	给出的结果为经济量纲的量可直接用于方案的比较与决策
涉及的环境	无环境问题，只涉及参数计算的基准态	只涉及一个物理环境	除物理环境外，还涉及经济环境
分析方法的实质	能量在数量上平衡	既考虑能的量，更重视能的质，追求能级品位的最佳匹配	综合运用热力学原理与经济学准则追求经济效益最佳效果

续表

	能量平衡分析法	㶲分析法	热经济学分析法
不足之处	只注重能的数量而忽略其质量，因而不能确定不同能量品位的价值，不能正确指导合理用能，也不能正确指出合理用能所在	合理解决了质和量并重地分析能量系统的问题，但只能给出㶲损的原因、分布和数量，而不能给出确切的㶲价、㶲成本以及形成㶲成本的规律，未涉及经济因素，因而其计算结果只能提供方案选择的参考	解决了前两种方法的局限性但目前还在发展，出现了很多新模式，这些模式都有待于进一步完善，特别有待于在工程实践中推广和运用

2.2.3 集中供热系统的能分析法与应用

1. 能分析法

(1) 锅炉热效率

锅炉热效率是指锅炉产生蒸汽或热水所含的热量与耗用燃料输入锅炉热量的比值。它表示燃料输入锅炉总热量的有效部分，一般用百分数表示。锅炉热效率受众多因素的影响，在不同状态下可达到不同的效果。锅炉的设计效率和试验效率是在特定条件下测得的，而平均运行效率和实际使用效率能更确切地反映锅炉的运行管理水平。作为评价锅炉节能运行评价指标所用的效率，应当是平均运行效率或实际使用效率，而不能用设计效率或者试验效率。测量锅炉的热效率有正平衡法和反平衡法两种[4]。

把燃料送入锅炉中燃烧，它所放出的热量，一部分转换为有用的热能(有效利用热量)，另一部分就是各种损失掉的热量，其热平衡式为：

$$Q=Q_1+Q_2+Q_3+Q_4+Q_5+Q_6 \tag{2-5}$$

式中 Q——燃料燃烧放出的发热量，kJ；

Q_1——锅炉用于产生蒸汽的热量或者有效利用热量，kJ；

Q_2——排烟热损失，kJ；

Q_3——化学未完全燃烧热损失，kJ；

Q_4——机械未完全燃烧热损失，kJ；

Q_5——锅炉表面散热损失，kJ；

Q_6——炉渣物理热损失，kJ。

1) 锅炉平均运行效率

$$\eta_{b1}=\frac{Q_1}{Q}\times 100\% \tag{2-6}$$

2) 锅炉房年综合效率

锅炉房效率用 η_1 表示。它表示锅炉房所输供热量与总能量消耗(燃料、电、水等)之比[5]，其定义式为：

$$\eta_1=\frac{\text{热源年实际供热量 }\Sigma Q_s}{\text{热源年消耗燃料、电、水的折合标准煤的热量 }\Sigma Q_z} \tag{2-7}$$

其中 $Q_z=Q_f+Q_{pe}+Q_{sz}$

式中 Q_f——燃料发热量，kJ，$Q_f=B\cdot Q_{net,ar}$；

Q_{pe}——热源辅机(包含水泵)耗电量折合热量，kJ，$Q_{pe}=W\cdot q_{WD}$；

Q_{sz}——耗水量折合热量，kJ，$Q_{sz}=S\cdot q_s$；

B——统计期内，锅炉房所消耗的燃料量，kg；

S——统计期内，锅炉房所消耗的水量，t；

W——热源辅机(包括水泵)电量，kWh；

$Q_{net,ar}$——燃料的低位发热量，kJ/kg；

q_{WD}——电的等价热量，约为0.35×29306kJ/kWh；

q_s——水的等价热量，约为0.257×29306kJ/t。

3）锅炉房年效率理论计算

热水锅炉：

$$\eta_1=\frac{Q_s}{BQ_{net,ar}+Wq_{DW}+Sq_s} \tag{2-8}$$

式中　Q_s——统计期内，锅炉房实际输出的供热量，kJ。

在供热运行期间，进出口热水或者蒸汽的焓值随压力、流量、温度的变化而不断改变，所以在实际中用式（2-9）计算。

$$Q_s=\int_{\tau_1}^{\tau_2}\rho C_\rho G(T_g-T_h)d\tau \tag{2-9}$$

式中　Q_s——实际供热量，kJ；

τ_1，τ_2——开始及停止供热时刻，h；

ρ——流经热量表的热水密度，kg/m³；

C_ρ——水的比热容，4.1868kJ/(kg·℃)；

G——热源在τ时刻的流量，m³/s；

T_g，T_h——热源τ时刻的供、回水温度，K。

蒸汽锅炉的分析同热水锅炉。

(2) 换热站年换热效率

换热站换热效率用η_4表示。

$$\eta_4=\frac{Q_s}{Q_{Di}+Wq_{WD}+Sq_s} \tag{2-10}$$

式中　Q_s——统计期内，换热站实际输出的供热量，kJ；

Q_{Di}——换热站得到的总热量，kJ；

S——统计期内，换热站所消耗的水量，t；

W——热源辅机(包括水泵)电量，kWh。

(3) 室外管网年输送效率

1）从锅炉房到换热站一次管网年输送效率用η_2表示。

$$\eta_2=\frac{Q_D}{Q_s}\cdot 100\% \tag{2-11}$$

式中　Q_D——所有换热站年得到热量总和，kJ。

2）每i个换热站到对应用户二次管网年输送效率用η_{3i}表示。

$$\eta_{3i}=\frac{Q_{Di}}{Q_{hi}}\cdot 100\% \tag{2-12}$$

式中 Q_{Di}——i 个换热站用户得到年总耗热量，kJ；

Q_{hi}——i 个换热站输出年总热量，kJ。

所有换热站到用户二次管网年输送效率用 η_3 表示。

$$\eta_3 = \frac{\sum_{i=1}^{n} Q_{Di}}{\sum_{i=1}^{n} Q_{hi}} \cdot 100\% \tag{2-13}$$

室外管网输送年总效率 η_{zg} 为

$$\eta_{zg} = \eta_2 \cdot \eta_3 \tag{2-14}$$

3)《采暖居住建筑节能检验标准》(JGJ 132—2001)规定，室外管网输送效率不应小于0.9，供热系统年总效率用 η 表示。

$$\eta = \eta_1 \cdot \eta_2 \cdot \eta_3 \tag{2-15}$$

4) 输配系统一次能效比

集中供热系统一次网输配系统能效比是指建筑物的热负荷与输配系统(一次网)耗功率(一次能源量)的比值，定义式为：

$$\eta_{PER} = \frac{Q}{P_s} \eta_f \eta_w \tag{2-16}$$

式中 η_{PER}——集中供热系统输配系统(一次网)的一次能效比；

Q——输配系统输送至换热站的热量，在数值上等于热源系统制备的热量减去输配系统的热量损失值，kW；

P_s——输配系统(一次网循环水泵)耗功率，kW；

η_f——电厂的发电效率，取 $\eta_f = 40\%$[6]；

η_w——电网的输送效率，取 $\eta_w - 95\%$[7]。

2. 能量平衡分析应用

(1) 某集中供热系统概况

某集中供热系统总供热面积约582万 m^2。热源为3台116MW的循环流化床锅炉。实际测得一次网全年供/回水平均温度约为82/52℃；流量约为5500m^3/h；二次网供/回水温度为60/50℃，实际供热天数为124d。系统实际耗煤量约为14.24万t/a，煤的热值约为20871kJ/kg。全年总供热量为225.35×10^4GJ/a，锅炉房水泵与辅机共耗电约2264×10^4kWh/a，补水量为66875t/a。输配系统定流量运行。供热锅炉日平均运行效率、热电厂供热锅炉综合效率及输配系统一次能效比分析。

(2) 供热锅炉日平均运行效率分析

根据公式计算得锅炉运行期间日平均效率，具体见图2-1。由图可知，锅炉大部分时间在低效率下运行。

(3) 热电厂供热锅炉综合效率

$$\eta_1 = \frac{\text{热源年实际供热量}}{\text{热源年消耗燃料、电、水的折合标准煤的热量}} \times 100\% = 64.8\%$$

(4) 输配系统一次能效比

测试此集中供热系统水泵工作点的压力约为0.64MPa，流量为5500m^3/h，运行效率为40%，配用功率为2400kW，系统输送热用户的总热量约为205.7×10^4GJ，则根据公式

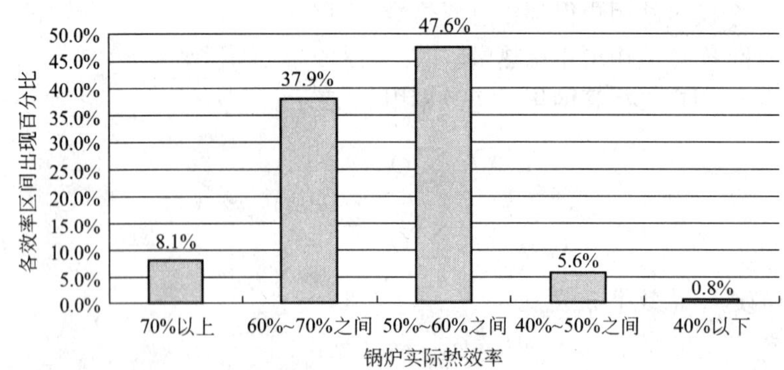

图 2-1　锅炉全年运行期间日平均效率统计

计算得输配系统一次能效比约为 24.3。若选定的循环水泵处于高效区运行，其效率为 75%的话，则一次能效比约为 32.4。

2.2.4　集中供热系统的㶲分析与应用

1. 集中供热系统的供能㶲分析

(1) 㶲的物理含义

㶲是在给定环境下，系统由自身状态变化到环境状态时所能做出的最大有用功，即当热力学系统或能流系统与环境介质相互作用而达到完全平衡时，外界得到的功量。从热力学第一定律和第二定律可直接导出在每个给定状态下，系统㶲及其能都具有固定值。在可逆过程中，将其强度参数与环境介质参数等同起来，因此可以单值的以功来表示㶲。系统与环境介质的相互作用可以是可逆的(理想过程)，也可以是不可逆的（实际过程)。在第一种情况时，根据确定的㶲将会得到相应的功。如果过程在达到系统与环境平衡之前就停止了，那么所获得的功将等于系统所减少的㶲[8]。

(2) 热量㶲

热量㶲是指高于环境温度的系统，在一定环境条件下进行可逆过程时，通过边界传递的热量 Q 中所能做出的最大有用功，也就是热量 Q 相对于环境所能做出的最大有用功，一般用 E_Q 表示。若以系统为热源，以环境为冷源，并认为在热源与冷源之间进行着一个卡诺循环，则热量㶲与热量炕分别为：

$$E_Q=\left(1-\frac{T_0}{T}\right)Q=Q-T_0\Delta S \tag{2-17}$$

$$A_Q=T_0\frac{Q}{T}=T_0\Delta S \tag{2-18}$$

式中　E_Q——热量㶲；

A_Q——热量炕；

T_0——环境温度；

T——系统温度；

ΔS——系统熵增。

可见，热量㶲是热量 Q 所能转换的最大有用功，热量㶲与热源温度 T 和环境温度 T_0 有关，当环境温度给定时，其值随热源温度的升高而增大，随热源温度的降低而减小。

(3) 机械形式能量的㶲

系统具有的宏观动能与重力位能，都是机械能，理论上能全部转换成有用功(或其他形式的能量)，所以动能与位能全是㶲，分别称之为动能㶲与位能㶲。系统通过边界以功的形式传递的能量也是一种机械形式的能量，但不一定都是㶲，只有在环境条件下技术上能利用的有用功才是㶲。例如，传出的轴功、稳定流动系统输出的有用功、循环净功等都由㶲组成，其炕为零。

(4) 稳流工质的焓㶲

在稳流状态下 1kg 工质从任意状态可逆变化到约束性死态时，理论上所能转换为其他形式的那部分能量，即为 1kg 稳流工质的物理㶲，也称为焓㶲。对集中供热系统，系统中的热媒水可以看做是稳流工质。在压力 P 下 1kg 的热水单纯由于热不平衡引起的热㶲可以表示为：

$$\begin{aligned} e_{X,Q} &= \int_{T_0,P}^{T,P} c_P\left(1-\frac{T_0}{T}\right)\mathrm{d}T \\ &= c_p\left[(T-T_0)-T_0\ln\frac{T}{T_0}\right] \end{aligned} \tag{2-19}$$

式中 $e_{X,Q}$——热水的热㶲；

c_P——水的定压比热。

在 T_0 下稳流工质的机械㶲为：

$$\begin{aligned} e_{x,mech} &= \int_{P,T_0}^{P,T_0} v\mathrm{d}P \\ &= v(P-P_0) \end{aligned} \tag{2-20}$$

式中 v——比体积。

对集中供热系统来说，一般情况下市政管网接入的蒸汽在换热站中经过换热器的热交换，变为高温高压的冷凝水该过程中发生了相变，所以 1kg 水蒸气由 T_2 发生相变变为温度为 T_1 的热水的㶲可以表示为：

$$\begin{aligned} e_{x,th} &= e_{X,T} - e_{X,T_0} \\ &= \int_{T_s}^{T_1} c_{P1}\left(1-\frac{T_2}{T_1}\right)\mathrm{d}T + \left(1-\frac{T_2}{T_s}\right)\gamma + \int_{T_2}^{T_s} c_{P2}\left(1-\frac{T_2}{T_1}\right) \end{aligned} \tag{2-21}$$

式中 T_s——相变温度；

γ——相变潜热；

$e_{X,T}$——T 时的比㶲；

e_{X,T_0}——T_0 时的比㶲；

c_{P1}——水蒸气的定压比热；

c_{P2}——热水的定压比热。

(5) 热力过程的㶲平衡

进入该系统的能量应等于离开系统的各种形式能量的总和。如果整个系统是稳定的，则系统内部的能量不发生变化，此时，可以列出系统的能量平衡式：

$$E_{n1} = W_s + E_{n2} + Q \tag{2-22}$$

式中 W_s——系统对外所作的轴功，属于有用的“收益”；

E_{n1}——进入该系统的能量；

E_{n2}——工质离开系统时带走的能量，如果这部分能量不再回收利用，就以外部损失的形式排离系统；

Q——系统向周围环境散放的热量，同样也以外部损失的形式排离系统。

由于系统内部各个环节的实际过程中存在不可逆损失。因此，进入系统的㶲应等于离开系统的各种㶲以及系统内部的㶲损失，如果系统是稳定的，系统内部的㶲量不发生变化，则：

$$E_{X,1}=W_s+E_{X,2}+E_{X,Q}+\Sigma E_{X,1,i} \tag{2-23}$$

式中　W_s——系统对外所作的轴功，由于机械功本身就是㶲，所以它也就是所要获得的“收益”㶲；

$E_{X,2}$——工质离开系统时所带走的能量 E_2 中的㶲；

$E_{X,Q}$——系统向周围环境散放的热量 Q 中的㶲，同样也以外部损失的形式排离系统；

$E_{X,1,i}$——㶲损。

从式（2-23）可以看出，流动工质㶲的变化取决定它与外界的热交换与功交换，而且与过程的㶲损耗有关系。向工质输入功以及在高于环境温度 T_0 下使之接受热量，都趋向于使其㶲增加。工质在环境温度 T_0 下与外界交换热量并不影响到其㶲值的变化。如果绝热或者只在环境温度 T_0 下与外界交换热量，则工质的㶲降与其做出功的差值就表征其㶲的耗损[9]。

（6）㶲效率

根据能量效率的定义，可以得到系统的第一定律效率：

$$\eta=\frac{W_s}{E_{n1}}=1-\frac{Q}{E_{n1}}-\frac{E_{n2}}{E_{n1}} \tag{2-24}$$

㶲效率的定义与能效率类似，可取作为收益和作为代价的比值，则有㶲效率的计算式：

$$\eta_{ex}=\frac{W_s}{E_{X,1}}=1-\frac{E_{X,Q}}{E_{X,1}}-\frac{E_{X,2}}{E_{X,1}}-\frac{\Sigma E_{X,1,i}}{E_{X,1}} \tag{2-25}$$

㶲效率是衡量设备或过程在能量转化方面完善程度的指标。损失的真正含义是不可逆损失，即㶲耗损，所以㶲效率的高低反映着有关设备或过程的真正的热力学完善程度。㶲效率为指标可以评比不同种类的能量设备，并能成功地反映它们的完善程度。效率总是被定义为能量或功率的比值。只有热力学上等价的能量或功率的比值，才有可能提供科学的评比标准。因此，使用㶲效率评价能量系统更为合理。㶲效率是收益㶲与消耗㶲的比值，但是区分有效的收益㶲和消费㶲的方法往往是不同的，区分的方法不一样，就会得出㶲的不同定义。越过控制界面的物流和能流数越多，定义的可能方案也就越多。至于采取何种定义更合理、最能反映事物的本质，则需要进行具体的分析。

㶲效率的意义：在系统的输出端，㶲可以得到概括的特性量，它可以代表所分析系统的产品的产量(或功率)，而与输出产品的形式和同时输出不同产品的数量无关。㶲可以用于任意形式的产品，其输出形式为工业所需的功、具有不同参数的(温度、压力、集态与成分)热流或物流以及辐射能[10]。

（7）㶲损和㶲损系数

在工程系统中的㶲损大体上可以按照其分布情况分成内部损失和外部损失两组。内部损失是与系统内部所进行过程的不可逆性有关的损失，这类损失一般加下角标 i，即用 $E_{X,1,i}$来表示。作为内部㶲损的典型例子，可列举设备中的节流、流体阻力、机械摩擦、有限温差传热和浓度差等。

外部损失是与系统所接触的环境条件有关的损失。在环境介质中有能量的发生源，也有能量的接受库。这类损失以下角标 e(即 $E_{X,1,e}$)表示。凡是这类既与系统、环境介质有关的损失，例如与被加热或被冷却的客体与工质之间的温差有关的损失，与热绝缘的不理想有关的损失等，都应归在这一类损失组里。在这组损失里还有如从装置输出的生成物㶲、未能得到利用的排放损失(如锅炉排放的烟气、空气分离装置排放的氮)等。

内部损失 $E_{X,1,i}$ 主要是指因为所分析的系统中采用的设备与机械的不完善性或某些部分过程的不完善性引起的。而外部损失 $E_{X,1,e}$ 则大多是因为整体过程与它所进行时的外条件的不相应性或在工艺上有同一目的而相互联系的个别元件之间的不相应性所引起的。

2. 某集中供热供能系统的实际㶲分析

(1) 集中供热系统的㶲平衡及㶲效率

集中供热系统运行时情况非常复杂，所以在进行㶲分析时，最好只分析能流的㶲，即仅考虑此能流的参数，而不考虑产生此能流的系统。在集中供热系统中，水作为媒介主要经过换热站、供水管路、热用户和回水管路，按照其流程对其进行㶲分析，即按照水的流动方向建立系统的串联形式的㶲分析模型。集中供热系统的能量平衡为：

$$Q_Z+W_X+W_B+Q_B=Q+Q_B'+Q_S+Q_L \tag{2-26}$$

式中 Q——用户热负荷；

Q_B'——系统漏水的损失能；

Q_S——系统损失能；

Q_L——冷凝水所含的能；

Q_Z——市政蒸汽的能量；

Q_B——补给水携带的能量；

W_X、W_B——循环水泵、补水泵的电功。

$$\eta=\frac{Q}{Q_Z+W_X+W_B+Q_B} \tag{2-27}$$

式中 η——系统能利用率。

由于能只与物质或能流的参数有关，而与环境介质参数无关。因此，它总是具有非零值。在能平衡方程中，难以反映所分析的系统的不可逆性所引起的损失。从热力学第一定律的观点出发的能平衡方程只是说明了进入系统的能量等于排出系统的能量。能量是不能无缘无故损失掉的，只是转换成了另一种形式的能量并且被传递到系统外界去了。至于这种被传递并转换了的能量到底是什么原因形成了这种所谓的损失，还有没有被重新利用的价值都是很模糊的。这种将高品位的机械能或电能与低品位的热能的方程体现不出可用能的实际利用情况，其热效率也不能反映出可用能被利用的程度以及系统的完善程度。对于子系统的分析，能平衡方程会得到同样的结果。

集中供热系统运行过程中的㶲流情况，建立㶲平衡方程式为：

$$E_{X,Z}+W_X+W_B+E_{X,B}=E_{X,Q}+E_{X,S}+E_{X,L}+E_{X,1,i} \tag{2-28}$$

式中 $E_{X,Z}$——输入蒸汽的㶲，可以根据蒸气的温度和压力确定；

$E_{X,Q}$——热用户接收的㶲值，也可由热表读出；

$E_{X,L}$——蒸汽冷凝水的㶲值，可由温度和压力确定。

最后可以得到㶲损失的结果，进而对各部分的㶲损失进行更详尽的分析。

对于系统内部和系统与环境之间发生相互作用的所有过程，如果所研究的对象是可逆的，则系统内部总的㶲损失 $E_{X,1,i}=0$；如果是不可逆的，则系统内部总的㶲损失 $E_{X,1,i}>0$。可见㶲平衡方程首先可以用来确定新设计的系统原则上的可行性，而不需要详细分析就可以知道一个实际的系统是否可行，如果任一系统或在其中任一元件破坏了熵损失大于等于零的条件，那么就意味着在测量和计算中有错误，或者计算结果表明所设计的系统在实践中是不可行的。总之㶲平衡方程中输入㶲必须大于等于输出㶲，否则的话，即使设计方案没有违反热力学第一定律，在实际中也是不可行的，因为它违反了热力学第二定律的熵增原理即另一种表达方法的㶲减原理。

根据㶲分析模型和㶲平衡方程式，可得到系统模型的㶲效率：

$$\begin{aligned}\eta_e &= \frac{E_Q}{E_z+W_X+W_B+E_B} \\ &= 1-\frac{E_S}{E_z+W_X+W_B+E_B}-\frac{E_L}{E_z+W_X+W_B+E_B}-\frac{\Sigma I_i}{E_z+W_X+W_B+E_B}\end{aligned} \tag{2-29}$$

显然供热系统的㶲效率介于 0～1 之间，㶲效率还体现了同质能量的比较，它同时反映了系统内部损失和外部损失的影响，真实地反映了系统的完善性程度。

(2) 㶲损失的确定与分布

进行㶲分析时，不仅希望知道总㶲损失的大小，还要弄清包含的局部㶲损失的部位与产生原因。我们所分析的集中供热系统包括了若干部件，因此，除了计算总的㶲损失外，还应求出相应的局部㶲损失。局部系统中有可能又包含许多子系统，因此，有必要的话还要对内部子系统进行分析。

从产生㶲损失的部位看，可以将它区分为内部与外部两种㶲损失。当然，这种划分是相对的，倘若将系统处理成孤立的，那么一切不可逆损失都发生在系统内部。若将研究对象取作系统，而将系统以外的作为外界，那么，不可逆损失既可以是内部的也可以是外部的。例如，向环境散热而未加利用的㶲散逸以及向环境排放废弃物而未加利用的㶲排放都属于外部㶲损失。无论是㶲散逸还是㶲排放，都没有产生实际的效益，白白弃之于环境。因此，从节能的角度考虑，在合理的经济技术条件下，应尽可能将它们减少到最小。但是，内部㶲损失却不尽然，虽然由于内部不可逆性使㶲部分退化为炾，然而，这种退化与推动过程进行所不可缺少的推动力有着密切的关系。为了使过程能以一定的速率进行，必须要有各种相应的势作为推动力，以克服流阻；热量的传递需要有温差作为推动力，以克服热阻等。各种势差的存在又势必导致产生内部㶲损失，势差越大，内部损失也越大，若欲减少㶲损失，必须减少势差，也将随之降低过程的推动力。从这个意义上讲，过程中的内部㶲损失是不可避免的，往往可理解为为了推动过程进行所付出的㶲的代价。当然，这并不是说不必或无法减少内部㶲损失了，恰恰相反，完全可以通过降低不必要的、过大的推动力或通过采用除垢等措施减少阻力，相应的降低推动力等办法来减少内部㶲损失。总之，可以根据合理的技术经济指标，确定出合理的推动力，尽可能地减少不必要的内部㶲损失。

1）换热站㶲损失

对于换热站来说，可以建立如下的㶲平衡方程：

$$E_Z+W_X+W_B+E_B+E_5=E_2+E_S+E_L+I_1 \tag{2-30}$$

式中 I_1——换热站的㶲损失；

E_5——从管网回到换热站的回水，虽然仍具有较高的温度，但是对于供热系统来说，它已经不具有做功能力，所以 $E_5=0$。

$$I_1=E_Z+W_X+W_B+E_B+E_5-E_2-E_S-E_L \tag{2-31}$$

换热站㶲损失与集中供热系统总的㶲损失的关系可以用换热站㶲损失的权重来表示，也就是以换热站的㶲损失占总损失的百分数来衡量：

$$\beta_1=\frac{I_1}{\Sigma I_i}\times 100\% \tag{2-32}$$

由换热站损失的权重可以知道损失分布的情况，进一步用同样的方法对权重大的损失部件进行分析，就能找出局部损失的分布情况。

当分析损失时，重要的是不仅要从损失分布的观点来分析，而且要特别注意分析其产生的原因。在总损失中，有的量是与技术的不可逆现象有关的，这些不可逆现象是因设备不完善而引起的。在极端情况下，这类损失可以在不改变系统结构的条件下减少至零。技术损失的参数可能是热绝缘的不完善性、设备中的摩擦、有限温差传热、因条件而限制的传热面积的尺寸与较低的传热系数等。

总损失的另一部分则与系统固有的不可逆现象有关，这些不可逆现象是由系统结构与其外部联系等因素引起的。这类损失不可能在不改变系统结构和其外部联系的条件下消除或减少，除非变更系统或进行其局部改变才能适合这一目的。这类损失叫做系统固有的损失，比如在节流装置中的损失，在换热过程中由于沿程温度不均匀、由工质流的热容量在流程各点不相同等原因引起的损失。

把损失划分成技术的和固有的两部分是必要的，因为这样可以明确系统的哪些部分可以用完善系统的方法来消除或减少损失，哪些部分必须改变系统的结构与其外部联系才能达到消除和减少损失的目的。

在对集中供热系统㶲损失的分析中，也要对损失的原因进行分析。换热站内部设备比较复杂，损失原因也有多种。进行㶲损失分析时要根据具体情况来确定。

2）供水管路的㶲损失

供水管路的㶲主要为进入管路与送出管路的工质㶲，这样，供水管路㶲损失为：

$$E_2=E_3+I_2 \tag{2-33}$$

式中 E_2——输入㶲；

I_2——供水管路的㶲损失；

E_3——输出㶲。

供水管路㶲损失为进入管道工质㶲与管道输出工质㶲的差值。损失是由供水管道沿管长的摩阻损失以及通过管壁和保温层的㶲散失损失。

3）热用户的㶲损失

对于热用户来说，具有如下的㶲平衡：

$$E_3=E_Q+E_4+I_3 \tag{2-34}$$

式中　E_3——输入㶲；

E_Q——热用户接收的㶲；

E_4——输出㶲；

I_3——热用户的㶲损失。

对热用户来说，㶲损失包括通过散热器的温差传热引起的㶲损失，以及热水在散热器中由于阻力引起的机械㶲损失。

4）回水管路的㶲损失

回水管路的㶲损失在形式上与供水管路完全相同，即

$$E_4=E_5+I_4 \tag{2-35}$$

式中　I_4——回水管路的㶲损失。

（3）某供热管网㶲分析

该区域管网位于石家庄市，冬季室外设计温度为−8℃。供热小区的热源为壳管式换热器，供热面积为290026m²，供暖周期为117d，室内设计温度为18℃±2℃，设计总热负荷为17402kW，选用4台4500kW的换热机组，共18000kW。

为了分析集中供热系统的㶲分析及其损失，现将该供热系统分成4个区进行研究，见表2-2。

设备名称对应区号　　**表2-2**

区号	1	2	3	4
设备名称	换热站	供水管道	热用户	回水管道

针对各个分区，结合统计的能量情况，可以做出如图2-2所示的能流图。

依据㶲流图(见图2-3)进行集中供热系统㶲值的计算。

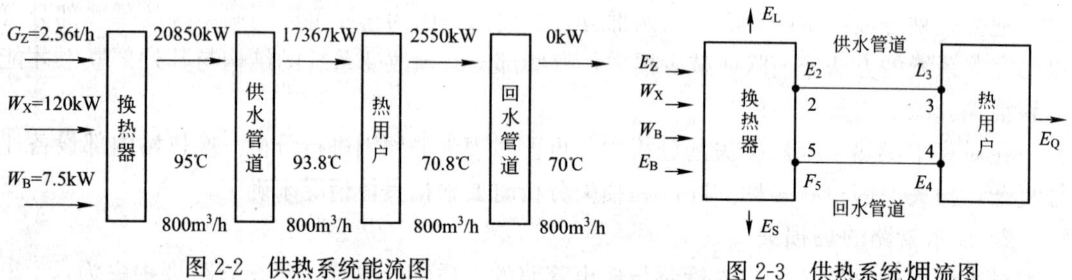

图2-2　供热系统能流图　　　图2-3　供热系统㶲流图

根据上述的数据和模型，求得各个分区的㶲值如表2-3所示。

各区㶲值计算结果　　**表2-3**

区号	㶲值	计算结果(kW)	
		分项㶲值	总㶲
1	E_z	1672	1799.5
	W_X	120	
	W_B	7.5	
2	E_2	1416	

续表

区号	㶲值	计算结果(kW)	
		分项㶲值	总㶲
3	E_3	1126	
4	E_4	7.1	
5	E_5	0	

根据表 2-3 中计算得到各点的㶲值，就可以确定系统各区的㶲损失和㶲效率，如表 2-4 所示。

供热系统㶲平衡和㶲损失 **表 2-4**

区号	进口㶲	出口㶲	㶲损失	㶲传递效率	㶲损失效率
1	1799.5	1416	383.5	78.7%	21.3%
2	1416	1126	290	79.5%	20.5%
3	1126	7.1	1119	0.6%	99.4%
4	7.1	0	7.1	0%	100%

在整个供热系统中，有效利用的㶲是热用户得到的那部分㶲，从表 2-4 中可知为 1119kW，而整个系统输入的㶲为 1799.5kW，由此可以得到系统的㶲效率为：

$$\eta_e=\frac{E_Q}{E_Z+E_X+E_B}\times 100\%=62.2\%$$

根据上述各部分的㶲损失，还可以确定各部分㶲损失占总㶲损失的权重，由此可以根据如下式(2-36)确定各部分的㶲损失的分布情况，如表 2-5 所示。

$$\beta=\frac{I_i}{\Sigma I_i} \tag{2-36}$$

供热系统各部分的㶲损失的分布情况 **表 2-5**

区号	1	2	3	4
㶲损	383.5	290	1119	7.1
β	21.3%	16.1%	62.2%	0.4%

以总消耗㶲流为 100，其他各部分㶲流与它相比较获得相对于总㶲流 100 的各数值。按流程进行的方向，换热站进口总㶲流为 1799.5kW，在㶲流图上设为 100，其中电㶲流为 7，蒸汽㶲流为 93；换热机组出口㶲流，即供水管道进口㶲流为 78.7；供水管道出口㶲流，即热用户房间进口㶲流为 62.6；房间出口㶲流，即回水管道进口㶲流为 0.4；㶲损失分别为：换热站 21.3，供水管道 16.1，热用户 62.6，回水管道 0.4。由以上的㶲效率和㶲损失以及㶲损系数的计算和分析可知，该集中供热系统的㶲效率较低，有很大的节能潜力。该集中供热系统的㶲损失主要分布在换热站内，其次是供水管道。

2.2.5 集中供热系统的供能热经济分析

1. 集中供热系统的供能热经济分析

热经济学是 20 世纪 70 年代以来崭露头角的一门新兴学科。它从热力学分析与系统工程相结合的角度，探讨能量利用的合理性、运行的经济性、方案的可行性以及系统的优化等问题。单纯的热力学分析，主要说明过程中物质参数的变化以及与外界进行能量传递的情况。对不同的方案进行热力学分析，所依据的通常是热力学的第一、二两个基本定律，使用的经济性指标也只是前面所提到的效率和损失等。经济分析则要从热力学的量度与资金的支付方面找到一种关系，以期产品的单位成本最小、经济效益最佳。这种建立在热力学基础上的经济活动，就是所谓的热经济学的研究内容和方法。

(1) 集中供热系统的㶲成本分析

要对一个系统作出全面的评价，除了列出其能量平衡式、㶲平衡式外，还要列出经济平衡式，即成本方程，若以单位㶲的成本表示，就得到系统关于㶲的成本方程。

1) 集中供热系统的㶲成本分析模型

建立如图2-4所示的㶲成本分析模型。

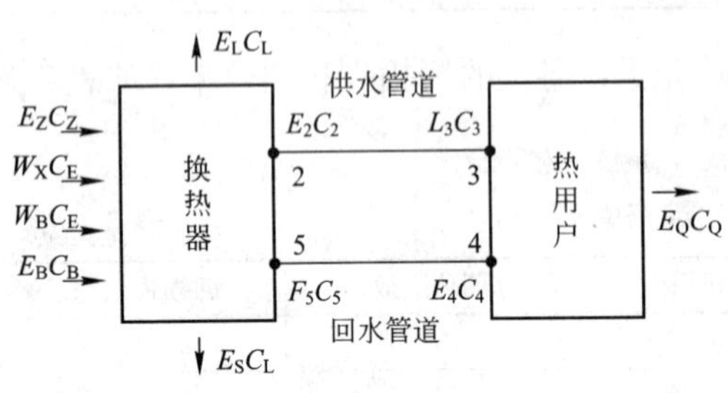

图2-4 集中供热系统㶲成本分析模型

2) 集中供热系统的㶲成本方程

在集中供热系统中，系统的收益是热用户得到的热量，即系统的热负荷，作为代价而输入的㶲分别是热源产生的高温热水或市政蒸汽以及循环水泵、补水泵的电功等，对于整个系统或其中任一单元，其产品的成本应等于为了获取产品而或付出的所有费用，其中包括燃料、设备折旧、运行、维护、检修、管理等费用。对集中供热系统来说，可以得到如下的成本方程式：

$$E_QC_Q=E_ZC_Z+C_e(W_X+W_B)+E_BC_B+C_{nf} \tag{2-37}$$

式中 C_Q——用户得到热量的单位成本；

C_Z——高温热水(市政蒸汽)的单位成本；

C_e——电单价；

C_B——补水的单位成本；

C_{nf}——系统的年度化成本。

由上式可得到用户得热的㶲的平均单价为：

$$C_Q=\frac{E_ZC_Z+C_e(W_x+W_B)+E_BC_B+C_{nf}}{E_Q} \tag{2-38}$$

根据㶲分析可知，随着过程的进行，由于内部、外部损失的存在，系统的㶲是不断减小的。另一方面，运行费用和年度化成本却是不断增大的。为了了解每一部分的费用情况，进一步对图2-5作出各子系统的成本方程。

假定每一子系统的输出为所收益的产品，而输入为作为产生效益的代价，则有

$$\begin{gathered}E_2C_2=E_ZC_Z+C_E(W_x+W_B)+E_BC_B-E_SC_S-E_LC_L+C1\\E_3C_3=E_2C_2+C2\\E_4C_4=E_3C_3-E_QC_Q+C3\\E_5C_5=E_4C_4+C4\end{gathered} \tag{2-39}$$

式中，$C1$、$C2$、$C3$、$C4$分别为换热站、供水管路、热用户、回水管路的年度化成本，设设备的年度化成本已知，则方程组中只有C_2、C_3、C_4、C_5四个未知数，从这4个方程可以直接解出。

(2) 供热系统的优化目标函数

集中供热系统的产品是惟一的热量㶲，代价为市政蒸汽和循环水泵、补水泵的电能，以系统取得的热量㶲的全年总成本最小为目标函数：

$$\begin{aligned}\min C_r &= E_Z C_Z + C_E(W_X + W_B) + E_B C_B + C_{nf} \\ &= E_Z C_Z + C_E(W_X + W_B) + E_B C_B + C1 + C2 + C3 + C4\end{aligned} \tag{2-40}$$

下面对每个子系统进行㶲成本分析。令建造与维修各个子系统的年度费用和进入各该子系统的㶲表示成各子系统的局部设计变量(决策变量)，及离开该子系统的㶲的 $C1$ 是机组决策变量 X_1 与输出㶲 E_Z 的函数；若将换热站综合考虑，则输入的㶲同样是决策变量 X_1 和 E_Z 的函数：

$$\left\{\begin{aligned}&C1 = f_1(X_1, E_2)\\&E_Z + W_X + W_B + E_B = F(X_1, E_2)\end{aligned}\right\} \tag{2-41}$$

用拉格朗日法表示目标函数：

$$\begin{aligned}L = &E_Z C_Z + C_E(W_X + W_B) + E_B C_B + f_1 + f_2 + f_3 + f_4 \\ &+ \lambda_1\{F - [E_Z C_Z + C_E(W_X + W_B) + E_B C_B]\} + \lambda_2(G - E_2) \\ &+ \lambda_3(H - E_3) + \lambda_4(R - E_4)\end{aligned} \tag{2-42}$$

局部目标函数为：

$$\min_{X_1}(\lambda_1 F + f_1) \tag{2-43}$$

$$\min_{X_2}(\lambda_2 G + f_2) \tag{2-44}$$

$$\min_{X_3}(\lambda_3 H + f_3) \tag{2-45}$$

$$\min_{X_4}(\lambda_4 R + f_4) \tag{2-46}$$

待定乘子就是每一子系统的边际成本，用偏导数求得：

$$\left\{\begin{aligned}&\lambda_1 = \frac{E_Z C_Z + C_E(W_X + W_B) + E_B C_B}{E_Z + W_X + W_B + E_B}\\&\lambda_2 = \frac{\partial}{\partial E_2}(\lambda_1 F + f_1)\\&\lambda_3 = \frac{\partial}{\partial E_3}(\lambda_2 G + f_2)\\&\lambda_4 = \frac{\partial}{\partial E_4}(\lambda_3 H + f_3)\\&\lambda_5 = \frac{\partial}{\partial \mathrm{E}_5}(\lambda_4 R + f_4)\end{aligned}\right\} \tag{2-47}$$

式中，λ_1，λ_2，λ_3，λ_4，λ_5代表了各子系统连接点 1，2，3，4，5 处的边际成本，与各子系统输出的㶲流单价量纲相同，有类似于㶲流单价的作用但不等于㶲流单价。由于引入了边际成本的概念，整个供热系统的优化问题就被转化为各子系统的优化，连接点处的边际成本可以反映子系统之间的相互联系。对于供热系统，由于内部情况仍然非常复杂，可以进一步划分子系统进行深入研究，方法与系统整体优化相同[11]。

2.3 北方寒冷地区采用可再生能源的供热、制冷系统能量分析与应用

当今，环境问题、能源问题、可持续发展问题日益受到世界各国的关注，能源是人类赖以生存的重大要素之一，是国民经济和社会发展的重要战略物资。进入 21 世纪，节约能源、开发新能源、提高能源的利用率、减小环境污染、走可持续发展的道路更是世界各

国普遍面临的主要问题之一。我国已拥有世界第3位的能源生产系统，但同时也是世界第2大能源消费国。我国的能源工业面临着严峻的挑战，能源浪费和环境污染问题也随着人民生活水平的提高而日益严重。

2009年的中国环境状况公报显示：2009年，全国612个城市开展了环境空气质量监测，其中达到一级标准的城市26个(占4.2%)，达到二级标准的城市479个(占78.3%)，达到三级标准的城市99个(占16.2%)，劣于三级标准的城市8个(占1.3%)。全国地级及以上城市环境空气质量的达标比例为79.6%，县级城市的达标比例为85.6%。所有地级及以上城市二氧化氮年均浓度均达到二级标准，86.9%的城市达到一级标准。重点城市113个环境保护重点城市空气质量有所提高，空气质量达到一级标准的城市占0.9%，达到二级标准的占66.4%，达到三级标准的占32.7%。虽然相对2006年达标城市比例有所提高，但缓解北方寒冷与严寒地区能耗严重及环境污染问题，走能源可持续发展的道路，在能耗大户的暖通空调领域采用新能源、新技术进行改造与创新仍然是十分必要而迫切的任务。

2.3.1　地源热泵系统

1. 地源热泵系统的概念及原理

地源热泵是一种利用地下浅层地热资源(也称地能，包括地下水、土壤或地表水等)的既可供热又可制冷的高效节能空调系统。地源热泵通过输入少量的高品位能源(如电能)，实现低温位热能向高温位转移。浅层地热能分别在冬季作为热泵供热的热源和夏季空调的冷源，即在冬季，把地能中的热量“取”出来，提高温度后，供给室内采暖；夏季，把室内的热量取出来，释放到地下去。

根据热源不同，地源热泵可分为地下水水源热泵、地表水源热泵和土壤源热泵。土壤源热泵不受地下水和地表水资源的限制，只需占用一定的埋管区域，对环境无污染，采用可再生能源，是一项值得大力推广的新技术。本书所指的地源热泵均指土壤源热泵。

土壤源热泵系统是利用土壤作为热源或热汇，它是由一组埋于地下的高强度塑料管(地热换热器)与热泵机组构成，称之为闭式环路，也称闭环地源热泵(以下简称地源热泵)。在夏季，水或防冻剂溶液通过管路进行循环，将室内热量释放给地下岩土层；冬季循环介质将岩土层的热量提取出来释放给室内空气。这些环路根据制冷剂运行方向的不同，形成了制冷和制热两大循环。在夏季，制冷剂环路将建筑物热负荷以及压缩机、水泵等耗功量转化的热量通过地热换热器将热量释放到地下土壤中，与地热换热器相连的制冷剂换热器为冷凝器，地热换热器起冷却塔的作用。

2. 地源热泵系统的节能分析

地源热泵消耗1kW的能量，用户可以得到4kW以上的热量或冷量。与锅炉(电、燃料)供热系统相比，电锅炉供热只能将90%以上的电能或70%～90%的燃料内能转换为热量，供用户使用，因此地源热泵要比电锅炉加热节省2/3以上的电能；比燃料锅炉节省约1/2的能量；由于地源热泵的热源温度全年较为稳定，一般为10～25℃，其制冷、制热系数可达4.0～4.4，与传统的空气源热泵相比，要高出40%左右，其运行费用为普通中央空调的50%～60%。

节能性的常用指标为“一次能源”利用率，即单位制冷量或制热量所消耗的一次能源量*PER*，单位为kW/kW。重点在于考察土壤源热泵机组本身的能效，因此在与常规能源

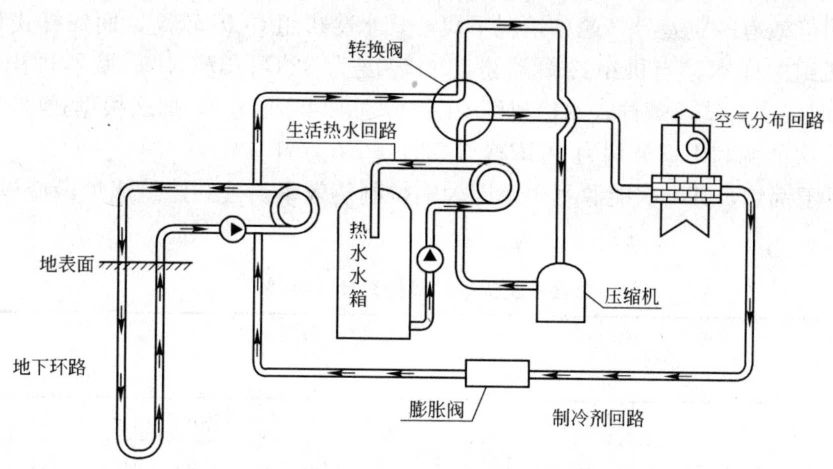

图 2-5 地源热泵的工作原理图(制热模式)

进行比较时，主要比较“冷热源”的一次能源利用率，而对于包含各种水泵的系统一次能源利用率不进行比较。供冷季冷源以水冷空调机组为比较对象，供热季热源以锅炉为比较对象。

(1) 对于土壤源热泵，其机组一次能源利用率为：

$$PER_s=\frac{Q}{W}\times\eta_f\times\eta_w\times\eta_y \quad 或 \quad PER=COP\times\eta_f\times\eta_w\times\eta_y \tag{2-48}$$

式中 Q——土壤源热泵机组的制热(冷)量，kW；

W——输入土壤源热泵机组的功率，kW；

η_f——电厂的供电效率；

η_w——电网的输送效率，取 92%；

η_y——压缩机的电机效率，取 90%；

COP——土壤源热泵机组的制热(冷)能效比。

目前，我国供电煤耗为 360g 标准煤/kWh，标准煤的热值为 29306kJ/kg，那么发电效率为：

$$\eta_f=\frac{发电量}{燃烧量}\times100\%=\frac{1000\times3600}{29306\times0.36\times1000}\times100\%=34.1\% \tag{2-49}$$

(2) 对于水冷电动压缩式冷水机组，需要考虑冷却塔风机的耗电量，其一次能源利用率为：

$$PER_w=\frac{Q}{W+W_{lf}}\times\eta_f\times\eta_w\times\eta_y \tag{2-50}$$

W_{lf}——压缩式制冷系统冷却塔耗电，冷却塔耗电的经验值范围为 0.0047～0.008kW/kW。

水冷电动压缩冷水机组的一次能源利用率可变型为：

$$PER_w=\frac{1}{\frac{1}{COP}+W_{lf}}\times\eta_f\times\eta_w\times\eta_y \tag{2-51}$$

水冷空调机组又分为离心式水冷机组和螺杆式水冷机组。由于制冷方式的不同，两个类型的机组能效有一定差异。通常情况下离心式水冷机组 *COP* 较高，而螺杆式相对较低。参照两种机组的样本，当机组冷凝器进出口温度为 32℃、37℃，蒸发器进出口温度为 12℃、7℃时，离心式及螺杆式水冷机组 *COP* 分别取 4.5、5.0，那么根据式(2-51)，求得两种机组一次能源利用率分别为 $PER_w=1.29$，$PER_w=1.43$。

(3) 对于锅炉，其一次能源利用率即为锅炉制热效率。公共建筑锅炉最低设计效率如表 2-6 所示。

公共建筑锅炉的最低设计效率(%)　　**表 2-6**

锅炉类型	锅炉容量(MW)						
	0.7	1.4	2.8	4.2	7.0	14.0	>28.0
燃煤(烟煤)	—	—	73	74	78	79	80
	—	—	74	76	78	80	82
燃油、燃气	86	87	87	88	89	90	90

《可再生能源建筑应用示范项目测评导则》规定，在进行土壤源热泵节能性分析时，冬天供热工况以燃煤锅炉为比较对象。由表 2-6 可知，燃煤锅炉热效率取 80%，则对应的锅炉的一次能源利用率为 0.8。此外，目前在北京市已经对燃煤锅炉采取限用政策，出于环保目的，燃气及燃油锅炉已经广泛使用，由表 2-6 选取燃油锅炉效率为 90%，那么对应的一次能源利用率为 0.9。

3. 适宜性与可行性分析评价

在我国北方地区，多数地方冬季寒冷甚至严寒，供热期需求长，而夏季较为凉爽，供冷期需求短，建筑的冷热负荷呈现不平衡状态。长期应用土壤源热泵时，必然会导致土壤长期吸热、释热量不均衡，产生冷堆积或者热堆积的现象，若处理不好，热泵的节能和运行效果都会受到很大的影响。长期的地温累积还会破坏当地土壤的微环境，对环境造成破坏。

我国北方地区冬季寒冷，建筑冬季总供热负荷大于夏季总供冷负荷，采用土壤源热泵系统就会使土壤冬季总吸热量小于夏季总释热量，常年累积会使土壤的温度逐年降低，当土壤产生一定程度的冷堆积时，该土壤条件对于应用土壤源热泵系统将不再适宜。此外，由于土壤温度的降低造成冬季地源热泵机组的蒸发温度下降，致使系统供热量下降，耗功率上升，制热系数 *COP* 降低。一般情况下，土壤温度降低 1℃会使制取相同热量的能耗增加 2%～4%。倘若土壤温度逐年降低，*COP* 随之不断下降，当 *COP* 降低到传统供热制冷方式以下时，不具节能优势的热泵就失去了意义，土壤源热泵方案便不具备可行性了。

可见，在评价北方地区土壤源热泵可行性时，地温变化成为一个重要的评价指标。在实际施工之前，一定要结合水文地质条件以及工程情况分析长期(寿命期内)地下土壤温度场的变化，以确保其不存在冷堆积情况或者寿命期内冷堆积在可接受范围内。

因此，针对不同地区对土壤源热泵的适宜性与可行性评价显得尤为重要。只有在经过综合的分析评价后，在适宜的条件下才能充分发挥其优越的环保、节能、经济性。

在保证机组正常运行的情况下比较其节能性，将评价结果划分为 5 类，即 A～E，其意义分别对应从最适用到最不适用。

A 为最优评价。当热泵机组节能性很好，*PER* 很高，并且土壤基本无冷(热)堆积现象，长期运行下寿命期内始终具有节能性。机组冬季运行工况良好，不需添加防冻剂。表明在该条件下，热泵机组非常适用。

B 为较优评价。与较高标准的常规冷热源进行比较，即供冷工况与离心式水冷空调机组比较，供热工况与燃油(气)锅炉比较。同时，土壤冷(热)堆积现象不明显，由于严寒地区初始土壤温度较低，尽管冷堆积现象很小，但仍会出现介质水的冻结危险，需要添加防冻剂。但是在长期运行下(寿命期内)土壤源热泵始终由于高标准的常规冷热源。表明在该条件下，热泵机组比较适用。

C 为可接受评价。参考《可再生能源建筑应用示范项目测评导则》，在地源热泵机组节能性分析上，将其与一般标准的常规冷热源进行比较，即供冷工况与螺杆式水冷空调机组比较，供热工况与燃煤锅炉比较。长期运行下(寿命期内)土壤源热泵始终由于普通标准的常规冷热源。其土壤冷(热)堆积程度需在可接受范围内，机组需要添加防冻剂。

表明在该条件下，热泵机组本身从技术节能上考虑是完全适用的，然而由于该方案节能效果一般，是否具有经济性则需要根据具体情况做进一步经济分析。

D 为较差评价。分析热泵机组自身限定条件，如地源侧进口温度的最低限制等，以及参考行业的最低制定标准，仅保证土壤源热泵可以正常运行。其土壤也出现了一定程度的冷(热)堆积现象，机组需要添加防冻剂。在寿命期内长期运行后，机组已不具备优于常规冷热源的节能性。热泵机组不再适用。

对于初始 *PER* 大于常规冷热源机组，而由于工况恶劣导致 *PER* 逐年下降的情况，应找出 *PER* 开始下降到常规冷热源 *PER* 以下的年份，在该年之前机组仍具备节能特性，那么可对其进行经济性分析。

E 为最差评价。经过长期工况模拟计算，到达寿命期内的某一年限时，土壤源热泵不但不具备节能性，而且由于土壤严重的冷(热)堆积现象，导致机组停机，热泵无法正常运行。表明在该条件下热泵机组不适用。

综上所述，具体评价指标如表 2-7 所示。

评价指标体系表 **表 2-7**

	累积冷负荷大（热堆积）	累积热负荷大（冷堆积）
A	供冷 $PER_s>1.5$	供热 $PER_s>1.1$
B	与离心式水冷空调机组比较： 供冷 $1.5\geqslant PER_s>1.43$	与燃油（汽）锅炉比较： 供热 $1.1\geqslant PER_s>0.9\beta_u$
C	与螺杆式水冷空调机组比较： 供冷 $1.43\geqslant PER_s>1.29$	与燃煤锅炉比较： 供热 $0.9\beta_u\geqslant PER_s>0.8\beta_u$
D	与机组停机保护温度比较： 供冷 $1.29\geqslant PER_s>1$	与机组停机保护温度比较： 供热 $0.8\beta_u\geqslant PER_s>0.7\beta_u$
E	供冷 $PER_s\leqslant 1$	供热 $PER_s\leqslant 0.7$

为了比较北京、太原、沈阳、哈尔滨及嫩江 5 个地区不同建筑土壤源热泵的适用情况，给出北方地区土壤源热泵适用性建议，首先求解寿命期末的钻孔区土壤温度场以作宏观分析。在此基础上，具体计算各种逐年运行参数，以上述评价方案为依据进行适用性比

较，评价流程如图 2-6 所示。

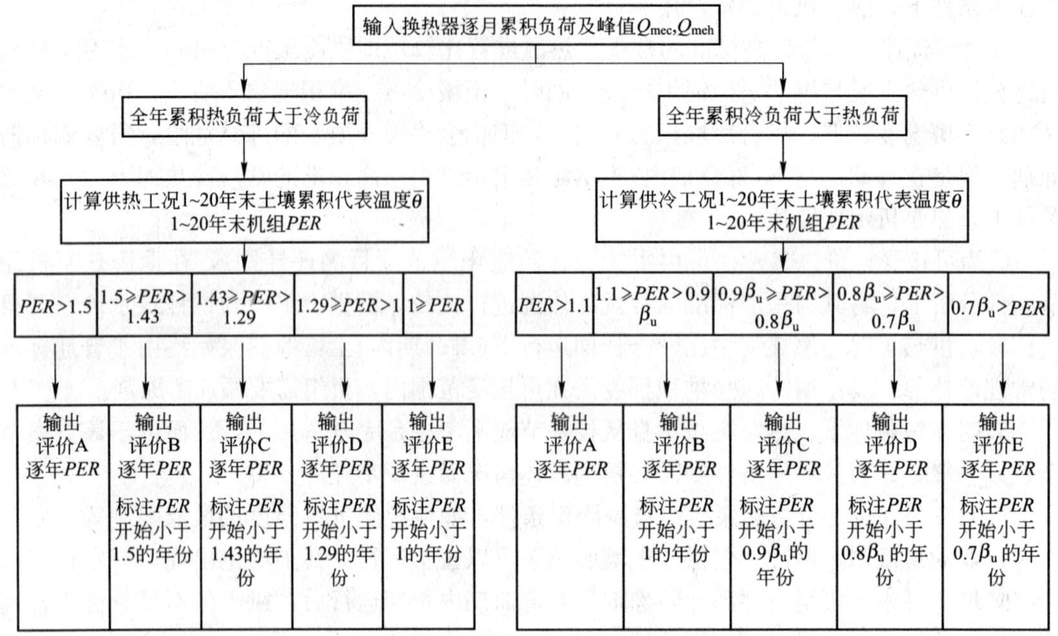

图 2-6　评价流程图

结论如下：

(1) 北京、太原及沈阳地区应用土壤源热泵系统比较适宜，哈尔滨、嫩江地区不适宜。

(2) 除北京地区以外，同一地区的办公建筑在 3 种功能类型中适宜性最好，节能等级最高。

(3) 处于寒冷的北京地区，由于夏季炎热的气象特征，多数建筑应用土壤源热泵会产生土壤热堆积现象。但由于与南方地区相比，土壤的初始温度较低，因此尽管出现热堆积现象，机组还可保持较高的节能性。

(4) 在设计上为了满足最大负荷需求，钻孔费用很大，虽然缓解了土壤冷热堆积的情况，但是初投资经济性较差。因此，可以经过优化计算，适当减小钻孔总长度，寻求节能性与经济性的平衡。

2.3.2　污水源热泵系统

1. 污水源热泵的概念及原理

城市污水源热泵是污水热能利用的一种形式，是一种从城市污水等低品位热源中提取热量，将其转换成高品位清洁能源，并向外提供供热热源、空调冷源或生活热水的热泵系统。

污水源热泵系统形式可分为两类：以未处理污水为热源；以二级出水或中水为热源。

(1) 以未处理污水为热源的热泵系统

以未处理污水作为热源的热泵系统（见图 2-7），可以设置在污水泵站附近，就近输送给附近的热用户。因污水未经处理，含有大量杂质，需设置水处理装置。另外，为避免污水对蒸发器的腐蚀，在污水水源与蒸发器之间增加换热设备。

(2) 以二级出水或中水为热源的热泵系统

以二级出水或中水为热源的热泵系统，就是以处理后的水作为热泵热源，水质较好，系统相对简单。但是，由于污水处理厂一般位于市区边缘，距热用户较远，若热泵站设在污水处理厂内，则供热管线较长，热损失较大。如果城市中建有中水系统，则可利用中水管网作为热泵热源，采用相对分散的热泵系统供热，提取热量后中水还可继续使用。图 2-8 为以中水为热源的污水源热泵系统流程图。与图 2-7 相比，没有筛滤器、换热器和中间泵。

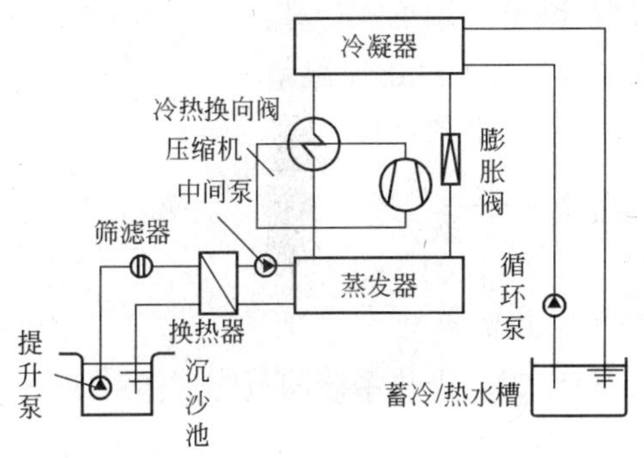

图 2-7 以未处理污水为热源的污水源热泵供热系统

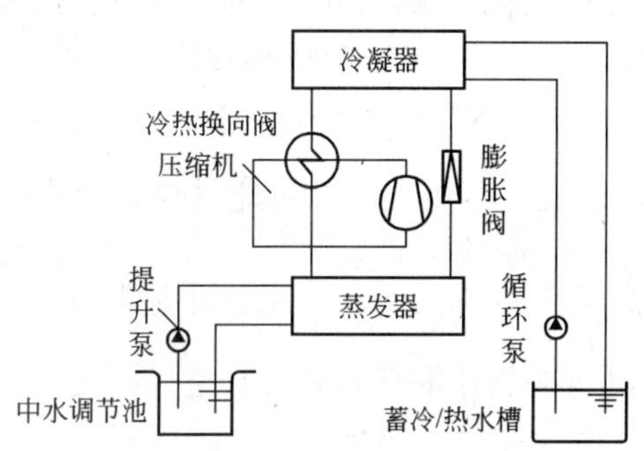

图 2-8 以中水为热源的污水源热泵供热系统

2. 污水源热泵的特点

污水源热泵具有以下特点：

(1) 污水处理量大，水量稳定。

(2) 污水冬暖夏凉。长期测量的数据表明，城市污水中具有较大的热量，全年的水温变化幅度较小。对北京地区而言，1 月份和 8 月份的大气温差在 40℃，河水的温差均在 25℃，而城市污水的温差只有 12℃，温度变换幅度较小，因而可在全年获得比较稳定的水温，可作为稳定的冷热源。

(3) 受气候影响小。比如对于太阳能的利用，在夜间不能加以利用，而且还受阴天等天气因素的影响，可以说是一种不稳定的热源。对于空气源热泵系统，因为室外气温在一天当中波动较大，所以也是一种不稳定的冷热源。城市污水受天气影响非常小，在设备配置和系统运行上都非常安全可靠。

(4) 节约能源。污水源热泵系统 70%以上的能量是来自于大自然或废弃物，是无需“付费”的，只有 30%以下的能量由电能驱动转化而来，产出能量与输入电量的比值(*COP*)在 4～5 之间，与以电、油和气为热源的供热系统相比，污水水源热泵具有明显的优势。

(5) 环保，污染小。

总之，城市污水源热泵不仅能满足冬季采暖、夏季供冷的需求，还可以同时解决生活热水的供应问题，具有一机多用的功能特性。并且具有高效节能、运行稳定可靠、环保效益显著、投资成本和维修成本低等优点。但在污水源热泵中需注意阻塞污染和流动换热问题，以延长设备寿命和提高系统效率。

3. 污水源热泵的节能分析

污水源热泵技术是水源热泵技术的一种，就是利用城市污水这种低品位的热源，采用热泵的工作原理，通过少量高品位电能的输入，实现低品位热源向高品位热源的转换的技术。夏季将建筑物中的热量转移到污水源中，冬季从污水源中提取热量，通过热泵后，提高温度，为建筑物供热。按照理论，通常消耗1kW的电量，用户可得到4kW左右的热量或冷量。污水源热泵技术利用的是城市中的废弃的污水资源，所以它更节能，更环保。

城市污水热能回收与利用节能性的评价指标主要考虑了城市污水中赋存的热(冷)量、可利用热(冷)量，投入能量削减量、节能量、可利用热量密度和城市热需要指数等因素，用以说明城市污水热能回收与利用的节能效果。

根据有关理论，污水未利用能量和投入能量削减量可用下式计算：

$$\text{未利用能量}=4.2\times\text{处理污水量}\times\text{污水进出口温差}$$

采用污水源热泵空调系统的可能供热(制冷)量可用下式计算：

$$\text{可能供热量}=\text{未利用能量}\times\frac{\text{供热系数}}{\text{供热系数}-1}$$

$$\text{可能制冷量}=\text{未利用能量}\times\frac{\text{供冷系数}}{\text{供冷系数}+1}$$

下面将污水源热泵系统、空气源热泵系统、热水锅炉供热系统的节能性作对比分析。

(1) 与空气源热泵系统相比

污水源热泵空调系统的节能效果与空气源热泵系统相比，可用下式计算：

投入能量削减量=可能供热(制冷)量×(1/空气源热泵制热系数−1/污水源热泵制热系数)。

取空气源热泵系统制热系数为3.00，制冷系数为3.50；取污水源热泵均制热系数为5.20，制冷系数4.25；设热泵污水进出口温差为6℃。仍以1000m³污水为例，按上述理论可以计算出污水源热泵空调系统节能效果，如表2-8所示。

污水源热泵空调系统节能效果表(1000m³ 污水量)　　**表2-8**

运行状态	污水提供能量(kJ)	可能供热(制冷)量(kJ)	投入能量消减量(kJ)	能量消减百分比(%)
供热	2.52×10^{7}	3.12×10^{7}	4.40×10^{6}	42.31
制冷	2.52×10^{7}	2.04×10^{7}	1.03×10^{6}	17.24

在相同的供热量和制冷量的条件下，污水源热泵空调系统比空气源热泵系统更为节能。在供热情况下，投入能量削减率达到14.13%；在制冷情况下，投入能量削减率达到5.05%。

(2) 与热水锅炉供热系统相比

假定锅炉效率为86%，电动机效率为80%，则根据锅炉效率和电动机效率的概念可得：

$$\text{供热量/燃料能量}=86\%$$

$$\text{功(当量使用电量)/耗电量}=37\%$$

当燃料能量与耗电量相同时，锅炉系统的供热系数 ε 为：

$$\varepsilon=\text{供热量/功}=0.85/0.35=2.43$$

污水源热泵空调系统与锅炉供热系统相比，节能效率为：

$$\text{节能效率}=(1-\text{锅炉供热系数/污水热能系统供热系数})\times100\%$$

由上式计算得出，污水源热泵空调系统与热水锅炉供热系统相比，节能效率为53.30%。

4. 污水源热泵的可行性分析评价

空气源热泵受环境温度影响太大，在外界气温低于0℃时，其供热量和能量转化效率要大幅度下降，甚至无法正常工作。土壤源热泵因散热损失大，供热、制冷能效低，应用较少。水源热泵系统是集供热、制冷和生活热水功能的高效率空调系统，但在我国北方大部分地区，由于地下水超采引起的地下水位下降、海水倒灌、地面沉降等问题，限制了地下水的使用。而利用城市污水作为热源的热泵技术，冬季制成44～50℃的热水向建筑物供热；夏季利用污水作为排热源，制成7℃左右的冷水向建筑物供冷，在技术上是可行的，在经济上也优于天然气、石油等常规能源。

污水源热泵在北方地区的适宜性与可行性主要体现在以下几方面：

(1) 冷热源方面。城市污水由工业废水和生活污水组成，是城市余热型可再生性清洁能源，以城市污水作为暖通空调用能的冷热源具有独特优势。首先，城市污水水量为城市供水量的85%以上，数量巨大。2006年，我国年污水排放量为536.8亿t，若利用50%的城市污水热能，即可满足城市全年新建住宅的采暖空调用能，开发潜力巨大。其次，城市污水水温高且稳定，具有冬暖夏凉的特点，温度全年在10～25℃，适合对建筑物冬季供热和夏季供冷。

(2) 技术方面。北方地区冬天室外气温一般在0℃以下，若采用空气源热泵，其供热量和能量转化效率要大幅度下降，甚至无法正常工作；若采用土壤源热泵，由于全年的热负荷大于冷负荷，土壤可能会产生冷堆积。这些因素成为采用水源热泵系统进行集成供热、制冷和生活热水的必要性。然而，在我国北方大部分地区，由于地下水超采引起的地下水位下降、海水倒灌、地面沉降等问题，限制了地下水的使用。这就不得不把目光转向数量巨大的城市污水，开发利用污水源热泵。经过多年的工程实践，水源热泵技术已进入成熟阶段，污水源热泵系统中关键的设备——污水处理设备与污水换热设备的技术已经成熟，这为利用污水源热泵奠定了良好的基础。另外，城市污水热源相对空气源、土壤源而言，具有很高的传热效率，热泵系统运行效率高，供热系统性能系数 *COP* 可达5.20，制冷系统 *COP* 可高达4.25。

(3) 经济性方面。污水源热泵系统一机多用，同一个系统可同时满足供热、制冷和生活热水3个方面的需要，而传统的系统方式需分别设置独立的系统，所以，污水源热泵系统相比较于传统的系统方式，初始投资较低。而且污水源热泵系统采用城市污水热能利用系统，从而可以减少一部分高位能源(如煤、石油、天然气、电能等)的投入，减少运行费用，缩短投资回收期。

2.3.3 可再生能源与常规能源复合的供能系统

1. 复合能源太阳能综合利用系统原理与特点

可再生能源的典型代表是太阳能。太阳能的辐射能量层出不穷，但太阳能集热效能是有限的，太阳能复合其他能源形式和实时蓄能是太阳能高效利用的有效途径，并需进一步与建筑环境协调构成。国际上非常重视太阳能与其他能源复合利用和创建新的集热形式，提高能源的综合利用率和经济性。

图2-9给出了复合能源太阳能综合利用系统流程[13]。整个系统主要由热管式真空管太阳能集热器、燃气热水器、热水储罐、单效吸收式制冷/热泵机组、溶液和制冷剂储罐等构成。

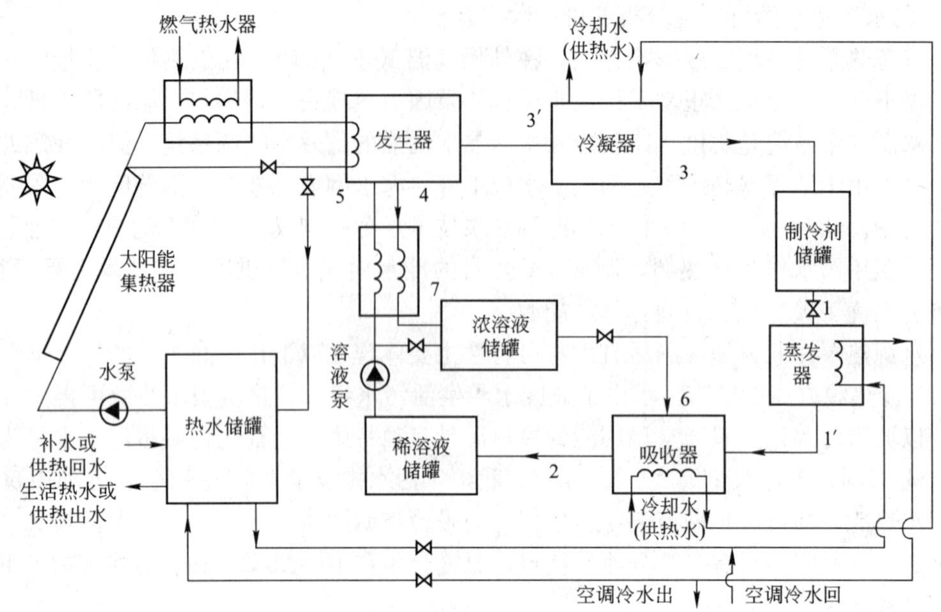

图 2-9　太阳与常规能源的综合能量利用系统流程设计简图

在夏季，系统主要按制冷方式运行。当太阳能集热器的热水出口温度达到吸收式制冷机启动所需的最低温度时，溶液泵将稀溶液经溶液热交换器泵入发生器。溴化锂溶液在发生器内受热产生水蒸气，水蒸气在冷凝器内冷凝并进入制冷剂储罐。出发生器的浓溶液经热交换器降温后进入浓溶液储罐。发生过程工作溶液的流量取决于集热器所收集的太阳能辐射能，是随时间而变的。而建筑内空调负荷取决于当时实际所需。在同一时刻，集热器所收集的太阳辐射能经吸收式制冷机转换得到的冷能与空调负荷所需的冷能可能不一致，使得流经发生器和吸收器的工作溶液流量也可能不一致。当流经发生器的溶液流量大于吸收器的溶液流量时，多余的浓溶液储存在浓溶液储罐内。反之，需要由浓溶液储罐内的溶液来补充不足的流量。特别是在夜间，建筑所需的空调冷能完全需要由储存在浓溶液储罐内的溶液潜能来转换。因此，系统要求铺设面积较大的太阳能集热板来满足建筑全天空调所需能量的要求。

在冬季，系统主要按供热方式运行。白天水箱内温度较低的水首先由太阳能加热，使其温度升高，当温度升高到一定值时，溶液蓄能部分(发生器和冷凝器)开始工作。产生的浓溶液全部储存在浓溶液储罐内，冷凝热作为建筑供热。若热水温度达不到要求，就由燃气热水器加热，直至热水温度能够驱动溶液蓄能部分工作。夜间，首先由热水箱内温度较高的热水为建筑提供热量，当水箱内热水温度降到设计值时，吸收器和蒸发器开始工作，储存在浓溶液储罐内的溶液潜能按热泵方式转换成热能，用于建筑供热。随着供热的进行，水箱中的水温逐渐降低，当水箱内水温降低到一定程度时，需要启动燃气热水器，使整个制冷机处于热泵状态下继续工作，直到水箱内水温降到设计的最低温度。

该系统具有以下特点：

(1) 增大水箱的可利用热水温差，提高热水的蓄能密度，减小了热水箱的体积；

(2) 降低太阳能集热板日平均工作温度，提高其平均集热效率；

(3) 从热水储罐内得到热量，可使溴化锂溶液吸收式制冷机在冬季按热泵方式运行，而不需依赖于采用溴化锂吸收式热泵运行时必须有 16℃以上的低温热源的限制。

2. 复合太阳能综合利用系统的节能性分析

在复合太阳能综合利用系统中，在太阳充足的时候，无需投入常规能源即可满足室内的热舒适性要求。系统在向室内供热(供冷)的同时，将多余的热量储存于热水箱中，供夜间使用，从而减少了夜间为维持室内热舒适性所需常规能源的投入量，进而达到节能的目的。下面将从定量的角度介绍一种分析复合太阳能综合系统节能性的方法。

如果一个系统有多个能量来源，那么系统的热负荷或者是冷负荷 Q 可用下式表示：

$$Q=\sum_{i}\eta Q_{pi} \tag{2-52}$$

式中 Q_{pi}——初级能量，kJ；

η——Q_{pi} 对应的系统效率。

为了比较常规空调系统与太阳能空调系统的能耗状况，引入太阳能因子 f，它是指太阳能占所需总能量的比值，定义式如下：

$$f=\frac{Q_s}{Q_s+Q_p} \tag{2-53}$$

式中 Q_s——集热器提供的热量，kJ，转化为 Q 时其相应的效率为 η_s；

Q_p——其他初级能量输入，kJ，如燃气热量，转化为 Q 时相应的效率为 η_p。

则有：

$$Q=Q_s\eta_s+Q_p\eta_p \tag{2-54}$$

则初级能耗 Q_p 可用下式表示：

$$Q_p=\frac{Q}{\frac{f}{1-f}\eta_s+\eta_p} \tag{2-55}$$

不同系统的 η_s、η_p 取值如表 2-9 所示。

不同系统中的 η_s、η_p 值 **表 2-9**

系统类型	η_s	η_p	系统类型	η_s	η_p
压缩式制冷	0	$\eta_c\cdot COP_{cc}$	吸收式制冷	COP_{ac}	$\eta_b\cdot COP_{ac}$
压缩式热泵	0	$\eta_c\cdot COP_{chp}$	太阳能供暖	1	η_b

利用上述参数以及初级能量的计算公式即可比较各系统所需的初级能量，从而比较出系统的节能性。为了简化计算，引进初级能耗比 π，其定义为：太阳能吸收式系统所需初级能量与常规空调系统所需初级能量之比。如果 π 小于 1，则太阳能应用吸收式系统是有利的。

3. 复合太阳能综合利用系统的可行性分析与评价

我国是太阳能资源十分丰富的国家，全国 2/3 的地区年日照量在 2200h 以上，年辐射总量大约为 3340～8360MJ/m^2，相当于 110～250kg 标准煤/m^2。我国的太阳能资源按年辐射总量划分为 5 类地区：丰富地区(6690～8360MJ/m^2)、较丰富地区(5852～6690MJ/m^2)、中等地区(5016～5852MJ/m^2)、较差区(4180～5016MJ/m^2)、最差区(3344～4180MJ/m^2)。即使我国太阳能较差的地区，年辐射总量也接近东京(4220MJ/m^2)，高于伦敦(3640MJ/m^2)、汉堡(3430MJ/m^2)这些世界上太阳能利用较好的城市，这为太阳能利用提供了前提。随着太阳能热利用技术的日趋成熟，太阳能集热器性能的不断改善，我国建筑中的太阳能利用前途无量。

在经济性方面，复合太阳能综合利用系统中，由于太阳能集热器、储水箱以及相应的水泵和管道，而且现阶段太阳能集热器价格仍较高，所以该系统的初投资比传统的燃气吸收式空调系统的初投资要高出20%～40%。但是在运行过程中，由于引入了太阳能，减少了常规能源(燃气、煤、电等)的消耗，从而减少了运行费用，进而缩短系统的投资回收期。太阳能空调系统以天然气为热源时，年运行费用约为热泵系统的21%，以电能为辅助能源时，年运行费用约为热泵系统的49%。因此，在条件允许的情况下，尽量选用燃气作为太阳能综合利用系统的辅助能源。

为了定量地了解复合太阳能综合系统的经济性，需计算系统的投资回收期和年标准费用。投资回收期是指用投资方案所产生的净收益补偿初始投资所需要的时间，可由下式进行计算：

$$n=\frac{\lg(B-C)-\lg(B-C-iP)}{\lg(1+i)} \tag{2-56}$$

式中 n——投资回收期，年；

i——年利率，%；

B——复合太阳能综合利用系统的年净收益，万元；

C——复合太阳能综合利用系统的年运行费用，万元；

P——复合太阳能综合利用系统的初投资，万元。

所谓标准年费用就是将系统寿命周期内的所有总费用折合为每年的费用，其计算公式如下：

$$z=\frac{i(1+i)^m}{(1+i)^m-1}P+C \tag{2-57}$$

式中 z——标准年费用，万元；

m——系统运行时间，年。

顾晓燕在《太阳能制冷及供暖综合系统研究》一文中，通过对太阳能综合利用系统和常规热泵系统的投资回收期和标准年费用进行了计算，其结论是：采用天然气作为辅助能源的太阳能综合利用系统比常规热泵系统的投资回收期缩短一半；太阳能系统在整个空调的寿命周期内的年费用小于常规热泵系统，其标准年费用仅为常规热泵系统的54%左右；而以电能为热源时，使用加压水箱或常压水箱，其标准年费用仅为常规系统的6.96%和70.7%。因此，从长远的投资效益来看，就目前集热设备价格较高的情况下，复合太阳能综合利用系统在费用方面仍然具有较大的优势。所以，随着集热设备价格的进一步降低，太阳能空调必将得到广泛的应用。

2.4 过渡地区供能系统能量分析与应用

2.4.1 概述

1. 过渡地区包含哪些地区

过渡地区是指北方寒冷地区与南方炎热地区之间的广大地区。我国过渡地区，按建筑气候分区属于夏热冬冷地区。按《民用建筑热工设计规范规定》(GB 50176—93)，该地区处在北纬24°～33°，东经100°～120°之间。西起成都、遵义，东至上海、杭州；北起淮阳、蚌埠，南至韶关、桂林，包括重庆、上海2个直辖市；湖北、湖南、安徽、浙江、江西5省全部；四川、贵州2省东半部；江苏、河南2省南半部；福建省北半部；陕西、甘肃2省南端；广东、广西2省区北端，整个地区面积约为140万km^2，占全国总面积的15%左右。该地区共涉及16个省、市、自治区，约有4亿人口，是我国人口最密集，经济发展速度最快的地区。

2. 过渡地区的气候特点及负荷特点

该地区最热月平均温度为25～30℃，平均相对湿度为80%左右，热湿是夏季的基本气候特点。白天日照强、气温高、风速大。夜间，静风率高，带不走白天积蓄的热量，气温和物体表面湿度都居高难降。重庆、武汉、南京、长沙等城市，“火炉”之称由此而来。

夏季也有舒适的天气过程，那就是晴雨相间。这种天气过程中，尽管晴天最高温度可上升到35℃左右，但夜间气温可降到24℃以下。雨前虽有短暂的闷湿感，但很快就会过去。降雨和雨后初晴时，空气清爽宜人。夏季第三种常见天气过程是持续阴雨。这种天气过程可持续5～20d左右。也是夏季一种不舒适的天气过程。尽管天空云层厚、日照弱，气温最高不超过32℃左右，但昼夜温差小，只有3～5℃；尤其是空气湿度大、气压低，相对湿度持续保持在80%以上。使人感到闷湿难受，而且使室内细菌繁殖迅速。长江下游夏初的梅雨季节就是这种天气过程。

该地区最冷月平均气温为0～10℃，平均相对湿度在80%左右。冬季气温虽然比北方高，但日照率远远低于北方。北方冬季日照率大多超过60%。该地区由东到西，冬季日照率急速减小，东部最高，也不超过50%（只有40%左右）；中部有30%左右；西部仅有20%左右。重庆只有13%，贵州遵义只有10%，整个冬季天气阴沉，雨雪绵绵，几乎不见阳光。该地区冬季的基本气候特点是阴冷潮湿。但必须注意，造成冬夏两季潮湿的基本原因是不一样的。夏季原因是空气中水蒸气含量太多；冬季原因是空气温度低，日照严重不足。

3. 室内环境的影响参数

（1）温度：空气温度的高低是人体对冷暖感受的重要参数之一，人体感觉最舒适的温度范围是18～26℃。人体对温度的感觉是随温度、湿度、风速等参数变化而产生变化的。空气湿度在40%～50%左右时，人体感受较舒适。当湿度超过80%，气温超过30℃，风速小于2m/s时，人体会感到闷热；而温度低于10℃，风速超过3m/s时，人体会感到阴冷。当湿度低于30%时，人体会感到皮肤干燥。

（2）湿度：空气湿度是指空气中水蒸气的含量。气象部门测定的空气湿度有相对湿度、绝对湿度、水汽压和露点等。相对湿度是指把空气中容纳水蒸气已达到最大限度时（即饱和空气），定为相对湿度为100%，不到饱和的空气，按其与饱和空气中水蒸气的比例来定，其单位为百分数。

（3）太阳辐射：太阳辐射是地球表面能量的主要来源。太阳辐射的能量高低主要取决于日地间距离、太阳入射角和昼长。太阳入射角是太阳光线与地平面的夹角，它有日变化和夜变化，入射角大，则辐射强。白昼长度是指日出到日落之间的长度，赤道上四季白昼长度均为12h，赤道以外昼长四季有变化。当然，太阳的辐射能量不是全部作用于地球表面，其能量还应包括大气层吸收、散射和反射。经大气削弱后到达地面的太阳直接辐射和散射辐射之和，称作为太阳总辐射。在工程实践中，太阳辐射是太阳直射辐射照度和散射辐射照度之和。

2.4.2　供能系统主要形式

1. 供冷/暖系统形式

(1) 分体空调

20世纪90年代以来，小型家用分体空调已经遍布于过渡地区带。根据1998年的一项城市调查显示，几个中心城市分体空调普及率分别为：上海38%、南京34%、武汉31%、重庆30%。随着我国经济的不断发展，常规空调器更为普及，几乎成为过渡地区家用必备设备。同时，智能变频空调也正逐渐进入千家万户，由于其可以根据不同的负荷自动调整工况，故较普通的常规分体空调节能25%以上。而基于改善空调房间空气质量考虑，在变频的基础上再引入健康型空调的概念，达到健康节能同时保证的效果。而健康型空调是在变频的基础上增设了负离子发生器及三重过滤器，即普通过滤器、活性炭吸附层、静电过滤器。空调器的主要能耗指标用能效比 *EER* 表示，其定义为制冷量与输入功率的比值。

(2) 空气源热泵

空气源热泵在过渡地区应用具有许多优势，如空气是可再生的清洁能源，无需特设机房，安装方便。大型机组可装在屋顶，节省占地；初投资较低；类似普通空调机，操作方便，无需专管技术人员；可按户计量，收费方便，用户使用自主性强等。正是基于以上优势，早在20世纪空气源热泵系统就在过渡地区广泛应用。随着技术的发展，新型的空气源热泵热水机组应运而生，其由空气处理系统与水处理系统两部分组成，在过渡地区夏季供冷的同时可以在冷凝器测辅以供生活热水循环，由于冬季同样供生活热水加大了其制热量，这样便解决了过渡地区夏季冷负荷大、冬季冷负荷小而带来的由于机组不匹配造成的损失，提高能量使用效率的同时也大大提高了节能量。

(3) 多联机(VRV等)空调系统

VRV，即变制冷剂流量。该多联分体热泵空调器由制冷剂(如R22)作输送介质。其单位质量传送的热量几乎是水的10倍，空气的20倍。因此，输送管路口径小，再加上先进的控制技术使其有更大的节能潜力，在高级的居住建筑中已有一定的应用。其室外单机制冷量范围为11.5～23.0kW，可拖带2～20个室内机组。其主要优点为：1)各空调房间有独立的控制装置，可使每个房间得到各自满意的舒适温度；2)变频控制，年运行费与常规空调相比较有30%的节能量；3)冬季运行可提高蒸发温度，减少除霜次数；4)具有热回收功能，各空调房间可以同时制冷和制热。

(4) 电暖器

电暖器的优势主要在于它可以满足用户局部热舒适，且当过渡地区由于室外环境突变而导致制热量不足时，电暖器可以作为备用采暖设备使用。电暖器的种类很多，但从器具热量的主要传递方式来区分，不外乎有两种形式：即辐射型电暖器和对流式电暖器。

2. 生活热水系统形式

(1) 空气源热泵热水机组

空气源热泵热水器是将电热水器和太阳能热水器的各自优点完美结合于一体的新型热水器，它也是太阳能的深度应用，属于可再生能源的利用领域。既克服了太阳能热水器的缺点(受日照、安装地点、衰减快、冬天可使用天数少等因数的影响)，又克服了电热水器的不足。其优点有：1)节能：热泵热水器生产热水的能源消耗费用仅仅是常规电热水器的1/4，是燃油、燃气设备的1/3。2)环保：燃气热水器加热时会向外排放大量的废气，热泵热水器不但不排放废气、热量，靠吸收周围环境热量来工作，会让人感到更凉爽。3)安全：热泵可以说无任何隐患，其采用间接加热方式，利用冷媒与水交换热量，没有漏电、漏气等安全隐患。4)使用寿命长，维护费用低：使用寿命可长达15年以上，设备性能稳定、可靠、并可实现无人操作。5)可一年四季全天候运行：工作温度一般在－6～40℃，适用于我国过渡地区。6)安装方便：安装、拆迁方便，占地少，室内外均可。7)使用方便：自动化智能化程度高，采用自控恒温装置，24h供应热水。8)适用范围广、不受气候影响：在过渡地区，可广泛应用于家庭、工厂、学校、宾馆、医院、泳池及大中小型热水集中供应的场所。空气源热泵热水器工作温度一般在－6～40℃，如其工作在0℃以上环境时，节能达到50%左右；温度在5℃以上时，节能可达60%左右；30℃以上时，节能效果最好，可以达到80%。因此，空气源热泵热水器适用于我国过渡地区，且适合推广。

(2) 电热水器和燃气热水器

电热水器主要有两种形式，即储水式电热水器及即热式电热水器。储水式电热水器是利用一个容积水罐存储加热水，通过这种方式来解决加热功率小与使用水量大的矛盾。即热式电热水器则不需要或需要较少的存储热水，它是让水在功率较大的发热体内流动时迅速变热，从管道输出供人们使用。由此可知，即热式电热水器将功率与流量二者统一起来，使其更有发展潜力，更适用于过渡地区热水供应。

燃气热水器又称燃气热水炉，它是指以燃气作为燃料，通过燃烧加热方式将热量传递到流经热交换器的冷水中以达到制备热水的目的的一种燃气用具。常用的燃气热水器主要有直排式热水器、烟道式热水器、平衡式热水器及强排式热水器。它们的特点分别为直排式热水器燃烧所需的空气来自室内，燃烧所产生的烟气也排在室内，体积小、价格低、节约燃气、安装及使用方便；烟道式热水器工作时所需的空气取自于室内，而燃烧所产生的烟气通过烟道排于室外，相对直排式更安全，同时产水量也可增大到8～10L/min；平衡式热水器的气体与内隔绝，燃烧的好坏与室内无关，属于完全安全型热水器；强排式热水器在热水器出气口装有排风扇，将燃烧的烟气通过机械力强制排于室外，风压大，室内环境对热水器影响较小，使用更安全，因空气流量大，烟道较细，便于安装。

2.4.3 能量传输模型

1. 模型的建立

根据过渡地区负荷特点及过渡地区供冷/暖的主要形式，结合能量流结构理论与传递理论，构建了一套适用于过渡地区供能系统的热力学模型，如图2-10所示。

从图2-10中可以看出，该热力学模型选取散冷(热)装置、制冷(热)机组、生活热水系统、空气处理系统、空调房间作为研究对象。其中散冷(热)装置在过渡地区的主要表现形式为冷却塔；生活热水系统由生活热水罐与/或生活热水循环泵组成；空气处理系统主要由空气处理机组、新风系统循环泵、新风机组组成。

若采用分体空调，则空气处理系统表现形式即为分体空调，图2-10实际为空调房间与空气处理两子系统形式存在。若采用空气源热泵作为制冷热机组，则图2-10能够包含所有子系统形式。图中各符号意义如下：W_1 为散热(冷)装置耗功率，kW；W_2 为制冷

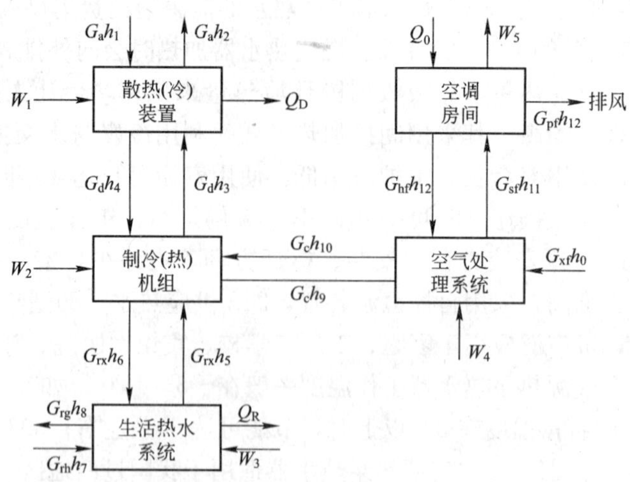

图 2-10　过渡地区供能系统热力学模型

(热)机组耗功率，kW；W_3 为生活热水循环侧水泵耗功率，kW；W_4 为空气处理系统(包含有循环泵、空气处理机组、新风机组等)总体耗功率，kW；W_5 为空调房间末端耗功率，kW；h_0 为新风比焓(可视为环境比焓)，kJ/kg；h_1、h_2 分别为与环境进行热交换装置的进出口空气比焓，kJ/kg；h_3、h_4 分别为取热、排热侧供回水比焓，kJ/kg；h_5、h_6 分别为生活热水一次循环侧进出水比焓，kJ/kg；h_7、h_8 分别为生活热水使用侧供回水比焓，kJ/kg；h_9、h_{10}分别为供能系统送风侧供回水的比焓，kJ/kg；h_{11}为送风比焓，kJ/kg；h_{12}为排风系统排风与回风比焓(可视为室内比焓)，kJ/kg；G_a为与环境进行热交换装置的空气质量流量，kg/s；G_d为取热、排热测循环水质量流量，kg/s；G_{rx}为生活热水一次循环侧循环水质量流量，kg/s；G_{rg}、G_{rh}分别为生活热水使用侧循环水质量流量，kg/s；G_c为供能系统送风侧循环水质量流量，kg/s；G_{xf}为新风质量流量，kg/s；G_{pf}为排风系统排风质量流量，kg/s；G_{sf}为送风质量流量，kg/s；G_{hf}为回风质量流量，kg/s；Q_D为散热(冷)装置换热量，kW；Q_R为生活热水罐放热量，kW；Q_0为室内末端冷热负荷，其中夏季主要代表通过围护结构进行计算得出的室内逐时冷负荷，冬季则为包括墙体围护结构、冷风侵入、冷风渗透在内的供热总热负荷，kW。

2. 热流传递解析

图 2-10 所建立的热力学模型可以普遍用于过渡地区不同形式的供能系统，既可以是夏季的制冷系统也可以是冬季的采暖系统，其同样适用于过渡季节的供能系统。

(1) 制冷系统：对于制冷系统来说，其散热装置主要表现为室外冷却塔(若采用空气源热泵系统形式则不需要使用冷却塔)。而生活热水系统与冷却塔采用在制冷机组冷凝器侧并联的形式，这样能够在保证满足生活热水量的同时加大制冷量的目的。空气处理机组包括新风引入与回风处理两部分，混合后经过二次处理送入空调房间。其中总制冷量主要为新风负荷及房间冷负荷。

(2) 供热系统：对于供热系统来说，只有在过渡地区冷热源系统形式采用空气源热泵时，才能应用散冷装置来与室外进行热交换其主要表现为室外换热器，而如何处理好室外换热器结霜现象是空气源热泵机组的一个很大的技术问题。对于过渡地区来说，其冬季热负荷小于夏季冷负荷，这样在冬季同时引入生活热水系统，可以增加热负荷，避免了热堆积及冷热不匹配等问题。

(3) 生活热水系统：生活热水的供应为全年 365d 不间断供应，热负荷来自于冷热源机组。夏季，其可以与制冷系统并联互为利用，可以减少机组运行负荷。冬季会加大热负荷，但由于冬季热负荷较小故不会对机组运行带来不便。而过渡季节无需供热、供冷，则需单独供应生活热水，只需开启一台机组且可在其非满载运行下即可满足条件。

(4) 空气处理系统：空气处理系统的主要目的是保证室内空气品质，并少量承担部分负荷。其运行时间也比较长，尤其在过渡季节，由于机组不提供冷热负荷，故可利用向室内大量送新风的形式来提高室内空气品质。

2.4.4 能量流分析与㶲分析

1. 基于热力学第一定律下的能量分析

对能量利用和转换过程的传统分析方法是依据热力学第一定律的能量分析方法，对图 2-10 所示的既有供能系统热力学模型进行分析，可以看出其各个子系统之间的热流传递方向是根据不同季节改变的，但其总体满足能量守恒定律。利用能量分析法，供能系统的热力学第一定律效率指标 η_1 可以表示为：

$$\eta_1 = \frac{Q_0 + Q_f + Q_R + Q_L}{\sum_{i=1}^{n} W_i} \tag{2-58}$$

式中 $Q_f = G_{xf}(h_{12} - h_0)$——新风负荷，夏季为正表示系统向环境排热，冬季为负表示环境向系统供能；

$Q_R = G_{rg}h_8 - G_{fh}h_7$——热水负荷，冬夏均为正表示系统向用户供能；

$Q_L = G_a(h_2 - h_1)$——与室外换热负荷，夏季为正表示系统向环境排热，冬季为负表示环境向系统供能。

2. 第一定律与第二定律相结合的㶲分析

不同于一般的热力学状态函数在数值计算中的参考点，㶲函数的参考点是一个特定的、理想的外界，它由处于完全平衡状态下的大气圈、水圈和地壳岩石圈中选定的基准物组成，具有确定的压力和温度，这一状态的㶲为零。根据㶲参数的本质是反映工质的做功能力，而做功能力是工质状态和环境状态的差别造成的这一特性，针对既有建筑供能系统的具体特点，在分析中取环境基准设计工况——环境基准设计温度、基准压力作为㶲参数的环境参考点。凡是与环境基准设计工况相同的空气和水状态，与环境之间没有差别，也就没有做功的能力，其值为零。

针对能量利用系统的㶲分析，有两种㶲效率表示方法：普通㶲效率和目的㶲效率，本书采用目的㶲效率表示。依据㶲值的计算方法，对于图 2-10 所示的既有供能系统热力学模型，其热力学第二定律㶲效率 η_{11}，可以表示为供能系统收益㶲和消耗㶲的比值，即：

$$\eta_{11} = \frac{E_0 + E_f + E_R + E_L}{\sum_{i=1}^{n} W_i} \tag{2-59}$$

式中 $E_0 = Q_0 \left| \frac{T_0}{T_a} - 1 \right|$——冷热负荷的㶲值；

$E_f=G_{xf}[(h_{12}-h_0)-T_0(S_{12}-S_0)]$——新风负荷㶲值，夏季为正，表示系统向环境排出㶲，冬季为负，表示环境向系统供入㶲；

$E_R=G_{rg}[(h_8-h_0)-T_0(S_8-S_0)]-G_{rh}[(h_7-h_0)-T_0(S_7-S_0)]$——热水负荷㶲值，冬夏均为正表示系统向用户供㶲；

$E_L=G_a[(h_2-h_1)-T_0(S_2-S_1)]$——与室外换热负荷㶲值，夏季为正，表示系统向环境排出㶲，冬季为负，表示环境向系统供入㶲。

2.4.5　应用举例

案例一：商用空气源热泵热水机组集中供给居民热水

厦门某高档住宅楼盘，建设有多栋住宅楼，热水工程整体采用节能环保概念设计。设置4套独立的空气源热泵热水系统，可满足200户的热水供应，其热水系统全年日均总供热能为2943kWh，热泵设备每天总消耗电能为728kWh。能效比（*COP*值）为4.04，也即较传统电热水器节省了约3/4的用电量，节能效果显著。表2-10为住宅采用空气源热泵热水机组集中供给热水与电热水器供给热水的投资运行费比较，由表中数据可知，空气源热泵热水器节电环保，运行费低，两年左右投资成本即可回收。

投资运行费比较　　　　**表2-10**

设备种类	电热水器	空气源热泵
日用水量(60℃热水)	15.6m^3	15.6m^3
燃料种类	电	空气能、电
投资成本	400000元(2000元/户)	780000元(估算值)
投资成本差	780000－400000＝380000元	
日运行费用	775元	300元
年运行费用	282875元	109500元
运行成本差	282875－109500＝173375元	
投资回收期	380000/173375＝2.2年	

案例二：南京某大学办公综合楼空气源热泵空调工程

该工程总建筑面积为20000m^2。地下一层为汽车库及设备房，二至十一层为办公用房，十二层为活动中心。整个设计分为两个系统：东楼空调系统和西楼空调系统。根据现场实际情况，对东楼空调系统进行了测试，其设计指标中夏季空调总冷负荷为1300kW，冬季空调总热负荷为950kW。其热泵系统综合性能运行参数如表2-11所示。整个热泵空调系统采用两台约克公司生产的AWHC-L200型空气源热泵机组进行供冷、供热，空调末端为风机盘管加新风系统。

热泵系统综合性能参数　　　　**表2-11**

序　号	测试项目		测试结果
1	室外平均温度	(℃)	8.37
2	机组循环水侧出水平均温度	(℃)	42.57
3	机组循环水侧进水平均温度	(℃)	41.07

续表

序号	测试项目		测试结果
4	机组循环水侧进出水平均温差	(℃)	1.50
5	机组循环水侧平均流量	(m^3/h)	100.00
6	机组累积制热量	(kWh)	2394.38
7	机组累积耗电量	(kWh)	960.04
8	机组平均性能系数 *COP*		2.49
9	热源系统供水平均温度	(℃)	41.82
10	热源系统回水平均温度	(℃)	41.06
11	热源系统供回水平均温差	(℃)	0.76
12	热源系统循环水平均流量	(m^3/h)	186.70
13	热源系统累积供热量	(kWh)	2310.58
14	热源系统累积耗电量	(kWh)	1369.14
15	热源系统平均能效比 *EER*		1.69

案例三：南京某大酒店空气源热泵空调工程

该工程总建筑面积为 7800m^2，空调面积为 6500m^2。夏季空调冷负荷为 597.28kW，冬季空调热负荷为 506.48kW。其热泵系统综合性能运行参数如表 2-12 所示。整个热泵空调系统采用 3 台开利公司生产的 30DQ-120-901-EE 型空气源热泵机组(两用一备)进行供冷、供热，空调末端为风机盘管加新风系统。

热泵系统综合性能参数 **表 2-12**

序号	测试项目		测试结果
1	室外平均温度	(℃)	6.35
2	机组循环水侧出水平均温度	(℃)	33.68
3	机组循环水侧进水平均温度	(℃)	32.86
4	机组循环水侧进出水平均温差	(℃)	0.82
5	机组循环水侧平均流量	(m^3/h)	137.00
6	机组累积制热量	(kWh)	3147.70
7	机组累积耗电量	(kWh)	1187.91
8	机组平均性能系数 *COP*		2.65
9	热源系统供水平均温度	(℃)	33.67
10	热源系统回水平均温度	(℃)	32.88
11	热源系统供回水平均温差	(℃)	0.79
12	热源系统循环水平均流量	(m^3/h)	137.0
13	热源系统累积供热量	(kWh)	3038.18
14	热源系统累积耗电量	(kWh)	1607.73
15	热源系统平均能效比 *EER*		1.89

2.5 南方炎热地区采用浅层地能供能系统的分析

2.5.1 概述

随着我国经济持续快速发展和人民生活质量的不断改善，能源的消耗量急剧增加，供需矛盾日益突出。且地处夏热冬暖的南方地区，空调、热水供应等建筑用能呈现不断增长趋势，夏季空调电耗急剧攀升，每年 6～9 月，南方地区建筑空调耗电量约占总用电量的 40%，给电网带来很大的供需压力，电力供需失衡，矛盾十分突出，解决电力供需失衡问题是社会经济可持续发展的前提。

建设部、财政部《关于推进可再生能源在建筑中应用的实施意见》（建科［2006］213 号）中指出：在地表水、浅层地下水、土壤中可采集的低温能源十分丰富，利用潜力巨大。太阳能和浅层地能均属于低品位能源、热值不高，按照分级用能原则，这些能源最能满足建筑生活用能的需要。因此，大力推进太阳能、浅层地能等可再生能源在建筑中应用，是解决建筑用能最经济合理的选择。预计到“十一五”期末，太阳能、浅层地能应用面积占新建建筑面积比例为 25%以上，到 2020 年，太阳能、浅层地能应用面积占新建建筑面积比例为 50%以上。

广东省建设厅、财政厅《转发建设部、财政部关于推进可再生能源在建筑中应用的实施意见的通知》（粤建科［2006］139 号）中指出：“十一五”期末，该省太阳能、浅层地能应用面积占新建建筑面积比例为 30%以上，到 2020 年，太阳能、浅层地能应用面积占新建建筑面积比例为 60%以上的目标。同时要求各市建设、财政部门要结合本地实际情况制定可再生能源在建筑中应用的规划以及具体实施方案，积极研究可再生能源在建筑中应用的扶持政策。

由于夏热冬暖的南方地区仅在夏季有空调需求，冬季无采暖需求，而浅表地层仅仅作为一个蓄热体，故无法用于建筑中的空调系统。

广州市水域面积为 160km^2，占全市面积的 10.8%，南方地区河网密布。本节以广州市为例：收集珠江水温度的数据，分析珠江水温度随季节的变化规律。收集广州市气象数据资料，分析广州地区干球温度和湿球温度随昼夜、季节的变化规律。空调系统采用珠江水为冷却水和采用冷水塔制取循环冷却水的技术可行性和经济性优劣性分析。对广州地区使用珠江水作为热泵热源的经济性能进行分析，并与空气源热泵进行比较。对浅层地能在夏热冬暖的南方地区应用的可行性进行研究，为科学制定南方地区的浅层地能应用政策提供基础技术资料。

2.5.2 珠江水文资料和广州市气象数据资料的收集

1. 广州地区地表水资源概况

广州市地处珠江三角洲的北部边缘，是三角洲平原与低山丘陵区的过渡地带，地形总的特征是东北高、西南低。东北部是由花岗岩与变质岩组成的低山丘陵区，海拔标高一般在 300m 以下，地形高差为 250m 左右，坡度为 15°～35°，水系呈树枝状，切割强烈。西部是由河流堆积组成的冲积平原；南部为微向南倾斜的珠江三角洲平原，标高 5～7m，其中分布零星的残丘和台地。

广州市地处南亚热带，属海洋性季风气候；年平均降雨量为 1725mm，相对集中在4～9 月的雨季，占全年的 82.1%，兼受台风袭扰，年平均蒸发量为 1603mm。大气降水是地下水的主要补给来源，补给期在4～9月，消耗期或排泄期在10月至次年3月，补给条件较好。

珠江、东江和流溪河在该地区交汇，经狮子洋入海，是区域地下水的最低排泄基准面。冲积平原和三角洲平原，地势低平，地表水系发达，水网密布，分布有大中小河流34条。根据水资源航空遥感调查，地表水体类别有：库塘、涌溪、干流河道，全区水域面积为160km^2，占广州市面积的10.8%，是地下水的主要补给来源之一。

根据广州市地下水的形成、赋存条件、水力特征及水理性质，把地下水划分为3大类型：松散岩类孔隙水、碳酸盐类岩溶水、基岩裂隙水。

广州市雨量充沛，降水量大于蒸发量，地表水系发达，地下水的补给来源充足。在广大低山丘陵区，植被茂盛，断裂和岩石节理裂隙发育，基岩裸露，有利于大气降水渗入补给。在低丘台地和平原地区，红色岩层和砂页岩含泥质多，裂隙多呈闭合状态，地表覆盖的黏性土层厚，透水性差，不利于降雨渗入补给。第四系冲洪积沉积的砂、砂砾石层，除接受河水补给外，还接受基岩山区裂隙水的侧向补给。此外，区内中小型水库水渗漏补给地下水。因此，大气降水和地表水是地下水的补给来源。

广大基岩山区地形切割密度和深度较大，径流途径短，大气降水渗入形成地下水后，大部分地下水在其附近以泉水的形式排泄。地下水由山前向平原区，地下径流速度变慢，如肖岗水源地的岩溶水，在山前地带水位标高16～20m，水力坡度为12%～17%。平原区水位标高8～9m，水力坡度为3%～317%。地下水由东向西流，流向石井水。市区由于街道铺砌、道路修筑，第四系海陆交替层能直接受降水补给的面积不大，上部淤泥层又为弱透水层，故水源补给条件差。砂层孔隙水以珠江河床作为排水廊道，在自然条件下，江水是不能补给潜水的，只有在洪水期或高潮顶托时，江水才在沿江地段有反渗现象；地下铁道、城市建筑地下空间的利用(基坑、人行隧道等)改变第四系松散岩类及浅层基岩的地下水的补给排泄条件。

广从断裂与瘦狗岭断裂相交，将广州地区切割成3个主要断块，由于所处的地貌条件、沉积环境、构造发育程度和岩浆活动不同，3个断块的水文地质意义不同，构成了3个水文地质单元。块状岩类构造裂隙水和岩溶水水质好，水量较大，应加强统一管理和保护，避免岩溶水过度开采，诱发新的地质灾害。孔隙水埋藏浅，易受环境污染。

在无冬的广州地区，夏季空调负荷大，春秋季采暖负荷很少，只有热水取热负荷能部分平衡夏季的加热负荷。地表水系发达，水网密布，占广州市区面积的10.8%，因此可考虑以利用地表水，(如库塘、涌溪、干流河道）为主的方式利用浅层地能资源，可以依靠自身解决冷、热负荷不平衡的问题，夏季采用地表水为空调制冷系统的冷却水，是否具有经济上的优势，需进行研究。

2. 珠江水文资料的收集

由于具有较高的比热，相比空气来讲，水是比较好的蓄热材料，具有较高的传热系数。在电厂及许多其他工业部门，广泛采用江河水作为工业冷却用水，节省了淡水资源和大量的初投资。

珠江流域及附近沿海地区濒临南海，北回归线横贯珠江流域的中部，属于湿热多雨的热带、亚热带气候。四季的特点是：春季阴雨连绵，雨日特多；夏季高温湿热，暴雨集中；秋季台风入侵频繁；冬季严寒很少，雨量稀少。多年平均温度在14～22℃之间，年际变化不大。多年平均雨量在1000～2000mm之间，降雨量分布明显呈由东向西逐步减少，降雨年内分配不均，地区分布差异和年际变化大，年平均蒸发量约在1000～1800mm之间。年平均径流总量珠江流域为 3360 亿 m^3，相当于长江的 1/3，约为黄河的 6 倍，列全国第二，其中西江 2380 亿 m^3，北江 394 亿 m^3，东江 238 亿 m^3，三角洲 348 亿 m^3。附近沿海诸河年平均径流量为 1303 亿 m^3；两者合计约占全国水资源总量的 17%，人均水资源量为全国的 1.25 倍。径流的年内变化与降雨相似，4～9 月为汛期，水量约占年总水量的 72%～88%。径流年际变化和地区分布差异也很大，丰水年和枯水年水量之比最大可达 6～7 倍，还会出现连续枯水年或连续丰水年的情况，引起严重的洪灾和旱灾。

珠江是我国各大河流中含沙量最小的河流，多年平均含沙量为 0.126～0.334kg/m^3，仅相当于黄河的 1%。但由于径流充沛，年平均含沙量 8872 万 t。据统计分析，每年约有 20%的泥沙淤积于珠江三角洲网河区，其余 80%的泥沙分由八大口门输出到南海。

珠江流域洪水特征是峰高、量大、历时长。造成流域洪水的主要天气系统主要是峰面或静止峰、西南槽，其次是热带低压和台风，每年的暴雨洪水多出现在 6、7、8 月。珠江流域枯水期一般为 10 月至次年 3 月，枯水径流多年平均值为 803 亿 m^3，仅占全流域年径流量的 24%左右。西江梧州站枯水期出现的最小流量为 720m^3/s，北江角石为 130m^3/s，东江博罗站为 31.4m^3/s。

珠江口门的潮汐属不规则的半日周潮。珠江口为弱潮河口，潮差较小，平均潮差为 0.86～1.6m，最大潮差为 2.29～3.36m。八大口门涨潮总量多年平均为 3762 亿 m^3，落潮多年平均值为 7022 亿 m^3，净减量为 3260 亿 m^3。

对于空调系统而言，直接使用江河水作为冷却水节能与否与水体温度状况有很大关系。因此，有必要对使用珠江水作为空调系统冷却水进行节能分析。

图 2-11 和图 2-12 为珠江水温取样点分布示意图。图 2-13～图 2-16 是从广州地铁海珠广场站、鹭江站、员村电厂、珠江电厂、旺隆电厂获得的珠江水水温数据整理图表，图 2-17和图 2-18 为 2006 年和 2007 年全年干、湿球温度变化曲线。其中 2006 年最高气温为 36.6℃，2007 年最高气温为 36.5℃，2007 年各河段中，珠江水珠江电厂河段最高水温为 33.92℃，旺隆电厂河段为 32.22℃，海珠广场站河段为 32.99℃；2006 年员村电厂河段珠江水最高温度为 31.7℃。

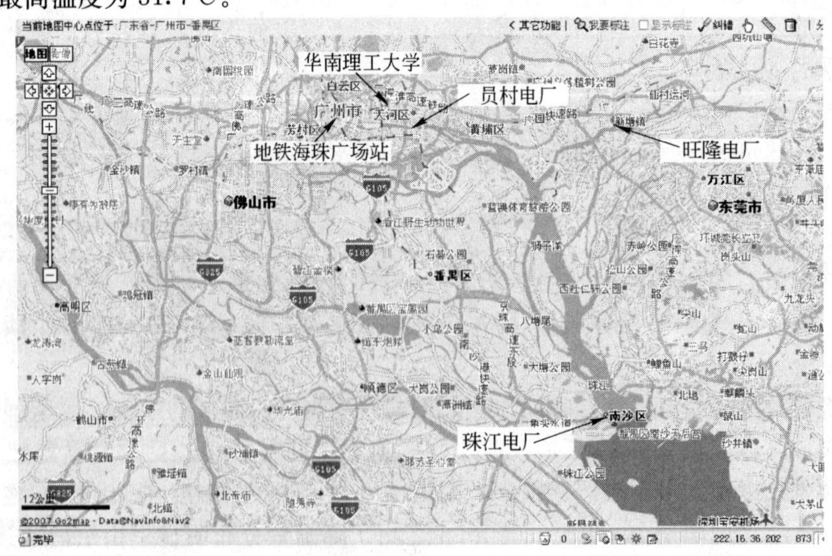

图 2-11　珠江水温取样点分布示意图(一)

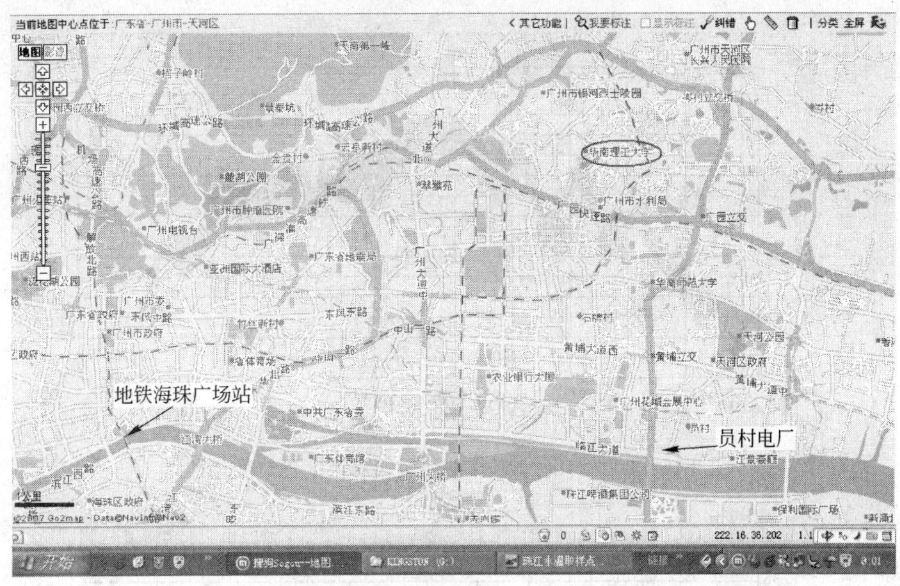

图 2-12　珠江水温取样点分布示意图(二)

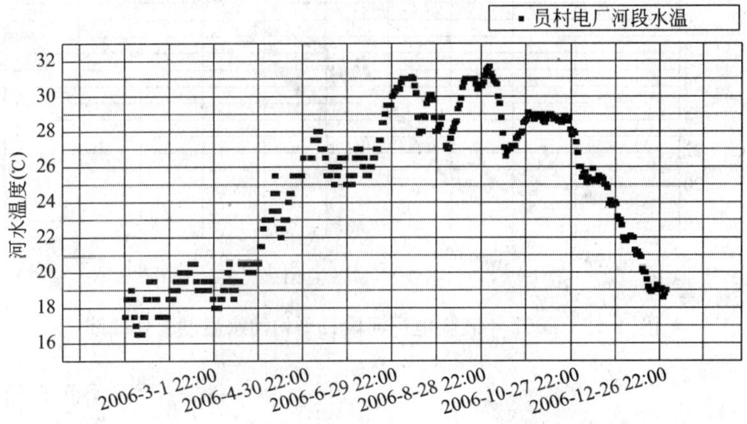

图 2-13　2006 年员村电厂河段水温逐时变化曲线

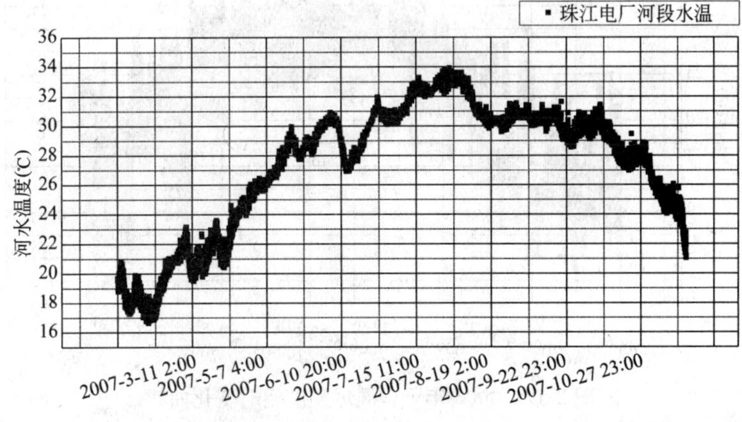

图 2-14　2007 年珠江电厂河段水温逐时变化曲线

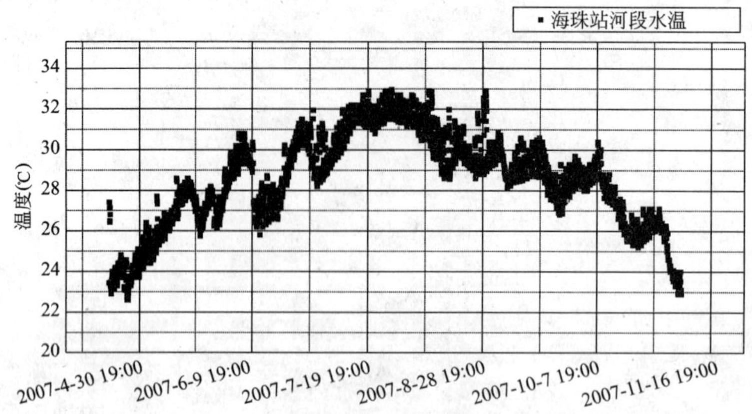

图 2-15　2007 年地铁海珠站河段河水温度逐时变化曲线

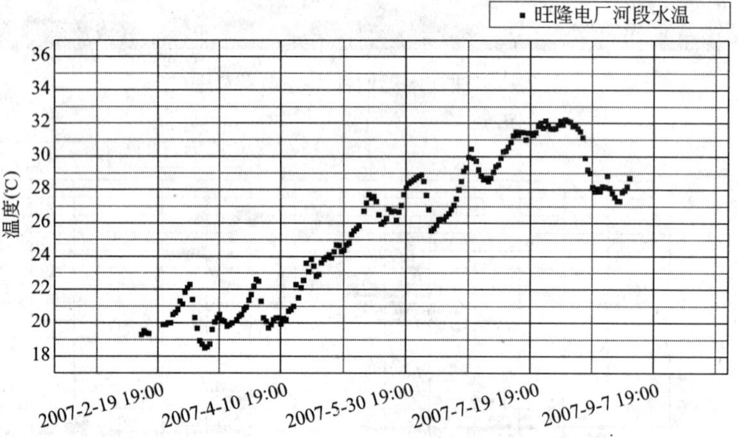

图 2-16　2007 年旺隆电厂河段日平均河水温度变化曲线

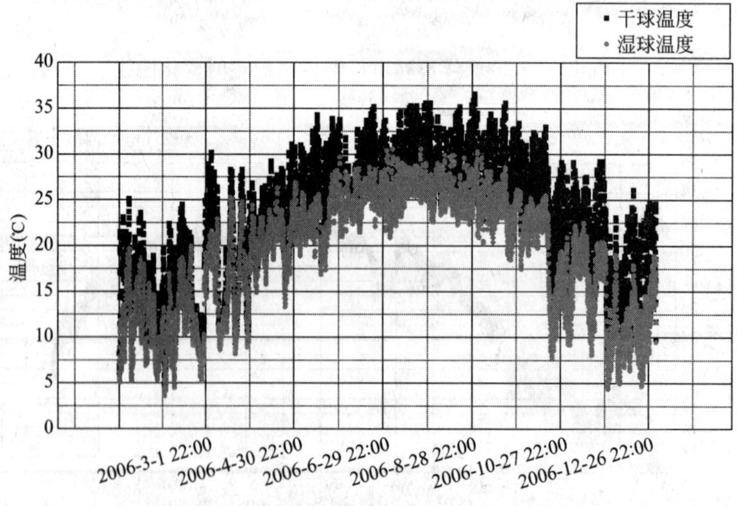

图 2-17　2006 年干、湿球温度逐时变化曲线

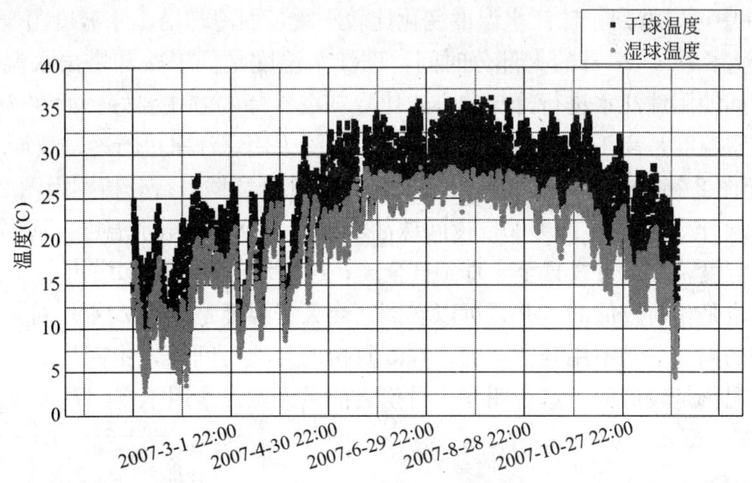

图 2-18　2007 年干、湿球温度逐时变化曲线

2.5.3　珠江水冷却和冷水塔冷却性能的比较

常规的空调系统采用冷却塔和冷却水泵，对冷却水进行循环冷却，冷却塔设计的出水温度为高于湿球温度 4℃：

$$T_{\mathrm{OUT}}=T_{\mathrm{W}}+4$$

湿球温度变化时，冷却塔出水温度也随之变化；当考虑使用珠江水作为空调系统的冷却水时，珠江水直接进入冷水机组的冷凝器进行冷却，然后再排入珠江。理论上说，只有当珠江水温度比冷却塔出水温度低时，才能获得节能效果。

以下对海珠广场站、珠江电厂、旺隆电厂河段用珠江水作为空调系统冷却水和常规空调系统冷却塔冷却进行比较。

1. 海珠广场站河段珠江水冷却与冷却塔冷却比较分析

广州地铁海珠广场站采用珠江水进行冷却，其中珠江水水温数据为从 2007 年 4 月 20 日～11月 6 日数据，湿球温度数据为广州五山气象站 1～11 月份逐时监测数据，冷却塔冷却后的冷凝器进水温度按照前述运行温度进行，则采用冷却塔冷却与直接用珠江水冷却比较如图 2-19 所示。

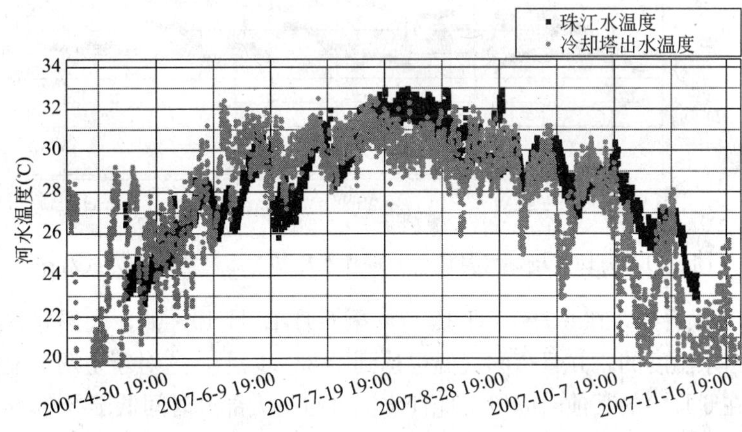

图 2-19　海珠广场站珠江水冷却与冷却塔冷却方式比较

从图 2-19 中可以看到，珠江水温度变化比较平缓，而冷却塔出水温度由于湿球温度变化较大而波动较大，在 4～7 月的大部分时间，珠江水温度是低于冷却塔出水温度的，也就是说，在这段时间使用珠江水进行冷却的方式比冷却塔冷却的方式要好；而在 7～11 月的大部分时间，珠江水温度是高于冷却塔出水温度的，这样采用珠江水进行冷却反而是不利的。

图 2-20 至图 2-26 分别选取了 5～10 月每个月的部分数据进行分析，由图 2-20 可以看到，5 月 1 日 19：00 至 5 月 5 日 19：00，夜间珠江水温高于冷却塔出水温度，而白天珠江水温低于冷却塔出水温度，在 5 月 3 日至 5 月 4 日全天，珠江水温度和冷却塔出水温度基本上相同，而当天的气温也是相对较低的，并且可以看到，当天气温都是低于 23℃，对于一般空调系统而言，在这样的温度下是不用开空调的。在 5 月份的其他时间段，由图 2-20可以看到，大部分时间珠江水温仍是较低的。这说明在 5 月份之前白天珠江水用于空调系统冷却是有利的。

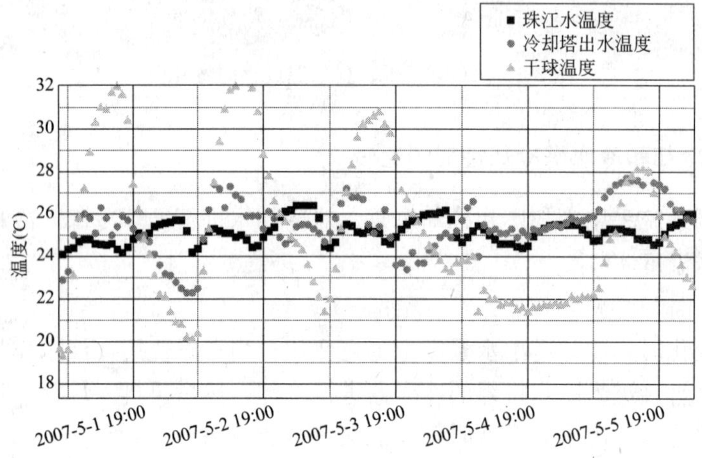

图 2-20　海珠广场站 5 月份珠江水冷却与冷却塔冷却方式对比

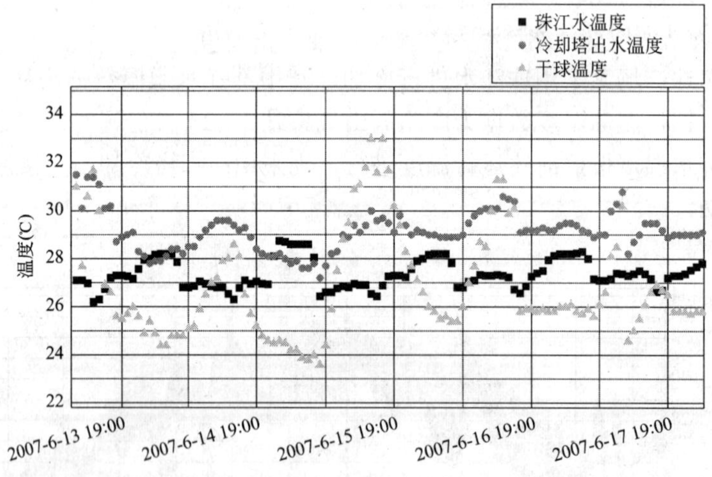

图 2-21　海珠广场站 6 月份(初)珠江水冷却与冷却塔冷却方式对比

由图 2-21 可以看到，在 6 月 13 日 19：00 至 6 月 17 日 19：00，大部分时间珠江水温度是低于冷却塔出水温度的，并且夜间气温也达到了 23℃以上，这对于空调系统全天运行的情况是有利的。在 6 月份的其他时间段，珠江水温度也是大部分时间低于冷却塔出水温度的。

在7月26日19：00至7月30日19：00期间(见图2-23)，可以看到，珠江水温度高于冷却塔出水温度，在7月初则夜间珠江水温高于冷却塔出水温度，白天低于冷却塔出水温度(见图2-23)。因此，在7月期间，总的来说，使用珠江水冷却弊大于利。

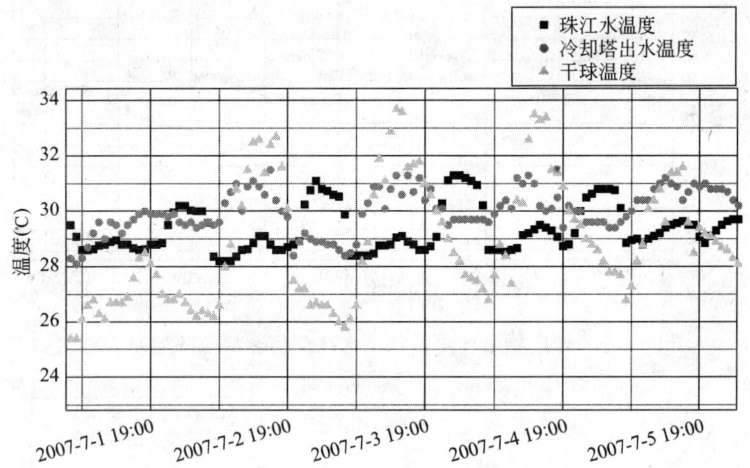

图2-22 海珠广场站7月份(初)珠江水冷却与冷却塔冷却方式对比

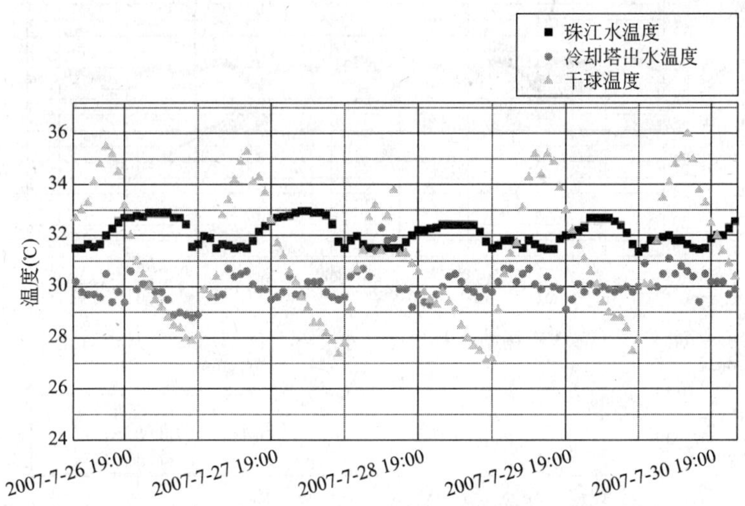

图2-23 海珠广场站7月份(末)珠江水冷却与冷却塔冷却方式对比

由图2-24可以看到，在8月18日19：00至8月22日19：00，珠江水温度变化趋势和7月初基本一致，但是在21日19：00后气温降低，湿球温度变化不大，导致白天珠江水温度也较高。

由图2-25可以看到，在9月15日19：00至9月19日19：00，珠江水温度明显高于冷却塔出水温度，而干球温度仍然在23℃以上，这对于使用珠江水进行冷却是不利的。

由图2-26可以看到，在10月14日19：00至10月18日19：00，气温变化并不太大，但湿球温度却处于下降趋势(即相对湿度下降)，珠江水温仍然高于冷却塔出水温度，整体呈下降趋势。这意味着珠江水大部分时间处于放热状态。干球温度也已经降到23℃以下，此时对一般空调系统来说，并无利弊可言。

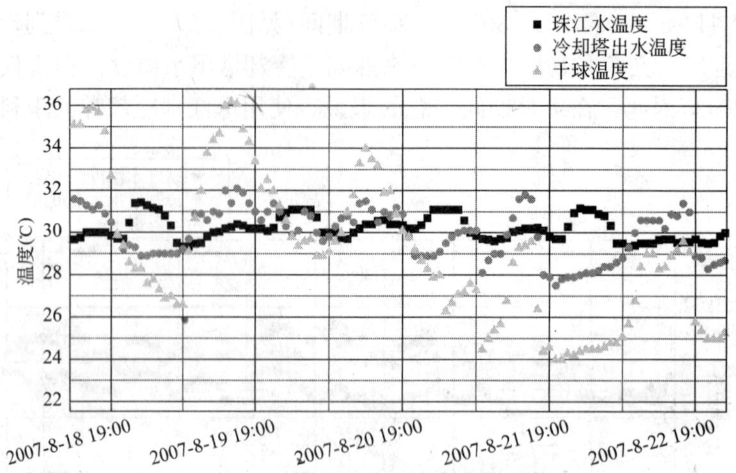

图 2-24　海珠广场站 8 月份珠江水冷却与冷却塔冷却方式对比

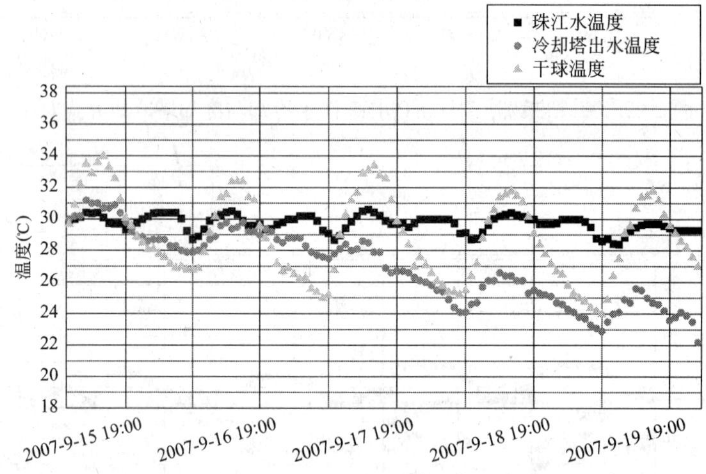

图 2-25　海珠广场站 9 月份珠江水冷却与冷却塔冷却方式对比

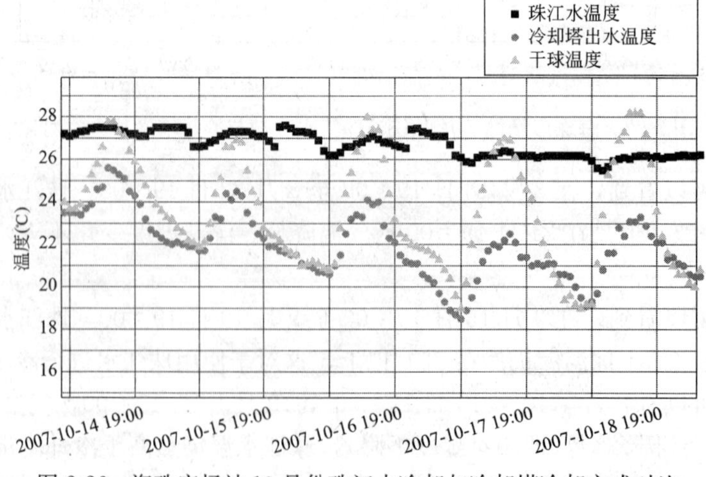

图 2-26　海珠广场站 10 月份珠江水冷却与冷却塔冷却方式对比

2. 旺隆电厂河段珠江水冷却与冷却塔冷却比较分析

旺隆电厂河段的水温数据为从 2007 年 1 月至 8 月日平均温度数据，采用冷却塔冷却与直接用珠江水冷却比较如图 2-27 所示，可以看到，旺隆电厂水温分布和海珠广场基本上一致，在 5～7 月水温低于冷却塔出水温度，而在 8～10 月则高于冷却塔出水温度，其具体情形因每日天气状况而异。

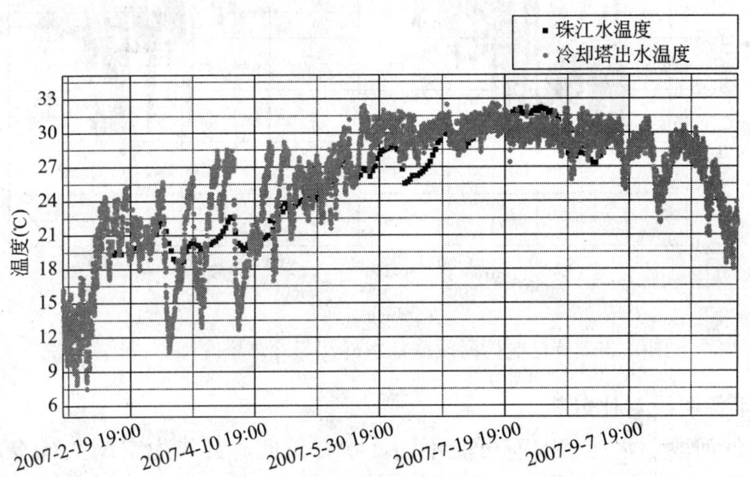

图 2-27　旺隆电厂河段珠江水冷却与冷却塔冷却方式比较

3. 珠江电厂河段珠江水冷却与冷却塔冷却比较分析

珠江电厂河段的水温数据取 2007 年全年数据进行分析。由图 2-28 可以看到，其分布趋势与珠江电厂的基本一致。

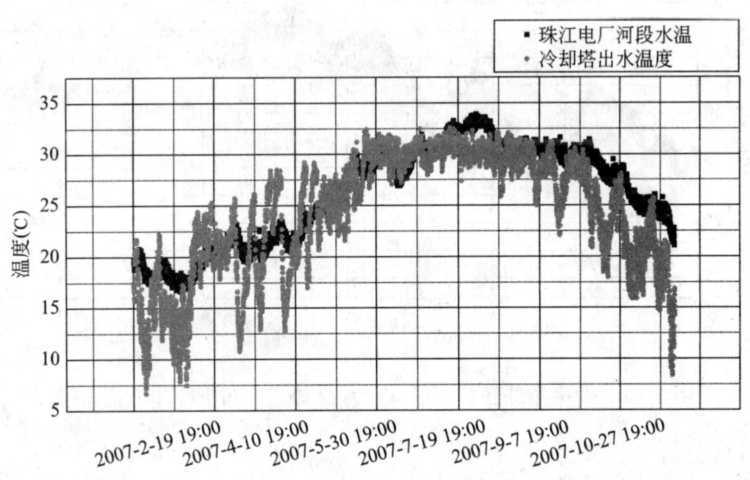

图 2-28　珠江电厂河段珠江水冷却与冷却塔冷却方式比较

4. 员村电厂河段珠江水冷却与冷却塔冷却比较分析

2006 年员村电厂河段的水温数据为全年逐时水温河水温度。由图 2-29 可以看出，全年水温变化趋势与 2007 年差不多。但是在 7 月底到 8 月初珠江水温没有出现长期居高不下的情况。

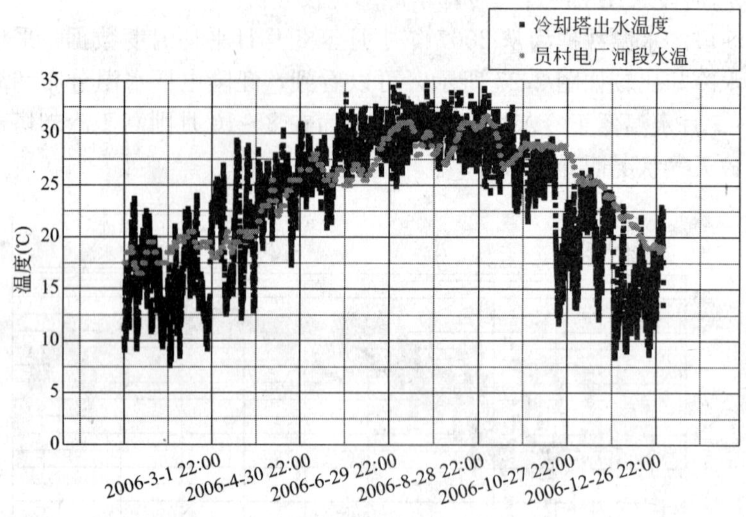

图 2-29　员村电厂河段珠江水冷却与冷却塔冷却方式比较

5. 2007 年各河段对比分析

对于不同的河段，水温状况有可能不同，水温越低，其作为空调系统冷却水的潜力越大。由图 2-30 可以看到，珠江电厂河段水温高于旺隆电厂和海珠站河段水温，旺隆电厂河段水和海珠站河段水温则相差不大。

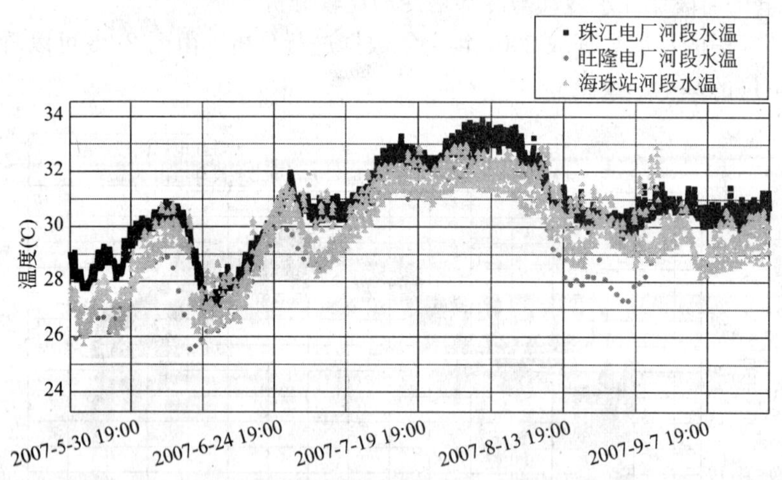

图 2-30　2007 年珠江各河段珠江水冷却与冷却塔冷却方式比较

6. 实际运行分析

广州地铁鹭江站和海珠站分别采用了冷却塔和珠江水进行冷水机组的冷却，其实际运行效果如图 2-31，可以看到，实际出水温度比理论值略高，在 4 月份和 9 月份与理论计算值相差较大。采用珠江水冷却较冷却塔冷却仍无明显优势。

7. 珠江水冷却面临的水质问题

目前使用珠江水冷却不一定就能节能，虽然节省了用于冷却塔的设备投资及其运行费用，但是在污垢处理上要消耗资源。由于珠江水作为空调制冷系统的冷却水水质差，与循

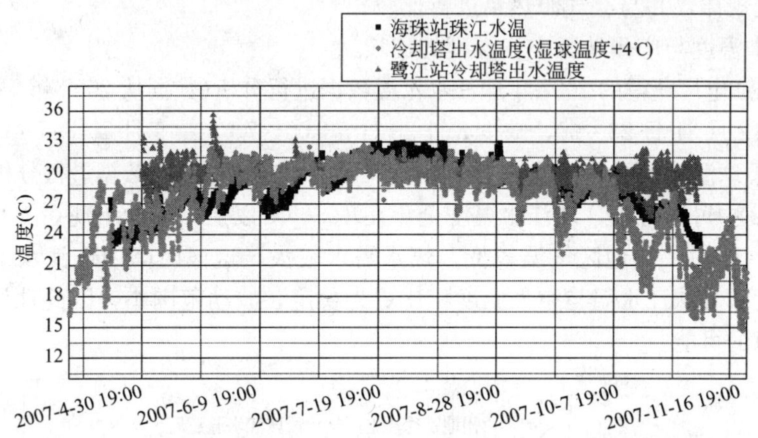

图 2-31 2007 年珠江水冷却与冷却塔冷却方式实际运行分析

环冷却水相比微小颗粒泥砂的含量和微生物含量要高得多，会在冷水机组冷凝器的换热管表面形成污垢，产生污垢热阻，使冷凝器的传热恶化、效率降低。且随着强化传热技术的广泛应用，污垢热阻对传热过程的影响更加明显。珠江水含杂质较多，包括微生物和悬浮微粒等，因此珠江水作为循环冷却水所生成的污垢不是单一类型污垢，而是多种类型的污垢混合物。夏季是机组负荷较大、冷却水温度最高的时候，同时又是冷却水最易产生微生物且形成的污垢热阻最大的时候，其中微生物是影响冷却水污垢热阻的主要因素。因此，机组水侧污垢热阻的研究、监测和控制应重点针对含有微生物的问题进行。

采用地表水作为冷却水，要考虑当地的水文气象条件，就广州地区而言，采用珠江水作为冷却水与采用冷却塔制取冷却水相比，7 月份之前珠江水温度低于冷却塔出水温度，这段时间气温较低，空调负荷较小，7~10 月(尤其是 7、8 月)随着气温升高，珠江水温度高于冷却塔出水温度，同时由于珠江水水质较差等问题，采用珠江水作为冷却水没有显著的经济优势。

2.5.4 广州地区采用珠江水作为热泵热源相对于空气的优势分析

我国地表水资源丰富，可作为热泵的低位热源加以利用。与空气、地下水、土壤等热源相比，地表水具有水量大、热容量大、换热系数高、无需回灌、投资小、环境影响小等优势。因此，近年来地表水源热泵的节能潜力与环保作用受到越来越多的关注。利用地表水作为热泵冷热源为建筑供冷供热具有重要的节能、环保及经济价值，但需要有效、可靠、经济地解决系统的阻塞、污染等一系列的水源技术问题。

我国在地表水用于供冷供热的研究和应用方面起步较晚，但是发展速度很快。青岛帆船中心的媒体中心是 2008 年北京奥运会帆船比赛场地，在建筑设计中充分利用就地获取的海水作为热泵系统的冷热源，为建筑面积 8138m^2 的媒体中心提供冷热风，并且在国际帆船赛期间运行良好。随着 2010 年上海世博会的工程开工，以黄浦江水为冷热源的水源热泵技术在上海十六铺地区综合改造工程中投入建设。2006 年 6 月，大连市被建设部认定为全国惟一的水源热泵技术规模化应用示范城市，7 个项目被国家确定为示范项目。目前，全市规划建设水源热泵项目 13 项，涉及供热、供冷面积 1100 万 m^2。

珠江水量丰富，全年水温变化较小，流量稳定，且冬暖夏凉，被认为是可利用的低位热源。因此，有必将对广州地区使用珠江水作为热泵热源的经济性能进行分析。分析珠江水的水温变化规律，并与空气源热泵进行比较。

1. 珠江水温度与广州地区空气温度的比较

采用从珠江电厂获得的2007年珠江水水温数据进行分析(数据从2007年1月1日0：00起至2007年12月31日23：00，缺少8月26日5：00～7：00，9月2号17：00～19：00的数据)，空气干球温度采用2007年广州五山气象局实时监测所得的数据进行分析。

从图2-32中可以看出，珠江水温度全年在16.65℃以上，最低出现在1月份。尤其是1～4月，10～11月广州地区气温较低，热水需求较大，这段时间内珠江水平均温度高于空气干球温度，且珠江水温与空气温度相比更为稳定，波动范围小，因此珠江水具有冬季作为热泵热源的可能。

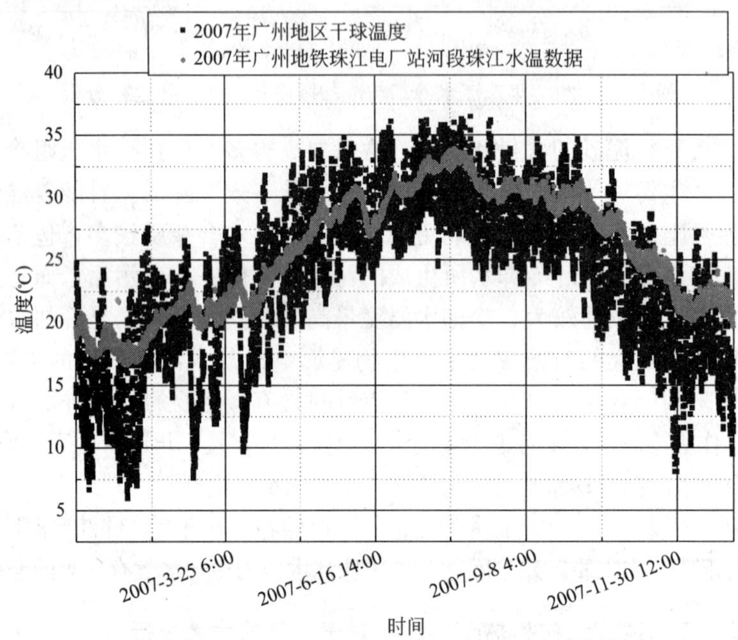

图2-32　2007年珠江水温与空气干球温度

2. 水源热泵与空气源热泵蒸发温度比较

对于实际的热泵机组，蒸发器的平均传热温差及放热介质的温降，要根据其传热性能，综合权衡其初投资和运行费用。对制冷机组用于冷水的蒸发器，冷水的温降通常取5～6℃，蒸发温度比冷水的出口温度低1～2℃，对于直接蒸发式空气冷却器，由于空气的比热小，为了不使空气流量过大，取较大的温降，通常约为10℃，同时由于空气侧的换热系数小，为了不使结构尺寸偏大，取较大的传热温差，蒸发温度比被冷却空气的出口温度低6～8℃。鉴于热泵蒸发器放置在室外，可取偏大一些的尺寸，以此对比分析水源热泵和空气源热泵的经济性能。

(1) 假设工况1

假设空气源热泵的空气进出口温度降为8℃，蒸发温度比空气出口温度低6℃，此时蒸发温度比空气入口温度即环境空气的干球温度低14℃；水源热泵放热介质水的温降为5℃，蒸发温度比放热介质水的出水温度低1℃，此时蒸发温度比放热介质水的入口温度低6℃(见图2-33)。据此分析，在广州地区采用珠江水为放热水和空气源热泵的经济性能。

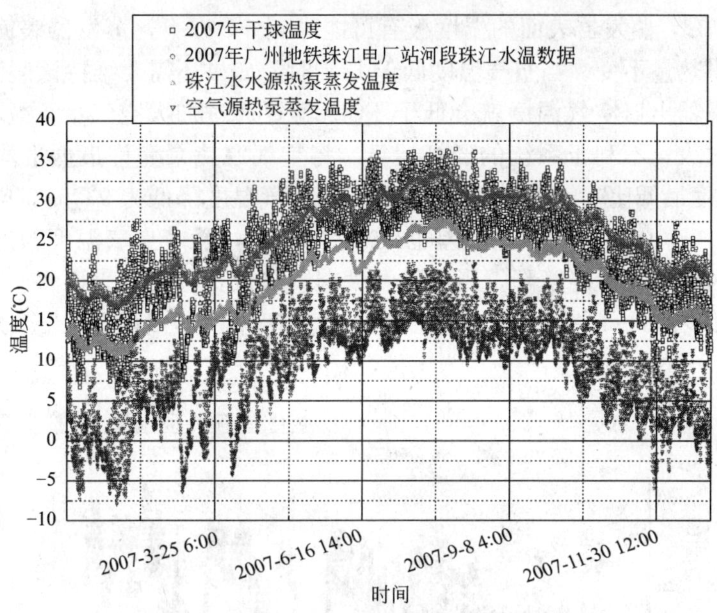

图 2-33　2007 年水源热泵与空气源热泵蒸发温度

从图 2-34 中可以看出，1～4 月气温相对较低，最低至 6℃，气候阴冷潮湿，热水需求较大。这段时间内珠江水温度在 16～26℃范围内变化，水源热泵蒸发温度几乎总是高于空气源热泵的蒸发温度，且珠江水温度与空气相比更为稳定，波动范围小，因此珠江水具有冬季作为热泵热源换热的潜力。

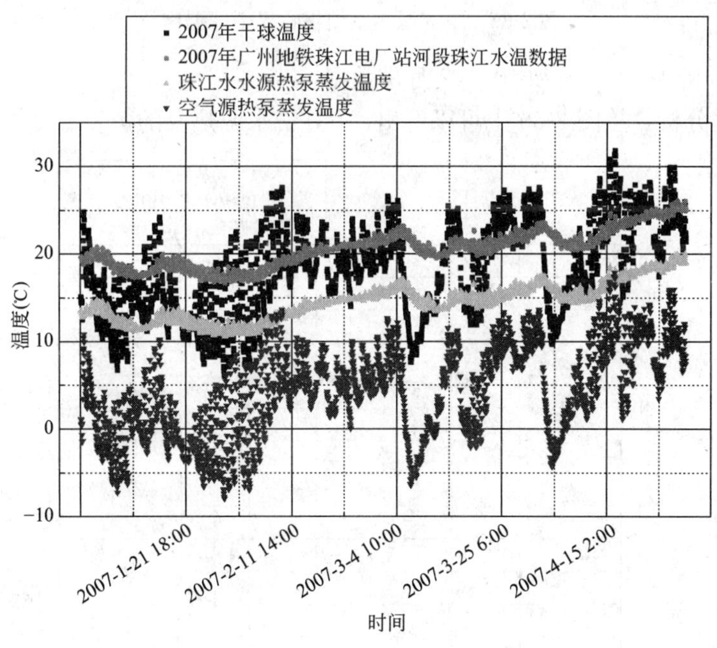

图 2-34　1～4 月份水源热泵与空气源热泵蒸发温度

同时，空气源热泵还存在结霜的现象。根据假设的换热温差分析，水源热泵的蒸发温度最低为 10.65℃，不会出现蒸发器结冰的现象。但是对于空气源热泵，一般蒸发器出口空气温度低于 4℃，蒸发器表面的温度极有可能降到 0℃以下，蒸发器表面可能会出现结霜现象。假定供热量不变，当空气温度低于 12℃时，如果还需要维持该假设工况下 8℃的换热温差，蒸发器出口空气温度就会低于 4℃。就要通过加大空气量，减小空气温度降，但是空气流量过大，不利于系统的经济运行。将空气源热泵允许最低平均换热温差定为 4.5℃，蒸发温度最低比空气出口温度低 2℃。当空气温度降低为 9℃时，空气的温度降已经需要减小至 5℃，同时平均换热温差也减小到 4.5℃，随着空气温度的进一步降低，不能通过再加大风量来减少温度降。当空气温度继续降低，蒸发器表面将会出现结霜现象。从图 2-35 中可以看出，1～4 月份一共有 99h 空气温度低于 9℃，不利于热泵的运行。

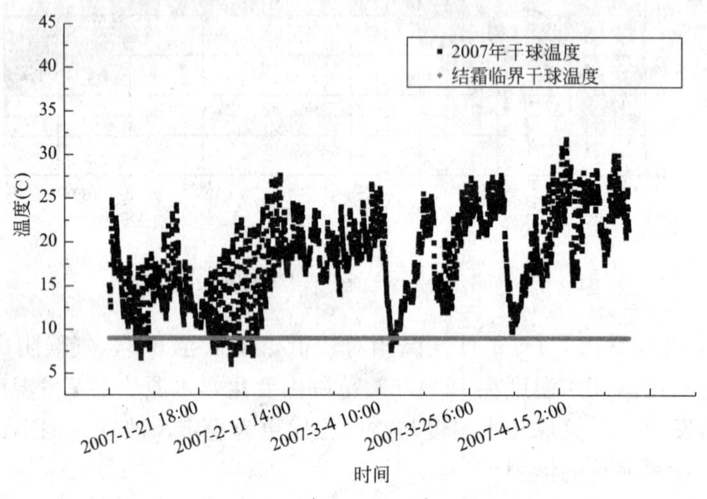

图 2-35　空气源热泵结霜临界干球温度

以下具体分析 1～4 月份和 10～12 月份数据：

1 月份数据分析：从图 2-36 中可以看出，1 月份水源热泵的蒸发温度在 10.5～15℃的

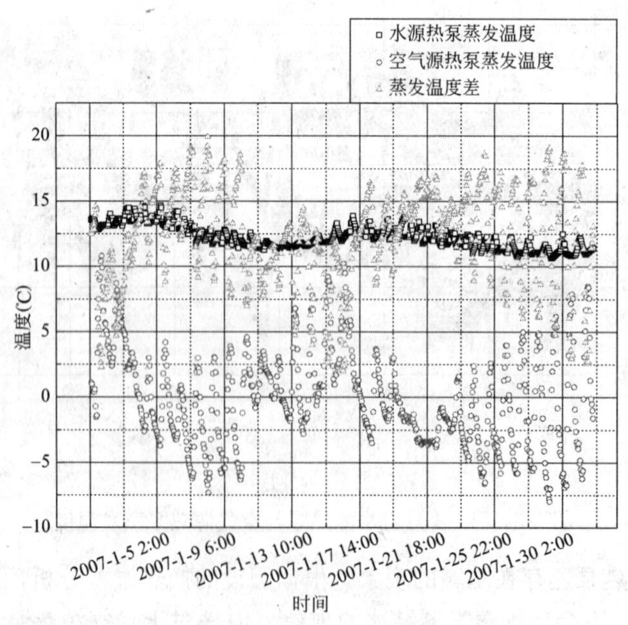

图 2-36　1 月份水源热泵与空气源热泵蒸发温度比较

范围内波动，波动范围小且变化平稳。但是空气源热泵的蒸发温度变化范围大，在−8～10.8℃的范围内波动，变化剧烈且不稳定，几乎总是低于水源热泵蒸发温度，蒸发温度差最高达到19.95℃。而且空气源热泵的蒸发温度大多数低于0℃，蒸发器表面温度较低，结霜现象比较严重，空气源热泵效率较低。如按上述方法减小空气换热温差，结霜现象会有所改善，但是仍然有70h存在结霜现象，所以该时间内使用珠江水源热泵有很大优势。

2月份数据分析：从图2-37中可以看出，水源热泵蒸发温度呈现缓慢上升的趋势，在10.5～16.5℃的范围内变化，空气源热泵的蒸发温度仍然是波动较大，只有在2月7日～9日的每天下午15：00～17：00，蒸发温度会高于水源热泵的蒸发温度。因此，2月份使用水源热泵仍然是比较有利的。

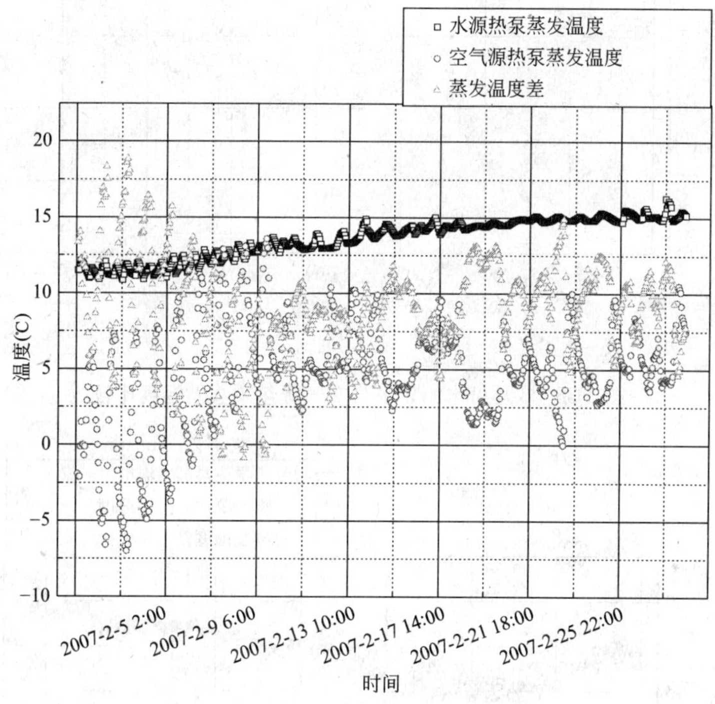

图2-37 2月份水源热泵与空气源热泵蒸发温度比较

3月份数据分析：从图2-38中可以看出，整个月水源热泵蒸发温度在15℃附近波动，温度始终高于空气源热泵蒸发温度，温度差在1.5～22.5℃的范围内波动。因此，3月份使用珠江水作为热泵热源相较空气仍然是有利的。

4月份数据分析：从图2-39中可以看出，随着4月份气温的逐渐上升，水源热泵的蒸发温度也有所上升。整个月空气源热泵蒸发温度波动比3月份更加剧烈，只有个别时刻温度高于珠江水蒸发温度，温度差在−0.5～21℃的范围内波动。因此，4月份使用珠江水作为热泵热源相较空气仍然是有利的。

10～11月份数据分析：进入10月份以后，广州气温开始逐渐降低，空气源热泵和水源热泵的蒸发温度也相应开始下降，从图2-40中可以看出，空气源热泵的蒸发温度还是低于水源热泵，但是10月份总体上空气源热泵蒸发温度能高于0℃，蒸发器不会出现结霜现象。因此，在这段期间内使用两种方式都是可以的。进入11月份以后，空气源热泵的蒸发温度逐渐降低至0℃以下，蒸发器结霜现象严重，使用空气源热泵是不利的。

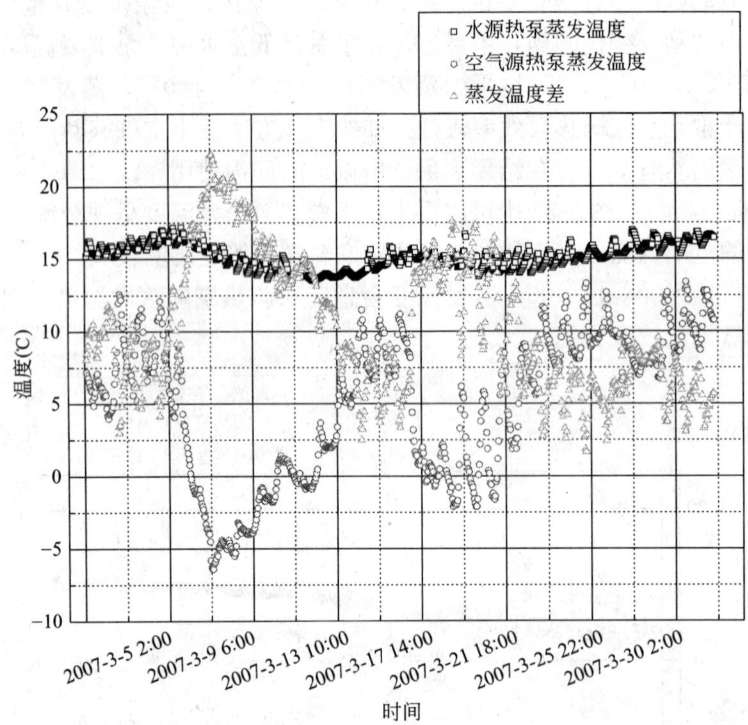

图 2-38　3 月份水源热泵与空气源热泵蒸发温度比较

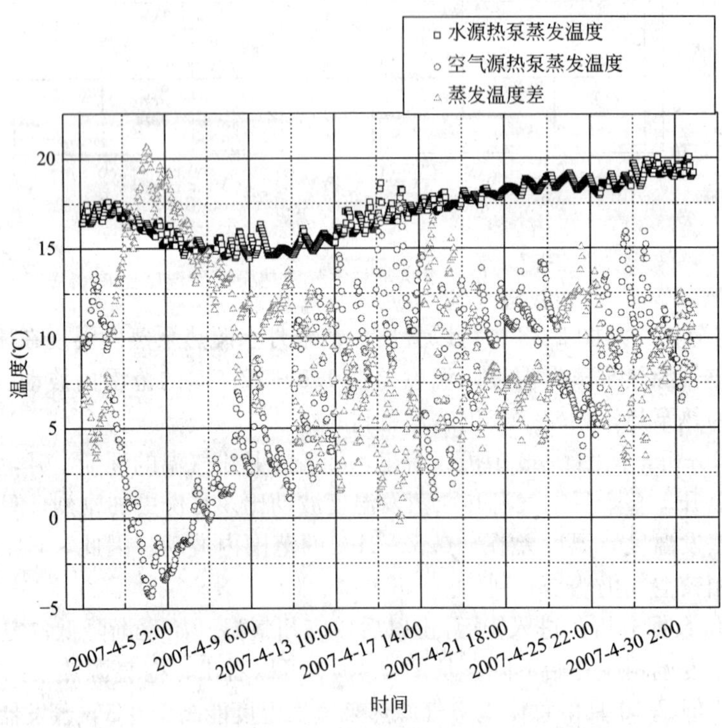

图 2-39　4 月份水源热泵与空气源热泵蒸发温度比较

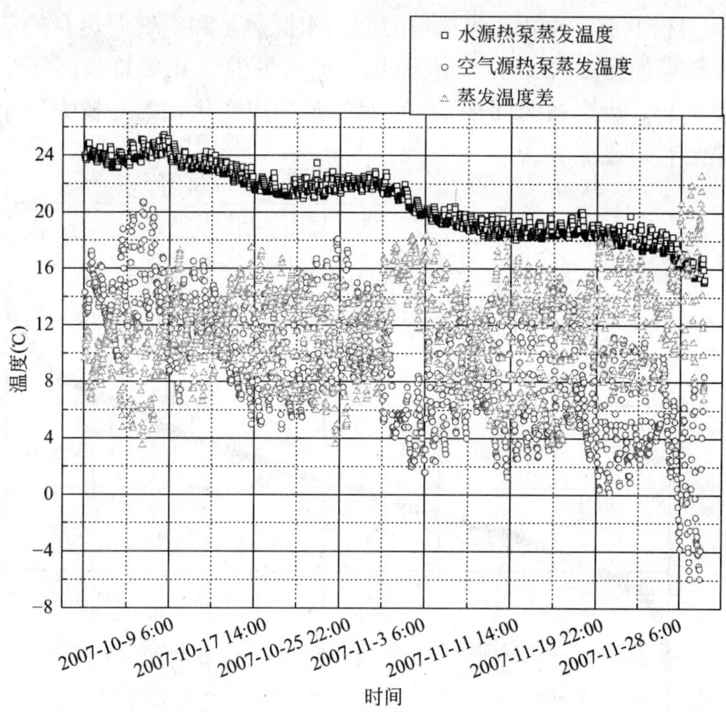

图 2-40　10～11 月份水源热泵与空气源热泵蒸发温度比较

12 月份数据分析：从图 2-41 中可以看出，整个变化趋势同 1 月份，仍然是使用水源热泵更为有利。

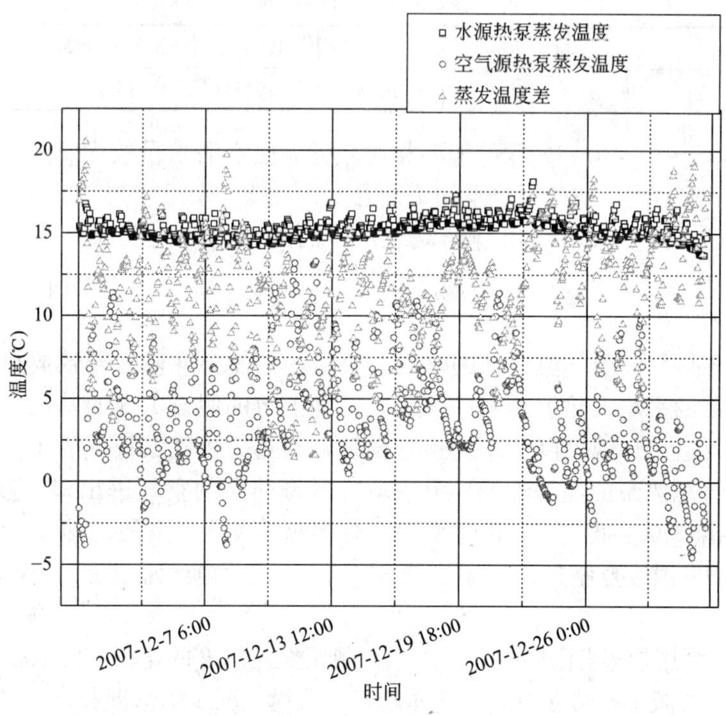

图 2-41　12 月份水源热泵与空气源热泵蒸发温度比较

此外，1～4月份共有2880h，将这段时间内水源热泵和空气源热泵的蒸发温度差由小到大进行排列，结果如图2-42所示。水源热泵的蒸发温度几乎总是高于空气源热泵，具体温度分布见表2-13，大多数时间在5～15℃的范围内变化，温差较大，显然，使用水源热泵比空气源热泵有明显优势。

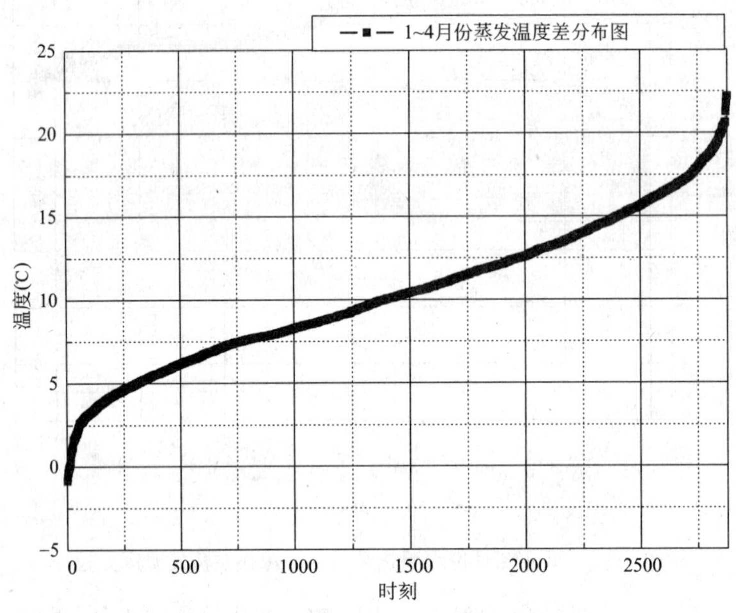

图2-42　蒸发温度差拟合曲线

蒸发温度差分布区间　　**表2-13**

蒸发温度差(℃)	≤0	0～5	5～10	10～15	15～20	≥20
时间(h)	11	297	1086	1015	446	25

总体来看，1～4，10～12月份气温相对较低，热水需求量较大。这段时间内水源热泵蒸发温度几乎总是高于空气源热泵的蒸发温度，且珠江水温度与空气相比更为稳定，波动范围小，而且水源热泵不会出现结霜现象，因此使用珠江水源热泵要比空气源热泵有利。

(2) 假设工况2

对于空气源热泵，当气温较低的时候，机组的性能会降低，导致放热介质空气的温度降以及蒸发器的平均换热温差减小，因此，在上节的假设工况的基础上，分别减小空气源热泵的空气进出口温度降和平均换热温差，通过分析气温较低的1月份数据，比较水源热泵和空气源热泵的经济性能。分别取空气源热泵的空气进出口温度降为6℃，蒸发温度比空气出口温度低4℃，此时平均换热温差为7℃；空气源热泵的空气进出口温度降为5℃，蒸发温度比空气出口温度低3℃，此时平均换热温差为5.5℃两种情况进行分析。

1月份空气源热泵蒸发温度与珠江水水源热泵蒸发温度的比较分别如图2-43所示。从图中可以看出，在减小换热温差后，总体趋势与假设工况1的情况相同，随着平均换热温差的减小，空气源热泵的蒸发温度会升高，空气作为热泵热源换热效果变好，但是不论在哪种假设工况下，珠江水源热泵的蒸发温度总体高于空气源热泵的蒸发温度。因此，使用珠江水作为热泵热源具有较大的优势。

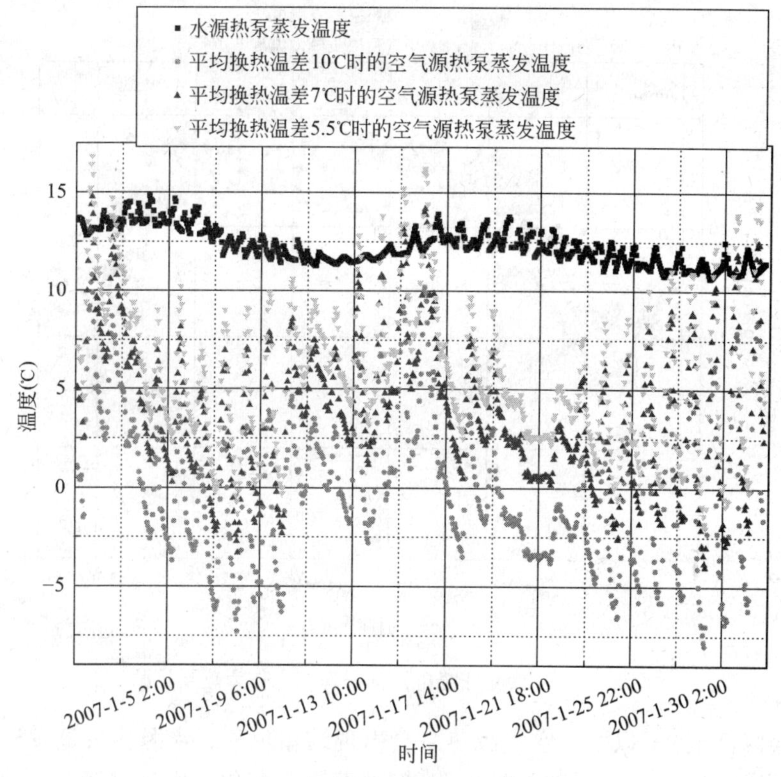

图 2-43 各种假设下蒸发温度的比较

3. 旺隆电厂河段珠江水作为水源热泵热源与空气作为热泵热源的经济性能比较

笔者还采集了 2008 年广州旺隆电厂河段珠江水的日平均水温数据，图 2-43 显示了旺隆电厂与珠江电厂沿珠江边的位置分布。位于不同的河段，水温状况有一定差异，对比图 2-44 和图 2-45中的珠江水温可以看出，珠江电厂河段的水温高于旺隆电厂河段的水温，水温越高，作为热泵热源的效果越好。以下将旺隆电厂河段的珠江水温与 2008 年广州五山气象站实测的气温数据进行分析，比较该河段珠江水与空气作为热泵热源的经济性。换热温差仍然按照空气源热泵的空气进出口温度降为 8℃，蒸发温度比空气出口温度低 6℃；水源热泵放热介质水的温降为 5℃，蒸发温度比放热介质水的出水温度低 1℃，此时蒸发温度比放热介质水的入口温度低 6℃。

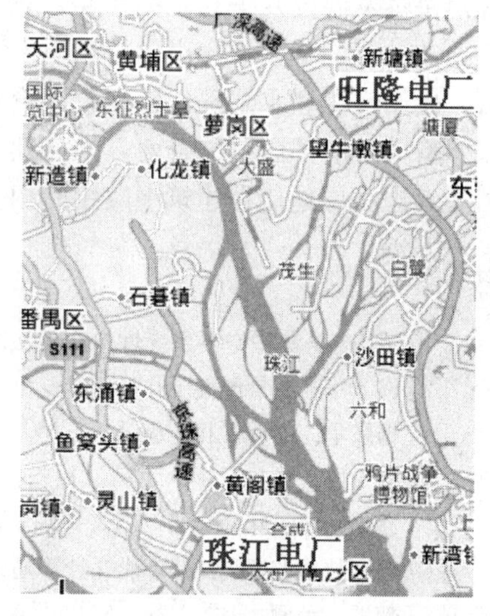

图 2-44 旺隆电厂与珠江电厂的位置分布

如图 2-44 所示，2008 年气温变化趋势与 2009 年大致相同，最低气温出现在 1 月份，1 月下旬和

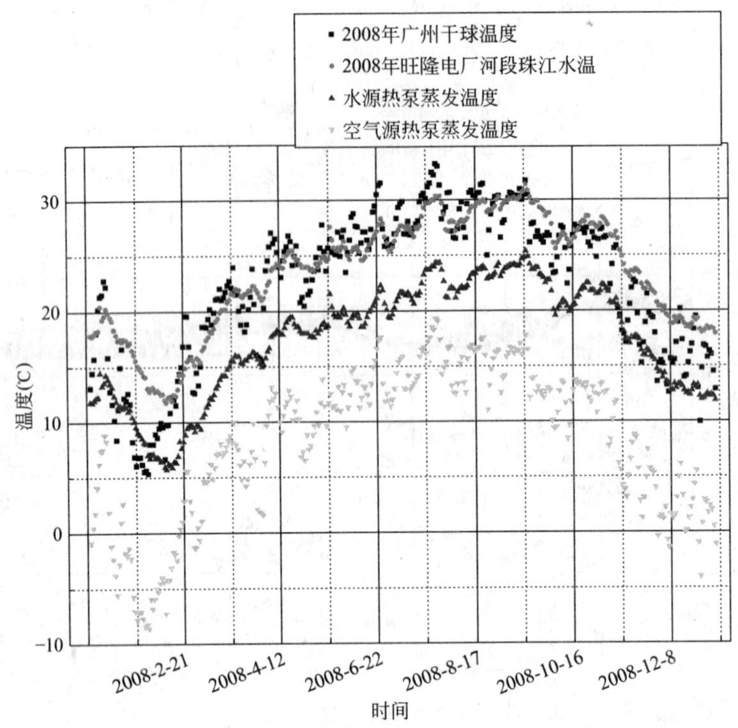

图 2-45 2008 年旺隆电厂河段珠江水作为热泵热源

2 月初气温会降低至 9℃以下，空气源热泵会出现结霜现象。水源热泵蒸发温度始终高于空气源热泵蒸发温度，蒸发温度差在 3～18℃的范围内变化，优势显著，因此使用珠江水作为热泵热源效果更好。

总之，采用地表水为低温热源，要考虑当地的水文气象条件，就广州地区而言，采用珠江水为热泵热源与空气相比，10 月至次年 4 月气温较低，热水需求较大，这段时间内水源热泵蒸发温度几乎总是高于空气源热泵的蒸发温度，且珠江水温度与空气相比更为稳定，波动范围小，不会出现结霜现象，因此使用珠江水源热泵要比空气源热泵有利。5～9 月，由于气温和水温都比较高，无论是使用哪种热泵形式制热，制热效率都很高。

有关政府部门要结合南方地区建筑用能的特点、浅层地能的特点、地表水温的特点，慎重考虑浅层地能在建筑中应用的相关政策。

参考文献

[1] 王明红. 集中空调系统㶲分析方法的探讨 [J]. 制冷与空调. 2004(2)：25-28
[2] 许圣华. 㶲价值因子在热经济学分析中的应用 [J]. 能源研究与利用. 1998(5)：12-14
[3] 杨东华. 㶲分析和能级分析 [M]. 北京：科学出版社，1986
[4] 杨宏志，供热系统论 [M]. 徐州：中国矿业大学出版社，2001
[5] 奚士光，吴味隆，蒋君衍，锅炉及锅炉房设备 [M]. 北京：中国建筑工业出版社，1995
[6] 国家技术监督局. 综合能耗计算通则(GB/T 2589—1990) [S]. 北京：中国标准出版社，1990
[7] 贺平，孙刚. 供热工程 [M]. 北京：中国建筑工业出版社，1993
[8] 朱明善. 㶲和能 [J]. 自然杂志，1982(4)：279-289

[9] 王加漩．㶲方法及其应用［M］．北京：烃加工出版社，1990

[10] 杨东华．热经济学［M］．北京：科学出版社，2003

[11] 周洁．集中供热系统热经济学优化方法的研究［D］．青岛山东科技大学，2007

[12] 朱明善．能量系统的㶲分析［M］．北京：清华大学出版社，1988

[13] 朱明善，陈宏芳．热力学分析［M］．北京：高等教育出版社，1992

[14] 王加璇．㶲方法及其应用［M］．北京：中国电力出版社，1996

[15] 葛一春，屈峰．地源热泵与建筑节能．陕西建筑，2008，(151)：24-27

[16] Deerman J D, Kavanaugh S P. Simulation of vertical U-tube ground-coupled heat pump systems using the cylindrical heat source solution［G］// ASHRAE Trans，1991，7(1)：287-294

[17] Lei T K. Development of a computational model for a ground-coupled heat exchanger//ASHRAE Trans，1993，99(1)：149-159

[18] 何雪冰，刘宪英．北方地区应用地源热泵应注意的问题．低温建筑技术［J］，2004，2(98)：85-86

[19] 可再生能源建筑应用示范项目测评导则，2009

[20] 李建兴，涂光备，周文忠等．住宅采暖采用中水热泵技术的探讨．中国给水排水［J］，2004，20(4)：24-26

[21] 李建兴，涂光备，周文忠．城市污水热泵在住宅供热中的应用．流体机械［J］，2004，32(9)：65-68

[22] 杨峥，王学芬，贾正平．污水源热泵在城市供热供冷中的应用．//地温资源与地源热泵技术应用论文集(第三集)[S]，2009

[23] 王宏哲，尹军．城市污水热能回收与利用发展状况、评价和意义．中国环境管理［J］，2001，(5)：21～22

[24] 河原透，尾岛俊雄．低温未利用能量活用时节能性的研究．日本建筑学会计划学论文报告集［S］，1994

[25] 崔福义，李晓明，周红．污水资源及其在热泵供热中的应用．低温建筑技术［J］，2005，103(1)：96-98

[26] 国家环保总局．全国环境统计公报(2006 年)，2007.

[27] 孟玲燕，徐士鸣．太阳能与常规能源复合空调热泵系统在别墅建筑中的应用研究．制冷学报［J］，2006，27(1)：15-22

[28] Arifileri. AdiscussiononPerofmrnaeeParmaetersofrsol-araidedbasoprtioncooling systems. Renewba-leEnegry［J］，1997，10(4)：617-624

[29] 顾晓燕．太阳能制冷及供暖综合系统研究［D］．南京：南京理工大学，2005

[30] http：//www. pearlwater. gov. cn/zjgk/jbqk/t20041104 _ 1287. htm

[31] 刘金平　刘雪峰　杜艳国　魏瑞军　孔庆军，凝汽器冷却水污垢热阻的研究，中国电机工程学报［J］，2005. 25(15)：100-105

[32] 吴荣华，张承虎，庄兆意等．地表水源热泵管式换热法及其特性研究［J］．太阳能学报，2007，28(12)：1389-1393

[33] 刘雪玲，朱家玲．水源热泵在冬季供暖中的应用［J］．太阳能学报，2005，26(2)：262-265

[34] 张文宇，龙惟定．上海世博园地表水地源热泵的应用及环境影响分析［J］．暖通空调，2007，32(2)：37-41

[35] 张文宇．上海世博园大型地表水源热泵对黄浦江水环境的影响分析［D］．上海：同济大学机械工程学院，2007

[36] 朱金鸣．江水源热泵在上海十六铺工程中的应用［J］．暖通空调，2007，37(2)：88-93

第3章　既有建筑供能系统的区域统计和评价

3.1　北方寒冷地区既有建筑供能系统统计与评价

3.1.1　北方寒冷地区气候及既有建筑供能系统的特点

1. 北方寒冷地区气候

(1) 北方寒冷地区定义

北方寒冷地区泛指中国季风区的北部，包括寒冷地区及严寒地区习惯上也简称北方地区。主要是秦岭—淮河一线以北，大兴安岭、乌鞘岭以东，内蒙古高原以南，以及黄土高原以东的地区，东临渤海和黄海。包括东北三省、黄河中下游五省二市的全部或大部分，以及甘肃东南部，内蒙古、江苏、安徽北部、山东，约占全国面积的20%，人口约占全国的40%，其中汉族占绝大多数，少数民族中人口较多的有居住在东北的满族、朝鲜族等。而我国北方广义上主要包括东北、华北、西北“三北地区”。

(2) 北方地区气候特征

我国北方地区处于北半球西风带内，主要是温带大陆性气候，局部地区是高原气候。

温带大陆性气候主要是离海洋远，海洋上的湿润气流难以到达，终年受大陆气团控制。气候的基本特征：1)冬季寒冷，夏季温热。气温年较差大，气温日较差亦大。最冷月出现在1月，北部冬季气温可达零下40℃左右，最热月在7月，春温高于秋温。2)降水量少，而且季节分配不均，集中在夏季。降水的年际变化大。我国西北地区就属于温带大陆性气候。

高原气候是在海拔高、地面广、起伏平缓的高原面上形成的气候。我国北方高原气候主要分布在黄土高原和青藏高原地区，特点为：1)随着海拔高度的升高，空气、水汽、尘埃等随之减少，太阳直接辐射增强，紫外辐射增强尤为明显；但有效辐射也增大。在有积雪的高原面上，反射率增大，地面吸收辐射减少，故净辐射比同纬度平原小。2)气温低，日较差大，年较差小。3)降水在湿润气流的迎风面上增多，在高原内部和背风面大大减少。4)风力大。

鉴于上述北方地区地理位置和气候特征，该地区建筑需要有与其相适应的供热系统。因此，新型供热系统采暖方式如何选择是一个至关重要的问题，下面详细介绍北方地区既有建筑的供热系统及其特点。

2. 北方地区既有建筑供热系统及其特点

北方地区既有建筑可分为生产用建筑(工业建筑)和非生产用建筑(民用建筑)。由于工业建筑供热系统的能耗在很大程度上与生产要求有关，并且一般都统计在生产用能中，本书只讨论民用建筑的供热系统及其特点。

(1) 供热系统的采暖方式

按照采暖方式划分，有独立式分户供热、地板辐射采暖、电热膜采暖、家庭中央空调采暖等。采暖方式到底选择哪一种更好，需要进行经济技术比较和运行管理、环境效益等方面的分析。任何一种采暖方式都不可能是十全十美的，都有各自的优缺点。

按照采暖的规模与供热建筑物的种类，把众多的采暖方式分为4大类：城市集中热力网供热、居住小区集中供热(含楼栋或单元式集中供热)、分户供热、商业或公共建筑供热(指自备热源的独立供热建筑)。

1) 集中热力网供热主要有燃煤热电联产、燃气三联供、大型燃气锅炉房、大型燃煤锅炉房、燃气—蒸汽联合循环等。

2) 居住小区集中供热有燃气锅炉房、燃煤锅炉房、燃油锅炉房、燃气三联供、楼栋式(或单元式)燃气采暖、集中水源热泵、带蓄热装置的电锅炉、地热热水、地源热泵等。

3) 分户供热有分户燃气炉采暖、电暖气(电热膜)采暖、分户热源水泵采暖、分户空气源热泵等。

4) 商业或公共建筑供热有燃油或燃气直燃机、空气源热泵、水源热泵、电锅炉、小型燃气—蒸汽联合循环机组、燃气三联供等。

调整能源结构，减少燃煤造成的污染，同时缓解电力和天然气峰谷差的矛盾，是北方地区大中型城市环境治理面临的一个重大问题。建筑能耗约占当地能源消耗的1/4以上，重新研究建筑采暖策略是北方地区能源结构的调整重点，对目前飞速发展的住宅建设也有重要的指导意义。在分析采暖现状的基础上，探讨可能的各种采暖方式，从一次能源利用、运行成本、初投资、适用性等方面进行评价是非常重要的。

(2) 多种供热系统采暖方式及其特点

随着我国供热事业的不断发展、各种客观条件的变化、生产技术能力的提高，采暖方式日趋多样化，人们面临的选择也越来越多。如热电联产供热，区域锅炉房集中供热，三联供集中供热、热泵采暖方式和地热采暖方式等。面对如此众多、各具特点的采暖方式，人们该如何评价其优劣性，对一个实际的工程问题该如何选择适宜的供热方式，这就需要对每种供热方式的全系统进行仔细的分析研究，然后才能全面地予以评价。这样有利于清楚地认识我国北方建筑供热系统的特点与发展趋势，从而有针对性地开展节能工作。

3. 北方城镇建筑供热系统

目前，我国北方地区约70%的城镇建筑面积在冬季采用了集中供热方式，剩余约30%的城镇面积采用各种分散分户式局部供热。集中供热的采暖系统中，约一半的热源为热电联产的低品位余热，另一半热源为不同规模的锅炉：除北京市大规模使用天然气外，北方各城市的供热锅炉基本以燃煤为燃料。

(1) 热电联产供热

热电联产是利用燃料的高品位热能发电后，将其低品位热能供热的综合利用能源的技术。目前，我国大型火力电厂的平均发电效率为33%，而热电厂供热时发电效率可达20%，剩下80%的热量中的70%以上用于供热。因此，将热电联产方式产出的电力按照普通电厂的发电效率扣除其燃料消耗，则热电厂供热的效率可以大大提高(约为中小型锅炉房供热效率的2倍)。同时，热电厂可采用先进的脱硫装置和消烟除尘设备，同样的产热量所造成的空气污染远小于中小型锅炉房。因此，在条件允许时，应优先发展热电联产的供热方式。

2006年，我国北方城镇有20亿 m^2 左右的建筑采用热电联产集中供热方式，其中真正热电联产方式提供实际采暖热量的约为75%，其余25%的热量则是燃煤、燃气锅炉以调峰的方式提供。目前热电联产热源主要为两种方式：

1) 小规模凝汽为主的热电联产：恶化冷凝器真空度，用汽轮机凝汽加热供热热水，用抽汽补充供热量的不足。因为不足一万千瓦发电量到几万千瓦发电量的小型热电联产机组，是20世纪80～90年代兴建的热电联产电厂的主导形式。这种方式在冬季供热时，发电效率可达20%，供热效率为65%，也就是1kg标准煤可以发电1.628kWh，产热5.29kWh。我国北方城镇集中供热平均要求的供热量为115kWh/(m^2·a)，再加上集中供热热网损失，热源平均需要提供120kWh/(m^2·a)的热量；采用热电联产时，煤耗为11.6kg标准煤/(m^2·a)，低于其他各种热源方式。另外25%的热量靠调峰锅炉提供，其效率在85%左右，120kWh的热量需要标准煤17.34kg，采用这种方式的热电联产集中供热的平均供热煤耗为75%×11.6+25%×17.34=13kg标准煤/(m^2·a)，低于各类地源热泵、水源热泵方式。

2) 大、中规模抽凝电厂：21世纪以来兴建的热电联产电厂主要是单机容量为20万kW、30万kW发电量的大型凝汽机组。这些电厂在非采暖期可以高效发电，其发电煤耗与目前的全国平均发电煤耗接近。在冬季热电联产工况下，则完全依靠抽取低压蒸汽加热，但为了维持汽轮机的正常运行，仍有约1/3的蒸汽要通过低压缸继续发电，然后再放出低温余热。此时的机组发电效率约在30%，供热效率为40%，约有20%的热量从冷却塔排走。此时1kg标准煤发电2.44kWh，产热3.26kWh。再考虑25%的热量是由85%的锅炉直接供应，则综合之后的单位面积煤耗为11.7kg标准煤/(m^2·a)，这是目前北方采暖能耗最低的热源方式。

热电联产的问题是：

① 长距离输送，管网初投资高，输送水泵电耗为所输送热量的2%～4%，维护管理费用也高。

② 由于末端无计量装置和调节手段，导致30%～40%的热量浪费。

(2) 区域锅炉房集中供热

区域锅炉房可以是燃煤、燃气、燃油或电锅炉方式，但需要通过区域管网经过热水循环向建筑物内供热。与热电联产方式一样，由于末端无计量和调节手段，导致30%～40%的热量浪费。热量输送距离短，水泵电耗为输送热量的1%～2%，但其热效率却远低于热电联产方式。区域燃煤锅炉房的设置是以煤为主要燃料，所以存在煤和煤渣的运输与污染、燃煤锅炉的管理等一系列问题。按照目前的燃料价格，使用天然气为燃煤的3～4倍，电热为燃煤的10倍。所以，使用这些清洁燃料不但考虑环境效益而且要尽量利用其便于输送、便于调节的特点，尽可能地提高热效率，减少运行费用。

2006年，我国北方城镇大约有11亿 m^2 的建筑是靠不同规模的锅炉房作为热源的集中供热系统进行采暖，其中绝大多数为燃煤锅炉，也有很少部分为不同规模的燃气锅炉。燃煤锅炉的效率随锅炉容量的不同而异，在35%～85%之间。当单台锅炉容量达到20t/h，效率可以达到85%。但对于几吨蒸发量的锅炉，有的效率可低至35%。燃气锅炉燃烧效率基本上在85%以上，取锅炉的平均效率为60%，则锅炉采暖的年平均耗煤为19.9kg标准煤/(m^2·a)。这样，26亿m^2的供热面积全年总煤耗约为5200万t标准煤。

(3) 分散分户式局部供热

北方城镇目前约30%的建筑采用各类分散热源方式采暖，这主要包括：

1) 分户燃煤炉。用蜂窝煤或其他燃煤的小火炉或家庭土暖气采暖，这种采暖方式主要分布在低收入群体居住区、小城镇、大城市的城乡交界区等处。根据炉具和采暖器具的不同，燃煤分散采暖的燃料利用率在15%～60%。其排烟和灰渣造成较严重的空气污染和环境污染。这种采暖方式一般来说效果不佳，使用者的维护管理相当麻烦，同时还存在室内一氧化碳和其他有害气体污染的危害，时有煤气中毒的事故发生。因此，为改善人民生活状况，提高住宅室内安全，这种采暖方式应逐渐被其他清洁采暖方式替换。

2) 分户燃气热水炉。采用分户的小型燃气热水炉为热源，通过散热器或地板辐射方式进行采暖。随着天然气供应量的增加和可以使用天然气的区域的扩大，这种方式近年来增长很快。不仅用于许多新建住区，还成为旧城区改造中替代原有的分散燃煤采暖的一种有效方式。大量实测结果表明，由于这种采暖方式水温较低，燃烧温度低，因此大多数合格产品的实际能源转换效率可达90%以上，排放的NO_x浓度也低于一般的中型和大型燃气锅炉。这种分散供热方式不存在过量供热问题，这是由于每户都要计量燃气量，并按照燃气量缴费，用户会自觉调节供热量，与集中燃气锅炉相比，平均节省30%～40%的燃气，从而降低运行成本。计量缴费方式和燃气炉的分散调节能力就使得这种供热方式几乎不会出现过量供热问题。因此，对于需要用燃气采暖的场合，这种方式无疑是最适宜的方式。

3) 分散的电热采暖。是指各种直接把电转换为热量以满足室内采暖要求的方式，例如电热膜、电热电缆、电暖气以及各类号称高效电热设备的“红外”、“纳米”等直接电热设备。这些方式实际上都可以实现100%的电到热量的转换，并且大多具备很好的调控功能，从而不存在过量供热问题。有些实际上是局部供热，只保证有人活动的区域的温度，从而近一步降低实际供热量。由于这样的精确控制，所以用电量平均在70kWh/(m^2·a)以下，在北京地就基本上可以满足采暖要求。当享受某种电采暖优惠政策，采暖电价为0.5元/kWh时，采暖费用可控制在35元/(m^2·a)，接近北京市天然气热源集中供热的采暖价格，这就是为什么在一些场合直接电热采暖能够被接受的原因。然而因为我国目前冬季北方地区的电力基本上来源于火力发电，按照供电煤耗341g标准煤/kWh，则70kWh的电力需要23.9kg标准煤，高于各种集中供热方式的煤耗。因此，在能够使用集中供热采暖或分散燃气采暖的场合，还是不宜用直接电热采暖。如果出于电力削峰填谷的目的，利用某种蓄热手段，在夜间电力采暖并蓄热，以平衡电力负荷的日夜差别，则还可以适当地使用。

除上述这些方式外，还有采用电力驱动的分散空气源热泵等方式，但都只占极小的比例。空气源热泵是使空气侧温度降低，将其热量转送至另一侧的空气或水中，使其温度升至采暖所要求的供热方式。这种采暖方式的问题是：1)热泵性能随室外温度的降低而降低，当室外温度较低时，需要辅助采暖设备，此时也比直接电采暖效率高。如北京地区采用空气源热泵采暖电耗约为直接电热方式的一半以下。目前国内已有低温(－15～18℃)空气源热泵产品。2)房间末端设备采用风机盘管或地板采暖，初投资较高。

(4) 各种分栋或小区的热泵采暖

近年来采用水源、地源热泵方式，对单体建筑或一个住宅小区进行供热。水源热泵是冬季将地下水从深井抽出，经换热器降温后，再回灌到地下，换热器得到的热量经热泵提升温度后成为采暖热源。夏季则将地下水从深井中取出，经换热器后再回灌到地下，换热器另一侧则为空调冷却水。由于地下水抽出后经过换热器后又回灌至地下，属全封闭方式，因此不会浪费水资源，也不会污染地下水源。由于地下水温常年稳定，采用这种方式整个冬季气候条件都可实现1kWh电产生3.5kWh以上的热量，比空气源热泵热效率高得多，运行成本低于燃煤锅炉房供热，夏季还可使空调效率提高，可降低30%～40%的制冷电耗。如果考虑空调设备投资的话，这种方式与小区燃煤锅炉房和各户房间空调器投资总和相同。但全部为电驱动，小区无污染，一次能源效率还高于直接燃煤的效率，因此应该是解决华北地区城市建筑采暖空调的最佳方案之一。但这种采暖方式存在地下水资源保护和井水回灌的问题。

目前北方地区采用这种方式采暖的建筑总量约在8000万m^2左右，不到北方城镇采暖建筑总量的15%。由于最终实现的是一座建筑或一群建筑的集中供热，因此当没有有效解决末端分户调节和计量时，仍存在实际供热量大于采暖需热量的问题。

4. 北方农村地区供热系统

农村住宅的供热方式为分散供热，主要能源为原煤和生物质能。

北方寒冷地区各省大多以煤为主要燃料，取暖方式也大多以火炕和自制锅炉为主。从总的趋势看，北方因为气候寒冷，采暖需求大，燃料使用量远远大于南方，其中新疆、北京和山西等地区煤的户均消耗量每户每年超过3t标准煤。一些经济较好的地区也有采用空调、电暖气等电器来进行取暖的农村家庭，不过总量不大，最多的省份使用比例也在10%以下。

综上所述，在有条件的情况下应大力发展热电联产集中供热方式；不同的燃料对应于不同的最佳供热方式，如燃煤对应的最佳方式为热电联产和集中供热；远离热电联产热网的新建小区采用何种方式要做具体技术经济分析；对于城区燃煤炉采暖的用户，可以推广带有辅助热源的空气热泵方式和蓄热式电暖气方式；严格控制各种电热锅炉集中供热方式，对电暖气、电热膜、热电缆等方式也应尽量控制使用。我国电力系统最大的问题是峰谷差，直接用电采暖不会对减缓峰谷差有何帮助。大力发展热泵技术，实现高效率供热或发展相变蓄热电暖气解决峰谷差问题，才应是扩大用电负荷的合理途径。各种热泵技术虽然初投资略高，但已包括了空调设备投资。几种热泵系统的投资都低于单独的采暖空调系统之和。从这一背景出发全面考虑采暖和空调的要求，热泵系统更经济。

3.1.2　北方地区既有建筑供能系统统计及分析

1. 北方地区既有公共建筑供能系统的统计与分析方法

(1) 北方地区既有公共建筑供能系统调研

1) 调研内容

既有公共建筑供能系统调研统计是对既有公共建筑信息和建筑供能系统能耗信息的长期收集与存储工作。建筑信息主要包括建筑面积、建筑类别、结构形式及供能系统的能源结构、系统形式、一次能源类别、能源消耗量等。建筑能耗是指建筑的使用能耗，主要包括建筑采暖、空调、照明系统和主要的用能设备的能耗，其供能系统包括采暖系统、空调系统、生活热水系统、照明系统、动力系统及其他设备用能系统。

对北方地区既有公共建筑供能系统的全年冷热负荷、常规冷热源系统运行性能以及低品位能源应用情况进行广泛调研、测试与分析，掌握全年负荷动态变化规律，并结合该地区主要能源利用方式，获得供能系统变工况运行特性、能源利用效率、用户端节能需求差异、供能系统与环境参数的优化匹配以及供能系统与建筑物优化匹配等基础数据信息，要求至少包括以下内容：

① 气候：气候区、供能季；

② 建筑：建筑类型(政府办公建筑、医疗卫生建筑、商场、宾馆饭店、一般办公建筑等)、建筑面积、负荷特点；

③ 常规供能系统：能源结构、系统形式、一次能源类别及消耗量、运行特性及效果(测试、理论分析)；

④ 末端：类型、运行特性及效果；

⑤ 匹配效果：系统与环境参数、系统与建筑类型、系统与运行工况等。

2）调研范围及对象

调研主要针对的区域是北方的严寒和寒冷地区。所选重点城市是寒冷地区的北京、石家庄、保定和严寒地区的哈尔滨、呼和浩特，各城市的典型建筑物根据人力、物力、时间、距离等具体情况随机选取确定。

3）调研问卷

根据以上的调研内容、范围及对象制定调研问卷，调研问卷的内容包括建筑基本信息、建筑分项能耗信息两部分。

建筑基本信息包括建筑物基本信息及建筑供能系统基本信息两部分：

① 建筑物基本信息：建筑物类型、面积、建造年代、层数、围护结构情况等。

② 建筑供能系统基本信息：

(*a*) 集中供热系统：

热源：热源形式、供热能力、一次能源类别和消耗量、耗电量(循环水泵、其他)、耗水量、热源运行特性、水泵运行特性(变流量或定流量)、热源效率；

管网：保温情况；

末端：散热设备类型、室内系统形式、运行特性；

其他：热计量、调节控制设备等。

(*b*) 中央空调系统：

冷源：冷源形式、供冷能力、一次能源类别和消耗量、耗电量(循环水泵、冷源、风机)、耗水量、冷源运行特性、水泵运行特性(变流量或定流量)、冷源效率；

热源：热源形式、供热能力、一次能源类别和消耗量、耗电量(循环水泵、热源、风机)、耗水量、热源运行特性、水泵运行特性(变流量或定流量)、热源效率；

管网：系统形式(全空气、风机盘管＋新风等)；

末端：类型、运行特性；

其他：冷热量计量、系统运行调节等。

(c) 生活热水系统。

(d) 照明系统。

(e) 动力系统。

(f) 其他设备用能系统。

建筑分项电耗信息：要想使节能工作在定量的基础上进行，就必须进行建筑的分项电耗统计，通过对建筑分项电耗信息的分析比较，找到各个能源消耗环节的问题所在，进而找到有效的节能措施，最后还可以客观地对所采取的节能措施进行评价，了解实际的节能效果。建筑分项电耗包括常规电耗和特殊电耗两部分，其中常规电耗指空调、照明、办公设备、电热水器、电梯等的耗电，特殊电耗指信息机房、厨房、车库等特殊用房的电耗。

问卷内容：根据以上信息确定调研表格的内容，包括以下 3 部分：

① 建筑及其能耗的基本情况，包括建筑类型、建筑面积、单位面积冷热负荷及单位面积年耗电量等；

② 建筑冷热源的基本情况，包括冬季热负荷、夏季冷负荷、热源形式、冷源形式、室内采暖系统形式、室内空调系统末端形式以及建筑全年各月份能耗情况；

③ 建筑分项电耗，包括常规电耗和特殊电耗两部分，其中常规电耗即指空调、照明、办公设备、电热水器、电梯等的耗电，特殊电耗指信息机房、厨房、车库等特殊用房的电耗。

4) 调研存在的局限性

① 调研规模的局限：北方地区地域广、城市多，而调研的人力、物力、时间等有限，所以只能选取典型城市进行局部的调研。虽然通过调研可以对整个北方地区既有公共建筑供能系统的基础数据信息有一定的了解，但调研规模的局限性必然会影响调研结果的准确性及全面性。

② 调研对象选择的局限：调研对象的选择是随机的，没有按照地域、气候、功能等因素进行对象的选取，虽然可以对不同地域、不同气候区、不同建筑功能的建筑基础数据信息进行详细的分析，进而得出具有一定概括性的结论，但由于各类对象数量、调研信息统计情况不同，必然会使调研的分类分析结果受到一定的影响。

(2) 北方地区既有公共建筑供能系统基础数据统计方法

1) 术语

① 建筑面积：建筑面积的概念有广义和狭义两种。建筑面积既是一种计量单位，又有建筑部位及功能的含义。这里按广义的概念定义，即所有与建筑相关的面积，包括阳台、地下室、挑廊、室外楼梯等。

② 冷负荷：维持一定室内热湿环境需要在单位时间内从室内带走的热量，包括显热量和潜热量两部分。如果把潜热量表示为单位时间内除去的水分，则可称作湿负荷。因此，冷负荷包括显热负荷和潜热负荷两部分，或者称为显热负荷与湿负荷两部分。

③ 热负荷：维持一定室内热湿环境需要在单位时间内带入室内的热量，同样包括显热负荷和潜热负荷两部分。如果只考虑控制室内温度，则热负荷就只等于显热负荷。

④ 采暖能耗指标：在采暖期室外平均温度条件下，为保持室内计算温度，在一个采暖期内单位建筑面积消耗的标准煤量。

⑤ 空调供冷能耗指标：在夏季室外平均温度条件下，为保持室内设计温湿度，在一个夏季单位建筑面积消耗的标准煤量。

⑥ 水泵效率：是指水泵有效功率与轴功率之比。

⑦ 锅炉运行效率：锅炉实际运行工况下的效率。

⑧ 水力失调度

水力失调的程度可以用实际流量与设计要求流量的比值 X 来衡量，X 称水力失调度。

2）公共建筑的定义及分类

如图 3-1 所示，在我国建筑被划分民用建筑和工业建筑。公共建筑属于民用建筑，其主要包括以下建筑类型：

办公建筑：包括写字楼、政府部门办公楼等；

商业建筑：包括商场、金融建筑等；

旅游建筑：包括旅馆饭店、娱乐场所等；

科教文卫建筑：包括文化、教育、科研、医疗、卫生、体育建筑等；

通信建筑：包括邮电、通信、广播用房；

交通运输用房：包括机场、车站建筑等。

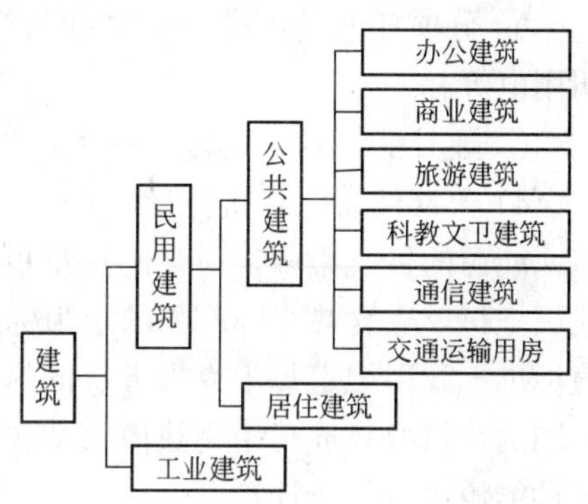

图 3-1　国内建筑分类方法

在国外，建筑被划分为商业建筑、民用建筑、工业建筑和其他。统计机构并不使用“公共建筑”这一概念，而是使用“商业建筑”。

表 3-1 列出了国内外对于公共建筑与商业建筑的定义。

各地公共建筑/商业建筑定义一览　　**表 3-1**

地区	名称	定　义
上海	公共建筑	用于办公(包括写字楼、政府部门办公楼等)、商业(包括商场、金融建筑等)、旅游(包括旅馆饭店、娱乐场所等)、科教文卫(包括文化、教育、科研、医疗、卫生、体育建筑等)、通信(包括邮电、通信、广播用房)及交通运输(包括机场、车站建筑等)的各类建筑
香港	商业建筑	餐馆、零售、旅馆、办公室、教育、卫生医疗及其他杂项的商业或公共服务
美国	商业建筑	用于服务性行业的建筑，以及公立和私立学校、宗教及慈善机构等，不包括用于生产制造、矿业、农业、林业及建筑业的建筑
英国	商业建筑	从事餐饮、宾馆、零售、房地产等商业活动的建筑用房
加拿大	商业建筑	办公楼、商场、学校、医院、餐饮、宾馆、宗教场所、仓库、大型聚集场所
日本	商业建筑	办公楼、商业、学校、医院、宾馆、娱乐、其他

如表 3-1 所示，上海对于商业建筑的定义与分类与国外不同，上海商业建筑定义的范围比较小，除了商场和金融建筑以外，写字楼、宾馆、学校并不包含在商业建筑中。而在美国、加拿大和日本，这几项均包含于商业建筑中。

本书将公共建筑分为以下几类：政府办公建筑、宾馆饭店建筑、通信建筑、科研教育建筑、医疗卫生建筑、体育建筑、影剧院建筑及其他建筑等。

3）既有公共建筑能耗数据统计量

① 燃料消耗量：指建筑供能系统正常运行过程中消耗的燃料折算为标准煤的消耗量。

② 电能消耗量：指建筑正常运行过程中所有用电量。

③ 热水消耗量：指供热单位用于对外供热全过程的用水量，包括供热管网补水，不包括循环水和回收再利用水。

④ 总供热量：指建筑物采暖所消耗的全部热量。

⑤ 总供冷量：指建筑物空调制冷所消耗的全部能量。

⑥ 分项耗电量：指建筑供能系统中各项的耗电量，如空调系统用电、电梯用电、照明用电等。

⑦ 逐月能耗量：指建筑每个月的能耗量。

4）公共建筑能耗指标量

能源的种类很多，所含的热量也各不相同，为了便于相互对比和在总量上进行研究，我国把每千克含热 29306kJ 的定为标准煤，也称标煤。标准煤亦称煤当量，具有统一的热值标准。我国规定每千克标准煤的热值为 29306kJ。将不同品种、不同含量的能源按各自不同的热值换算成每千克热值为 29306kJ 的标准煤。本书即采用一次能源法（折标煤法）对各种能源进行统计计算。

单位面积能耗量——单位面积燃料耗量（E_r）

$$E_r=\frac{B\times\xi}{\Sigma S} \tag{3-1}$$

式中　E_r——单位面积燃料消耗，（kg 标准煤/m^2）；

B——建筑总燃料消耗量；

ξ——能源折算标准煤系数，能源折算标准煤系数参照《节能项目节能量审核指南》（发改环资［2008］704 号）；

ΣS——总供热面积，m^2。

（3）北方地区既有公共建筑供能系统基础数据的分析方法

1）结构分析法

结构分析法是指对系统中各组成部分及其对比关系变动规律的分析。各城市、各建筑的能耗采用结构分析法可以从以下两个方面进行分析：

① 按消耗能源类型分析：分别对建筑在整个用能过程中的燃料消耗量、电消耗量及水消耗量进行分析，找出三者在消耗量上的关系，并且分析各消耗量对建筑能耗状况的影响。

② 按能耗用途分析：对建筑用能过程中重点消耗燃料、重点消耗电能等的环节进行分析，找出其对建筑能耗状况的影响。

2）因素分析法

因素分析法是以分析指标与其影响因素的关系为依据，从数量上确定各因素对分析指标的影响方式和影响程度。因素分析法既可以全面分析各因素对某一指标的影响，又可以单独分析某个因素对某一指标的影响。各城市、各建筑的能耗采用因素分析法可以从以下几个方面进行分析：

① 冷热源因素：对不同建筑供能系统的燃料类型（燃煤、燃油、燃气）进行分类分析，找出不同燃料类型对建筑能耗状况的影响。

② 管网因素：分析管网效率对建筑供能系统能耗的影响。

③ 用能末端因素：对不同建筑规模的公共建筑类型与数量进行分析，找出不同类型与数量的建筑对能耗状况的影响。

④ 管理因素：分析各种管理方法与措施对公共建筑能耗的影响。

3）比较分析法

比较分析法是指对两个或几个有关的可比数据进行对比，揭示出其数据差异和矛盾。对于各城市、各单位的能耗，采用比较分析法可以从以下几个方面进行分析：

① 同一城市的同一建筑类型能耗指标量差异的比较；

② 同一城市的不同建筑类型能耗指标量差异的比较；

③ 不同城市的能耗指标量差异的比较。

2. 北方地区既有公共建筑供能系统能耗统计数据

调研所选典型城市有哈尔滨、呼和浩特、北京、石家庄及保定，各个城市的目标建筑数目分别为：哈尔滨，51；呼和浩特，2；北京，37；石家庄，56；保定，3，具体建筑分类信息如表3-2所示。

建筑分类信息汇总表　　　　**表3-2**

城市＼建筑类型	医疗卫生建筑	宾馆饭店建筑	政府办公建筑	科研教育建筑	体育建筑	一般办公建筑	商场建筑
哈尔滨	18	4				12	17
呼和浩特		2					
北京	21	2	6	2	1	2	3
石家庄	10	16				19	11
保定		2				1	

（1）既有公共建筑供能系统总能耗信息

1）政府办公建筑的总能耗信息。政府办公建筑的主要能源形式包括电力、市政热力、燃气等，对北京的6个政府办公楼的能耗进行了统计。

2）医疗卫生建筑的总能耗信息。医疗卫生建筑主要的能源形式包括电力、市政热力、燃气、燃油、燃煤等，对哈尔滨、北京及石家庄的49个医院的能耗进行了统计。

3）商场建筑的总能耗信息。商场建筑主要的能源形式包括电力、市政热力、燃气等，对哈尔滨、北京及石家庄的31个商场的能耗进行了统计。

4）宾馆饭店建筑的总能耗信息。宾馆饭店建筑主要的能源形式包括电力、市政热力、燃气、燃煤等，对哈尔滨、呼和浩特、北京、石家庄及保定的26个宾馆饭店的能耗进行了统计。

5）一般办公建筑的总能耗信息。一般办公建筑主要的能源形式包括电力、市政热力、燃气、燃煤等，对哈尔滨、北京、石家庄及保定的34个一般办公楼的能耗进行了统计。

6）其他既有公共建筑的总能耗信息。其他建筑类型的能源形式主要是电力，对其能耗进行了统计。

（2）既有公共建筑供能系统逐月能耗信息

1）石家庄市既有公共建筑供能系统逐月能耗信息。对石家庄市的56个既有公共建筑进行了逐月的能耗统计，其中包括10个医院、16个宾馆饭店、19个一般办公楼和11个商场。

2）哈尔滨市既有公共建筑供能系统逐月能耗信息。对哈尔滨市的51个既有公共建筑进行了逐月的能耗统计，其中包括18个医院、4个宾馆饭店、12个一般办公楼和17个商场。

（3）既有公共建筑供能系统的分项能耗信息

记录和统计公共建筑能耗总量是能源管理的基本要求，但这一总量数据仅能了解建筑物用能概况。由于公共建筑中各种能源用户众多，因此只凭能耗总量的高低难以进行判断或下结论。这就需要公建的分项能耗数据。分项是指公共建筑中不同功能的能源终端用户，包括照明、空调通风、办公、电梯、生活热水等。

为了对公共建筑能耗有一个详细、量化的了解，特别对北京的8个建筑进行了分项能耗统计。

3. 北方地区既有政府办公建筑的能耗分析

选取的典型建筑能够代表政府机构办公建筑的发展趋势和能耗特点，由于办公用房标准的提高，建筑能耗也在逐渐增高。政府机构办公建筑新建和大规模维修改造后，普遍装有中央空调系统，且单幢面积超过1万m²的建筑呈增多趋势，使得大型办公建筑所占比例逐渐提高，为此应关注政府机构大型办公建筑的节能。

（1）政府办公建筑的总能耗

政府机构建筑能耗包括使用过程中用于采暖、空调、照明、通风、电梯、办公设备、给水排水和热水供应等的能耗。政府机构通常是一个国家能耗的重要使用者，也是能源产品和服务的重要消费者。政府机构节能不仅可以减少公共财政开支，有效推动节能新技术、新产品的推广应用，而且通过政府机构率先搞好自身节能，能够起到示范作用，推动全社会节能工作的深入开展。

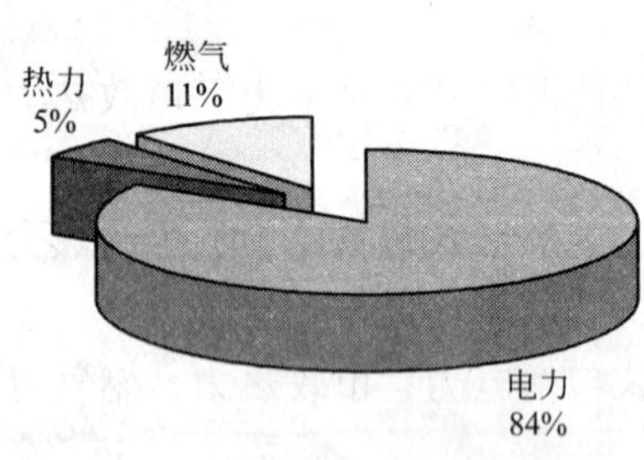

图3-2 政府办公建筑能耗构成图

政府办公建筑的主要能源形式是电力，占到总能耗的84%（见图3-2），年单位面积平均能耗为36.12kg标准煤/m²（见图3-3），政府办公建筑能耗中占主要部分的是空调系统和照明系统，节能潜力较大；同时信息中心、网络机房、洗衣房、健身中心等辅助功能房间，也存在较大节能潜力。而空调系统中，除了制冷机电耗，输配系统风机、水泵的电耗同样值得关注。

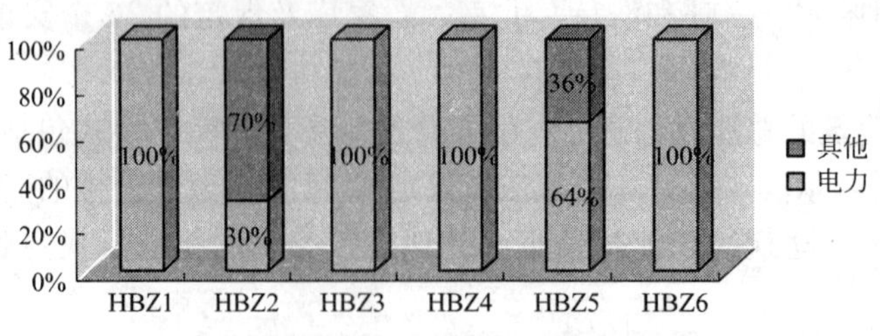

图3-3 政府办公建筑年单位面积能耗

（2）政府办公建筑的能耗分析

建筑的能源结构如图 3-4 所示，其中只有建筑 HBZ2 和 HBZ5 有两种能源类型。建筑 HBZ2 中，电力消耗仅占 30%，而燃气占 70%；建筑 HBZ5 中，电力占 64%，城市热力占 36%。由图 3-3 可知，建筑 HBZ2 和 HBZ5 的单位建筑面积能耗是比较高的，所以可以得到以下结论：对于政府办公建筑而言，电力消耗在能源结构中占的比例越大，其单位面积能耗会相应的比较高。

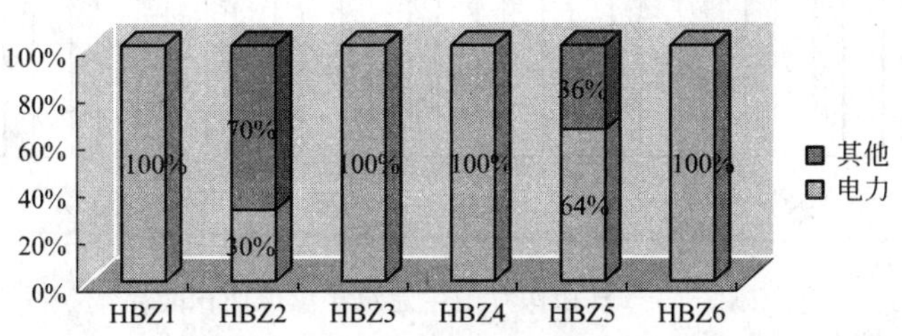

图 3-4　政府办公建筑能源结构图

由图 3-3 可知，建筑 HBZ2 的单位面积能耗是最高的，其各系统能源消耗比例如图 3-5 所示。从图中可以看出，空调系统和办公设备的能耗占总能耗的 59%，故空调系统和办公设备的节能空间最大。

（3）北方地区既有医疗卫生建筑的能耗分析

对医疗卫生建筑的数据调研包括哈尔滨（YH）、北京（HB）、石家庄（HS）3 个城市，其气候分区、能源结构、用能特点各不相同，现对 3 个城市的医疗卫生建筑分别进行能耗分析。

1）哈尔滨市医疗卫生建筑的能耗分析

YH 市医疗卫生建筑的能源类型包括电力、热力和燃气，其中电力和热力占到 99.5%，如图 3-6 所示。各个建筑的单位面积能耗及其能源结构分别如图 3-7 和图 3-8 所示。

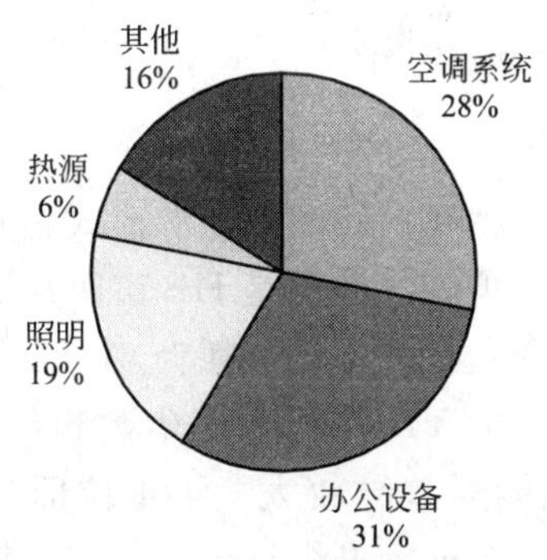

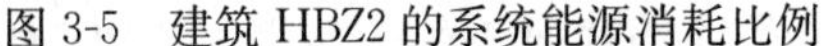

图 3-5　建筑 HBZ2 的系统能源消耗比例

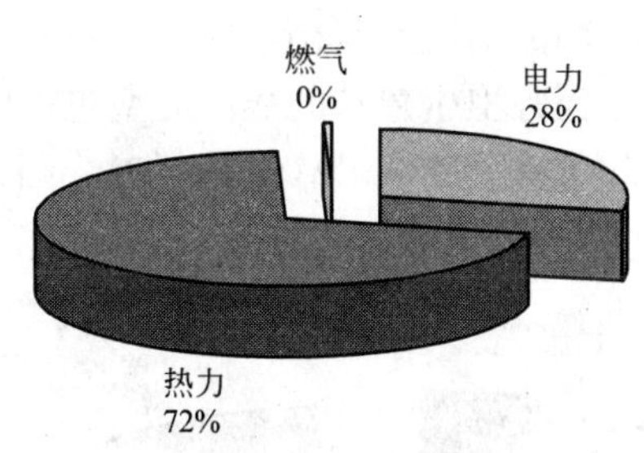

图 3-6　YH 市医疗卫生建筑能耗构成图

由图 3-7 可知，YH 市医疗卫生建筑年单位面积平均能耗为 34.83kg 标准煤/m^2。对图 3-7 和图 3-8 进行综合分析可以得到：在建筑总能耗中，城市热力占的比例越大，其单位面积能耗会相应的较低。分析其原因：YH 市地处严寒地带，其采暖能耗在全年总能耗中占的比例较大。由统计数据得：严寒地区采暖能耗约占全年总能耗的 60%。

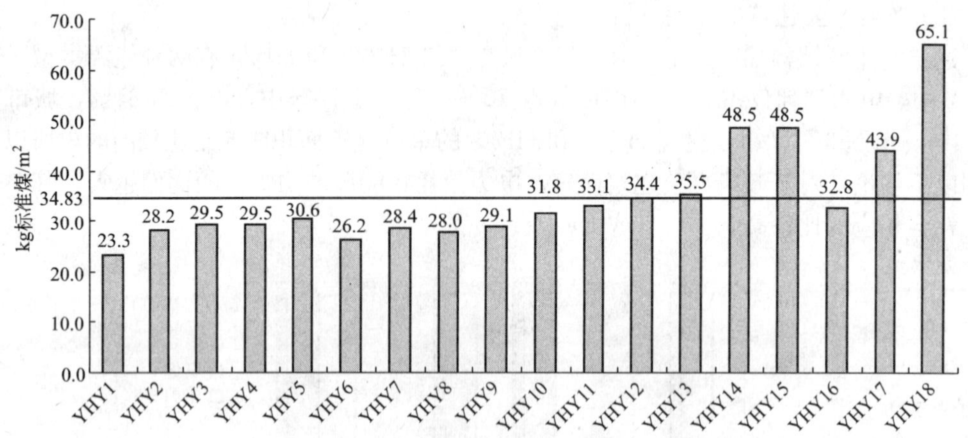

图 3-7　YH 市医疗卫生建筑年单位面积能耗

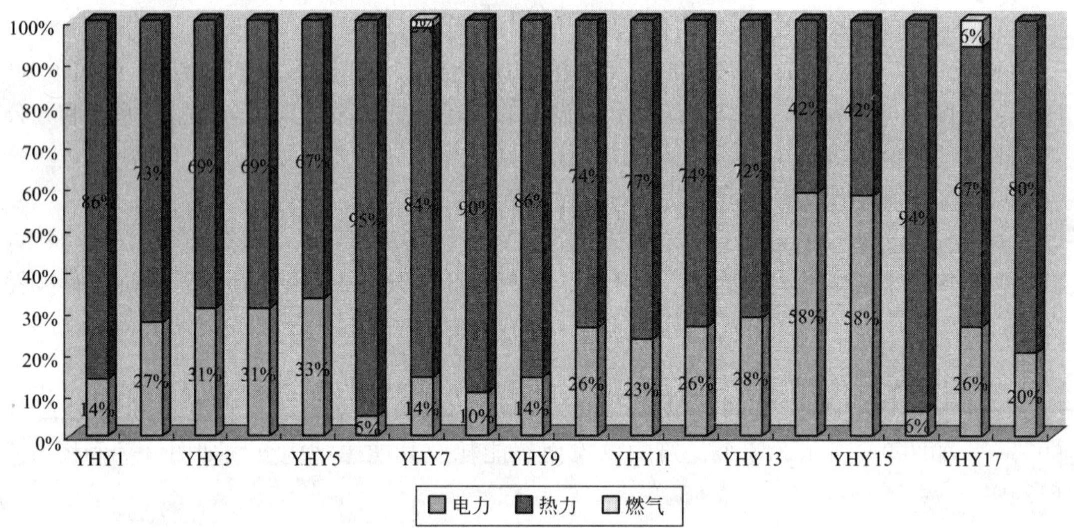

图 3-8　YH 市医疗卫生建筑能源结构图

2) 北京市医疗卫生建筑的能耗分析

HB 市医疗卫生建筑的能源类型包括电力、热力、燃气、燃油等能源形式，其中电力和燃气占总能耗的 86.9%(见图 3-9)。因此，节电和减少燃气消耗是 HB 市医疗卫生建筑节能的重点。由图 3-10 可知，HB 市医疗卫生建筑年单位面积平均能耗为 61.8kg 标准煤/(m^2·a)，比 YH 市医疗卫生建筑约高 1 倍，且各建筑能耗差异较大，年单位面积能耗为 27.5～155.7kg 标准煤/(m^2·a)，能耗高的建筑约为能耗低的建筑的 5.5 倍。所以 HB 市医疗卫生建筑存在着巨大的节能潜力。综合分析图 3-10 和图 3-11 可以看出，对于 HB 市医疗卫生建筑而言，能源结构对能耗的影响不大。

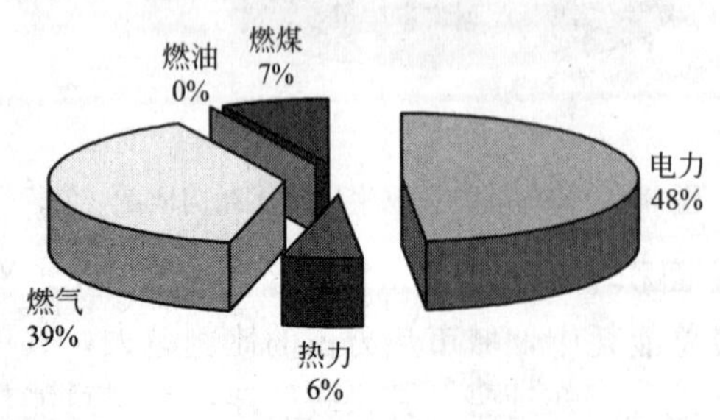

图 3-9　HB 市医疗卫生建筑能耗构成图

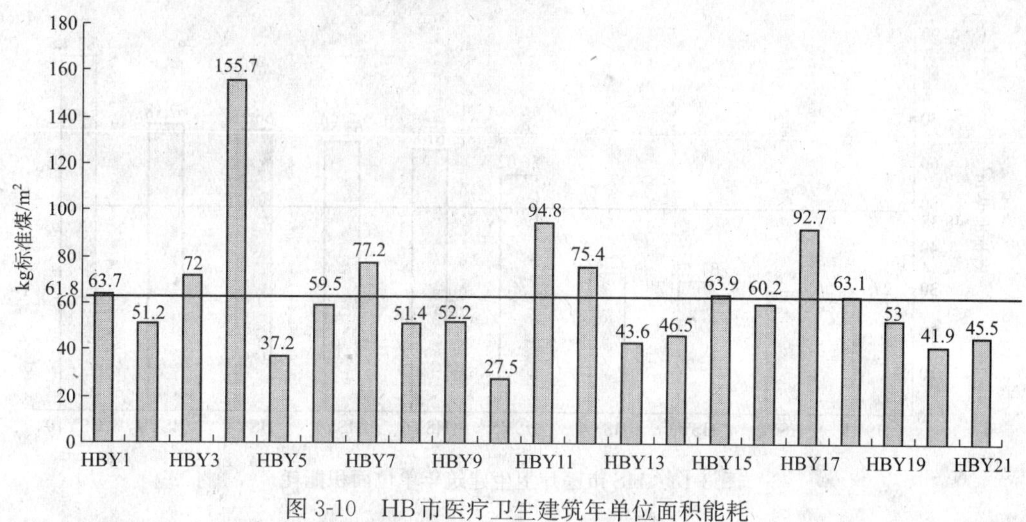

图 3-10 HB 市医疗卫生建筑年单位面积能耗

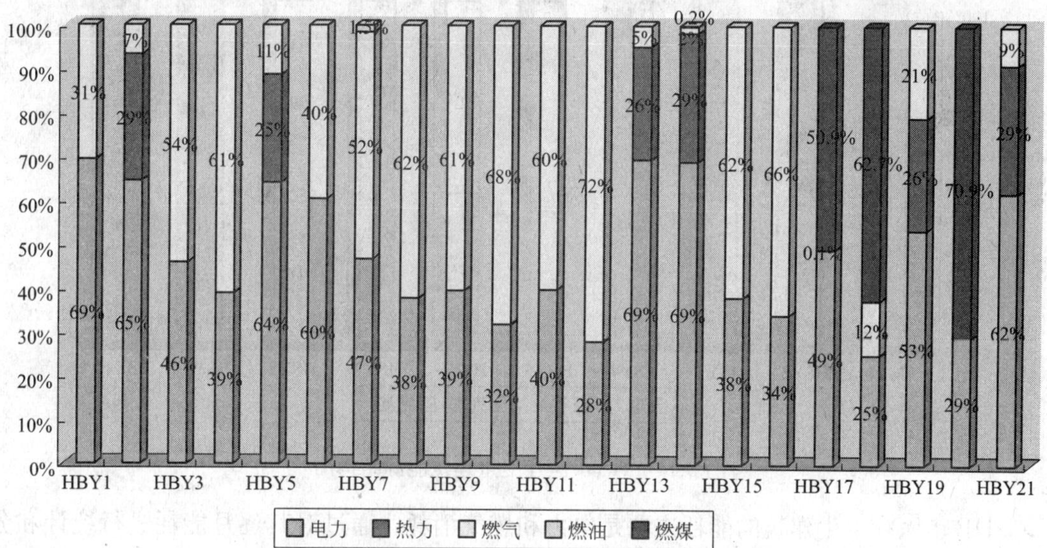

图 3-11 HB 市医疗卫生建筑能源结构图

3）石家庄市医疗卫生建筑的能耗分析

HS 市医疗卫生建筑的能源类型包括电力、热力、燃气和燃油，其中电力和热力占 88%（见图 3-12），年单位面积平均能耗为 48.38kg 标准煤/m²（见图 3-13）。综合分析图 3-13 和图 3-14 可以看出，对于 HS 市医疗卫生建筑而言，能源结构对能耗的影响也不大。

（4）医疗卫生建筑的能耗特点

由上面的能耗分析可知，HB 市医疗卫生建筑年单位面积平均能耗是最高的，现主要对 HB 市医疗卫生建筑的能耗特点进行分析。

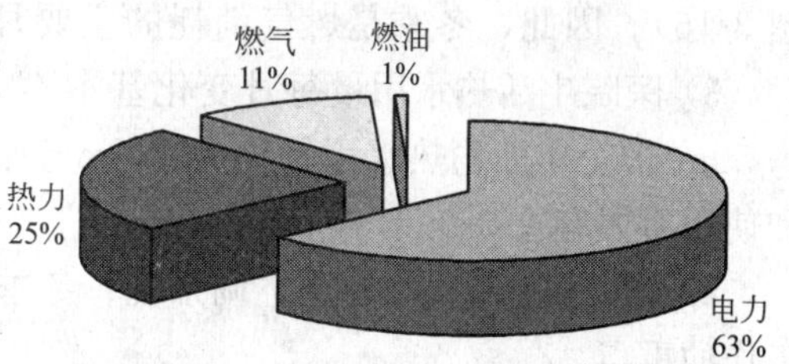

图 3-12 HS 市医疗卫生建筑能耗构成图

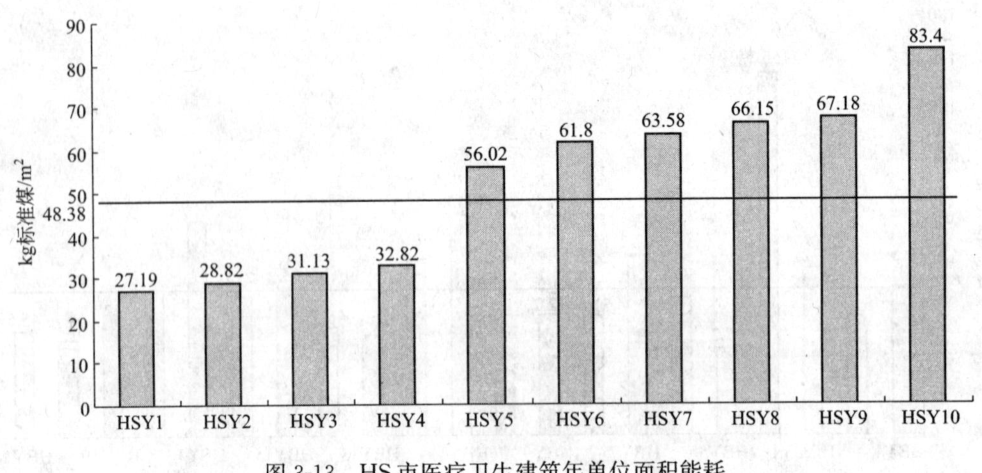

图 3-13　HS 市医疗卫生建筑年单位面积能耗

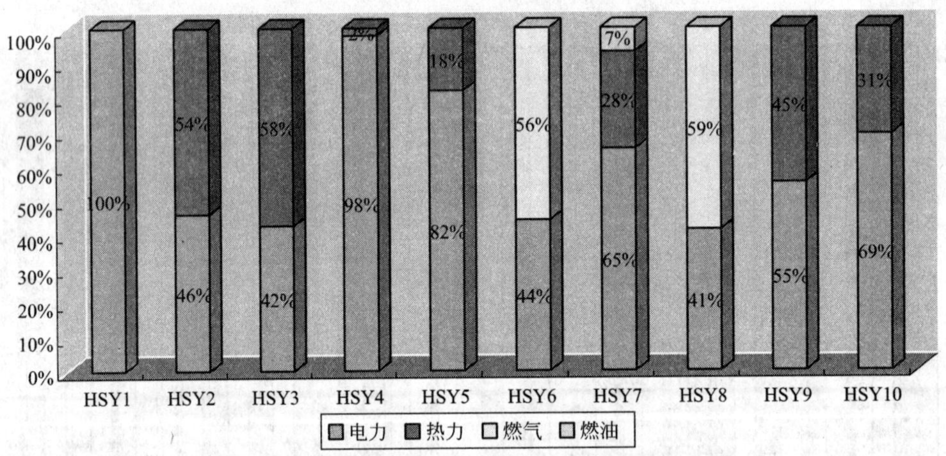

图 3-14　HS 市医疗卫生建筑能源结构图

HB 市医疗卫生建筑的能耗主要是电力和燃气消耗。通过对其逐月能耗进行统计和分析，得到如下结果：

1）HB 市医疗卫生建筑耗电主要集中在 6～9 月，占总耗电量的 53.8%（见图 3-15）。因此，夏季是耗电的主要月份，即使在夏初和夏末时，耗电量仍高于其他季节，说明夏季运行节能潜力较大。

2）燃气消耗主要集中在冬季的 11 月到次年的 3 月之间，占总耗气量的 73.7%（见图 3-16）。因此，冬季是燃气消耗的主要月份。

3）医院生活热水用量每月变化基本不大（见图 3-17）。经计算，全年人均热水用量约为 50m^3，全年面均热水用量约为 1.5m^3。医院生活热水用量主要同医院病房床位使用率和使用习惯有关。

综合以上特点，对夏季空调系统、冬季采暖系统的节能是 HB 市医疗卫生建筑进节能工作的重点。

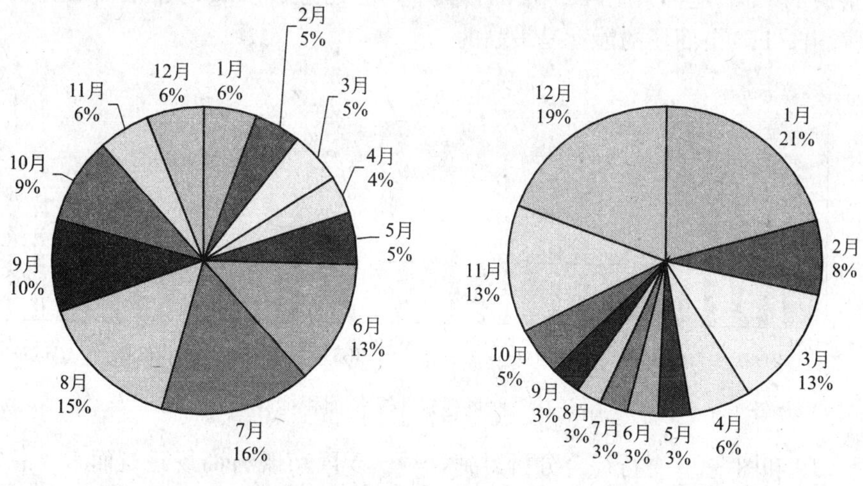

图 3-15 逐月电耗比例　　图 3-16 逐月燃气消耗比例

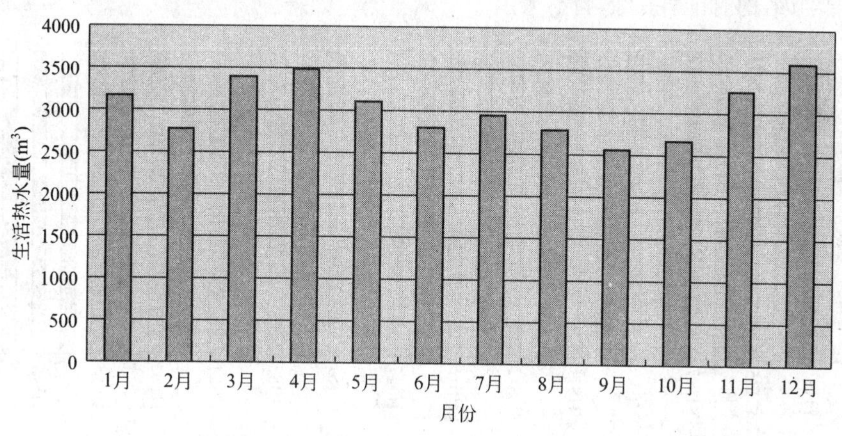

图 3-17 逐月消耗的生活热水量

（5）医疗卫生建筑高能耗的原因

根据医疗卫生建筑的实际能耗测量数据可以看出，部分建筑存在运行能耗较高的问题，其原因是多方面的。第一，对于综合医院，大型医疗设备数量多且设备安装功率较大，虽然设备自身用电时间短，但其保障系统的能耗较高，为了医疗设备短短几秒钟的正常运行使用，保障系统要长时间处于待电状态，使得其能耗远远高于医疗设备本身的能耗；各科室采暖时间不同步，采暖时间较长；内区大、要求污洁分区、手术部面积大且洁净级别高，使空调、通风负荷较大。第二，在医疗卫生建筑设计方面，没有采取减少建筑运营能耗的措施或采取的有效节能措施较少，所以造成医疗卫生建筑整体能耗较高。以上分析表明，医疗卫生建筑节能潜力还有待挖掘。

4. 北方地区既有商场建筑的能耗分析

（1）商场建筑的总能耗

北方地区商场建筑的能耗如图 3-18 所示，其中前 17 个是哈尔滨(YH)市的，其平均能耗为 51.87kg 标准煤/(m^2 · a)；中间 3 个是北京(HB)市的，其平均能耗为 80.2kg 标准煤/m²；最后的11个是石家庄(HS)市的，其平均能耗为63.5kg标准煤/(m²·a)。从统计结果可以看出，HB市商场的能耗是最高的。

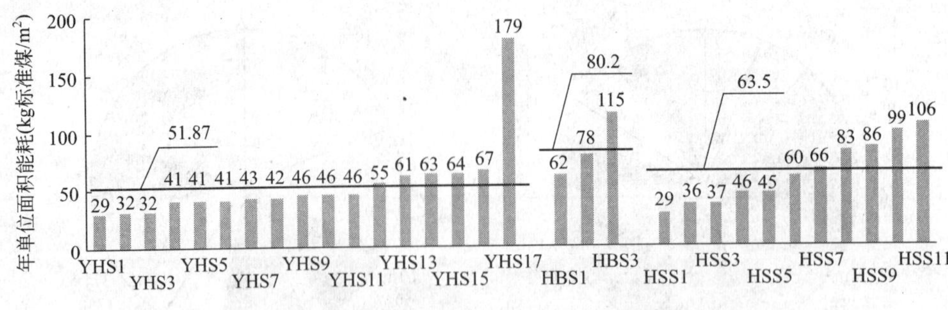

图3-18　商场建筑年单位面积能耗

对图3-19和图3-20进行综合分析得到，对于YH市既有商场建筑而言，总能耗中城市热力占的比例越大，其单位面积能耗会相应的较低。而对HB市和HS市的既有商场建筑而言，能源结构对能耗的影响不大。

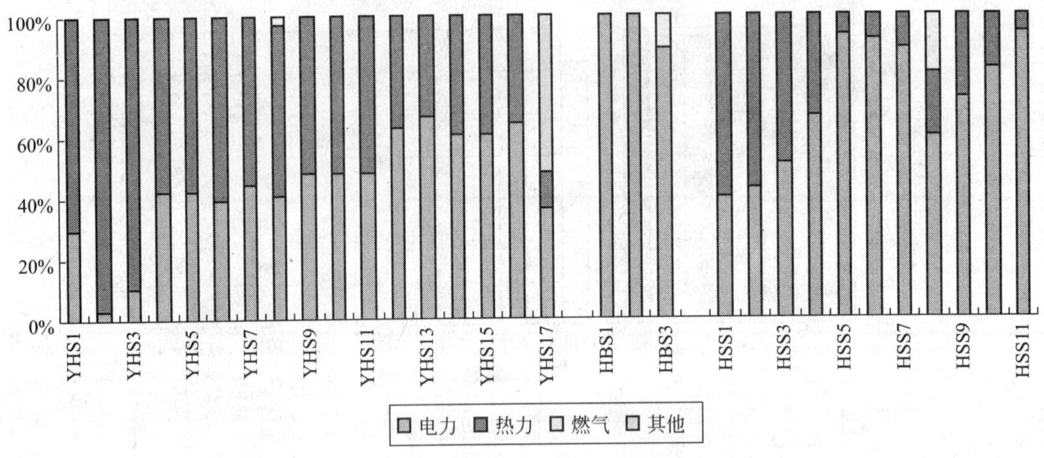

图3-19　商场建筑能源结构图

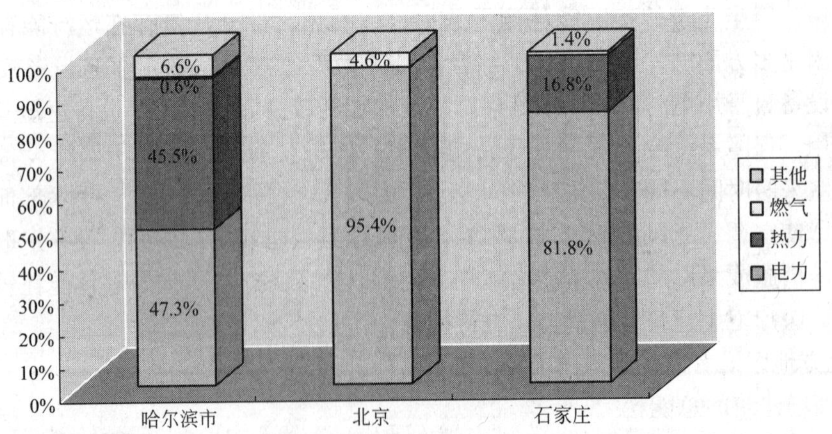

图3-20　商场建筑能耗构成图

(2) 商场建筑的能耗特点

商场类建筑的能耗的基本特点：一是商场体量大，导致中央空调系统能量传输距离长，并且多采用全空气系统；二是客流密度大，各种照明、电器密度高，导致室内发热量大；三是运行时间长，一般每天运行12h以上，不分工作日、休息日。因此，商场与其他公共建筑相比，全年总耗电量大、单位面积耗电密度大，而冬季采暖耗热量很小。

商场建筑在能耗方面有以下的特点：

1) 照明电耗较高。这一方面是由于商场建筑绝大部分是内区，需要人工照明；另一方面则是照度普遍偏高，以较高的照度、合适的色温来展示商品、吸引顾客，所以照明设备单位面积功率较高。另外，商场的照明设备难以实现“部分时间、部分空间”开启，只要是在营业时间，照明基本全部开启，否则可能影响销售，因此照明设备开启时间长。降低商场照明电耗的途径：一是选用更高效的节能灯具；二是在公共走廊等区域适当采用自然采光以减少人工照明。

2) 空调风机电耗普遍较大。这主要是由于商场多采用全空气系统，甚至绝大部分全空气系统采用定风量系统，风系统输送系数较低，而商场建筑室内发热量大、需冷量也大。因此，空调箱风机电耗是商场建筑空调系统能耗中最重要的部分，也是节能潜力最大的部分。空调箱风机变频是空调系统节能最直接的途径，在部分负荷情况下调低风机转速，风量随频率线性下降，风机功率则随频率的三次方下降，节能效果显著。此外，在相对独立分隔的商户区应用风机盘管系统，在大空间的公共区域应用全空气系统，这样商户可以自行调节风机盘管的开启，也减少了全空气系统的比例。

3) 商场建筑室内发热量大，理应充分利用自然通风降温，减少空调系统的开启时间，但商场的建筑设计难以实现自然通风。若依靠新风机提供大量新风，则风机电耗将显著增加。因此，如何改善商场的建筑设计以使得商场获得充分的自然通风，对于节能非常重要。

4) 处理好中庭的采光和气流组织。一方面利用好中庭对自然对流的强化作用；另一方面充分利用自然采光。另外，对于负责中庭及其周边环境的空调箱，其测温传感器的位置应避免受太阳辐射的影响，以免误导空调箱的控制调节。

5) 超市类商场建筑的生鲜冷冻设备耗电量很大，应作为特定功能用电设备单独计量统计，并采用专门的技术降低其能耗。

5. 北方地区既有宾馆饭店建筑的能耗分析

宾馆饭店类建筑与商场和写字楼不同，虽然营业时间长，但由于受到旅游季节变化和入住率波动的影响，多数时间是在部分负荷下工作。经调研得到，北方地区宾馆饭店建筑的能耗如图3-21所示：哈尔滨(YH)市宾馆饭店建筑年平均能耗为49.21kg标准煤/m^2，呼和浩特(YH)市宾馆饭店建筑年平均能耗为43.71kg标准煤/(m^2·a)，北京(HB)市宾馆饭店建筑年平均能耗为51.08kg标准煤/(m^2·a)，石家庄(HS)市为51.87kg标准煤/(m^2·a)，保定(HB)市为27.99kg标准煤/(m^2·a)。除了保定市以外，其他几个城市的能耗数据基本相差不大。

综合分析图3-22和图3-23得，对于哈尔滨市既有宾馆饭店建筑而言，总能耗中城市热力占的比例越大，其单位面积能耗会相应的较低。而对其他几个城市的既有宾馆饭店建筑而言，能源结构对能耗的影响不大。

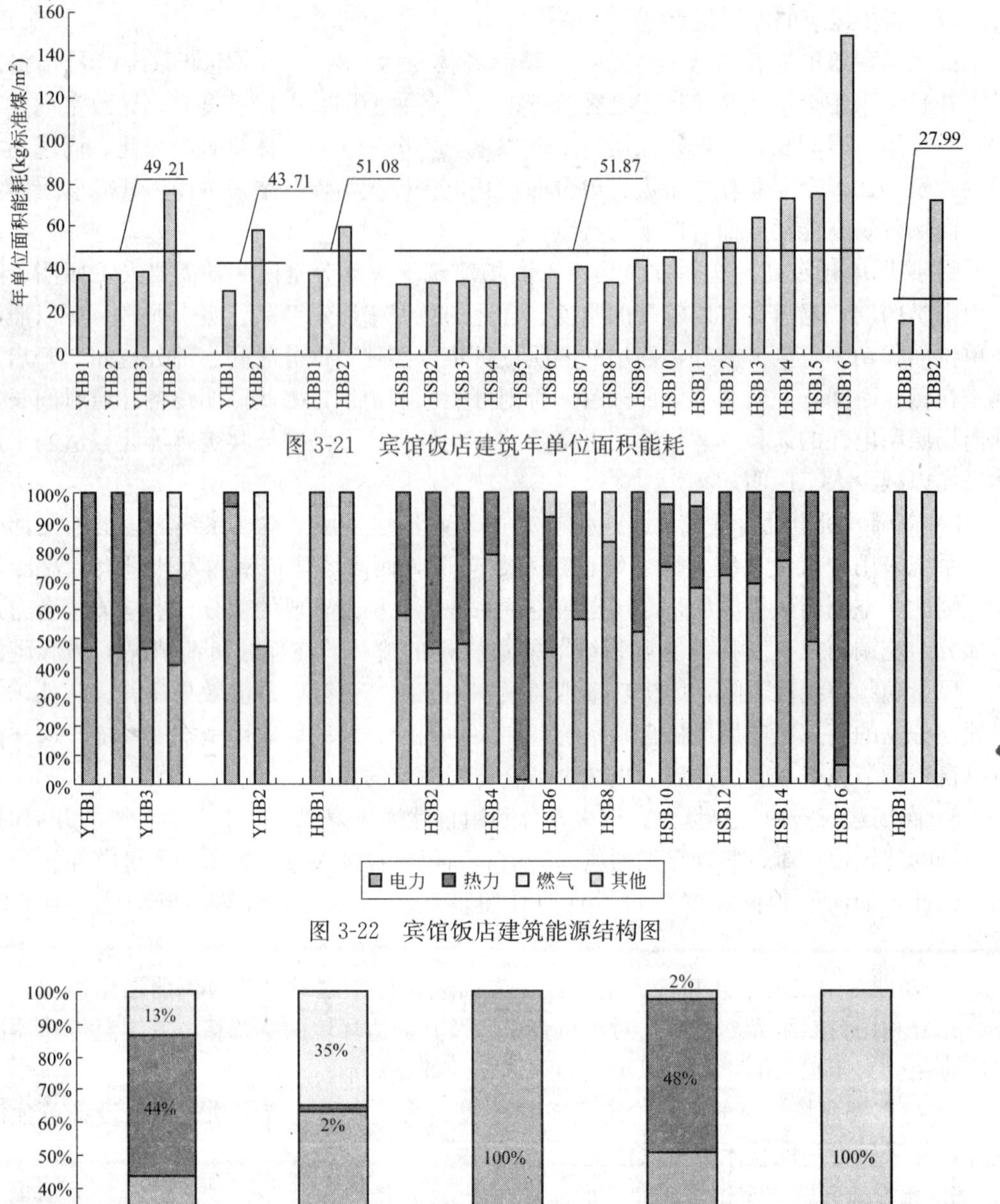

图 3-21　宾馆饭店建筑年单位面积能耗

图 3-22　宾馆饭店建筑能源结构图

图 3-23　宾馆饭店建筑能耗构成图

6. 北方地区既有一般办公建筑的能耗分析

北方地区一般办公建筑的能耗如图 3-24 所示：哈尔滨(YH)市一般办公建筑年平均能耗为 33.37kg 标准煤/m^2，北京(HB)市一般办公建筑年平均能耗为 31.90kg 标准煤/(m^2·a)，石家庄(HS)市为 49.05kg 标准煤/(m^2·a)，保定(HB)市为 13.73kg 标准煤/(m^2·a)。由

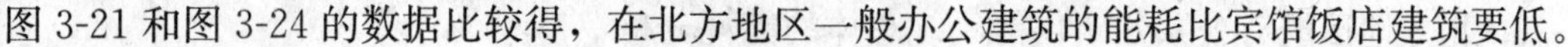

图 3-21 和图 3-24 的数据比较得，在北方地区一般办公建筑的能耗比宾馆饭店建筑要低。

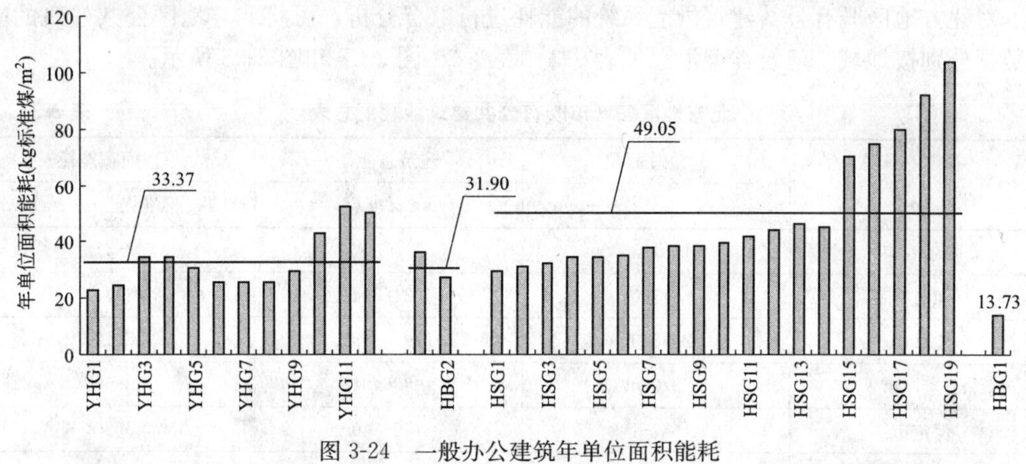

图 3-24　一般办公建筑年单位面积能耗

综合分析图 3-25 和图 3-26 得，对于哈尔滨市既有一般公共建筑而言，总能耗中城市热力占的比例越大，其单位面积能耗会相应的较低。而对其他几个城市的既有一般公共建筑而言，能源结构对能耗的影响不大。

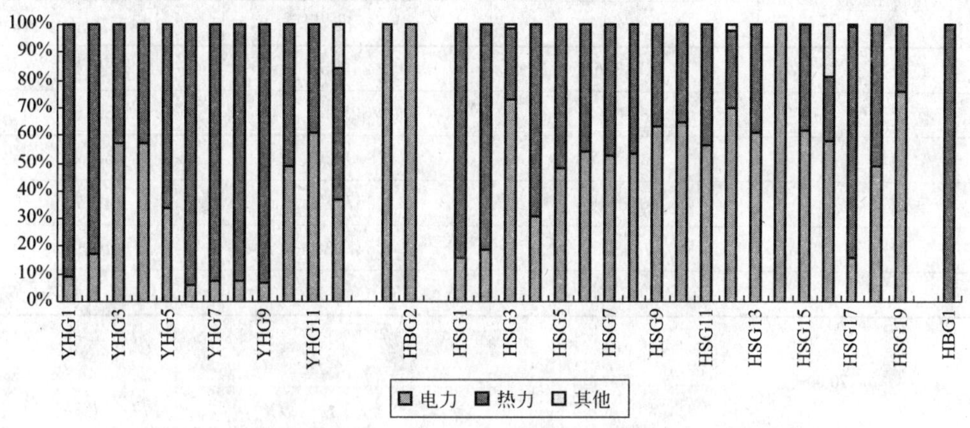

图 3-25　一般办公建筑能源结构图

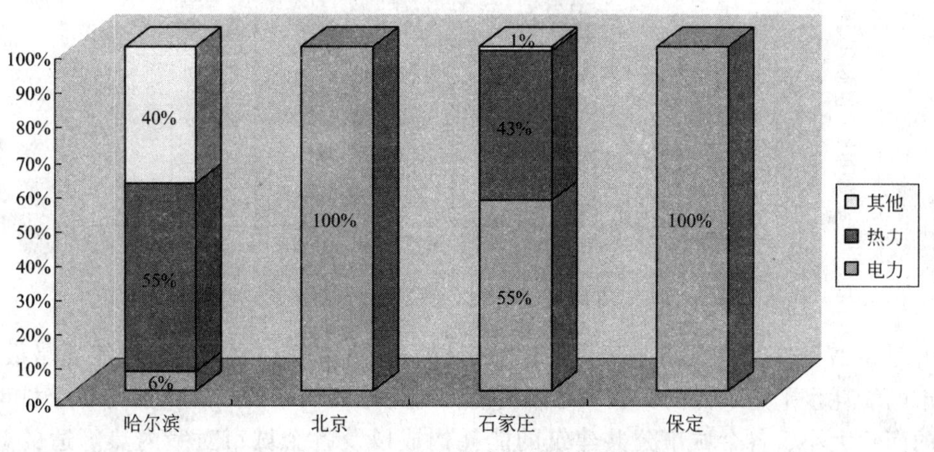

图 3-26　一般办公建筑能耗构成图

7. 北方地区既有公共建筑供能系统总体的能耗分析

对北方地区既有公共建筑供能系统的能耗进行综合分析，可将北方地区公共建筑的能耗数据分别按地域、建筑类型汇总如表3-3、表3-4、图3-27和图3-28所示。

北方地区各城市既有公共建筑能耗汇总表　　**表3-3**

	建筑总面积	建筑总能耗	单位面积能耗
	m^2	kg标准煤	kg标准煤/(m^2·a)
哈尔滨市	1781926	75743895	42.51
呼和浩特市	51300	2242344	43.71
北京市	2049135	119207696	58.17
石家庄市	2029656	108864913	53.64
保定市	65751	1696340	25.80
汇总	5977768	307755188	51.48

北方地区各类既有公共建筑能耗汇总表　　**表3-4**

建筑类型	建筑总面积	建筑总能耗	单位面积能耗
	m^2	kg标准煤	kg标准煤/(m^2·a)
政府办公	183396	6624015	36.12
医疗卫生	2389284	127527993	53.37
商场	1396717	82309620	58.93
宾馆饭店	1018476	50657517	49.74
一般办公	989895	40545088	40.96
汇总	5977768	307664233	51.47

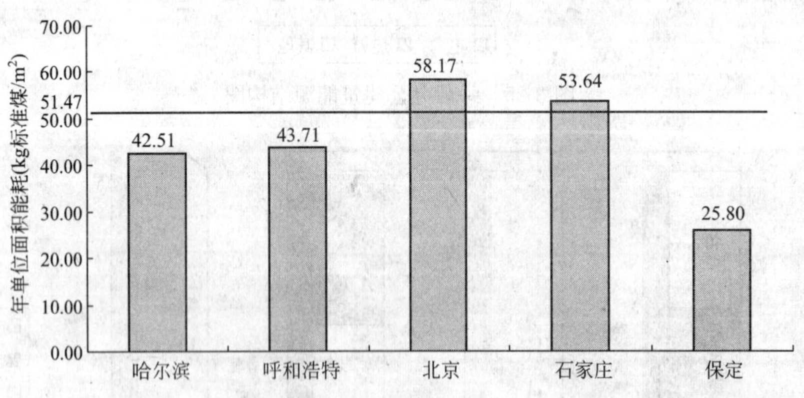

图3-27　北方地区各城市既有公共建筑年平均总能耗

由图3-27可得，在北方地区调研的城市中，北京市既有公共建筑的能耗是最高的，保定市的能耗水平是最低的，城市之间的能耗差距是相当大的，这主要与各个城市公共建筑的面积大小、各个城市公共建筑的能耗构成以及各个城市对室内热舒适的要求等有关。

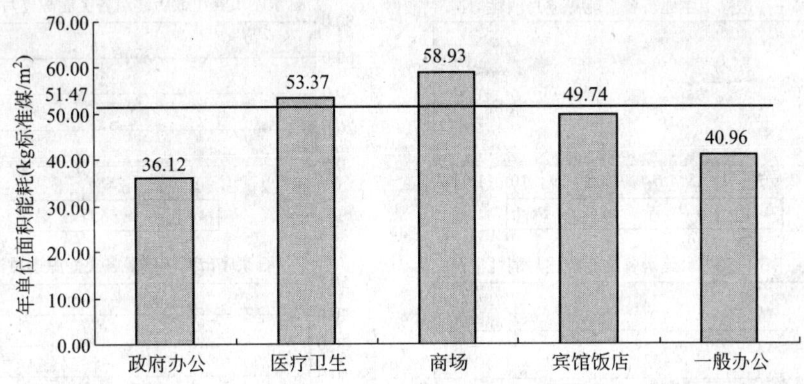

图 3-28 北方地区各类既有公共建筑的年平均总能耗

由图 3-28 可得，在北方地区调研的既有公共建筑中，既有商场类建筑的能耗是最高的，其次是医疗卫生类建筑和宾馆饭店类建筑，办公类建筑的能耗是相对较低的。这主要与建筑的功能要求、建筑中人员的多少以及室内舒适度的要求等有关。

对北方地区既有公共建筑供能系统的情况进行调研统计，其面积达到 600 万 m^2，包括严寒、寒冷两个气候区的 5 个城市，经综合计算得到：北方地区既有公共建筑年单位面积平均能耗为 51.47kg 标准煤/(m^2·a)。

8. 北方地区既有公共建筑供能系统逐月能耗分析

既有公共建筑的逐月能耗主要受气候变化、设备运行时间、人员密度等的影响。通过数据分析可得到石家庄市各类既有公共建筑的逐月能耗情况，如图 3-29 所示，4 种既有公共建筑的逐月能耗变化趋势基本相同。由图 3-30 可以看出，石家庄市既有公共建筑逐月能耗的变化主要是由热力消耗的变化引起的，而电力、燃气、燃煤、燃油的消耗基本不变。所以，气候是石家庄市既有公共建筑逐月能耗变化的主要因素。

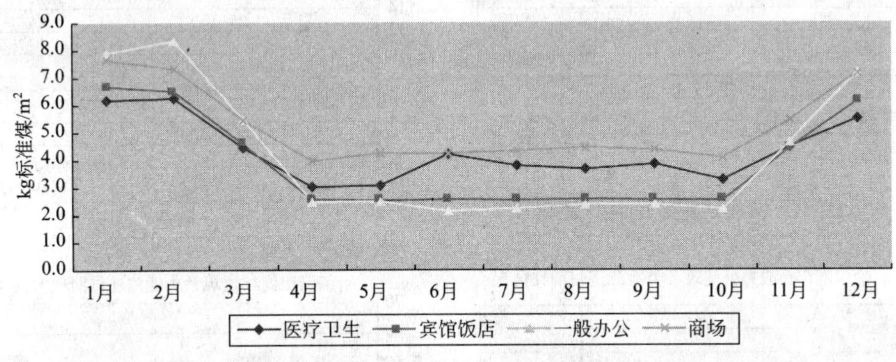

图 3-29 石家庄市各类既有公共建筑的逐月能耗

用同样的方法，从图 3-31 和图 3-32 可得到：哈尔滨市 4 种既有公共建筑的逐月能耗变化趋势也是相同的，主要也是由热力消耗的变化引起的。

石家庄市和哈尔滨市存在着气候差异，这导致了两地既有公共建筑逐月能耗变化趋势的不同。

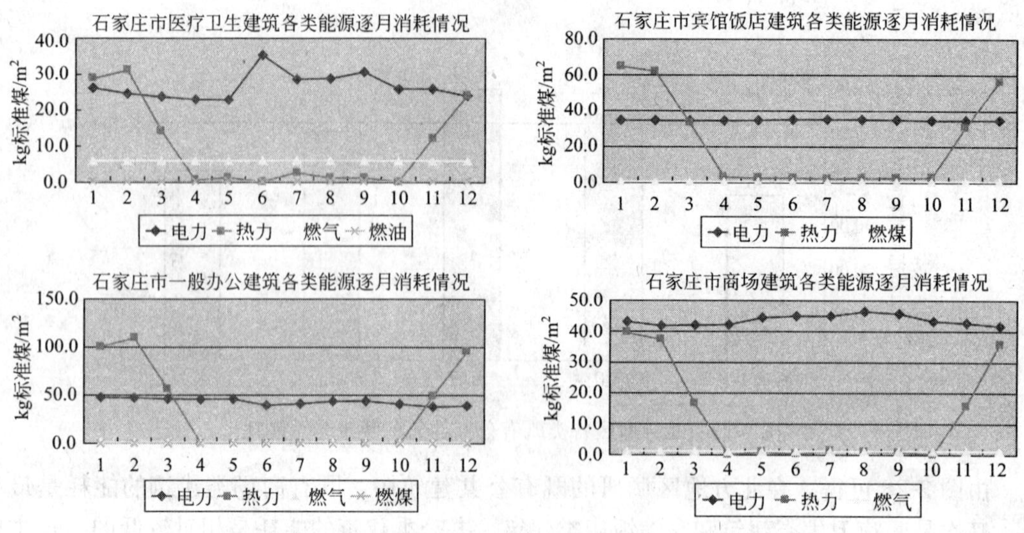

图 3-30 石家庄市各类既有公共建筑的逐月分类能耗

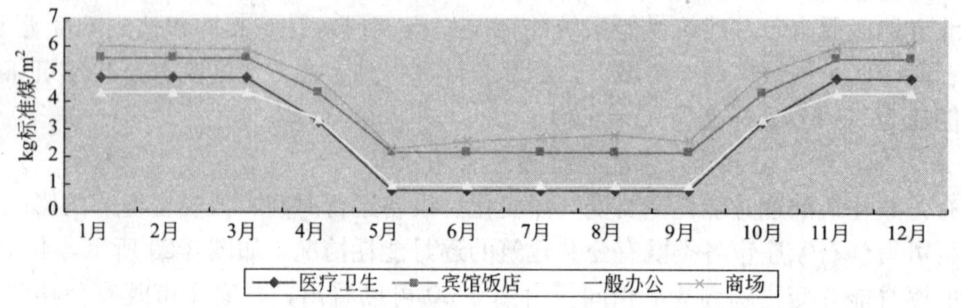

图 3-31 哈尔滨市各类既有公共建筑的逐月能耗

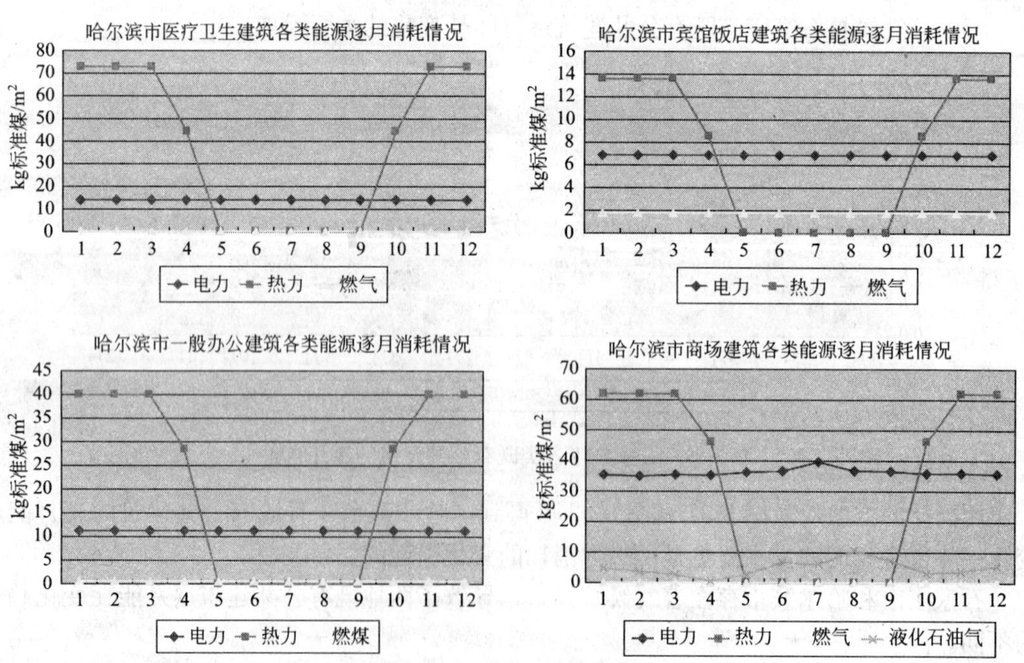

图 3-32 哈尔滨市各类既有公共建筑的逐月分类能耗

9. 北方地区既有住宅建筑供能系统调研测试及分析

(1) 北方地区既有住宅建筑供能系统基础数据信息调研测试方法

1) 北方地区既有住宅建筑供能系统调研内容

住宅建筑(residential building)，简称住宅，指用于家庭居住的建筑(包含与其他功能空间处于同一建筑中的住宅部分)。在国内，建筑被划分为民用建筑和工业建筑，民用建筑又分为公共建筑和居住建筑，住宅建筑是居住建筑中的一类。

住宅建筑主要分以下几类：

低层住宅(1～3层)：主要是指(一户)独立式住宅、(二户)联立式住宅和(多户)联排式住宅。

多层住宅(4～7层)：主要是借助公共楼梯进行垂直交通，是最具有代表性的一种城市集合住宅。

小高层住宅：主要指8～12层的集合住宅。从高度上说具有多层住宅的氛围，但又是较低的高层住宅，故称为小高层。

高层住宅(12层以上)：是城市化、工业现代化的产物，依据外部形体可将其分为塔楼和板楼。

住宅能耗具有以下特征：①住宅能耗种类繁多，但主要为采暖空调能耗、照明、炊事能耗及家用电器能耗；②随着能源结构的调整，煤的使用比例逐渐减小，电和燃气成为主要消耗能源种类，同时逐渐开始使用太阳能等新能源；③住宅能耗量具有明显的季节性，冬、夏两季需要采用采暖和空调，建筑能耗量大，春秋两季能耗量相对较小；④影响住宅能耗的因素错综复杂，围护结构的热工特性、能耗设备的使用效率以及居民的消费行为和意识等都会对住宅能源消耗造成影响。

鉴于住宅能耗的以上特点，要确定调研的内容，使之既能反映住宅建筑能耗特点及情况，又能将影响住宅能耗的各因素体现出来，具体做法是：逐年、逐月、逐日统计燃气、电等各类能源的消耗情况，以掌握住宅建筑的能耗结构；同时对采暖空调、照明、炊事等各终端能耗情况也需要有一定的了解，以便对各类系统的节能潜力进行分析。由于采暖空调能耗直接受建筑围护结构热工性能、各能耗设备的性能及其运行情况等主要因素的影响，因此两者均是调研内容的重要组成部分。建筑能耗情况及建筑围护结构热工性能主要通过调研得到，而能耗设备的性能及其运行情况主要通过现场测试得到。

就全国既有住宅建筑而言，其供能系统包括采暖、空调、照明、家用电器及厨房炊事等多个系统。其中，照明、厨房炊事及家用电器的能耗基本不受气候分区的影响，而在北方地区，既有住宅建筑的空调能耗远小于采暖能耗，所以，为了突出北方地区既有住宅建筑的用能特点，在此着重将集中采暖系统作为此次调研的主要部分。

2) 北方地区既有住宅建筑调研范围及对象

调研主要针对的区域是北方的严寒和寒冷地区。所选重点城市是寒冷地区的北京，典型建筑物是有独立锅炉房的住宅小区。

3) 北方地区既有住宅建筑基础数据信息调研问卷

根据以上的调研内容、范围及对象制定调研问卷，调研问卷的内容包括建筑基本信息、供能系统信息两部分。

① 既有住宅建筑基本信息：建筑面积、采暖面积、单位面积采暖指标、采暖时段及

建筑的始建年份等。

② 既有住宅建筑供能系统基本信息：集中采暖系统的基本信息包括以下内容：

热源：热源形式、供热能力、一次能源类别和消耗量、耗电量(循环水泵、其他)、耗水量、热源运行特性、水泵运行特性(变流量或定流量)、热源效率；

管网：保温情况；

末端：散热设备类型、室内系统形式、运行特性；

其他：热计量、调节控制设备等。

③ 调研问卷内容：根据以上信息确定调研表格的内容包括以下两部分：

(*a*) 既有住宅建筑基本信息汇总表；

(*b*) 既有住宅建筑供能系统的基本情况，包括采暖系统形式、热源形式、热源参数、水泵参数、室内采暖系统形式、散热器类型等；另外还包括是否采用集中生活热水系统、供热管网保温情况等；最后是采暖系统的能耗统计。

4) 北方地区既有住宅建筑供能系统测试与计算方法

本小节主要介绍测试的方法、测试的位置和测试的参数，以及如何利用测得的参数计算各种热损失。

① 测试仪器

测试的参数包括锅炉房各种设备的运行参数、管网水流量和进出口温度、户内采暖温度等。通过对测试数据的分析处理，发现存在的问题，并针对各种问题采取合理的措施，在保证供热品质的基础上，降低采暖能耗，达到节能的目的。

测试过程中使用的主要测试仪器包括：

(*a*) 温度自计议。室外温度测试采用清华同方研发中心开发生产的 THLOG-Ⅱ型和 TLOG-55-H 型温度自记仪(见图 3-33)。温度自记仪是一种电池供电的智能化微型测温仪器，它能定时、自动地将测量结果保存在其内部的存储器中，存储的结果通过微机及专用的软件进行读取。

(*b*) 超声波流量计。便携式超声波流量计(见图 3-34)利用超声信号，采用传输时间法测量液体流量，超声信号由安装在管路一侧的第一个传感器发出，经过对面侧的反射，由第二个传感器接收。这些信号是选择顺或逆流动方向发出的。因为信号是在流动的介质中传播，声信号的传播在顺流动方向上的传输时间将短于逆流动方向上的传输时间。传输时间差是可以测量到的，从而可以确定超声信号传播路径上的平均流速。根据管路的横截面对所获得的平均流速进行轮廓修正，就能得到与管路中体积流速成正比的数据。

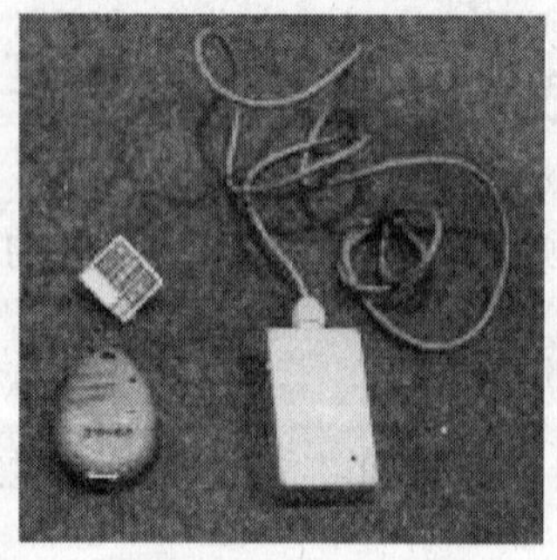

图 3-33　温度自记仪

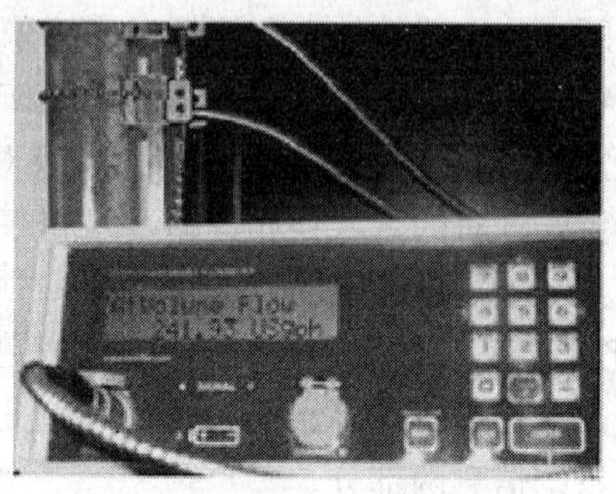

图 3-34　超声波流量计

(*c*) 烟气分析仪。Testo 330 烟气分析仪(见图 3-35)是一种对燃气、燃煤锅炉进行专业烟气分析的手持式测量装置，该仪器可测量烟气中 O_2、CO、CO_2 等成分占烟气的体积比，从而分析锅炉的燃烧效率及燃烧状况。上述测量值可用于指导锅炉燃烧器的调节，以保障锅炉内燃料的正常、有效燃烧。

(*d*) 红外线测温仪。红外线测温仪(见图 3-36)结构紧凑，简单易行，用途广泛。该仪器利用透镜收集并汇集红外能量到一个传感器上，传感器产生一个低电压输出，此电压与目标物体的温度成正比，电压输出经过处理后显示为温度值。只要对准目标物体并扣动扳机，就能在短时间内测出当前目标物体表面的温度。适用于测量高温、危险以及难以接近的物体表面温度，具有安全、快速、准确的优点。

(*e*) 红外热像仪。Raytek Thermo View Ti30 成像仪(见图 3-37)是轻型手握式热成像仪器，可及时、准确地对远距离的目标进行热成像并获得其辐射读数。该仪器可存储 100 幅热图像，并可将图像下载到个人计算机中进行热图像的数据分析。

图 3-35 烟气分析仪

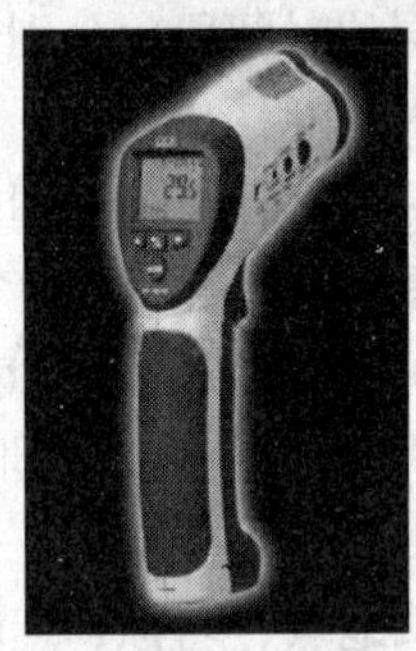
图 3-36 红外线测温仪

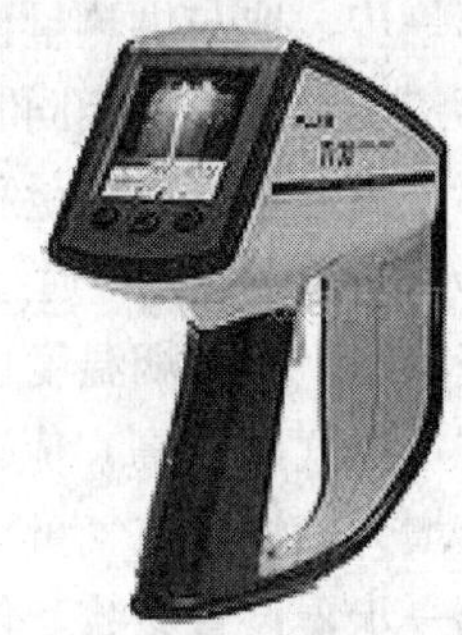
图 3-37 红外热像仪

② 热源

热源部分的计算主要从锅炉房内采暖设备和系统测试入手，包括锅炉房效率的计算，排烟热损失的测试，水泵功耗和电耗的分析。

(*a*) 锅炉房效率：锅炉房效率是指锅炉房的总供热量与燃料的总热量的比值，它是反映锅炉房运行管理水平的关键参数。

a) 锅炉房供热量：锅炉房供热量是指由锅炉房供给管网的热量，一般通过在锅炉房的供回水总管上安装热量表进行计量。如锅炉房没有安装热表，则采用超声波流量计测试系统流量，同时采用温度自记仪测试供回水温度，由二者测试结果计算锅炉房供热量。

供回水温度采用温度自记仪(或温度传感器/温度计)测试。去除管道保温层，把温度自记仪绑定在管道表面，测得的是管道表面温度，但供回水管道表面温差与供回水温差几乎相等，以管道表面温差代替供回水温差进行计算。测试步骤：

第一步，去除管道保温层，在供水管道外壁安装超声波传感元件(考虑到管网漏水)，两个传感元件与管道平行(见图 3-38)；

第二步，打开流量计主机，设置参数，包括管道外径、管壁厚度、管材、测点距离、日期和时间等；

图 3-38 超声波传感元件安装

第三步，连接主机与传感元件；

第四步，待数据稳定后，读取结果或定时打印结果；

第五步，根据测得的流量和供回水温度计算供热量，具体计算如下：

$$Q = \sum_{i=1}^{n} Gc(t_{gi} - t_{hi})\rho_i \tag{3-2}$$

式中　Q——累计供热量，kJ；

G——系统流量，m^3/h；

c——水的比热，kJ/(kg·℃)；

t_{gi}——第 i 时刻供水温度，℃；

t_{hi}——第 i 时刻回水温度，℃。

b) 锅炉产热量：锅炉产热量等于燃料消耗量与燃料热值的乘积。燃料消耗量通过气表进行读取，燃料热值由北京市公用事业科学研究所进行取样测试。测试步骤：

第一步，取与供热量计算相同的时间段，分别读取起始时刻和终了时刻的气表读数；

第二步，计算出相同时间段内的耗气量；

第三步，根据耗气量和燃料热值，计算出相同时间段内的锅炉产热量。

(*b*) 排烟热损失：通过测试锅炉排烟温度和烟气成分，判断锅炉排烟热损失，改善锅炉燃烧状态。若排烟温度过高，可通过冷凝式烟气换热器回收废热；若烟气中含氧量高，说明过量空气系数高，应减小燃烧用空气量；若烟气中 CO 含量高，说明燃料未完全燃烧，应增大燃烧用空气量。测试步骤：

第一步，设置参数，包括测试地点、名称、燃料种类等；

第二步，将探头伸入排烟管道，进行测试；

第三步，数据稳定后，读取数据并保存。

(*c*) 水泵功耗和电耗：该系统为定流量系统，故水泵功耗恒定。计算泵所用电机功率的基本公式为：

$$P = \frac{HQ}{\eta_{泵}\eta_{电动机}} \tag{3-3}$$

式中　P——功率，kW；

H——泵扬程，kPa；

Q——水体积流量，m^3/s；

$\eta_{泵}$——泵效率，取 0.75；

$\eta_{电动机}$——电动机效率，取 0.94。

用水泵前后的压力表测得水泵的扬程，而流量已经测出，用上述公式可算出水泵所用电机功率。

根据电机功率和运行时间，可计算出水泵电耗。

(*d*) 锅炉本体热损失：通过测试锅炉表面温度，判断锅炉本体热损失。

测试步骤：

第一步，选择锅炉表面多个不同的测点，采用红外线测温仪分别测试锅炉表面温度，取平均值；

第二步，用普通温度计测试锅炉房室内温度；

第三步，用皮尺测量锅炉尺寸，并计算锅炉表面积；

第四步，查取锅炉表面对流换热系数；

第五步，根据以上各数，计算锅炉本体热损失，计算如下：

$$q_{gs}=\alpha F(t_s-t_i) \tag{3-4}$$

式中 q_{gs}——锅炉本体热损失，W；

α——锅炉表面对流传热系数，取 8.7W/(m^2·℃)；

F——锅炉表面积，m^2；

t_s——锅炉表面温度，℃；

t_i——锅炉房室内温度，℃。

③ 管网热损失的计算

管网总的热损失包括供、回水管道的保温热损失及系统漏水热损失两部分，通过计算可以分别求得管网的保温热损失和漏水热损失，即得到管网总的热损失。

(*a*) 管网保温热损失：测试管网中的管道温降，根据总温降占总供回水温差的比例，判断管网保温热损失。测试步骤：

第一步，在供水主干管上选择两点安装温度自记仪，测试供水温度；

第二步，计算供水主干管上两点之间的温降；

第三步，根据供水主干管上两点之间的管长和温降，以及前面测得的总供回水温差，计算供水管道保温热损失率；

第四步，回水管道保温热损失与供水管道保温热损失近似相同。

(*b*) 漏水热损失：根据补水表计量补水量，补水量与循环水量的比值为漏水率，即漏水热损失。

④ 建筑物

(*a*) 室内温度的测试。室内温度是反映室内舒适度和热环境的重要参数，为了保证测得的温度具有代表性，根据建筑年代、围护结构状况、高低层建筑和距离热源远近不同等因素，选择不同的建筑进行室内温度测试。每一栋建筑中选择不同位置的住户(顶层、底层、中间层)布置温度测点。测试步骤如下：

第一步，设置温度自记仪的测试参数，包括“选择通讯端口”、“时间间隔”和“循环记录”；

第二步，分别选择建筑物中的不同位置的用户作为测试对象，在用户房间内放置温度自记仪；

第三步，温度自记仪安装在没有太阳直射且远离门窗和热源的位置，保证温度测点尽量具有代表性；

第四步，通过数据线和计算机读取数据。

(*b*) 红外热像照片：采用红外热像仪拍摄围护结构红外照片，照片上不同的颜色代表不同的温度，红外照片显示的是围护结构表面的温度分布，据此进行围护结构热工缺陷诊断。测试步骤：

第一步，设置测试参数；

第二步，对探测对象进行摄像；

第三步，获取热图像，并进行定性和定量分析。

（2）北方地区既有住宅建筑供能系统基础数据信息及分析

1）北方地区既有住宅建筑供能系统调研信息统计

调研对象是北京市采用独立锅炉房采暖的9个住宅小区。

2）北方地区既有住宅建筑供能系统测试结果分析

本节将根据测试的结果，对住宅小区采暖系统的能耗情况进行分析，并主要针对热源、输配管网以及末端用户3个部分，分析采暖过程中能耗的损失环节，以便发现既有系统不合理的地方，找出能耗高的原因。

① 热源测试结果分析

热源部分指从天然气输入锅炉房开始，到从锅炉房管网出口向外输送热量为止这一环节。本节的分析主要从锅炉房内采暖设备和系统测试入手，包括锅炉房的效率测试、水泵功耗和电耗的测试、排烟热损失和锅炉本体热损失。

(*a*) 锅炉房效率

a）锅炉房供热量。对于定流量系统，可通过循环水量、锅炉房平均供回水温差以及时间计算得到累计供热量。

b）锅炉产热量。可通过天然气热值(约36000kJ/m^3)及天然气用量计算得到总产热量。

c）锅炉房效率。锅炉房效率等于供热量与产热量的比值。

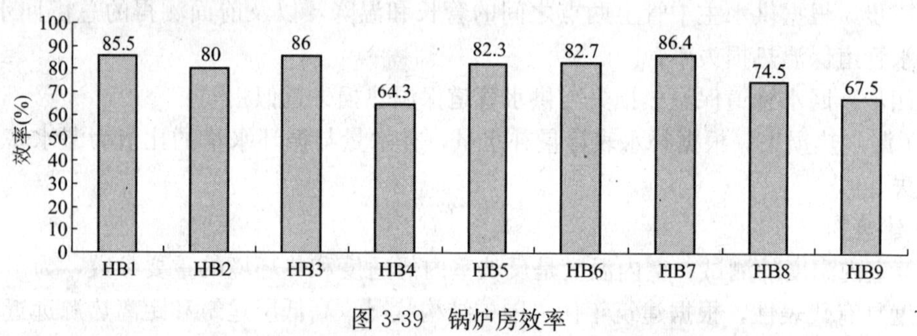

图3-39 锅炉房效率

由图3-39可得，HB1、HB2、HB3、HB5、HB6、HB7的锅炉房效率比HB4、HB8、HB9高，所以，采暖系统采用直供连接的效率普遍比间供连接要高。间供连接锅炉房效率低的原因是：在锅炉房内有换热器，在计算锅炉房效率时，包括了换热器的效率和热损失。

HB4的锅炉房效率是最低的，经分析其主要原因为：排烟温度高，热损失较大；燃烧不充分，能源浪费严重；锅炉房内有换热器，系统为间供形式，换热器热损失高，效率低。

HB3的锅炉房效率较高，其主要原因如下：采用德国产布德鲁斯小型模块化锅炉，锅炉效率较高；锅炉本体保温较好，锅炉热损失很小；锅炉房小，管道短，保温好，热损失小。

(*b*) 水泵功率及电耗。由水泵入口压力、出口压力可以得到水泵的实际扬程，然后将循环水量、扬程代入式(3-3)即可计算出水泵功率。

采暖季水泵电耗由水泵功率和采暖季水泵总的运行时间得到。

最后，水泵电耗除以采暖面积即得到单位面积耗电量。

由测试结果并通过计算得到：水泵的电耗约为 1.75kWh/m^2。

(*c*) 排烟热损失。如果锅炉排烟温度过高，则排烟热损失较大。排烟温度每下降 15～20℃，锅炉效率可提高 1%。

如果含氧量、过量空气系数过高，则部分热量未来得及换热即被排走，能源浪费严重。

如果 CO 含量过高，则天然气燃烧不完全。

(*d*) 锅炉本体热损失。由锅炉表面温度、锅炉表面积、锅炉房室内温度可得锅炉本体热损失。一般情况下，锅炉本体热损失很小，约为 0.09W/m^2，可忽略不计。

② 管网测试结果分析

管网部分热损失是指从锅炉房管网出口向外输送热量开始，到各个楼入口管网为止这一环节的损失热量。管网的总热损失 $\alpha_{z,h}$ 主要由管网的保温损失 $\alpha_{s,h}$ 和管网的漏水损失 $\alpha_{l,h}$ 构成，本节将分别计算这 3 部分的热损失，确定管网的热损失环节。

(*a*) 保温热损失。由总供水温度、(管网末端建筑)热力分支供水温度可得主干管供水温降。管道保温热损失为主干管供回水温降比锅炉房平均供回水温差。管道保温热损失平均值约为 15.5%。

(*b*) 漏水热损失。由系统补水量、循环水量可得管网漏水率，漏水热损失较小，约为 0.076%。

(*c*) 管网的总热损失。管网的总热损失为以上二者之和，约为 15.59%。

③ 用户测试结果分析

以 HB3 建筑为例进行测试结果分析。

(*a*) 室内温度

表 3-5 和图 3-40 为室内温度变化和分析图表。由此可以看出：室内温度均在 18℃以上，最低温度为 18.9℃，最高温度为 25.2℃，达到温度下限要求；室内温度偏高，最低平均温度为 19.9℃，最高平均温度为 24.2℃，供大于求，存在部分建筑和房间过热现象；在建筑内部存在一定的垂直失调现象：2 号楼 3 门顶层和底层用户平均室温相差 2.8℃，最大温度差值比这个值还大，这种垂直方向的温度差别是由垂直单管顺流式室内系统造成的；各建筑之间基本没有失调现象；虽然图表中的温度差别较大，但这是由于测试用户的位置不同引起的，对于不同建筑中相同位置的用户，室内温度相差不大。例如，1 号楼和 2 号楼 1 门地下 001 室的平均温度相差 1℃，这也是由于室外管网的热损失，导致两栋楼的供水温度不同引起的；室内温度波动较大，最高达到 4.1℃，这说明锅炉运行管理不佳，没有根据室外的气候变化调节热源的供热量，供需不平衡。

室内温度分析　　**表 3-5**

	1 号楼 1 门 地下 001	2 号楼 3 门 601	2 号楼 1 门 地下 001	3 号楼 1 门 201	4 号楼 1 门 403	总平均 温度
平均温度(℃)	19.9	23.6	20.8	21.8	24.2	22.0
温度最大值(℃)	20.9	25.2	21.9	23.3	25.4	22.9
温度最小值(℃)	18.9	22.0	19.3	19.2	23.3	21.1
温度波动(℃)	2.0	3.2	2.6	4.1	2.1	1.8

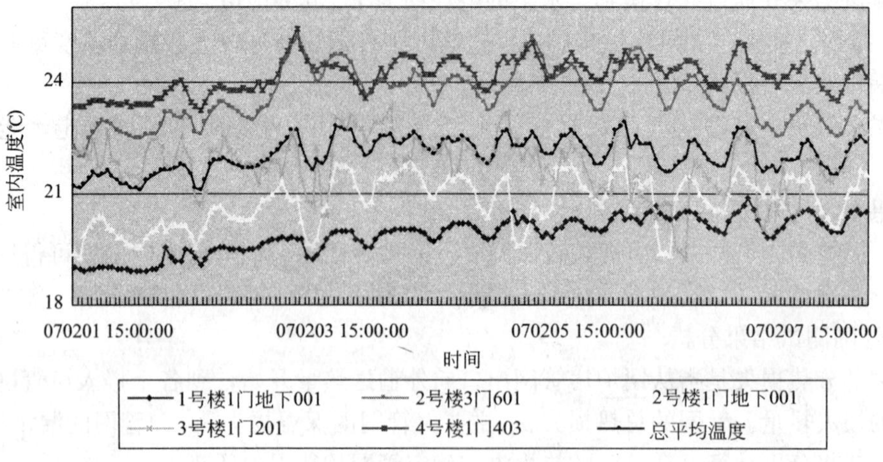

图 3-40　室内温度变化趋势图

(*b*) 红外热像照片(见图 3-41)：该小区所有建筑均为 1980 年的旧建筑，围护结构为 370mm 黏土实心砖，保温性能差，部分窗户为单层钢窗，保温差，气密性差，楼梯门常开，热损失大。

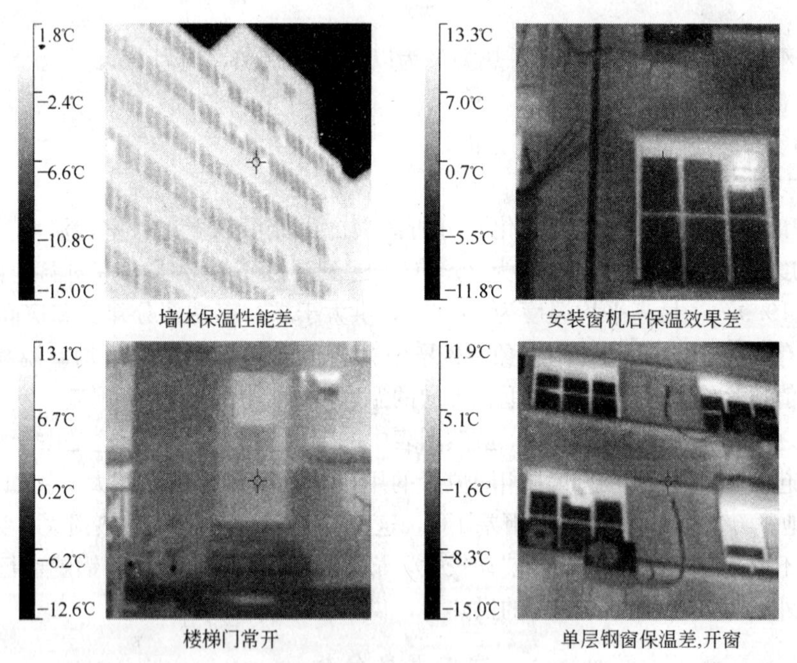

图 3-41　红外热像照片

3) 北方地区既有住宅建筑供能系统节能分析

根据《住宅建筑供热节能标准》，HB 市的建筑物耗热量指标为 20.6W/m²，考虑到系统管网小，热损失少，假设管网效率为 0.9，则供热系统的耗热量指标应为 22.9W/m²。通过测试计算得到，系统的供热指标(包括管网)平均约为 33.65W/m²，折合 13.1kg 标准煤/(m²·a)。各小区都存在节能的空间，其节能潜力如图 3-42 所示。

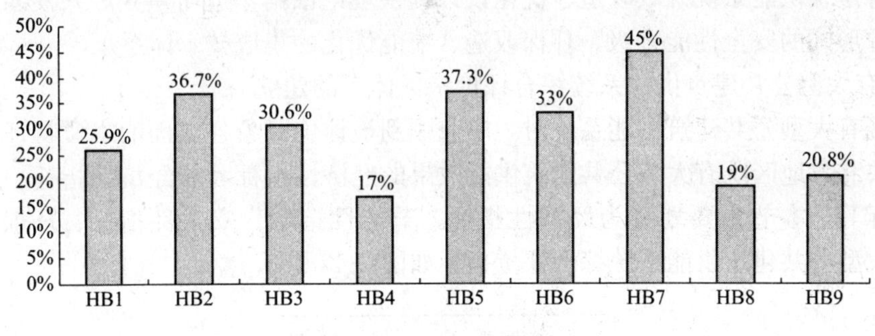

图 3-42 系统节能潜力

3.1.3 北方地区既有建筑供能系统评价

长期以来建筑节能工作在北方地区的重点是建筑物围护结构的保温性能，随着公共建筑的数量不断增加，空调、采暖系统等供能系统运行能效低、设备老化严重等一系列问题不断得到重视，现有的评价体系往往将建筑物和供能系统看作一个能源消费体来进行评价，节能性则作为研究的焦点，这样就在一定程度上减弱了对供能系统性能评价的综合性。另外，国内外很多学者都对如何对既有公共建筑的空调系统运行能耗实施评估和诊断，进行了大量的统计、分析和研究，主要是把在公共建筑通风空调方面的能耗折算成一次能源来进行比较，但是相对缺乏适合供能系统的经济、安全、环保等方面进行一个整体、动态的评价。另外，由于受气候条件、建筑物特性的影响，不同地域、不同结构和功能的建筑物，其建筑供能系统的冷热源选择和运行特点也不尽相同。某一个国家和地区行之有效的节能措施，不一定对其他国家或地区适用。

因此，有必要建立一套对北方地区既有建筑供能系统的现状进行综合评价的方法，从而引导我国通过对该地区既有建筑的不同能源形式的各方面情况的正确评价，找出公共建筑供能系统运行水平低和效率不高以及资源浪费严重的具体问题，为促进建设事业的可持续发展起到重要推动作用。

1. 既有建筑供能系统综合评价体系的意义

基于不同的气候条件和建筑功能，北方地区既有公共建筑供能系统的评价主要是针对既有建筑的供热系统、空调系统以及动力等能源供应、转化系统的多指标综合评价；对居住建筑主要针对其供热系统实施综合评价，实现以下两个功能：

(1) 评价功能

对既有建筑供能系统的现状进行正确评价。对既有公共建筑和居住建筑的研究大多停留在对能耗进行整体的评估的层面，这就使得在耗能端“量”的评价上有了较明确的结果，继而发展起来的绿色评价加入了对环境、资源等因素的影响，而这些并不能满足对既有建筑供能系统性能进行全面评价的要求，特别是对大型公共建筑来说，综合性的改造无从下手。作为一个复杂的系统，希望能够从供能系统的经济性、节能性、环保性和安全性出发，比较全面地对北方地区既有建筑的不同能源形式的各方面的进行正确评价，有效找出建筑供能系统运行水平低和效率不高以及资源浪费严重等的具体问题，为促进建设事业的可持续发展起到重要推动作用。

(2) 引导功能

为既有建筑供能系统升级改造、优化设计提供理论依据，进而建立严寒及寒冷地区既有建筑能源形式的安全性能升级、环保改造、节能优化的集成技术体系。

2. 既有大型公共建筑供能系统综合评价指标体系的建立

评价既有大型公共建筑供能系统时，应兼顾到被评价对象各方面的本质特征，选择能够真实反映北方地区既有大型公共建筑供能效果的经济性指标和非经济性指标、定性指标和定量指标等，本节主要划分为经济性指标、节能性指标、安全性指标、环保性指标4类。既有大型公共建筑供能系统综合评价指标如图3-43所示。

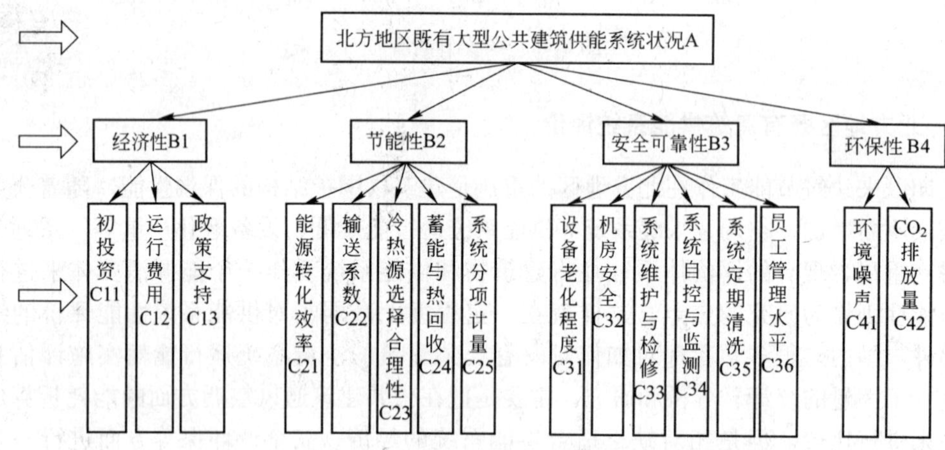

图3-43 北方既有大型公共建筑供能系统综合评价指标体系结构

(1) 经济性指标

对既有大型公共建筑供能系统实施经济性评价的目的是使人们直观地认识到哪一种供能系统更加经济、更加合理。由于既有大型公共建筑的建造年代不同，早期选用冷热源设备时过分强调初投资的节约，而忽视了运行费用，因此导致很多供能系统的运行费用十分客观，那么希望在对既有建筑供能系统优化升级改造时，业主们能够做出正确的决策。

经济性指标是对供能模式及技术进行市场选择的主要指标，主要包括初投资、运行费用和政策支持。初投资一般有两种估算方法，包括单位面积造价(元/m^2)和单位供热能力造价(元/kW)，单位面积造价适用于与建筑物密切相关的各供热环节，如末端设备、管网、户内热源等，单位供热(冷)能力造价适用于各类热源(冷源)的初投资评估。运行费用包括能源费用、动力电费、运行管理费用、人工维修费用等。其中能源费用是系统运行费用的重要部分，不同的燃料差别很大。目前常见的众多供能系统的初投资水平和运行费用差异很大。经济性评价的实质是保证大型公共建筑在其整个生命周期中初始资本与运营维护成本的平衡。

1) 初投资

既有大型公共建筑供能系统的初投资主要包括供能系统主要设备费、材料费、安装调试费、机房建筑费、配套工程费等。主要归结为3部分：设备投资费、施工与运输费用、冷热机房土建费用，本评价系统主要针对冷热源设备投资费用。

2) 年运行费用

由于供能系统采用新技术和新产品，系统的初始投资成本可能高于常规设计的建筑投资。然而，系统能效的提高，建筑物使用过程中的运行费用必然下降，因此对其年运行费用进行评价可以体现系统性能。供能系统的运行费用主要考虑设备年运行费用和设备运行管理费。

3）政策支持

近几年，我国的城市用电大幅增加，特别是用电高峰期十分紧张，电力系统峰谷差急剧加大，导致电网经常拉闸限电。另外，我国的油、气等资源不足，因此各地政府根据当地资源的实际情况制定的政策对供能系统所使用的能源有一定程度的导向作用。例如是否采用分时电价，是否鼓励使用天然气，各种能源价格比等，这些政策也均会对供能系统的运行费用产生一定影响。

（2）节能性评价

大型公共建筑的供能系统一般都较为复杂，供能系统在运行过程中可能会发生很不必要的损失，因此一个供能系统是否合理地利用、节约能源，其选择的能源类型、设备形式和数量、运行管理等各个环节都需要进行考察评价。尽可能实现能源的梯级利用，实现高质高用，低质低用。

1）能源转化效率

能源转化效率是指被评建筑的冷热源输出全年累计的空调用冷量、热量及生活热水用热量与消耗的电、天然气、煤及蒸汽和热水的能量的比值，按式(3-5)计算。

$$ECC_{\mathrm{HVAC}}=\frac{\lambda_{\mathrm{c}}\cdot Q_{\mathrm{c}}+\lambda_{\mathrm{h}}\cdot Q_{\mathrm{h}}}{\sum_{i}(E_i\times\lambda_i)} \tag{3-5}$$

式中 Q_{c}——为满足建筑空调系统的需求，冷源全年输出的累计冷量；

Q_{h}——为满足建筑空调系统的需求，热源全年输出的累计热量；

E_i——为满足建筑空调系统需求，也就是冷热源全年累计需要输入的第 i 种能源的总使用量；

λ_i——第 i 种能源的能质系数。

各类冷机的计算要同时考虑冷却侧的能耗，即冷却泵及冷却塔风机电耗；水源热泵、土壤源热泵系统要同时计算地下水取水及回灌用水泵电耗；利用电热的末端再热或加湿装置的电耗要计入此项；水环路热泵系统各热泵分别计算后并累加后统一评估。

2）输送效率

输送效率是指按照输配系统的形式、风机水泵选型及控制调节策略条件下，空调水系统和风系统单位耗电量下所能输配的冷热量，按式(3-6)计算。

$$TDC=\frac{Q_{\mathrm{c}}+Q_{\mathrm{h}}}{\Sigma E_{\mathrm{p}}+\Sigma E_{\mathrm{f}}} \tag{3-6}$$

式中 E_{p}——被评建筑空调冷冻泵、采暖泵全年累计总电耗，kWh；

E_{f}——被评建筑空调箱、新风机组全年累计总电耗，kWh。

3）冷热源选择合理性

依据《公共建筑节能设计标准》(GB 50189—2005)第 5.4.1 条规定：空气调节与采暖系统的冷热源宜采用集中设置的冷(热)水机组或供热、换热设备。机组或设备的选择应根据建筑规模、使用特征，结合当地的能源条件及其价格政策、环保规定等按下列原则经综合论证后确定：

① 具有城市、区域供热或工厂余热时，宜作为采暖或空调的热源；

② 具有热电厂的地区，宜推广利用电厂余热的供热、供冷技术；

③ 具有充足天然气供应的地区，宜推广应用分布式热电冷联供和燃气空气调节技术，实现电力和天然气的削峰填谷，提高能源综合利用率；

④ 具有多种能源(热、电、燃气等)的地区，宜采用复合式能源供冷、供热技术；

⑤ 具有天然水资源和地热源可供利用时，宜采用水(地)源热泵供冷、供热技术。

4）合理蓄能与热回收

虽然蓄冷蓄热技术从能源转换和利用本身来讲并不节约，但是其对于昼夜电力峰谷差异调节具有积极的作用，满足城市能源结构调整和环境保护的要求，具有一定的政策鼓励性。宜根据当地能源政策、峰谷电价、能源紧缺状况和设备系统特点等比较选择。另外，空调系统耗能的特点之一是大量余热的浪费。在系统中设置能量回收装置，用排风中的能量来处理新风，就可减少处理新风所需的能量，降低机组负荷，提高空调系统的经济性。

5）系统分项计量

《公共建筑节能设计标准》第5.5.12条规定：采用集中空气调节系统的公共建筑，宜设置分楼层、分室内区域、分用户或分室的冷热量计量装置；建筑群的每栋公共建筑及其冷、热源站房，应设置冷、热量计量装置。

(3) 安全可靠性评价的内涵

随着建筑节能工作力度的加大，能耗高低成为评价建筑物供能系统性能的重要的准则。然而对于既有建筑来说，更应该重视供能系统运行过程中的安全问题，提高设备的可靠性，消除各种安全隐患，是系统高效节能运行的重要保证。

因此供能系统的运行应保证各个设备在使用年限内，如有严重老化现象发生应及时更换，降低系统运行的不安全性。重点设备运行应具有自动控制装置，在系统运行期间能够对设备运行状态进行监测和报警。另外，管理人员日常的维护和运行也有着至关重要的影响。

1）设备老化程度

设备寿命主要考察的是供能系统中锅炉、冷水机组等设备的使用年限。一些既有大型公建的供能系统的空调用制冷剂、风机、水泵等设备老化现象是导致能效较低的原因之一，因此应在本指标体系中加以考虑。

2）机房安全

由于机房的设备较多，用电负荷大，管道密集且潮湿，危险隐患多，因此应设置相应的安全措施。

3）系统的维护和检修

应该根据每台设备的使用特性和使用环境来确定设备检修的周期、检修内容、停机检修的时间及检修的准备工作等。这要求设备管理人员有一定的业务知识，能发现潜在的故障，掌握设备的故障规律，采取各种积极有效的预防检修措施。同时，需要相应的制定各种严格的标准，如定期标准、检查标准、维修标准、设备更换标准等。

4）系统自动控制与监控

依照《公共建筑节能标准》第5.5.1条规定：集中采暖与空气调节系统，应进行监测与控制，其内容包括参数检测、参数与设备状态显示、自动调节与控制、工况自动转换、能量计量以及中央监控与管理等，具体内容应根据建筑功能、相关标准、系统类型等通过技术经济比较确定。

5）系统定期清洗

空调系统开启前，应对系统的过滤器、表冷器、加热器、加湿器、冷凝水盘进行全面检查、清洗和更换，保证空调送风风质符合《室内空气中细菌总数卫生标准》（GB 17093）的要求。空调系统清洗的具体方法和要求参见《空调通风系统清洗规范》（GB 19210）。空调系统中的冷却塔应具备杀灭军团菌的能力，并定期进行检验。

6）员工管理水平

对于既有大型公共建筑来说，运行管理过程十分关键。就目前的状况，运行管理人员的文化水平偏低，运行管理实际上是“看管设备”和“维修”，缺乏对系统运行的调节能力，对设备、风机水泵等基本上是出故障后抢修，缺乏计划保养的意识，导致设备长期低效运行。因此，从业人员的素质高低对供能系统的良好运行起到重要作用。

（4）环境影响评价指标

大规模的能源消费所产生的CO_2等温室气体对全球气候变化的潜在威胁，已经成为国际社会关注的焦点。2009年俨然成为一个“气候变化年”，世界各国领导人齐聚丹麦首都哥本哈根，商讨如何共同应对全球气候变化的议题。因此，既有建筑改造工作无疑应加大对环境效益的重视程度。具有较好的环境效益的供能系统应该是尽可能地降低系统运行时产生的温室气体、污染物，尽可能降低系统运行时的负面影响，在满足人类需要的同时尽可能少的对环境产生影响。

1）环境噪声

本指标主要指来自于通风系统、水泵、锅炉房、配套的供热及制冷系统的主机、鼓、引风机等一些设备的噪声。因此，降低供能系统环境噪声主要从以下几个方面入手：

① 从声源处控制。应尽量选择低噪声设备，动力机械设备应尽量援用低噪声和低振动设备。

② 对噪声源采取消声、减振、隔声等措施，对风机进出口安装消声器，阻止对外界的噪声影响，同时尽量将产生噪声振动的设备安置在地下。

2）CO_2排放量

CO_2是引起地球温室效应的重要因素，地球表面的大气温度不断升高，其直接结果就是导致全球的气候变化异常，如2009年冬天北京提早来临的寒潮。进而由于温度升高导致的海平面上升令许多岛屿国家陷入可能消失的困境，这都直接威胁到了人类的生存和发展。既有公共建筑的供能系统存在设备陈旧，早年可能没有充分考虑环保性因素，因此在指导既有建筑供能系统升级改造时，应充分考虑这一指标。

3. 既有居住建筑供能系统综合评价指标体系的建立

既有居住建筑供能系统综合评价指标如图3-44所示。

（1）经济性指标

1）初投资

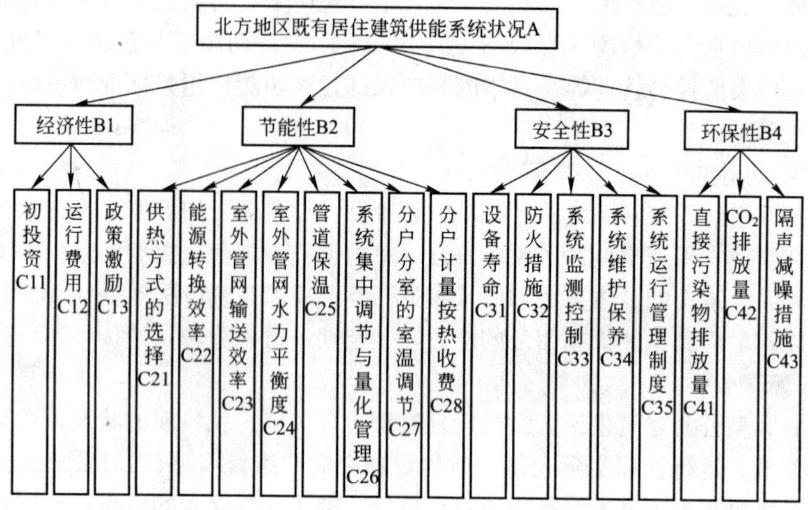

图3-44　北方既有大型公共建筑供能系统综合评价指标体系结构

不同的供热方式，系统的初投资所含项目有所不同，例如城市集中供热系统的初投资包括集中热源、高温管网、换热站、室内外管网和末端散热设备。

2）运行费用

供热系统的采暖期运行费用一般包括燃料费用、动力用电费用、水费(管网)、管理费用和设备维修费用。对于采用热电联产的供热系统，供热系统的运行费用应为在上述各项累计中减去发电的收益。

3）政策激励

包括政府对电采暖低谷用电、天然气利用、可再生能源等提出的优惠政策。

(2) 节能性指标

1）供热方式的选择

供热方式的选择应因地制宜、视情况而定。在有条件的情况下应大力发展热电联产集中供热方式，除此之外，不同的燃料对应于不同的最佳供热方式。

2）能源转换效率 ECC

$$ECC=\frac{Q_{\mathrm{H}}\lambda_{\mathrm{H}}+E_{\mathrm{out}}H_{\mathrm{E}}\lambda_{\mathrm{E}}}{\sum_{i}M_{i}H_{i}\lambda_{i}} \tag{3-7}$$

式中　Q_{H}——作为收益的建筑物供暖期单位面积耗热量，kJ/(m² · a)；

λ_{H}——耗热量的能质系数；

E_{out}——热电联产供热时采暖期单位建筑面积输出的电能，kWh/m² · a；

H_{E}——电的标准单位热值，3600kJ/kWh；

λ_{E}——电的能质系数，值1.0；

M_i——供热系统采暖期单位建筑面积需要输入的第 i 种能源的燃料耗量(包括耗电)；

H_i——对应第 i 种能源的单位燃料标准热值；

λ_i——对应第 i 种能源的能质系数。

3）室外管网输送效率

$$\eta_{m,t}=\sum_{j=1}^{n}\frac{Q_{m,j}}{Q_{m,t}} \tag{3-8}$$

式中 $\eta_{m,t}$——室外管网输送效率；

$Q_{m,j}$——第 j 个热力入口处测得的热量累计值，MJ；

$Q_{m,t}$——锅炉房或热力站总管处测得的热量累计值，MJ；

j——热力入口的序号。

4）室外管网水力平衡度

$$HB_j=\frac{G_{wm,j}}{G_{wd,j}} \tag{3-9}$$

式中 HB_j——第 j 个热力入口处的水力平衡度；

$G_{wm,j}$——第 j 个热力入口处循环水量的测量值，kg/s；

$G_{wd,j}$——第 j 个热力入口处循环水量的设计值，kg/s；

j——热力入口的序号。

5）管道保温

采暖管道保温厚度应按现行国家标准《设备及管道保温设计导则》(GB 8175)中经济厚度的计算公式确定。

6）系统集中调节与量化管理

集中调节主要包括质调节、分阶段改变流量的质调节、质量-流量调节、间歇调节、热量调节等调节方法。量化管理主要是根据室外气象条件及用户相应的热负荷，通过监测计量仪器或计算机监控系统，对采暖系统进行温度、流量、热量、能耗等监测计量，按要求来控制系统的瞬时供热量(热负荷)和每天所要求的供热量(按需供热)，从而保证用户室内温度。

7）分户分室的室温调节

根据《北方采暖地区既有居住建筑供热计量及节能改造技术导则》第 5.4.1 条的规定：为实现分户分室的室温调节，散热器采暖系统每组散热器均应安装恒温阀；低温热水地面辐射采暖系统中，应在户内系统入口处设置自动控温的调节阀，实现分户集中温控，其户内分集水器上每支环路上应安装手动流量调节阀。

8）分户计量按热收费

锅炉房和热力站应在热力出口安装热量计量装置，建筑物的热力入口应设置热量表，按照热量分配表分摊法或者户用热量表分摊法对用户进行收费。

(3) 安全性指标

1）设备寿命

设备寿命主要考察供热系统相关设备的使用年限。在一些既有居住建筑的供能系统中，锅炉、水泵等设备老化现象是导致能效较低的原因之一，因此应在本指标体系中加以考虑。

2）防火措施

建筑内采暖管道和设备的绝热材料宜采用不燃材料，不得采用可燃材料。管道井、排烟道、排气道等竖井应分别独立设置，其井壁应采用不燃性构件。

3）系统监测控制

《民用建筑节能设计标准》(JGJ 26—1995)第 5.2.10 条规定：应对锅炉房、热力站和建筑物入口进行参数监测与计量。

4）系统维护保养

系统中设备、管道的布置应方便将来的维修、改造和更换。此外，热水供热系统停止运行后，即在非采暖期应对锅炉和网路及用户系统进行维护保养，以防止腐蚀设备和管道，影响使用寿命。

5）系统运行管理制度

为保证采暖系统安全可靠地运行，保证量化管理技术能很好地实施，要因地制宜地制定、建立健全各项规章制度，实行正规化操作和规范化管理。制定运行管理规程，明确各级管理人员的职责、权限和分工，建立运行、维护人员的岗位责任制和相应的奖罚制度。

（4）环保性指标

1）直接污染物排放量

直接污染是指供热系统的热源燃烧各种燃料产生的排放污染物对环境造成的直接污染，主要的污染物有 NO_x、SO_2、烟尘等。

2）CO_2 排放量

实现 CO_2 减排的方式可概括为两种：一是改变能源使用结构，二是提高能源使用效率。

3）隔声减噪措施

居住建筑内的水泵房、风机房等都是噪声源、振动源，有时管道井也会成为噪声源。因此，需要采取有效地隔声减噪措施。

4. 既有建筑供能系统综合评价模型的建立

结合北方地区既有建筑供能系统的功能实现，考虑建立一种层次分析与灰色综合评价法的集成模型。层次分析法是一种系统化、层次化分析问题的多目标决策方法，灰色系统理论中的关联度分析法是分析系统中多因素关联程度的一种新的因素分析方法。建立多层次灰色相对关联度分析综合评价法既能对复杂的各层次子系统进行评价，又能在子系统评价的基础上进行综合评价。灰色多层次综合评判模型就是把关联度分析方法用于分析具有层次结构的系统而建立的数学模型。

灰色多层次综合评判模型的基本思路是，通过对基础层的指标进行单层次综合评判，然后把对基础层的评判结果作为下一层次的原始指标，再建立单层次综合评判模型，逐推至最高层建立多层次评判模型。评价体系是三阶层，即首先对指标体系中三级指标进行单层次评判，再实现二级指标对总目标的评判结果。

（1）灰色单层次评判模型

假定系统是由 m 个指标构成的单层次系统，若系统有 n 个方案，则第 i 个方案的 m 个指标构成数列 $X_{ik}=[X_{i1},X_{i2},\cdots,X_{im}]_{(i=1,2,\cdots,n;k=1,2,\cdots,m)}$，$n$ 个方案的原始指标值构成如下矩阵：

$$X=\begin{bmatrix} X_{11} & X_{12} & \cdots & X_{1m} \\ X_{21} & X_{22} & \cdots & X_{2m} \\ \vdots & \vdots & & \vdots \\ X_{n1} & X_{n2} & \cdots & X_{nm} \end{bmatrix} \tag{3-10}$$

用灰色单层次综合评判模型进行 n 个方案优劣的比较，其具体方法如下。

1）确定最优指标集（X_{0k}）

设 $$X_{0k}=[X_{0k}, X_{02}, \cdots, X_{0m}]$$

式中，$X_{0k(k=1,2,\cdots,m)}$为第 k 个指标在诸方案中的最优值。在指标中，如某一指标取大值为好，则取该指标值在各方案中的最大值；如取小值为好，则取各方案中的最小值。

最优指标集(X_{0k})的意义是通过在各方案中选取最优指标，构成最优理想方案，以此作为基准，采用灰色关联度作为测度取评判各方案与理想最优方案的关联程度，从而得到各方案的优劣次序。

2）标值的规范化处理

在评价指标体系中，由于各指标间不同的量纲和数量级，为实现各指标间的比较，就需要对原始指标值进行规范化处理。处理公式如下：

$$\lambda_{ik}=\frac{X_{ik}-X_i^{\min}}{X_i^{\max}-X_i^{\min}} \tag{3-11}$$

式中 λ_{ik}——第 i 个方案的第 k 个指标 X_{ik} 的规范化数值；

$X_i^{\min}$——第 k 个指标所有方案中的最小值；

$X_i^{\max}$——第 k 个指标在所有方案的最大值。

进行规范化处理后得到如下矩阵：

$$\lambda=\begin{bmatrix}\lambda_{01} & \lambda_{02} & \cdots & \lambda_{0m}\\ \lambda_{11} & \lambda_{12} & \cdots & \lambda_{1m}\\ \vdots & \vdots & & \vdots\\ \lambda_{n1} & \lambda_{n2} & \cdots & \lambda_{nm}\end{bmatrix} \tag{3-12}$$

3）计算关联度系数

将经规范化处理后的最优指标集 $\{\lambda_{0k}\}=[\lambda_{01}, \lambda_{02}, \cdots, \lambda_{0m}]$ 作为参考数列，经规范化处理后各方案的指标值 $\{\lambda_{ik}\}=[\lambda_{i1}, \lambda_{i2}, \cdots, \lambda_{im}]$ 作为被比较数列，则可用下述关联度系数公式分别求得第 i 个方案第 k 个指标与第 k 个最优指标的关联系数 $\xi_i(k)$：

$$\xi_i(k)=\frac{\min\limits_i\min\limits_k|\lambda_{0k}-\lambda_{ik}|+\rho\max\limits_i\max\limits_k|\lambda_{0k}-\lambda_{ik}|}{|\lambda_{0k}-\lambda_{ik}|+\rho\max\limits_i\max\limits_k|\lambda_{0k}-\lambda_{ik}|}\quad(i=1, 2, \cdots, n;\ k=1, 2, \cdots, m) \tag{3-13}$$

式中分辨率 $\rho\in[0, 1]$，ρ 一般取 0.5。

进一步求得如下关联系数矩阵 E：

$$E=\begin{bmatrix}\xi_1(1) & \xi_2(1) & \cdots & \xi_n(1)\\ \xi_1(2) & \xi_2(2) & \cdots & \xi_n(2)\\ \vdots & \vdots & & \vdots\\ \xi_1(m) & \xi_2(m) & \cdots & \xi_n(m)\end{bmatrix} \tag{3-14}$$

式中，$\xi_i(k)_{(i=1,2,\cdots,n;k=1,2,\cdots,m)}$为第 i 种方案第 k 种指标与第 k 个最优指标的关联系数。

4）建立灰色单层综合评价模型

数学模型：

$$R=P\times E \tag{3-15}$$

式中，$R=[r_1, r_2, \cdots r_n]$ 为 n 个方案的综合评判结果矩阵。其中，$r_i(i=1, 2, \cdots, n)$表示第 i 个方案的综合评判结果。

$P=[P_1, P_2, \cdots P_m]$ 为 m 个评判指标的权重分配矩阵，应满足 $\sum_{k=1}^{m} P_k=1$，权重分配矩阵可用专家法确定。

第 i 个方案的综合评价结果即关联度 r_i 可由下式求得：

$$r_i=(P_{i1}, P_{i2}, \cdots, P_{im})\cdot\begin{bmatrix}\xi_i(1)\\ \xi_i(2)\\ \vdots\\ \xi_i(m)\end{bmatrix} \tag{3-16}$$

若关联度 r_i 最大，则说明 $\{\lambda_{ik}\}$ 与最优指标集 $\{\lambda_{0k}\}$ 最接近，说明第 i 个方案优于其他方案，据此可排出各方案的优劣次序。

(2) 建立灰色多层次综合评价模型

当系统中的指标构成不同层次时，需要建立多层次评判模型。多层次评判模型以单层次评判模型为基础，其基本思路是：首先对最基础层的指标进行层次综合评估，然后把这一层次的评判结果作为最下一层的原始指标，再重复进行下一层次单层评判，以此类推至最高层。

5. 北方地区既有建筑供能系统综合评价的实施指导

(1) 评价标准的确定

我国北方地区涉及众多地区，气候条件特征仍有所差异，各地资源情况差别很大。以大型公共建筑为例，建筑功能不同导致对供能系统的要求千差万别，因此，此处只给出一个建议性的评价标准，各指标的评分仍可以根据实际情况进行调整和完善，这种开放式的评价模式可以使得综合评价体系更具实用性，如表 3-6 所示。

既有大型公共建筑供能系统的综合评价基准确定　　表 3-6

		评价基准	评价性质
经济性评价	初投资	同地区同类型建筑物平均水平	定量
	运行费	同地区同类型建筑物平均水平	定量
	政策支持	选用的冷热源受到当地价格政策的支持	定性
节能性评价	能源转化效率	依据同地区水平	定量
	输配效率	依据同地区水平	定量
	冷热源选择合理性	(1) 冷热源设备的选择符合建筑规模、使用特征； (2) 冷热源的选择符合当地能源结构； (3) 冷热源设备选择符合《公共建筑节能设计标准》中的原则； (4) 寒冷地区选用热泵时应因地制宜的考虑	定性
	合理的热回收、蓄能及余热利用	(1) 对空调区域排风中的能量加以回收利用； (2) 根据建筑物的负荷特性可以考虑采用高效热源设备及蓄热系统； (3) 应充分利用锅炉产生的多种余热	定性
	系统分项计量	(1) 冷热源设备、水泵、风机、生活热水等各部分能耗均实现独立分项计量； (2) 冷热源站房应设置冷、热计量装置； (3) 按照租户的不同，可对租户各项能耗(如电、天然气、热等)进行分户计量	定性

续表

		评价基准	评价性质
安全可靠性评价	设备老化程度	(1) 供能系统各设备均在使用年限内； (2) 供能系统没有出现因严重老化出现的安全隐患	定性
	机房安全	(1) 机房设计符合《爆炸和火灾危险环境电力装置设计规范》的有关规定； (2) 燃气放散管的顶或其附近设有避雷针； (3) 气体和液体燃料管道应有静电接地装置	定性
	系统维护检修	(1) 供能系统各个设备及管道便于维护和检修； (2) 定期检查供能系统的设备、部件运行情况，发现故障及时维修	定性
	系统自控监测	建筑智能化系统功能完善，各子系统均能实现自动监测与控制	定性
	系统清洗	(1) 对通风空调系统按国家标准《空调通风系统清洗规范》(GB 19210)规定进行定期检查和清洗； (2) 空调系统开启前，对系统的过滤器、表冷器、加热器、加湿器、冷凝水盘进行全面检查、清洗或更换，保证空调送风风质符合《室内空气中细菌总数卫生标准》(GB 17903)的要求	定性
	员工管理水平	(1) 管理人员分工明确，有明确的管理规章制度； (2) 管理人员具有较好的专业知识和节能意识，掌握系统运行原理和节能管理方法，有丰富经验； (3) 定期组织管理人员培训	定性
环保性评价	环境噪声	(1) 采用低噪声型送风口与回风口、或使用低噪声空调室内机、风机盘管、排气扇等； (2) 机房噪声采取吸声与隔声措施，安装设备隔声罩，或调整设备安装位置； (3) (室外)冷却塔发出的噪声采用遮蔽物、隔振支撑、调整位置等措施； (4) 风道和水管传播的噪声(透射噪声)：采用消声风道、消声弯头、扩张室消声器，消声软管，或调整位置等	定性
	CO_2 排放量	根据当地排放标准	定量

注：定性指标的打分具体操作方法是按照“评价基准”的内容，依据被评价建筑物的实际情况进行等级划分，本综合评价指标体系按照被评建筑供能系统的实际情况将各定性评价指标的描述划分为 5 个等级打分，如图 3-45 所示。

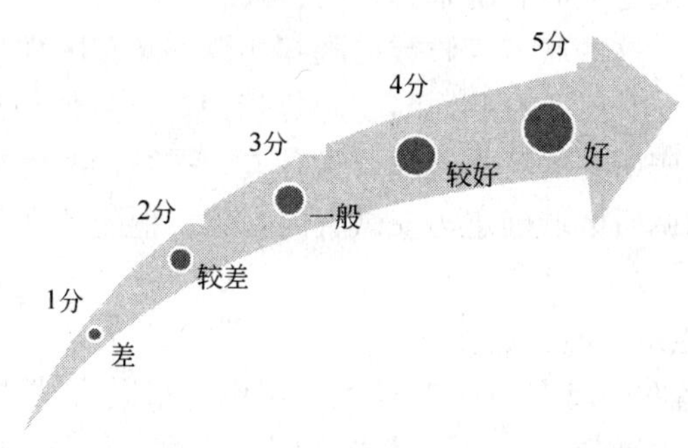

图 3-45 定性指标等级划分示意

(2) 评价结果判定

由已建立的灰色多层次综合评价模型，可以实现对既有建筑供能系统的综合评价结果。通过比较 $r_i(i=1, 2, \cdots, n)$ 的数值大小，即可评判出各方案的优劣次序。由于在建立多层次综合评价模型时，各方案指标值及权重都进行了规范化处理，所以取得的 r_i 都是0～1之间的小数，考虑到百分制习惯，我们将 $R=[r_1, r_2, \cdots, r_n]$ 乘以100，化为评判结果的标准量化值。

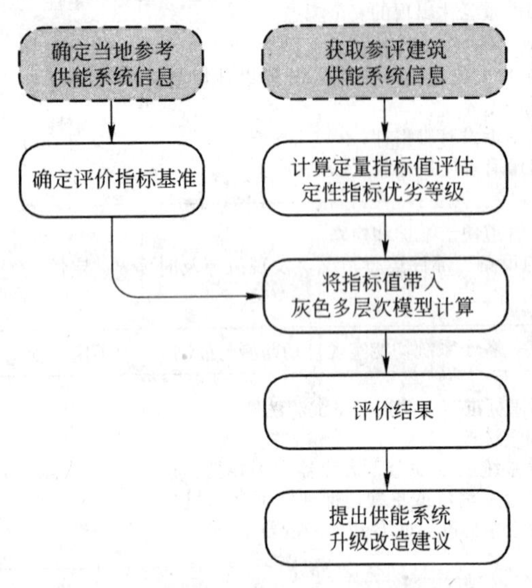

图3-46　北方地区既有大型公共建筑供能系统综合评价体系的操作流程

评价结果可根据计算结果进行等级评定：90～100：优秀；80～90：良好；70～80：一般；60～70：合格；0～60：不合格。

(3) 实施综合评价的操作流程

本节建立的综合评价体系的最终目的是能够运用这套评价体系实现对既有建筑供能系统的综合评价，得到简单易懂的结果以便可以得到现有系统的基本性能水平。使用这套评价体系的操作者可以通过以下流程实现评价过程，如图3-46所示。

3.2　过渡地区既有建筑供能系统统计与评价

3.2.1　过渡地区气候及既有建筑供能系统的特点

1. 过渡地区概况及气象数据

过渡地区泛指夏热冬冷地区(见图3-47)，是由北方寒冷、严寒地区过渡到南方炎热地区(即夏热冬暖地区)的广大区域。

过渡地区主要包括以下省份和地区：江苏南部、安徽大部、河南南部、陕西南部、湖北、四川大部、重庆、贵州东部、湖南、江西、上海、浙江、福建西北部、广东和广西北部一小片区域、甘肃南部一小片区域。

按照以上分区，初步选定上海、南京、合肥、武汉、重庆、长沙、南昌、杭州等8个城市为气象数据统计对象。这些城市气候数据既有共性，又有区别。以各月平均干球温度为例(见图3-48)，8个城市中各月的平均温度趋势相同，且数值接近，只有重庆与其他7个城市略有差别，这与重庆所在的特殊地理位置有关。同时，考虑到能耗统计工作量巨大及调研的便利性，最终的调研区域确定为安徽省内合肥、铜陵、淮北3个城市，其他重点城市作为有益补充。

2. 过渡地区建筑功能系统的特点

过渡地区的气候与北方、南方地区差异大，空调、采暖方式也与北方、南方地区不同。夏季大部分地区室外温度超过26℃，需要空调；冬季大部分地区采用局部采暖和间歇

图 3-47 中国建筑气候区划图

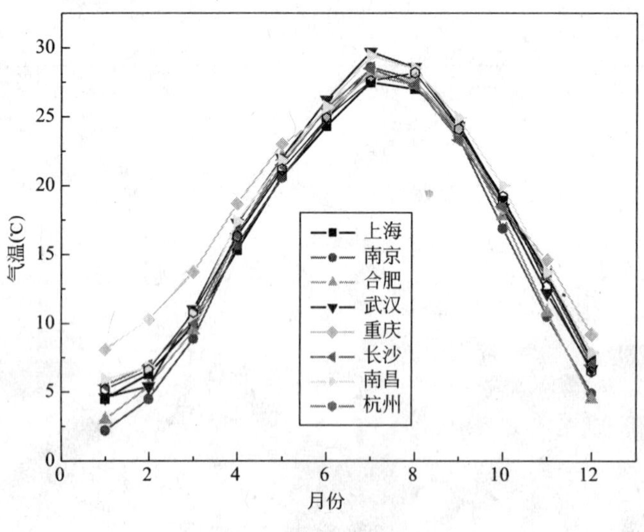

图 3-48　各月平均干球温度

采暖方式。一部分地区采用集中采暖方式，大部分地区使用分散式的空调器、小型锅炉等采暖方式。

过渡地区的采暖：过渡地区的冬季有短期出现0℃左右的室外温度，但日均温度很少低于0℃，一年内日均温低于10℃的天数一般不超过100d。在历史上，这些地区都不属于法定的建筑采暖区，除了少数高档建筑，一般都采用局部采暖方式。传统上采用木炭烤火，改革开放后，城镇建筑的采暖方式变成电暖器、电褥子、热泵式空调以及一些以燃气、燃油为燃料的采暖装置。据初步统计，住宅或一般办公建筑采用直接电加热或热泵采暖时，电耗约为4～8kWh/(m^2・a)。尽管这一带住宅建筑面积为40亿m^2，但冬季采暖用能仅210亿kWh，折合标准煤不超过800万t，远远低于北方采暖能耗，如此低的采暖能耗完全是因为采暖只服务于部分空间和部分时间的间歇局部采暖，并且即使是采暖的房间室温也只是维持在14～16℃。与这一地区的气候类似的法国南部，采暖能耗高达40～60kWh/(m^2・a)，其差别就是对建筑提供全面采暖，对室内温度全天候保障，室温控制在22℃左右而不是我国这一地区的14～16℃。目前这一地区一些新开发的高档社区开始采用集中采暖，这些城市正规划建设大规模集中供热网。已建成的一些城市热网和住宅小区热网的运行结果表明，集中供热方式必然提供全天候、全建筑空间的采暖服务，这些建筑的保温水平又远低于北方地区，加上调节不当导致的过量供热，结果采暖能耗一般都在30～50kWh/(m^2・a)以上。当采用燃煤锅炉采暖时，能耗可高达8～10kg标准煤/(m^2・a)，40亿m^2住宅建筑将需要3600万t标准煤，为目前当地采暖能耗的5倍。而采用热电联产方式，又会由于冬季时间短，热电厂运行时间过短而造成经济效益很差。因此，在过渡地区不适合采用集中供热方式。如何为了满足人民生活水平提高导致对冬季室内热舒适要求的提高，适当地改善这一地区室内热状况，同时又不造成建筑能耗的大幅度增加，是目前我国建筑节能工作一项严峻和急迫的任务。可能的途径是发挥这一地区室内外温差小、各类地表水资源丰富的特点，发展各类分散的热泵采暖方式，维持这一地区部分空间部分时间采暖的特点，发展出一种新的低能耗采暖方式。

3.2.2　过渡地区既有建筑供能系统统计及分析(包括公共建筑、居住建筑)

1. 调研计划

(1) 调研内容

考虑时间、成本因素，采用普查与抽样调查相结合、随机抽样与典型抽样调查相结合的方式进行统计调查。

调查以过渡地区各城市既有建筑为总体，重点选取典型城市合肥、淮北、铜陵为调查单位，在每个城市中对建筑的基本情况进行普查，对建筑能耗状况进行随机抽样调查。

调研内容包括：建筑物及其供能系统基本信息调查、建筑能耗的统计和拆分等。

1) 建筑物及其供能系统基本信息调查

基本信息调查统计的目的是为了明确被调研建筑的基本特点，不同建筑物供能系统的运行使用情况，从而进一步从建筑物自身特点出发进行合理客观的能源审计和节能升级改造。需要调查统计的基本信息包括建筑物的基本信息和建筑物主要供能系统的基本信息。

① 建筑物基本信息

不同建筑因各种内外因素的影响，其合理的供能系统、用能水平也不同。建筑物所处的地理位置、建筑物周边的微气候条件、建筑物体形、围护结构、使用功能、人员状况等等一系列的因素都会对建筑物的合理供能、用能产生很大的影响。

在统计建筑物的基本信息时，宜按不同的使用性质，分类统计。这是因为不同使用性质的建筑，其内部包括的功能区域不尽相同，具体的用能环节也有差别，按照使用性质分类统计建筑物的基本信息，有利于突出建筑物的个性，并便于与其他同类型的建筑进行横向比较。

② 用能项目基本信息

建筑物中发生的能耗按其用途一般可两大类，即常规能耗和特殊能耗。常规能耗一般又可分为空调能耗、采暖能耗、照明能耗、办公设备能耗、电梯能耗、开水器能耗等；特殊能耗一般又可分为厨房能耗、信息机房能耗、车库通风能耗等。不同的建筑包括的能耗种类不同。

2) 建筑能耗的统计和拆分

建筑能耗的统计与拆分是指寻求建筑总能耗和各分项能耗的过程，这是建筑能耗调研和审计的主要工作之一。建筑能耗分项计量系统可以将建筑物内发生的能耗进行完整记录，利用其记录的数据即可以得到建筑的总能耗和各分项能耗。但是，目前建筑能耗分项计量系统刚刚开始实施，计量的数据尚有限，还不足以完全利用它来完成建筑能耗的统计与拆分。因此，需要探求一些其他方法来进行建筑能耗的统计和拆分。

① 总体用能统计

对建筑进行能耗统计时，首先应明确该建筑的用能种类。常见的用能种类有电、燃气、燃油、市政供热、自来水等，调研的主要对象是电。

建筑能耗调研的出发点是建筑物总的用电量，其度量的时间单位一般为一年。这个用能总量数目一般可以根据业主的用能交费记录得出，也可以根据物业公司的运行记录得出。为了便于建筑能耗统计，需要对总的用电量进行规范化统计，即不同的建筑之间应按照相同的时间步长进行统计，对全年总用电量分别按月统计结果。

② 各项能耗拆分

在确认建筑物的总体用能不尽合理时，需要进一步探寻各分项的能耗是否合理。建筑节能诊断工作的重点应是那些用能不合理的用电分项。

建筑物的总体用电一般按照使用特性分为常规用电和特殊用电。常规用电按照用途又可分为空调采暖用电、照明用电、办公设备用电、电梯用电、电热水器用电及其他等。特殊用电主要是指厨房用电、信息机房用电、车库通风等，这类用电的个性较强，不同建筑的差别较大。

能耗拆分最简单和准确的方法是能耗分项计量，即对不同用途的用电项目分别加装电表，准确计量。目前浙江、深圳等省市的分项计量工作已经进行，安徽省分项计量的工作刚刚开展，受建筑物中配电系统的条件所限，目前不同的建筑加装电表的用电环节并不一致，加装电表数量也不等。大多数实施分项计量的建筑均能做到对空调用电单独计量，但是照明用电和办公设备用电这两项因为建筑配电中一般合在一起，不能实施分项计量。对于空调系统中的各种设备用电，受安装条件所限，也不能全部安装电表。分项计量的数据尚不够完整，因此有必要借助一些拆分方法对全年的总电耗进行拆分。

电耗拆分的基本思想是运行记录结合实测数据，即在有运行记录的情况下尽可能利用运行记录得出电耗结果，在运行记录不能反映出电耗的情况下，可以借助一定的实际测试，推测出电耗结果。

运行记录是电耗拆分的基础，理想情况下，根据详细的运行记录已经可以计算出建筑物中各用电环节的用电量。但不同的建筑其运行记录往往参差不齐，能耗统计时只能从其中得到一部分用能信息。因此，在进行能耗拆分时，除了基于运行记录外，还要辅于一定的实际调查测试。这样最终分拆的结果具有一定的估计性。

另外，需要对空调系统的分项电耗进行统计。空调电耗是指中央空调的各种设备在夏季的总电耗，一般包括冷水机组、冷冻水泵、冷却水泵、冷却塔、空调末端等电耗。空调电耗是大型公共建筑中的最主要能耗，其能耗的多少直接关系到建筑物的整体用能水平。在进行建筑能耗调研时，应对空调能耗作更细致的统计和分析。对空调系统各设备的电耗拆分需要视具体情况而论。总的思路仍然是考察运行记录，结合实际测量，推算各设备全年电耗。

(2) 建筑能耗影响因素分析

取得相关的建筑基本信息和建筑能耗信息后，使用描述统计和推断统计方法对建筑能耗的影响数据进行分析，提出对建筑能耗有重要影响的各主要因素。

为了解不同使用功能的建筑使用能耗的差异，在进行建筑能耗统计时需将所有建筑按使用功能进行分类。

对每栋具体建筑，为了解对建筑能耗的各种影响因素，在统计时需记录相关影响因素的数据。根据前面的统计结果分析，列出以下因素作为统计指标。

(3) 调研方案

调查内容主要有两项：一是建筑基本信息，包括建筑物类型、建筑年代、建筑面积、建筑结构、建筑层数层高、建筑材料、外墙保温、窗框材料、玻璃材料、中央空调使用情况等；二是建筑能耗数据，具体指被调查建筑2008年12个月每月消耗的水、电、燃气的数量，数据为分月数据。

调查中对建筑基本信息的调查采用了普查的方式，主要通过典型城市建筑档案馆查询相关资料，并进行了一些现场调查，掌握了典型城市既有建筑的基本信息，并建立了总体抽样框。

对建筑能耗的调查采用了分层随机抽样的方法。首先将每个城市的建筑按使用功能分为高层居住建筑(7 层及以上)、多层居住建筑(4～6 层)、低层居住建筑(3 层及以下)、政府办公建筑、普通办公建筑、商场建筑、宾馆饭店建筑、文教卫生建筑，在每一类型建筑中选取一定数量作为被调查建筑，调查其能耗使用情况。这一部分调查的数据主要从相关的能耗部门(当地供水企业、供电企业和供气企业)取得。3 个城市抽样的样本建筑物的总数量分别为：合肥 200 栋，淮北 80 栋，铜陵 120 栋及其他典型城市的数百栋建筑。

(4) 调研过程

2008 年 8 月～11 月，组织一批调研小组分赴各城市开展实地调研，采用上门访问、实际记录、历史记录查阅相结合的方式开展工作。

2008 年 11 月，在完成所有统计调查及数据录入的基础上，开始结果分析。结果分析主要有两项工作内容：一是对原始数据进行统计处理，运用统计软件和统计学方法计算各项统计指标，并作统计推断；二是对经过统计处理的数据进行分析，即说明安徽省既有建筑的基本情况和节能情况，对影响建筑节能的因素做出分析和解释。

2. 过渡地区建筑能耗调研结果

(1) 过渡地区建筑基本状况及能耗状况

1) 过渡地区建筑基本状况

据调查，过渡地区的民用建筑采用框架结构居多，在高层建筑中，绝大部分为框架结构。建筑朝向基本都是南向，仅有少数 20 世纪 70 年代以前的建筑为东西朝向。公共建筑层高大部分高于 6 层，居住建筑的层高以 6 层及以下占多数。

以安徽省为例，目前安徽省城镇既有民用建筑约 6.9027 亿 m^2，其中一般公共建筑、大型公共建筑及居住建筑总面积分别为 1.7633 亿 m^2、758.88 万 m^2 和 5.0636 亿 m^2。公共建筑面积合计 1.8392 亿 m^2，占城镇民用建筑总面积的 26.64%，居住建筑占民用建筑总面积的 73.36%。被调查城市及安徽省的民用建筑面积如表 3-7 和图 3-49 所示。

民用建筑总面积(万 m^2) **表 3-7**

	公共建筑	居住建筑	民用建筑合计
合肥	2603.33	3707.42	6310.75
铜陵	513.26	852.38	1365.63
淮北	688.48	1659.35	2347.83
安徽省	18391.54	50636.10	69027.64

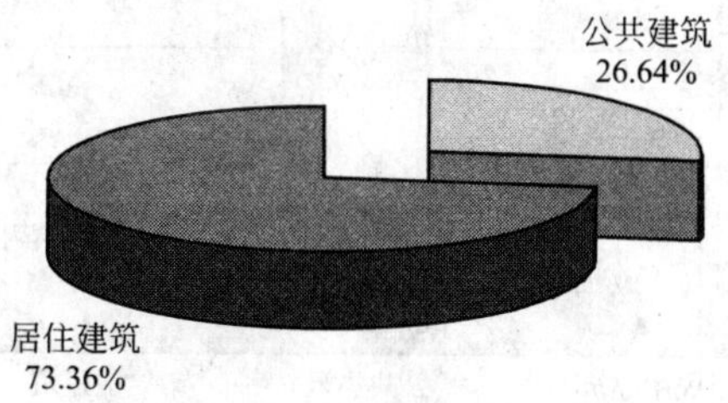

图 3-49 2008 年安徽省公共建筑与居住建筑面积比例

公共建筑依据其使用功能的不同，又可以分为办公建筑、商业建筑、宾馆饭店建筑、文教建筑等，调查所得各种不同类型建筑的建筑面积如表3-8和图3-50所示。

不同使用功能公共建筑面积（万 m^2） 表3-8

	政府办公	普通办公	商业建筑
合肥	333.63	1280.54	601.72
铜陵	44.34	309.26	84.31
淮北	64.53	401.81	112.59
安徽省	1694.45	10609.27	3184.26

	宾馆饭店	文教	其他	公共建筑总面积
合肥	199.48	166.81	21.15	2603.33
铜陵	36.09	33.72	5.54	513.26
淮北	50.78	51.28	7.49	688.48
安徽省	1364.06	1292.67	246.83	18391.54

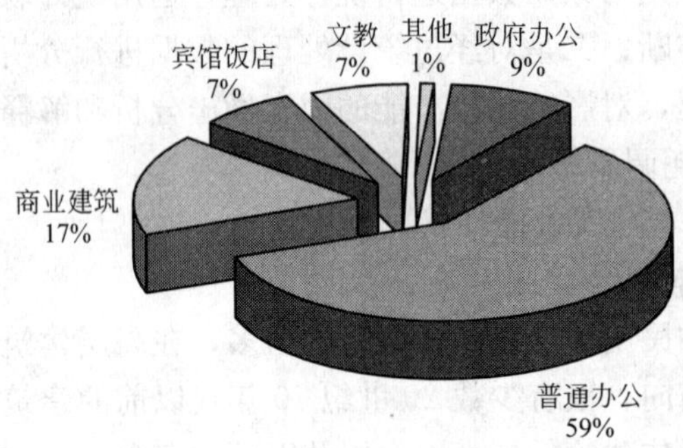

图3-50 2008年安徽省各类公共建筑面积构成

2）过渡地区建筑能耗状况

据调查，2008年过渡地区民用建筑年平均单位面积能耗为33.58kWh/m^2，公共建筑年平均单位面积能耗为67.4kWh/m^2，居住建筑为12.78kWh/m^2，三者相差数倍。2008年全年，民用建筑总能耗为185.91亿kWh/m^2，折合标准煤672.82万t。其中，公共建筑占总建筑面积的26.64%，全年总能耗为124.05亿kWh/m^2，折合标准煤448.94万t，占总能耗的66.69%；居住建筑占总建筑面积的73.36%，全年总能耗为64.68亿kWh/m^2，折合标准煤234.08万t，占总能耗的33.31%，如图3-51和图3-52所示。

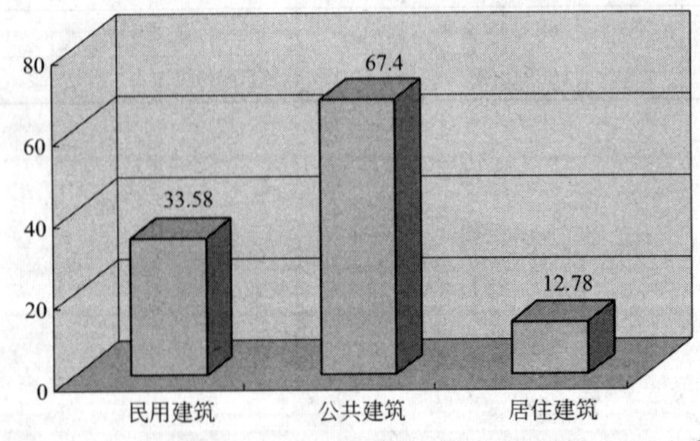

图3-51 2008年过渡地区民用建筑单位面积能耗（kWh/m^2）

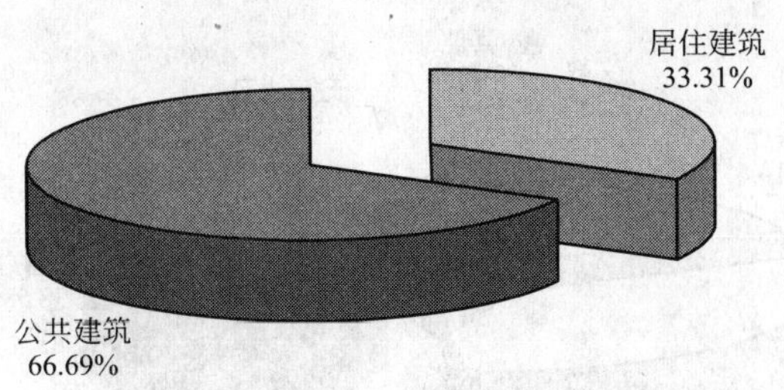

图 3-52　2008 年过渡地区民用建筑总能耗构成

典型城市不同类型的公共建筑单位面积能耗如表 3-9 和图 3-53 所示。

典型城市不同类型的公共建筑单位面积能耗　单位：(kWh/m²)　**表 3-9**

	政府办公	普通办公	商业建筑	宾馆饭店	文教	其他
合肥	40.81	44.43	152.28	138.96	35.07	21.43
铜陵	37.34	40.25	135.56	125.46	33.81	17.37
淮北	41.28	44.92	143.60	128.58	34.96	20.37

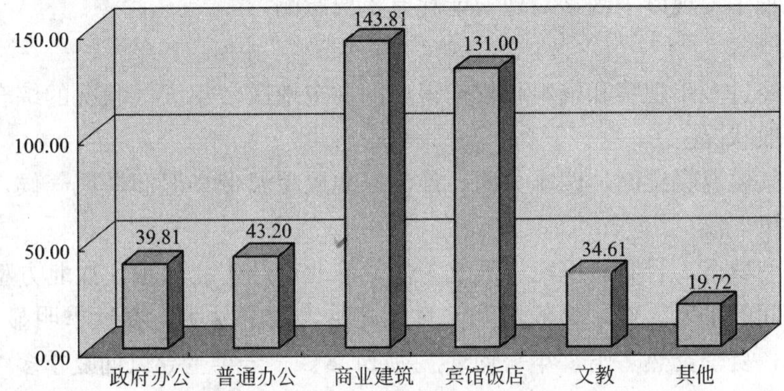

图 3-53　2008 年过渡地区各种公共建筑单位面积能耗(kWh/m²)

2008 年，在各类型公共建筑中，政府办公建筑总能耗为 70421.34kWh，占公共建筑总能耗的 5.68％；普通办公建筑总能耗为 478265.89kWh，占公共建筑总能耗的 38.57％；商业建筑总能耗为 458724.50kWh，占公共建筑总能耗的 37.00％；宾馆饭店总能耗为 181665.50kWh，占公共建筑总能耗的 14.65％；文教建筑总能耗为 45786.37kWh，占公共建筑总能耗的 3.69％；其他建筑总能耗为 5008.18kWh，占公共建筑总能耗的 0.40％，如图 3-54 所示。

3) 政府办公建筑与大型公共建筑能耗状况

过渡地区政府办公建筑(不包含大型政府办公建筑)单位面积能耗为 39.81kWh/(m²·a)，是民用建筑单位面积能耗的 1.46 倍，是公共建筑单位面积能耗的 0.59 倍，是居住建筑单位面积能耗的 3.12 倍。政府办公建筑(不包含大型政府办公建筑)总能耗为 63322.89kWh，是民用建筑总能耗的 3.36％，是公共建筑总能耗的 5.11％，是居住建筑总能耗的 9.79％。

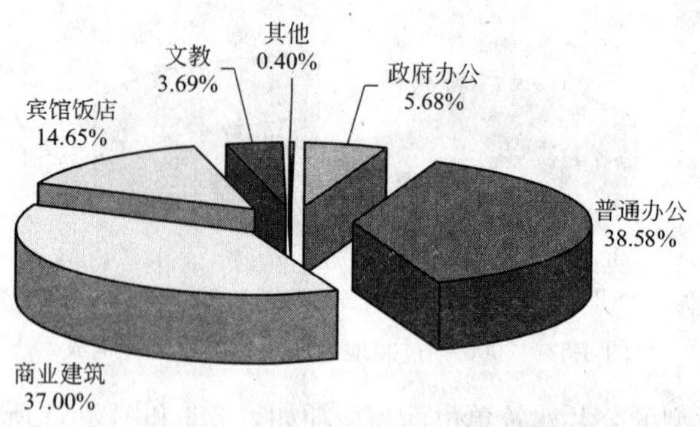

图 3-54　2008 年安徽省公共建筑总能耗构成

过渡地区大型公共建筑单位面积能耗为 109.69kWh/(m^2 · a)，是民用建筑单位面积能耗的 4.01 倍，是公共建筑单位面积能耗的 1.63 倍，是居住建筑单位面积能耗的 8.59 倍。大型公共建筑总能耗为 83239.57kWh，是民用建筑总能耗的约 4.41%，是公共建筑总能耗的 6.71%，是居住建筑总能耗的 12.87%。

(2) 影响建筑能耗的因素分析

在调研过程中发现以下因素对建筑能耗有重要影响。

1) 气候

气候是指经过多年观察和资料积累而得出的一定地区常年天气状况的综合，也即该地常年天气的一般状况。

过渡地区气候温暖湿润，四季分明。淮河以北属暖温带半湿润季风气候，淮河以南为亚热带湿润季风气候。

以 3 个典型城市，合肥、铜陵、淮北为例。淮北市处于北温带，属北方型大陆性气候与湿润气候之间的季风气候，气候温和，日照充足，四季分明，春秋季明显短于冬夏季，冬季寒冷干燥，夏季炎热多雨，年平均气温为 14.8℃。全年主导风向夏季多为东南风，冬季主导风向为东北风。年平均无霜期 203d，年平均降水量 830mm，年平均相对湿度 71%，日照时数 2315.8h。

合肥位于安徽省中部，北纬 32°、东经 117°，长江、淮河之间，属亚热带湿润季风气候。全年气候特点是：四季分明，气候温和，雨量适中，春温多变，秋高气爽，梅雨显著，夏雨集中。年平均气温 15.7℃，降雨量近 1000mm，日照 2100 多个小时。

铜陵位于安徽省南部，长江下游南岸，在东经 117°42′00″～118°10′6″、北纬30°45′12″～31°07′56″之间。铜陵地区气候温暖湿润，春夏多雨，盛夏炎热，秋季干旱，冬季温和，无霜期长，四季分明而春秋较短，属亚热带温润季风气候，年平均气温 16.2℃。无霜期年平均为 230 天，全年日照为 2000～2050h。

调查结果显示，由于 3 个地区的气候差异，一般来说，无论是公共建筑还是居住建筑，北方城市(淮北)的单位面积能耗要大于南方城市(铜陵)，而北方城市(淮北)与中部城市(合肥)的差异不明显。且夏季北方城市(淮北)的能耗与南方城市(铜陵)相差不大，而冬季明显比南方城市(铜陵)偏大，这主要是冬季气温差异更大造成的。

2) 建筑功能

在不同的建筑内部，由于其建筑功能不同，往往建筑结构各异，进而导致其内部空调运行状况差异较大，而且在不同功能的建筑内部的人员集中度、办公设备集中度以及其他耗能设备的安装及使用状况也差异十分明显，这些都导致不同功能的建筑其能耗数值差距很大。本次调查的结果也支持上述结果，建筑功能的不同对建筑能耗有决定性的影响。

据调查，商业建筑和宾馆饭店建筑单位面积能耗远远高于其他类型建筑。以合肥市的数据为例，2008 年分别为 152.28kWh/(m^2·a)和 138.96kWh/(m^2·a)，是办公建筑、文教建筑的 3～4 倍，是居住建筑的近 10 倍。政府办公建筑、普通办公建筑及文教建筑的能耗差异不大，而普通办公建筑单位面积能耗在这 3 种建筑中又最高。

3）建筑结构

① 控制体形系数。体形系数的定义是建筑物外表面积 F_0(不包括地面面积和楼梯间墙及分户门的面积)与其所包围的体积 V_0 的比值。体形系数越大，说明单位建筑空间的热散失面积越大。对于确定的形状因子 f，体形系数随建筑面积增大而减小；建筑面积确定时，f 越大，最佳体形系数越大。从建筑节能角度考虑，2000m^2 以下的低层住宅最佳体形系数偏大，外围护结构传热面积大，建筑能耗大，对节能不利，适宜建造 5000m^2 以上的中高层建筑。例如中小规模的单栋别墅，体形系数偏大，建筑能耗较大，50%建筑节能目标的实现对空调系统的依赖性大，增大了空调系统的能耗。实际工程设计中，从节能、控制体形系数考虑，在满足规划和使用功能要求的前提下，尽量首选高层和中高层，其次选多层。低层住宅除有特殊要求的情况下，要少采用。

② 控制窗墙比。窗墙比即窗墙面积比，是指窗户洞口面积与房间立面单元面积(建筑层高与开间定位线围成的面积)的比值。窗户传热性能一般比外墙好，其面积大小对能耗影响很大。窗墙比过大不利于空调建筑节能，通过外窗的耗热量占建筑物总耗热量的 35%～45%。故在进行前期建筑设计时，在保证室内采光通风的前提下，合理控制窗墙比是很重要的。

在现有技术经济条件下，外窗的传热系数是一般外墙传热系数的 2～3 倍，保温隔热性能较差，故单位面积温差传热量更大。因此，随着窗墙比的增大，建筑总体能耗会随之增加；另一方面，随着窗墙比的增大，通过外窗进入室内的太阳辐射热量会大幅度增加。窗墙比的增大虽然在冬天有太阳辐射的时刻对建筑物来说是有利的，它可以部分弥补因窗墙比增大导致的热损失；但在夏季，因温差传热得热和太阳辐射得热会使空调的能耗增大。由于太阳辐射随建筑外墙的朝向、地理位置不同，时刻、季节的不同而变化，因此，现行节能标准对不同朝向外墙的窗墙比有不同的限值，以降低建筑总体的能耗。

窗墙比的影响随朝向的不同而异。对于北向，窗墙比的变化对耗能量影响比较有规律，窗墙比增加 0.05，耗能量约增加 1.5‰～2.0‰；对于东西向，窗墙比增加 0.05，耗能量约增加 1‰～1.3‰；对于南向，在合肥地区，以空调耗能为主，供暖也占一定比例，南向能耗变化不明显。

③ 改善墙体结构和热工性能。墙体过于单薄以及对热桥未加保温处理等，都会使其保温隔热性能降低而增大建筑能耗。此外，公共建筑多采用短肢剪力墙结构，钢筋混凝土墙所形成的热桥占整幢建筑外墙面积的绝大部分，高的可能达 95%以上，热工性能很好的填充砖墙的面积反而很小。热桥部位传热系数较大，容易增加热损失。

在保温层厚度相同的情况下，不同结构形式对全年能耗的影响主要体现在对采暖能耗的影响上，对全年空调能耗的影响很小。采用框-剪结构，采暖能耗最大，框架结构和砖混结构在外保温条件下，全年采暖能耗相差不大。

④ 间距与朝向。合理的建筑物朝向和间距，可降低夏季得热量、增大冬季太阳辐射热量及改善通风状况，对降低建筑能耗很有意义。

同样形状的建筑物，南北朝向比东西朝向的冷负荷小。如对一个长宽比为 4∶1 的建筑物，经测试表明，东西向比南北向的冷负荷约增加 70%。因此，选择合理的建筑物朝向是一项重要的节能措施。

建筑物宜采用南北向或接近南北朝向，主要房间应避开冬季主导风向；建筑物间距大，有利于自然采光、冬季日照，有利于降低建筑能耗，提高室内空气质量。

4）建筑材料

建筑中，通过墙体与窗户的热损失是围护结构中热量损失的两大主要部分。墙体材料选取不合理会使其保温隔热性能降低，传热系数增大，容易增加热损失，从而造成建筑能耗上升。

因而，改进建筑墙体材料，改善建筑的保温隔热性能可以直接有效地减少建筑物的冷热负荷。围护结构的传热系数每增加 1W/(m^2·K)，在其他工况不变的条件下，空调系统设计计算负荷增加近 30%，所以改善建筑外围护结构的保温性能是建筑节能的首要节能措施。我国《采暖通风和空气调节设计规范》(GBJ 42)对空调建筑外围护结构的传热系数作了规定，对舒适性空调的最大传热系数规定为 0.9～1.3W/(m^2·K)。而使用环保、节能型建筑材料，可有效地减少通过围护结构的传热，从而减少各主要设备的容量，达到显著的节能效果。

5）窗体材料及玻璃的使用

一般而言，窗户的传热系数远大于窗体，虽然窗户面积不如墙体大，但热损失有可能接近甚至超过墙体，故窗户是隔热的薄弱环节，也是空调节能的关键所在。有分析表明，空调能耗有一半是通过窗户和阳台门的得热引起的，而通过窗户的能耗则达 40%左右，改进窗框材质及窗户玻璃材质，提高窗户的隔热保温性能尤显重要。

据研究，普通玻璃太阳辐射透过率在 80%以上，而茶色玻璃可减少到 60%，反射玻璃可以达到 40%。在夏季，建筑物如采用双层门窗则可以降低能耗 22.4%～29.3%；在冬季，可降低能耗 45.8%～46.5%，节能效果显著。通过调查发现，在各类建筑中，仍采用单层普通玻璃的建筑物较多，改进窗户的玻璃材质，建筑节能潜力较大。据测算，即使仅对安徽省 20%的公共建筑窗户的玻璃材质实行改造，每年至少可节约建筑用能 19657.55 万 kWh，可节约公共建筑总能耗的 1.47%，可节约民用建筑总能耗的 0.81%。如果在对窗框材质加以改进，则节能效果更佳。

6）空调设备

由于公共建筑相对封闭，而且人员、办公设备相对集中，内部发热量大，因而即使在春秋天，往往也需要利用空调系统进行制冷及空气置换，从而使得公共建筑的空调系统近乎全年运行，使用时间远远超过 8 个月。

据调查，在夏季空调系统兼具制冷和换气的双重功能。由于夏季气候炎热且持续时间较长，公共建筑为了保证室内环境的舒适，于 6 月份就开启空调进行制冷，一般持续到 10 月份，这期间建筑单位面积能耗增长较多，在 8 月份达到顶峰，空调系统平均开启的时间均超过5个月，有的甚至达到6个月。在冬季，空调系统则进行采暖，其他季节一般只进行通风换气。根据调查，夏季空调系统能耗占建筑总能耗的比例较大，约为50%～70%；其他季节占总能耗的比例大约为30%～50%。

以合肥市的大型公共建筑的能耗为例，整个合肥市大型公共建筑的全年能耗总量为49249.7万kWh。其中，中央空调、照明系统构成了其两大能耗主体，其能耗构成大体如下：空调用电占43.06%，约为21205.68万kWh；照明用电约占34.11%，约为16801.35万kWh；其他设备等耗电占22.83%，约为11242.67万kWh(见图3-55)。而空调系统内各部分能耗以冷热水机组所占的比例最大，达54%左右，其中冷水机组夏季制冷耗电8588.30万kWh，热水机组冬季采暖耗电2862.67万kWh。除此之外，末端设备全年耗电比例达25%，水输送系统的能耗比例也相当大，达18%。

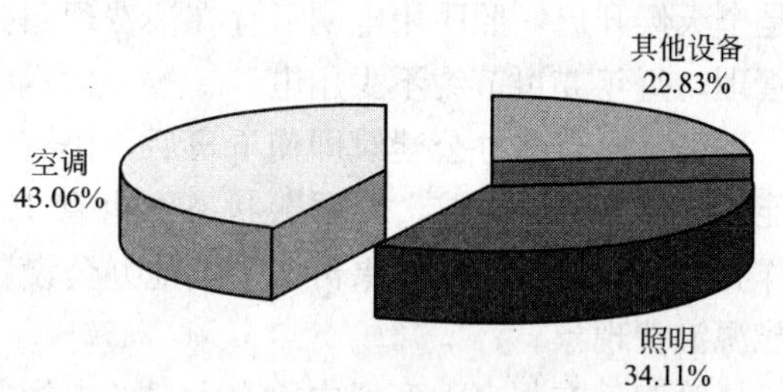

图3-55 2008年合肥市大型公共建筑能耗构成

空调能耗是办公建筑能耗的用能大户，是影响建筑总能耗的主要因素之一，空调使用的节能效果如何直接影响到建筑总能耗的大小，只要合理配置、妥善管理，其节能潜力也最大，具体体现在以下方面：

首先，在很多的办公建筑内，不合理的建筑通风及温度设定导致空调冷量过高。如较为常见的开窗通风，导致室内外空气流通过快，造成室内得热过多而形成的空调冷负荷，有时可达总的冷负荷的50%以上，浪费大量能量。另外，在很多的办公建筑内，工作人员喜欢夏季将空调温度设在较低的水平，如通常设在23℃，甚至有些地方设在18℃，远远低于夏季提倡的26℃，这也造成了许多不必要的能源消耗，而且也不符合人体的舒适度要求。美国国家标准局认为，夏季将室内温度从24℃提高到26.7℃，可节能15%。据调查，目前办公类建筑内的空调温度大多设定在23℃左右，如果将其设为26℃，按上述方法测算，可在夏季节约公共建筑总能耗的2.66%，安徽省民用建筑总能耗的1.47%。

其次，运行设备配置不合理造成空调运行能耗过高。在大型公共建筑中，很多建筑物在配置中央空调时，主机配备容量偏大，大部分时间在部分负荷下低效率运行。如果通过变频控制调节，中央空调系统的水、风系统耗电水平可降低30%～60%，主机系统可节电10%以上，总体系统节电可达30%左右。如果所有建筑物中有50%以上的中央空调系统实行这一改造，仅此一项即可节约公共建筑总能耗的0.697%，可节约民用建筑总能耗的0.37%。

最后，空调系统缺少定期有效维护，造成空调运行效率过低。办公建筑及大型公建中空调系统缺少有效的定期维护，大多数风机由于灰尘堵塞，效率也仅在40%～50%。据测算，在夏季运行前对空调循环水泵进行维护保养工作，可使空调系统节电20%以上，分体式空调的节能潜力也大体相当。而通过对合肥市的调查发现，有近40%的建筑物的空调系统未进行定期维护，此项工作如果做得好，仅此一项及可节约公共建筑总能耗的3.55%，可节约民用建筑总能耗的1.96%。

综上所述，空调是建筑能耗的主要影响因素之一，是建筑节能的重点所在，加强建筑的空调系统配置、系统运行管理即可达到良好的建筑节能效果，节能潜力巨大。

7）建筑节能运行管理

建筑在使用过程当中，由于管理不力，导致公共建筑在空调、照明、办公设备等设备的使用上，存在节能意识不强，能源浪费现象严重，办公、商场类建筑尤其明显，从而使得建筑管理也成为导致建筑能耗过高的主要原因之一。据调查，我国公共建筑能耗中有约30%是由于管理不善而被白白浪费的。

第一，如前所述，在很多办公建筑内，不合理的建筑通风及温度设定导致空调冷量过高。

第二，在商场及办公建筑内，不论天气好坏，不论是人多区域还是无人区，灯具几乎是全天候开启，照明用电明显存在浪费现象。如果工作人员增强节能意识，对此进行节能管理，每年亦可节约不少用电。

第三，有些办公建筑即使下班后，仍有很多办公设备处于开启或待机状态，耗费大量能量。据测算，电脑“睡眠”状态下也有10W以上的能耗，即使关机，只要插头没拔照样有5W的能耗，而如果再加上其他办公设备的待机能耗，公共建筑在这方面存在较大的能源浪费现象。

第四，在很多大商场中，有大量的电视、音响等设备长时间处于展示状态，加上辅助的灯饰等，每天也耗费着大量的电能。如果在这方面加强控制，如在无人时临时关闭一些展示机器，关闭部分灯饰，按每天可有5%～10%的时间机器处于临时关闭状态，每年合肥市的大型公共建筑中的商场类建筑即可节电149.83万～299.66万kWh，可节约合肥市全部大型公建总能耗的0.31%～0.61%。如果再算上由此减少的内部发热而节约的空调制冷用电，则节能效果更为可观。

第五，中央空调的空调操作工缺少必要的节能知识及空调操作知识培训，导致空调系统的控制管理水平较低，也是造成建筑运行能耗过高的原因之一。在调查的建筑中，有近40%的空调操作工无证上岗，缺少必要的节能知识及空调操作知识培训，从而使得系统在实际运行中没有根据人员的变化和实际负荷进行必要的调整，致使供冷量、供水量和送风量都大于实际的需求。即使进行调节，也具有随意性和滞后性，由此造成大量的能源浪费，这从根本上说也是由于系统管理部门及操作工缺乏节能意识所致。

由此可见，由于业主方及物业管理方在建筑管理中缺乏节能意识、管理职责缺失，大大影响到建筑运行的能耗水平，使得建筑管理成为影响建筑能耗的主要因素之一。

3.2.3　过渡地区既有建筑供能系统评价

建筑作为人工环境，是满足人类物质和精神生活需要的重要组成部分。然而人类对感官享受的过度追求，以及不加节制的开发和建设，使现代建筑不仅疏离了人与自然的天然联系和交流，也给环境与资源带来了沉重的负担。

节能建筑是按节能设计标准进行设计和建造，使其在使用过程中降低能耗的建筑，是实现绿色建筑的必然途径和关键因素。绿色建筑将建筑及其周围的环境看成一个有机的系统，在更高的层次上实现了建筑业的可持续发展。

建筑物是一复杂系统，其能耗及热物性很难简单地根据建筑尺寸及窗墙形式与材料估算。建筑物能耗取决于建筑设计水平、建材、施工质量、设备配置与效率、设备控制运行水平等诸多因素。建筑物节能评测从建筑项目的时间顺序来讲，主要分为事前、事后两个阶段。事前主要指在建筑物的设计阶段，根据设计方案进行数值模拟，计算预估出建筑物的能耗。事后主要是指在建筑物落成使用之后，现场测试以及根据现场测试数据进行数值模拟，确定建筑物的能耗。事中主要是管理工作，监督检验建材、设备、施工、安装，保证达到设计标准。

国外发达国家十余年前开始探索建筑环境评估标准。研究建筑环境评估体系是希望建立一套衡量建筑物可持续建设水平的参照系，这套参照系在科学的处理系统和详细的数据资料的支撑下，用客观的指标表达出对象可持续性发展的实际状况和水平。目前不少国家已经初步发展出一套适合自身特点的体系，如英国的 BREEAM 评估体系、美国的 LEED 评估体系、日本的 CASBEE 评估体系、澳大利亚的 NABERS 建筑环境评估体系以及由加拿大发起、多国合作的 GBC 评估体系等。

2005 年年末，在所有关于绿色建筑发展现状的趋势和调研中，都不约而同地提到了关于绿色建筑、建筑节能的第三方监测——评估机构。住房和城乡建设部根据我国国情，在借鉴其他各国评估标准的基础上编著了《绿色建筑评估标准》，并于 2006 年 6 月 1 日正式颁布实施。这是我国第一部从住宅和公共建筑全生命周期出发，多目标、多层次对绿色建筑进行综合性评价的推荐性国家标准。类似的还有《绿色奥运建筑评估体系》，它是国内第一个有关绿色建筑的评价、论证体系。

笔者根据既有建筑供能系统的特点，就安全性、环保型、节能性和经济性等多方面综合分析，特别融入了北方建筑、过渡地区建筑、南方建筑等地域特征，提出了供能系统评价体系方案。

评价体系分为安全性、经济性、环保性、节能性 4 项一级指标，每个一级指标分为二级指标～四级指标不等，具体框架构成如表 3-10 所示。

评价体系各级指标 **表 3-10**

<table>
<tr><th>序号</th><th>一级指标</th><th>二级指标</th><th>三级指标</th><th>四级指标</th></tr>
<tr><td>1</td><td rowspan="8">安全性 A</td><td rowspan="7">使用安全性 a1</td><td>制冷剂毒性与可燃性 a11</td><td></td></tr>
<tr><td>2</td><td>输配管路耐腐蚀性 a12</td><td></td></tr>
<tr><td>3</td><td>电气安全性 a13</td><td></td></tr>
<tr><td>4</td><td>监控报警系统 a14</td><td></td></tr>
<tr><td>5</td><td>定期维护与检修 a15</td><td></td></tr>
<tr><td>6</td><td>控制系统可靠性 a16</td><td></td></tr>
<tr><td>7</td><td>使用年限 a17</td><td></td></tr>
<tr><td>8</td><td>灾害安全性 a2</td><td>是否有灾害预防措施 a21</td><td></td></tr>
<tr><td>9</td><td rowspan="7">经济性 B</td><td rowspan="3">初投资 b1</td><td>设备投资 b11</td><td></td></tr>
<tr><td>10</td><td>运输投资 b12</td><td></td></tr>
<tr><td>11</td><td>土建投资 b13</td><td></td></tr>
<tr><td>12</td><td rowspan="3">运行费用 b2</td><td>设备年运行费 b21</td><td></td></tr>
<tr><td>13</td><td>运行维护管理费 b22</td><td></td></tr>
<tr><td>14</td><td>能源类型及价格敏感性 b23</td><td></td></tr>
<tr><td>15</td><td>政策支持 b3</td><td>能源类型是否受政策支持 b31</td><td></td></tr>
</table>

续表

序号	一级指标	二级指标	三级指标	四级指标
16	环保性 C	空气质量 c1	泄露对建筑内空气的污染 c11	
17			对周边大气的影响 c12	
18		减排量 c2	温室气体排放量 c21	
19			其他污染物排放量 c22	
20		噪声 c3	噪声对建筑及周边的影响 c31	
21		可持续性 c4	可再生能源应用 c41	
22	节能性 D	暖通空调系统 d1	冷热源效率 d11	冷热源选择 d111
23				设备效率 d112
24				余热回收 d113
25			输配系统效率 d12	风系统 d121
26				水系统 d122
27				系统效率 d123
28				控制系统 d124
29			末端设备 d13	设备效率 d131
30		电气照明系统 d2	自然采光 d21	
31			节能灯具 d22	设备效率 d221
32				控制方式 d222
33			用电管理 d23	
34		电梯设备 d3	节能电梯 d31	设备效率 d311
35				控制方式 d312
36		生活热水系统 d4	系统效率 d41	冷热源 d411
37				设备效率 d412
38				余热回收 d413
39		其他设备 d5	是否采用节能设备 d51	

建立相应评价模型如下：

综合评价指标(Integrated Evaluation Parameter，IEP)

$$IEP=a\times A+b\times B+c\times C+d\times D \tag{3-17}$$

其中：A、B、C、D的取值范围是0～100，a、b、c、d为一级指标权重因子。

每一个一级指标的数值由对应二级指标及其权重因子计算得到，计算方法可表示为：

$$M=\sum_{i}(m_i\times M_i) \tag{3-18}$$

二级、三级指标的计算方法以此类推。

3.3 南方炎热地区既有建筑供能系统统计与评价

3.3.1 南方地区气候特点及既有建筑供能系统的特点

南方炎热地区是指在中国建筑气候区划图上的夏热冬暖地区。

南方地区夏热冬暖，属湿润季风气候，夏季炎热，酷暑时间长。夏季气温高，持续时间长，自4月下旬至10月下旬，约为6个月。7月最热，最高气温35～36℃，平均气温26～30℃。炎热的气象条件使南方地区使用空调的时间特别长，有的建筑使用空调时间甚至长达10个月，即3月到12月。冬季温和，1月平均气温大于10℃，无采暖要求。典型城市广州市典型气象年日平均气温、日最高气温和日最低气温如图3-56所示。

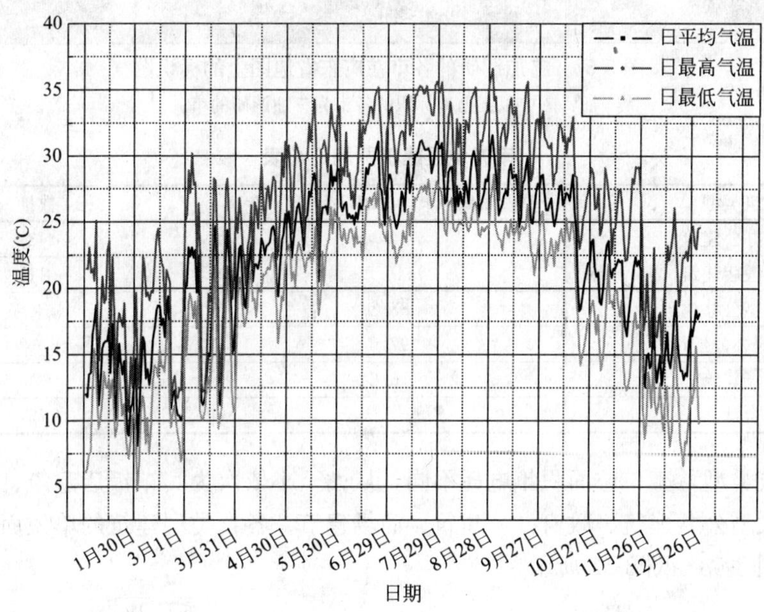

图3-56 广州市典型气象年日平均气温、日最高气温和日最低气温

南方地区既有建筑能耗包括空调、照明、办公设备、热水、其他(包括生活水泵、电梯系统、消防系统以及其他无法统计的能耗)，各部分约占比例为30%～45%、15%～30%、10%～30、5%～15%、10%～30%。

由于广州地区仅在夏季有空调需求，冬季无采暖需求，而浅表地层仅仅作为一个蓄热体，故无法用于建筑中的空调系统。

3.3.2 南方地区既有建筑供能系统统计

通过对2008年广东省内的珠海市、韶关市、河源市、梅州市、惠州市、江门市、阳江市、云浮市等具有代表性的公共建筑的能耗进行调研(见图3-57)，被调查的建筑包括政府办公建筑、非政府办公建筑、宾馆饭店建筑、商场建筑、其他大型公共建筑等。

能耗统计汇总表如表3-11所示。

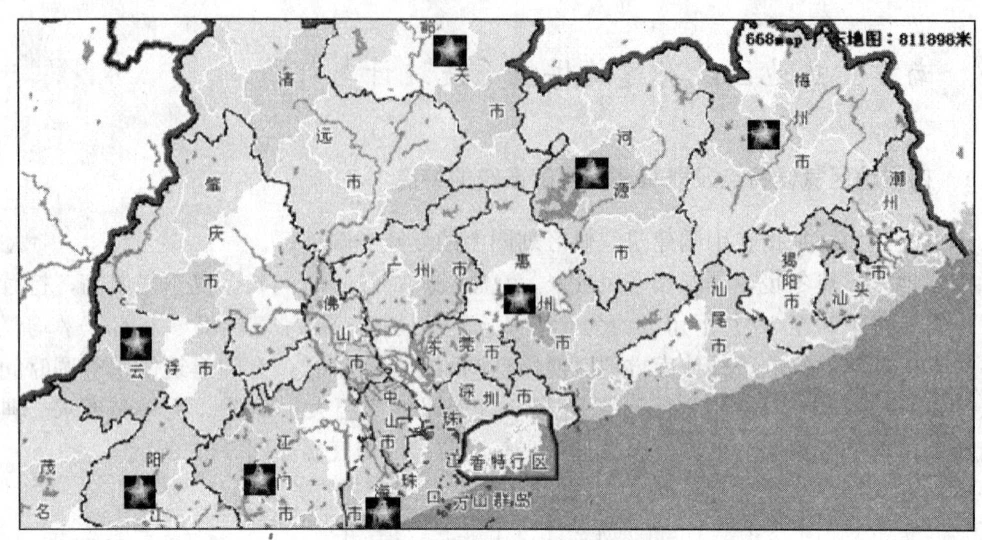

图 3-57　参加调研的各市在广东省地图上的标识图

注：图中以五角星标识的各市为参加调研的市。

南方地区建筑能耗汇总表　　　　**表 3-11**

建筑类型	单位面积年电耗［kWh/(m²·a)］	数量
政府办公建筑	84.4	43
宾馆饭店建筑	115.5	11
其他大型公共建筑	88.8	9
非政府办公建筑	97.6	9
商场建筑	76.6	7
合计		79

不同建筑类型，其单位面积年电耗不同，从大至小依次为宾馆饭店建筑、非政府办公建筑、其他大型公共建筑、政府办公建筑、商场建筑。各自类型建筑的单位面积年电耗的详细分布如图 3-58～图 3-62 所示。

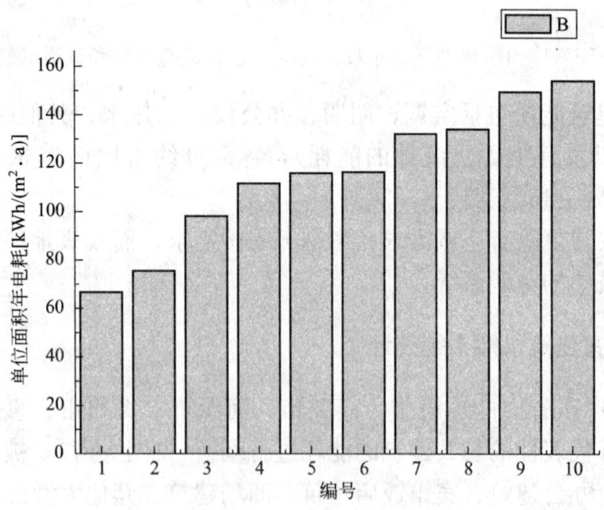

图 3-58　宾馆饭店建筑单位面积年电耗

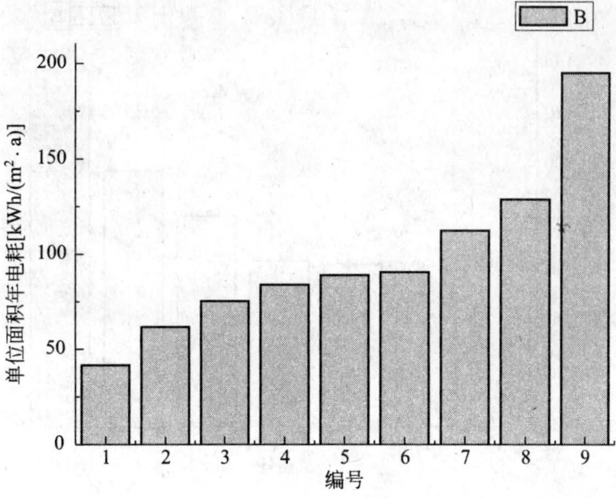

图 3-59 非政府办公建筑单位面积年电耗

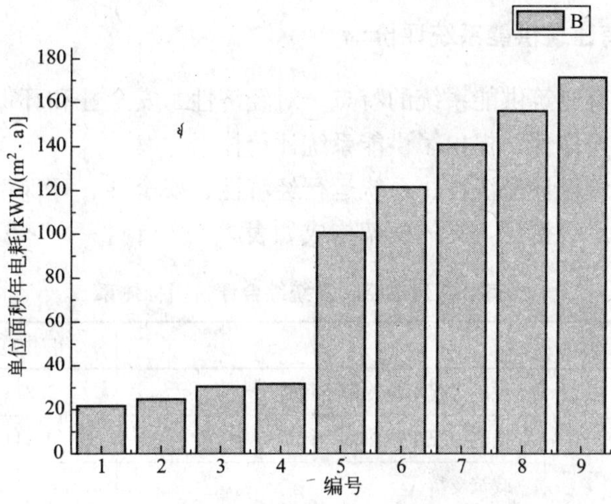

图 3-60 其他大型公共建筑单位面积年电耗

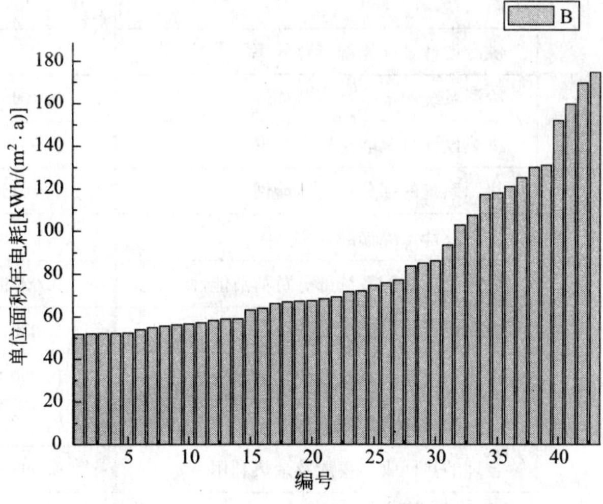

图 3-61 政府办公建筑单位面积年电耗

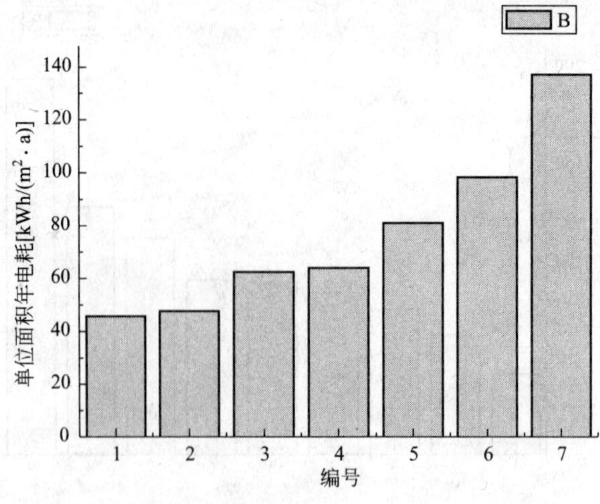

图3-62　商场建筑单位面积年电耗

3.3.3　南方地区既有建筑供能系统评价

根据南方地区既有建筑供能系统的特点，对经济性、安全性和环保性等多方面综合分析，考虑到实际的可操作性，提出了供能系统评价体系方案。

评价体系分为系统设计经济性、系统运行经济性、安全性、环保性4项一级指标，每个一级指标分为几项二级指标，具体框架构成如表3-12所示。

既有公共建筑空调系统综合评价指标体系　　表3-12

一级指标	所占权重	子指标	相对权重	最终权重
经济性	0.2300	供冷工况单位冷量运行费	0.344	0.0791
		供热工况单位热量运行费	0.344	0.0791
		政策支持	0.312	0.0718
节能性	0.4214	室内温度	0.0542	0.0228
		新风量	0.0866	0.0365
		供冷设计工况能源转化效率	0.0541	0.0228
		冷源系统的部分负荷节能性	0.1011	0.0426
		供热设计工况能源转化效率	0.0541	0.0228
		热源系统的部分负荷节能性	0.1011	0.0426
		供冷设计工况输配效率	0.0433	0.0183
		供冷工况输配系统部分负荷节能性	0.0939	0.0396
		供热设计工况输配效率	0.0397	0.0167
		供热工况输配系统部分负荷节能性	0.0903	0.0380
		空调冷热源合理性	0.1227	0.0517
		合理的热回收、蓄能及余热利用	0.0939	0.0396
		系统分项计量	0.0650	0.0274

续表

一级指标	所占权重	子指标	相对权重	最终权重
安全性	0.2157	设备老化程度	0.1379	0.0297
		机房安全	0.1552	0.0335
		系统维护检修	0.1465	0.0316
		系统自控与监测	0.2328	0.0502
		系统定期清洗	0.1121	0.0242
		员工管理水平	0.2155	0.0465
环保性	0.1329	环境噪声	0.3538	0.0471
		供冷工况单位冷量 CO_2 排放量	0.3231	0.0429
		供热工况单位热量 CO_2 排放量	0.3231	0.0429

由于指标体系具有多层次性，而且每个指标对供能系统的影响程度不同，需要以不同的权重系数来表示它们各自的作用大小和重要程度，不同的权重系数，会导致截然不同的甚至截然相反的评价结果。这里主要采用群体专家决策，通过发放调查问卷，再利用层次分析法进行指标权重的计算。

建立相应评价模型如下：

综合评价指标(Integrated Evaluation Parameter，IEP)

$$IEP=a\times A+b\times B+c\times C+d\times D$$

其中：A、B、C、D 的取值范围是 0～100，a、b、c、d 为一级指标权重因子。

每一个一级指标的数值由对应二级指标及其权重因子计算得到，计算方法可表示为：

$$M=\sum_{i}(m_i\times M_i)$$

二级的计算方法以此类推。

参考文献

[1] 民用建筑设计通则(GB 50352—2005)

[2] 清华大学建筑节能研究中心. 中国建筑节能年度发展研究报告 2008 [M]. 北京：中国建筑工业出版社，2008

[3] 采暖通风与空气调节设计规范(GB 50019—2003)

[4] 绿色建筑评估标准(DBJ/T 01—101—2005)

[5] 李汉章. 建筑节能技术指南 [M]. 北京：中国建筑工业出版社，2006

第 4 章　北方寒冷地区既有建筑供能系统节能设计关键技术

4.1　北方寒冷地区既有建筑供能系统能耗诊断分析

4.1.1　北方地区既有建筑供能系统形式

1. 集中供热系统的组成

集中供热系统是将大量的热用户通过热力网连接起来，由统一的热源提供所需热量的一种供热系统。该系统一般由 3 部分组成，即热源、热网和热用户。其中热网作为供热系统的一个重要组成部分，承担着将热源的热量及时地输送、分配给各个热用户的任务，起到连接二者的桥梁作用。

2. 常用的集中供热方式

供热方式这里主要指热源的形式，它可分为城市集中供热和区域集中供热两个部分。应该根据节能、保护环境和经济合理的要求，并根据当地的具体条件慎重选择集中供热的方式。集中供热方式按热源来说，一般可分为区域集中供热系统和热电联产集中供热系统，也可以是由各种热源共同组成的混合系统。

(1) 热电联产

热电联产是一项综合利用能源的技术，即在发电的同时，有效利用汽化潜热进行供热，总热效率可达 45％以上，环境污染小。就经济效益和社会效益而言，热电联产是非常好的集中供热方式。目前我国热电联产集中供热技术成熟，发展迅速，应用广泛。热电联产是集中供热的主要方式之一，热电联产示意如图 4-1 所示。

热电厂汽轮机的热电联产过程是在热力循环的基础上进行的，其 *T-S* 流程图如图 4-2

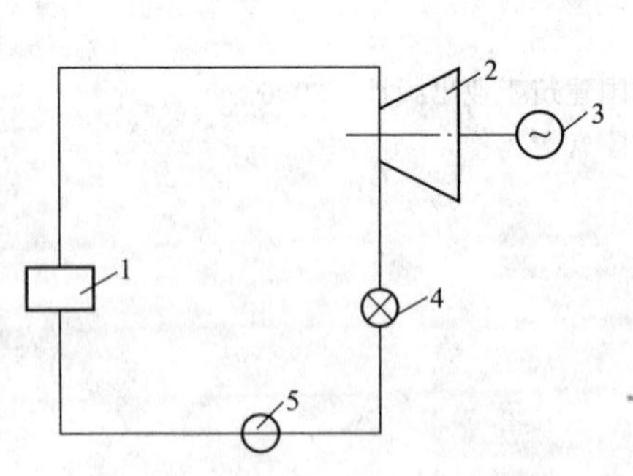

图 4-1　热电联产流程示意图

1—锅炉；2—汽轮机；3—发电机；4—热用户；5—凝结水泵

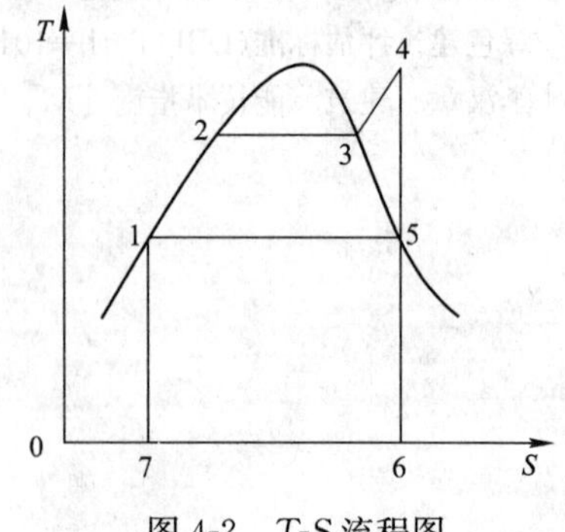

图 4-2　*T-S* 流程图

所示，在锅炉内生产的高温高压蒸汽在汽轮机内膨胀做功，转化为汽轮机基轴上的机械能，然后由发电机转化为电能。汽轮机乏汽送往用户，然后在用户处凝结，放出汽化潜热，用凝结水泵送回锅炉。

图 4-2 为过程的 T-S 图，水在炉内加热、汽化、过热等过程用曲线 1-2-3-4 表示，曲线 1-2-3-4-5-6-7-1 下的面积表示锅炉内吸收的总热量，蒸汽在汽轮机内膨胀过程用直线 5-1 表示；转变为电能的热量用面积 1-2-3-4-5-1 表示，传递给热用户的热量用面积 1-5-6-7-1 表示。由此可见，热电厂热化循环中，由于没有低温热损失，汽轮机乏汽的余热被热用户所利用，所以大大提高了热效率。这样，热电联产时，热效率为 70%～90%，而热电分产时，凝汽式电厂的热效率为 35%～40%。

1）热电联产的分类

对于有大面积供热需求，对环保要求较高，而且附近有大型热电厂的小区，热电联产是一种非常好的选择。按照供热机组的形式不同，热电厂集中供热一般可分为 4 种类型：

① 装有背压式汽轮机的供热系统，这种系统主要用于工业企业的自备热电站；

② 装有低压或高压单抽汽汽轮机的供热系统，低压单抽汽系统常用于城市民用供热，高压单抽汽系统通常是供工业企业用汽；

③ 装有高、低压双抽汽汽轮机的供热系统，这种系统可同时满足工业用汽和民用供热的需要。

④ 把凝汽机组改造后用于供热的系统，采用这种供热系统是对老电厂实行节能改造的一项重要措施。

2）热电联产的优势

热电联产应是大城市集中供热的主要方式，这是因为与建大型锅炉房比，热电联产具有以下优势：

① 热电联产供热规模大(可供采暖面积达 2000 万 m^2 以上)，供热距离远，热水管网可达 30km。正是由于如此，一个城市可在市区周围建设几个热电厂来解决市区的采暖问题。这就从根本上解决了由于供热引起的大城市环境污染问题。

② 从污染治理的角度来看，热电联产也具有明显的优势。热电厂采用先进的除尘设备，其除尘效率可达 99.8%，排放烟尘浓度可达 50mg/m^3，再加上高烟囱排放，对市区几乎没有影响。脱硫设备效率可达 85%～95%，国外设备可达 99%以上，完全可以做到煤炭清洁燃烧，建成真正的环保型工厂。

③ 热电机组和热网寿命可达 20 年以上，可以说是一劳永逸地解决了城市供热问题。由于热电厂是常年运行，随时维护，其设备不易锈蚀、损坏。

④ 热电联产可以增加电力供应(其假定前提是电是多余的)。从建设现代化国家的标准来看，我国的用电水平与发达国家比还非常少，“西电东送”可以解决东部地区部分用电增长问题，但不能解决全部问题。“西电东送”和在东部负荷中心建必要的支撑电源点并举的原则已经过论证。

⑤ 热电联产的一个好处是可以在经济上“以电补热”。按照热的商品属性计算合理价格应在 30 元/GJ 以上，到用户每平方米建筑面积每个冬季应收费 30 元左右，这在北方很多城市是承受不了的。因此，在城市居民收入水平尚未达到一定程度时，通过“以电补热”，可以解决这个矛盾。

⑥ 与锅炉房相比，热电联产更节能，有更高的能源利用效率和劳动生产率。由于热电厂供热范围大，不同用户之间的用热高峰存在一个同时率问题，通过合理调节，可以做到能源的合理利用。热电联产自动化程度高，用人少，可以创造更高的劳动生产率，同时避开了供热锅炉单季运行所带来的一系列相关问题。

（2）区域集中供热

区域集中供热按照燃料的不同又可分为燃煤的锅炉房供热、燃天然气的锅炉房供热和燃油锅炉房供热和耗电的热泵供热4种方式。其中，锅炉房集中供热系统根据安装的锅炉形式不同，可以分为两种类型：

1）蒸汽锅炉房的集中供热系统，多用于工业生产的供热，其流程图如图4-3所示。

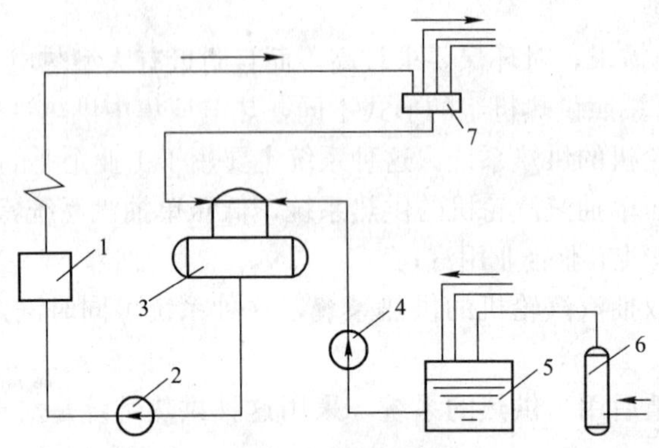

图4-3 蒸汽锅炉房流程图

1—锅炉；2—给水泵；3—除氧器；4—疏水器；5—疏水箱；6—软化水设备；7—分汽器

2）热水锅炉房的集中供热系统，常用于城市的民用供热，其流程图如图4-4所示。

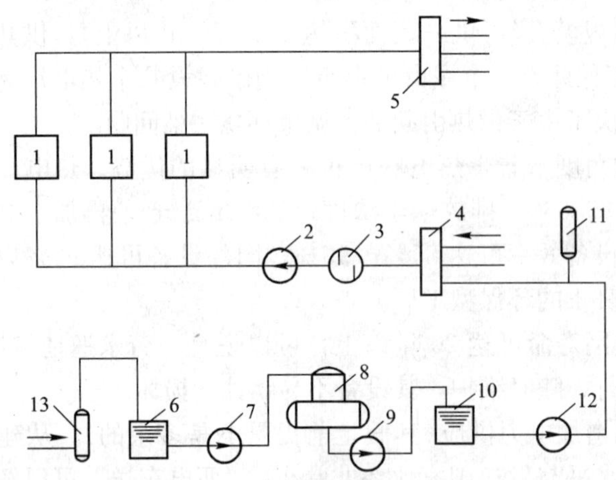

图4-4 热水锅炉房流程图

1—热水锅炉；2—热网水泵；3—除污器；4—集水器；5—分水器；6—软化水箱；7—软化水泵；8—除氧器；9—除氧水泵；10—补给水箱；11—定压设备；12—补给水泵；13—软水器

我国传统的集中供热方式是燃煤锅炉区域集中供热，主要为居民区住宅供暖，热效率可达80%，是比较成熟的供热技术。锅炉消耗大量的常规能源，污染严重。但由于其投资少、见效快、技术稳定，由于我国国情的原因，在一定阶段，它仍然是集中供热的重要形式之一。

1）燃煤锅炉房供热

采暖方式的能源主要是煤，而煤在燃烧过程中会放出大量的污染物，S表示煤的含硫量，统计情况如表4-1所示。

燃烧煤排放的污染物量(kg/t) **表4-1**

污染物	炉型		
	电站锅炉	工业锅炉	采暖及家用炉
一氧化碳	0.23	1.36	22.7
碳氢化合物（以 C_nH_m 计）	0.091	0.45	4.5
氮氧化物（以 NO_2 计）	9.08	9.08	3.62
二氧化硫（SO_2）	16.0(S)	—	—

在今后很长一段时间内，化石燃料仍是人类社会的主要能源。根据国际系统应用分析研究所预测，到2030年，世界一次能源的构成是：煤炭占29%～34%，石油占19%～22%，天然气占15%～17%，核能占23%，水力和地热占4%～7%，太阳能和其他可再生能源占4%。因此，煤炭仍将是城市供热的主要能源。

在发达国家，由于燃煤的区域锅炉房能耗大、污染严重，已经逐渐被淘汰。由于我国国力有限，且大型区域锅炉房投资少，见效快，技术稳定，在一定阶段还将广泛采用。燃煤锅炉房的应用主要集中在经济不发达而又需要大面积供热的地区。

2）燃气锅炉房供热

目前，天然气作为一种清洁能源，已经开始逐步替代煤炭作为锅炉的燃料进行供热。燃气锅炉房与燃煤锅炉房相似，只是所用的燃料不同，因此，所用的锅炉也略有不同。有很多地方的小区都用燃气锅炉替换了原有的燃煤锅炉，并且取得了很好的节能环保效果。

燃气锅炉的优越性：

① 对环境的污染小；

② 建设投资和占地面积小；

③ 锅炉体积只有同容量燃煤锅炉体积的一半，金属耐火材料的耗量低；

④ 运行中的能量消耗小；

⑤ 热效率和综合利用率高。

燃气锅炉的上述优点足以弥补燃料费用高出的部分，从总的经济效果来看，优于煤和石油燃料。

但我国天然气产量与需要量存在矛盾，2010年，我国需从国外引进天然气以满足供求需要。表4-2表示了我国天然气产量和需求预测量，从表4-2可知，2000年前需求基本平衡，在2010年约有500亿 m^3 的缺口。

我国天然气供求表 **表4-2**

时间	天然气需求量（亿 m^3）	国内天然气产量（亿 m^3）
2000年	350，约为总能耗的2.5%	350
2010年	1200，约为总能耗的6%～7%	700

3）燃油锅炉房供热

燃油的发热量很高，一般在 39300～44000kJ/kg，易着火，燃烧迅速而稳定。运行调节比较灵活，容易实现自动化，并且锅炉体积小，钢材耗量少，燃油锅炉一般无需设置除尘设备，减少了锅炉房的基建投资和运行费用。

燃油炉的主要特点如下：

① 有利于实现微正压燃烧，减少了漏风，提高了锅炉热效率；

② 灰粉很少，锅炉房不需要采取出灰渣系统，使锅炉房投资和运行成本降低；

③ 便于实现自动控制，调节方便；

④ 燃油输送系统较复杂，管理水平要求较高；

⑤ 炉体要求严密，否则正压燃烧时易向外喷火，不安全。

目前由于我国的燃油价格飞速提升，使得采用燃油锅炉采暖的初投资及运行费用也相应加大。因此，燃油锅炉采暖目前只能在小范围的区域内，因地制宜地加以使用。

4）热泵系统供热

热泵实质上是一种热量提升装置，热泵的作用是从周围环境中吸取热量，并把它传递给被加热的对象(温度较高的物体)，其工作原理与制冷机相同，都是按照逆卡诺循环工作的，所不同的只是工作温度范围不一样。热泵在工作时，它本身消耗一部分能量，把环境介质中贮存的能量加以挖掘，通过传热工质循环系统提高温度进行利用，而整个热泵装置所消耗的功仅为输出功的一小部分，因此，采用热泵技术可以节约大量高品位能源。

4.1.2　北方地区既有建筑供能系统存在的问题

虽然我国在集中供热方面的研究取得了重大成果，并且在应用过程中取得了良好的经济效益，但由于我国关于供热的研究起步较晚，仍存在许多问题。经分析，主要包括以下方面：

1. 热源

热源效率普遍低下，无论集中锅炉房供热还是热电厂供热，热量最终都来自锅炉供给的热量，集中供热用的锅炉的设计热效率一般大于 80%，但除非锅炉房设计台数不足，一般锅炉很难在额定负荷下运行，实际运行参数都比较低，由此造成一二次水流量增大，电耗增加，使热源热效率低，采暖耗煤量指标高，锅炉自控系统不很健全，不能够很好地根据室外温度进行调控，实现按需供热。

我国供热锅炉的实际运行热效率大多在 66%～68%，《民用建筑节能设计标准(采暖居住部分)》JGJ 26—199 中规定，在计算采暖耗煤量指标时，采取节能措施以后的锅炉运行效率值取 68%(但是没有针对不同容量锅炉做出规定)。国际先进水平为 80%～85%，我国比先进水平低了 20 个百分点。其主要原因是燃用散烧的未经洗选、筛分的原煤，不能符合锅炉燃烧的基本要求(灰分高、细末多)，机械不完全燃烧热损失大，普遍存在低负荷运行、空气系数大、排烟热损失大等。这也与运行人员水平低以及缺乏最基本的自动控制密切相关[8]。

以煤炭为燃料的集中供热方式污染严重，初投资大，具体表现在[9]：

(1) 分散小锅炉房较多，浪费能源，污染环境，而国家缺乏针对发展集中供热的立法和强制政策措施；

(2) 特大城市和大城市现有热电厂、区域锅炉房的单机容量偏低，能源利用率低，热能浪费严重，供热成本高；

(3) 部门与地方的保护主义严重，在发展城市集中供热产业上不能协调一致，致使城市集中供热所占比重较小。

因此必须采取有力措施加以解决：

(1) 如何降低建设费用，包括热源、热网和热力站的建设费用，使终端用户获得单位热量所需的建设费用最小；

(2) 如何改善供热系统，提高经济性，即如何减少各个环节的能源浪费和费用，保证供热质量，降低成本；

(3) 没有完善的供热规划和供热项目审批手续，造成供热项目盲目建设，出现了热源建成后热负荷不足的“大马拉小车”的严重浪费现象，没有做到优化规划。

2. 热网

国家节能标准要求管网输送效率达到90%。据清华大学近年来的实测数据推算，我国供热管网输送效率只有66%~68%。其主要原因在于，国外管网热损失基本上是保温热损失，在我国此项热损失除保温热损失外，还有泄漏和失调的因素，特别是失调造成的热损失很大又非常普遍，必须加以改进[8]。

我国供热管网主要存在的问题为热管网保温绝热效果差，管网的热损失较大；管网水力失调、热力失调严重；供热管网运行调节缺乏控制手段，具体如下：

(1) 管网布局不合理。随着城市的发展，新建和翻新了许多工业和民用建筑，新增了不少支管线。但是，这些后续用户在连接供热管网时，大多没有进行计算，管道的敷设一段一段地施工，使一些管线呈单一枝状延伸。甚至为满足新用户的热负荷需求，采取加粗管道的方法，二次网出现了热水由细管道流向粗管道的不合理现象。

(2) 静态运行模式。在全球能源匮乏的今天，寻找一种在确保供热品质前提下能有效节能的供热系统运行方案就显得很有意义。目前的调节方案主要有以下几种：质调节，量调节，质、量并调。这些调节方案都是从静态出发，忽略了供热系统的热惰性，造成能量损耗。热网的逐日逐时总供热量应与热用户逐日逐时的总热负荷始终保持一致。否则，或热用户平均温度偏高，造成能源浪费；或平均温度偏低，降低了用户的舒适感。室外温度变化时，一般来说十几个小时后房间温度才能起变化，以上各种静态调节方法都是假定室温在很短时间内发生变化并达到稳定，忽略了供热系统的热惰性[11-12]。

(3) 热力失调现象严重。由于我国的供热系统为定流量系统，所以常规室外供热系统多采用集中式热力站，有时一个小区只设一个热力站，小区热力站的规模从5万~40万m^2不等。而集中供热发达的北欧，多采用建筑入口设小型组装式热力站的形式[13]。两种形式相比较，集中式热力站初投资低、便于集中管理。而当用户流量变化很大时，虽然用户间相互干扰可以通过入口加差压控制器消除，同时还可以通过对主循环泵的调速控制最远端用户压差维持不变，但泵的工作点将在很大范围内变化，致使泵的效率大为降低。建筑入口设小型组装式热力站的形式初投资较高，但运行费用较低，调节灵活。同时增加了系统的稳定性，减小了用户间的相互影响，如末端漏水、相互干扰等问题。所以在确定供热方案时，应从投资、运行的经济性与其功能两方面综合考虑，选择最优方案[14]。

我国2001年以前设计建设的供热系统，其室内采暖系统多为单管串联式系统，由于该系统形式的限制，在散热器处几乎没有调节，在热源处也缺乏必要的自控装置，一般多采用集中的质调节方法，特别是在间接连接的系统中，二次水采用集中质调节，使系统的运行调节简单。但集中质调节不能完全满足各种运行工况的要求，而且质调节耗电多，不利于节能，特别是大的供热系统尤其突出。目前，在采暖、生活热水等管道中，普遍存在着水力失调问题，即系统在实际运行时，流经各热力站、各幢建筑、各用热设备的水量与设计水量不符，结果出现远近端水量分配失调，即热力失调。为解决此矛盾，设计或使用单位往往加大锅炉机组和水泵的额定容量，结果导致投资增加，能源浪费严重，其主要原因是管道系统中没有定量的控制流量的手段。管道系统中由于调节手段落后，在实际运行中只能加大循环水泵的容量或用多台泵并联运行的措施来解决管网末端用户的供热不足，这样在设计和运行管理上从客观到主观默认循环水泵偏大这本来就不合理的事实，且在供热成本中电能消耗占用比例又小，其结果更加重了水力失调[15]。

由于大流量毕竟能掩盖局部水力失调所出现的问题，所以在目前的供热行业中出现了“大流量小温差”的不经济运行方式。按设计要求，一般住宅的供热循环水量为每建筑平方米 2～3L/h，而实际上多达到 4～5L/h；供回水温差应为 25℃，而实际上一般只能达到 10℃左右，达到 15℃温差的很少，实际运行水温一般只有 60～70℃，比设计水温(95℃)低很多。改善供热行业中普遍存在的不经济运行方式，消除管道系统中的水力失调，做好一次网和二次网的流量调节，使水力失调度调整在 0.9～1.1 范围内，可实现大幅度的节约能源[16]。

3. 热用户

热用户是城市供热产业中最薄弱的环节，主要是由于计划经济时期福利“包烧制”供热制度造成的。因此，目前我国民用住宅热用户室内采暖系统绝大多数为单管垂直串联系统，系统内垂直失调严重，高、低层冷热不均，高层热得开窗户，低层用户挨冻，浪费热源，供热质量差。采暖管道材质均为普通碳素钢管，散热器以粗笨的铸铁散热器为主，室内系统中除了有一些陈旧的关断阀门外，基本上没有任何调节设备及手段，也没有温度、压力、流量、热量表等设备。特别是单管垂直系统难以实现热用户分户按热量计量收费，造成目前收费难，进而导致供热更难的严重局面。

在功能上，发达国家室内保证温度通常是 22℃，我国仅为 16℃，且供热品质很差，室温冷热不匀，系统热效益低，用户不能自行设定和调节室温等。产生差距的技术原因是建筑的保温隔热和气密性能差(门窗及空气渗透的损失的热量是建筑物全部热损失的 50%以上)，采暖系统相当落后。

4.1.3 现有供热方式及其特点

目前我国北方的供热方式较多，此处选取的代表性的供热方式如图 4-5 所示。

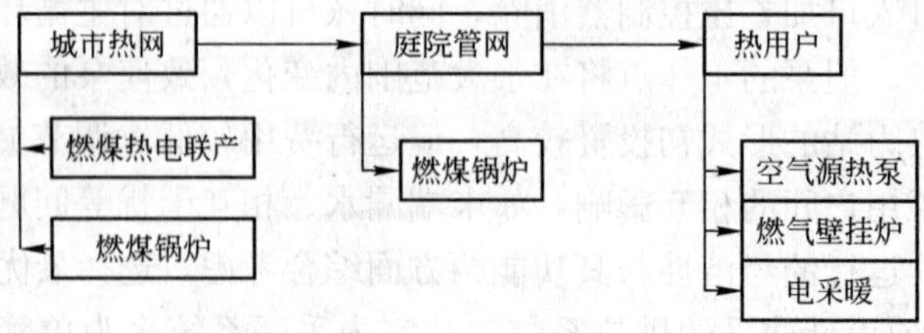

图 4-5 具有代表性的供热方式

传统供热方式如下：

(1) 分散供热方式，只为单个建筑或房间提供采暖，热源规模较小，无供热管网。

1) 燃气壁挂炉采暖；

2) 直接电采暖；

3) 空气源热泵采暖。

(2) 小区集中供热方式，为几个建筑、一个或几个小的社区供热。

1) 燃煤锅炉；

2) 燃气锅炉；

3) 水源热泵。

(3) 城市集中供热方式，为大规模的社区供热，热源和热网规模较大。

1) 燃煤热电联产；

2) 大型燃煤锅炉。

4.1.4 我国北方城镇采暖能耗现状

我国供热面临的国情特点如下：

(1) 南方和北方地区气候差异大，仅北方地区采用全面的冬季采暖。冬季气候地区差异很大，夏热冬暖地区的冬季平均气温高于10℃，而严寒地区冬季室内外温差可高达50℃，全年5个月需要采暖；目前我国北方地区的城镇约70%的建筑面积冬季采用了集中供热方式，而南方大部分地区冬季无采暖措施，或只是使用了空调器、小型锅炉等分散在楼内的采暖方式。

(2) 城乡住宅能耗用量差异大。一方面，我国城乡住宅使用的能源种类不同，城市以煤、电、燃气为主，而农村除部分煤、电等商品能源外，在许多地区秸秆、薪柴等生物质能仍为农民的主要能源。

(3) 目前我国无论按照人均建筑能耗还是按照单位建筑面积能耗，都远低于发达国家水平。数据还表明，即使对我国同一地区、同一功能的建筑，其能源消耗量有时也存在巨大差别。由于我国城镇和农村经济发展状况不同，建筑节能工作面临的主要问题也不同，以下着重对北方城镇采暖问题进行讨论。

从表4-3中可以看出，尽管中美两国地理状况和气候大致相同，我国北方地区建筑采暖占我国城镇建筑能耗近40%，是建筑能耗最主要部分；而美国采暖仅为21.3%，低于不包括采暖的住宅能耗，也低于不包括采暖的公共建筑能耗。我国北方城镇单位面积采暖能耗与美国建筑采暖能耗相差并不悬殊，但其他各项，即长江流域采暖，除采暖外的住宅能耗、公共建筑能耗都远低于美国。因此，我国城镇建筑能耗远低于发达国家的主要原因是由于长江流域采暖能耗的差别、住宅除采暖的能耗的差别以及办公建筑能耗的差别3大原因所致。

中国城镇和美国各类建筑能耗的比较表 **表4-3**

	单位面积能耗 [kg/(m² · a)]					占城镇建筑能耗的比例				
	北方城镇采暖	南方采暖	城镇住宅	大型公共建筑	一般公共建筑	北方采暖	南方采暖	城镇住宅	大型公共建筑	一般公共建筑
中国	19.8	1.7	8.1	38.9	19.6	39.2%	2.3%	24%	5.4%	29.1%
美国	9.7		21.38	78		21.3%		35.4%	43.2%	

注：表中的能耗均为一次能耗。

我国的供热系统在冬季要消耗大量的能源。据统计，三北地区采暖能耗约占全年总能耗的13%，其中，北京市冬季采暖年用煤量600万t～700万t，约占全年总能耗的20%～23%。城镇集中供热全年收费收益可达121.5亿元。

在区域供热输配系统方面，我国的研究借鉴了一些前苏联的研究成果，但由于我国国情和供热的具体方式等方面与其他国家不同，必须研究适合我国国情的供热技术。经过十几年的努力，我国的学者在供热管网方面的优化规划、系统设计参数优选和供热系统的可靠性等方面做了深入的研究，成果已在诸多工程中得到了应用。如天津的龙潭路工程是根据热量表计数，按热量收费的形式设计的，比传统的建筑节能50%；天津凯丽花园的整个社区由区域供热系统的一个热力站进行供热，并采用定流量的模式运行，系统热负荷控制由调节热力站的水温(质调节)来实现；山东的名胜社区虽不是按热计量和基于热耗收费进行设计的，但它引进了芬兰式的计量方式(楼栋级热计量，分摊到每户的热费根据建筑面积计算)等。这些改进取得了一定的经济效益和社会效益，为推动我国集中供热事业的行业进步打下了坚实的基础。

目前我国北方地区城镇采暖能耗现状如下：

1）城镇建筑采暖总面积为75亿m^2，全国采暖约耗煤1.42亿t标准煤；

2）北方城镇采暖总能耗较大，约占全国城镇建筑总能耗的40%；

3）采暖耗煤量为14～25kg标准煤/(m^2·a)，平均约为20kg标准煤/(m^2·a)；

4）供热系统节能成为最有节能潜力的建筑节能途径之一；

说明：数据来源于清华大学建筑节能研究中心编著的《中国建筑节能年度研究报告2009》。

北京民用建筑实际采暖能耗状况及其各环节热损失如图4-6所示。建筑本身的热损失约为25.0W/m^2，折合能耗约为72.6kWh/m^2。

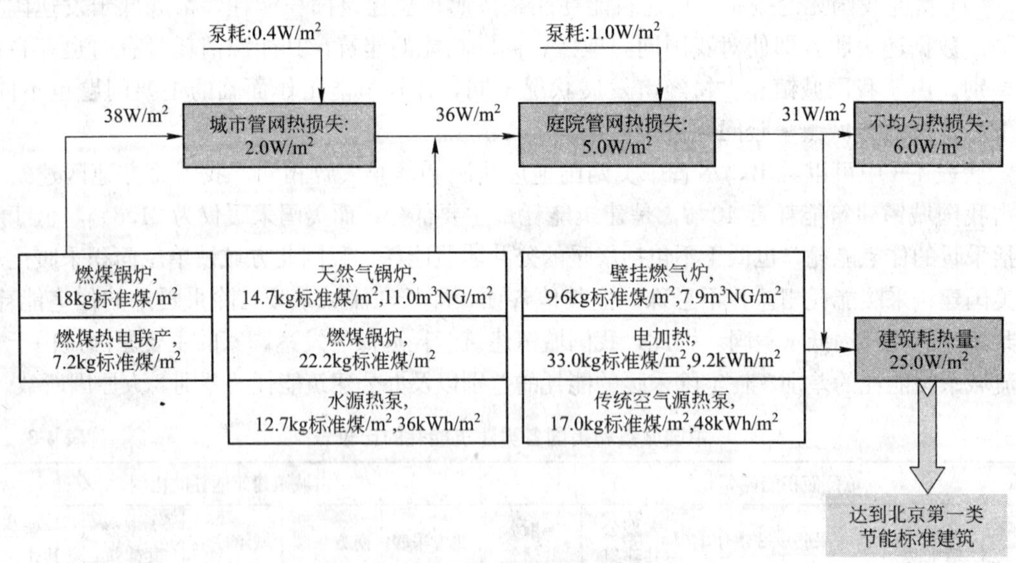

图4-6　不同采暖方式的单位面积采暖能耗(以北京为例)

注：1. 图中未标出单位的数据均为kg标准煤/(m^2·a)。

2. 数据来源于清华大学建筑节能研究中心编著的《中国建筑节能年度研究报告2009》

4.1.5 我国北方城镇采暖存在的问题

虽然我国在集中供热方面的研究取得了重大成果，并且在应用过程中取得了良好的经济效益，但由于我国的关于供热的研究起步较晚，仍存在许多问题。经分析，主要包括以下方面：

(1) 锅炉负荷率低。由于设计选用的热指标较高、设备容量偏大，造成设备运行的低负荷率。根据锅炉的产热量，每 0.7MW 可供 10000m^2 的采暖建筑面积，但现在供热锅炉只供 6000m^2 左右，普遍存在“大马拉小车”低负荷运行的现象。

(2) 锅炉的间歇运行。锅炉的间歇运行在升温过程中存在效率损失。在进户供热系统中由冷态到设计状态，循环水的绝对膨胀量为 3%以上，也就是说系统每启停一次就有 3%以上经过深度处理的热水损失。在间歇运行的供热系统中如果每天启停两次，每运行 16 天就相当于系统重新注水一次。由此可见，间歇运行造成了大量的水资源、能源和环境资源的浪费，其结果就是供热成本高、经济效益差。间歇采暖时，房间内的散热器放出的热量不仅要补充房间的耗热量，还要加热房间内所有已经冷却了的围护结构。因此，锅炉的频繁启停，无法保证锅炉在高效率下运行。

(3) 锅炉供热系统的输送效率低。国家节能标准要求管网输送效率达到 90%，但据清华大学近年来的实测数据：一次管网损失 2W/m^2，二次管网损失 5W/m^2，失调损失 7W/m^2。由此推算，管网输送效率只有 66%～68%。其主要原因是国外的管网热损失基本上是沿途热损失，在我国此项热损失除外，还有泄漏和失调的因素，特别是失调造成的热损失很大，又非常普遍。锅炉供热系统及用汽设备的跑、冒、滴、漏也时有发生，从表面看其损失是微不足道的，但对系统的影响是不可忽视的。据统计，由于供热设备陈旧而导致的热量损失达到 30%左右。

(4) 建筑保温不良，热量散失大。我国北方地区建筑外墙传热系数在 1W(/m^2 · K)左右，外窗传热系数在 4W(/m^2 · K)左右，与北欧国家的外墙［0.4W/(m^2 · K)］、外窗［2W/(m^2 · K)］相比，相差 1～2 倍。这直接导致采暖负荷高出 1～2 倍。降低采暖能耗必须大幅度改善建筑保温，降低建筑物本身的耗热量。

(5) 过量供热问题。集中供热系统总的供热参数不能随气候变化及时调整，造成供热初期和末期气候转暖时过度供热，造成热损失。这部分损失根据运行调节水平和系统规模不同，一般占到总供热量的 3%～5%，甚至更多。

4.1.6 北方城镇采暖节能途径

1. 北方地区供热系统节能目标与潜力分析

(1) 通过改进建筑设计和建筑保温性能，新建建筑耗热量降低至目前的一半。

(2) 通过改善末端调节、供热系统调节和热源效率，将目前的集中供热系统效率由 55%提高至 85%。

(3) 截至 2020 年时，民用采暖建筑面积增加到目前的两倍，而北方地区采暖能耗总量与目前基本持平。

说明：数据来源于清华大学建筑节能研究中心编著的《中国建筑节能年度研究报告 2009》。

2. 北方地区采暖节能整体解决方案与关键技术

(1) 既有建筑供能系统节能改造；

(2) 提高热电联产集中供热效率，充分利用热电厂余热，削减各环节热损失；

(3) 改善集中供热系统各环节的调节与运行；

(4) 选择合理的供热方式、科学供热规划；

(5) 减少建筑需热量，实现按需供热。

4.2　北方寒冷地区既有建筑供能系统关键环节节能设计

4.2.1　供能系统设备选型与匹配

1. 热源设备选型与匹配

(1) 锅炉设备的选型设计

锅炉房设计及设备选择过程中，锅炉设备的选型是最重要的核心问题。从节能角度出发，锅炉选型时：1)应通过合理的计算确定锅炉的设备容量，绘制负荷曲线图进行分析；2)针对供应的煤种选择炉型，若锅炉炉型与燃用煤种不符，就会出现燃烧不完全、燃料结焦严重等问题，造成锅炉出力严重不足、热效率低、能源浪费大；3)确定锅炉型号及台数，尽量使锅炉在高效经济条件下运行。

关于辅助设备及用电设备的选择，首先要选择新型的节能设备，其次按锅炉运行工况合理选择风机和水泵，避免大马拉小车的现象。

(2) 锅炉设备选型步骤

1) 根据用户的要求和特点来选择锅炉型号和确定锅炉的台数。首先要正确地确定锅炉房总的热负荷，其大小应根据生产、生活、采暖的每小时最大耗热量，还要考虑同时使用系数、管网热损失(管网阻力损失)和锅炉房自用热量。其次还应考虑利用余热问题。

2) 根据当地供应的燃料情况，有针对性地选择合适的锅炉燃烧设备。每种燃烧设备对燃料的适应性都是有一定限度的，如果所选的燃烧设备不合适，则会影响锅炉的使用效果。

3) 根据不同用途选择合适的锅炉。例如，专供采暖用的应选用热水锅炉。如果是区域性采暖用的，宜选用大容量的热水锅炉，以实现集中供热。对过热蒸汽温度要求较精确的，如发电所用锅炉，应选用过热器带有减温器调节的蒸汽锅炉。对蒸汽温度要求并不太精确的，过热器可不带减温器，尽量选用不带过热器的蒸汽锅炉，即优先考虑选用饱和蒸汽锅炉。因为过热器的工作环境比较恶劣，尤其当给水水质不能保证时，往往会出现结盐，甚至爆管事故。对于既需要发电，有需要用热的锅炉，宜选用热电联产锅炉。

4) 根据用户所在地区环保要求选择能符合当地环保指标要求的锅炉。

5) 锅炉的台数应使所有运行锅炉在额定出力时，能满足锅炉房的最大热负荷。对热负荷波动较大的用户，选锅炉有两种方法：一种选用多台，靠调整投运锅炉台数来适应；另一种可用平均热负荷，由锅炉来承担，再增设蓄热器补充调整来适应，这样都可使锅炉始终运行在接近额定参数的工况下，达到经济安全运行。

6) 高原地区应考虑风机的风压及风量。

(3) 提高燃烧效率及运行的稳定性

调整运行，使燃料量的调节与负荷的变化相适应；当燃料与燃烧设备不相适应时，除了改变燃料的品种外，常将燃料加以处理；在小型锅炉的内表面砖砌部位均匀涂抹高温红外涂料也可以提高锅炉的热效率。

(4) 合理调整循环水泵的运行台数

目前国内供热系统，包括一次水系统和二次水系统都普遍采用大流量、小温差的运行方式，实际运行的供水温度比设计供水温度低 10～20℃，循环水量增加 20%～50%。此种运行状态使循环水泵电耗急剧增加、管网输送能力严重下降、换热站内热交换设备数量增加。因此，应该在供热系统中增加控制手段，合理调节循环泵的运行台数，以解决水力工况失调，将供水温度提高到设计温度或接近设计温度，以提高热系统的输送效率。

2. 供热系统运行调节——热量调节法

随着科学技术的发展和供热市场的需求，我国热量计量仪表和自动控制产品逐步形成了市场，从而为供热系统实现供热调节提供了可靠保证。针对上述问题，采用一种简而易行的调节方法——热量调节法来实现采暖热负荷的调节。这种调节方法从根本上解决了上述供热调节存在的问题。因为传统的供热调节(质调节、量调节、分阶段改变流量质调节和间歇调节)，其目的就是通过控制网路供回水温度、流量、运行时间来调节供热量，以适应热用户热负荷的变化。这些调节方法只是一种理论计算法，其条件是系统必须连续、稳定运行，且设计负荷(即相应的散热器面积)、循环水量应与实际需要值一致。这与系统实际运行过程和现状相差较大，所以难以实现。

热量调节法是通过热量监测装置根据热用户的要求直接控制供热负荷和供热量，系统的循环水量要视管网的水力失调程度而定，一般不应大于设计值。而热媒温度是随供热系统热平衡关系自然形成的现象，不必人为控制。为了适应人们的习惯，运行过程中仍然给出网路在稳定状态下的温度值。

实行热量调节方法，需要在系统中安装流量计、供回水温度计和热量监测仪。在运行过程中，根据室外气象条件，给定每天(或每班)的采暖热负荷、累计供热量和供热系统的运行时间即可。同时还可以给出网路参考供、回水温度和概算能耗(煤、气、油)，以便指导管理人员计量供热，按需调节。

采用热量调节法，只要系统能按照给定的供热指标并在规定时间内运行，并且达到要求的累计热量，用户室温即可达到要求。即使供热系统运行状态控制的不稳定也无关紧要，关键是如何使其优化运行，即在保证供热质量的前提下，提高供热效率，减少能耗。

对于锅炉供热系统，所谓优化运行，主要考虑锅炉负荷率与运行热效率的关系；锅炉运行时间和供热效果的关系；锅炉间歇运行与热效率的关系；循环水量与动力电耗的关系(改变循环水泵台数或变频控制)。

(1) 锅炉的选择与匹配

根据系统概算热负荷和原系统锅炉配置情况，校核所用锅炉是否合理，即在最不利情况下，尽量使锅炉在满负荷、高效率的状态下连续运行。例如某供热系统，采暖面积为 8.5 万 m^2，配备 3 台 2.8MW 热水锅炉。系统概算热负荷为 5.1MW。如果各台锅炉能达到其额定出力，则在最冷时选用两台锅炉运行即可。这样计算锅炉出力一吨可供一万多平方米的建筑采暖。当室外温度升高时，可适当减少锅炉运行时间，以免锅炉负荷太小影响锅炉效率，在采暖初期和末期还可以运行一台锅炉。

（2）循环水泵的选择

循环水泵应根据计算循环水量和网路系统的总阻力来确定。结合系统现状，考虑现有设备情况，校核水泵实际运行工况，以便确定水泵台数或选用新的规格型号。

一般说来，制订方案时，尽量利用原有设备。有条件时，最好采用现场测定的办法，测出系统的总流量和总阻力，计算出系统的总阻力数，然后利用作图或曲线拟合计算的方法来校核、选择水泵。

（3）流量变送器的选择及安装

在热水采暖系统的监测计量中，流量变送器常采用涡轮流量计、涡街流量计、孔板流量计、超声波流量计、弯管流量计等。选用时应根据采暖系统的特点和用户的要求来确定，用于水质比较干净的系统可采用涡轮流量计，否则采用其他种类的流量计，超声波流量计造价较高，弯头流量计比较便宜。

流量变送器一般都安装在主环路和分支环路上，有时也可以装在用户入口处，在流量变送器前一般应装过滤器。

流量变送器是根据管段的流量和管径来确定的。各种流量计都有一定的流量范围，应使计算流量在流量计流量范围之内偏大一点，有利于提高计量精度。

（4）测温点布置与设计

1）设定总供、回水温度测点。首先在热源确定总供、回水温度测点，测温点的位置必须能够反映系统总供、回水温度的实际值，而且不受替换锅炉运行的影响。一般不要设在分水器和集水器上，应该在总供、回水管上。

2）设定多点测温位置。多点测温的布置与设计，可根据供热系统平面图和用户规模及其所在位置来进行，要求尽可能地反映主要用户的供热情况，一般设在用户引入口和分支环路的回水管上。

（5）室外管网校核计算与改造

为了消除系统热力失调，有效地进行热力平衡调整，必须对网路系统进行校核计算，分析各环路、各用户的水力工况，根据网路水力计算，分别进行调整。要求系统所有用户引入口必须设置检查井，在供、回水管上安装压力表、温度计和调节阀等。有条件时，可在供水管上安装流量计和除污器。

根据上述节能技术方案，供热系统在运行过程中进行供热调节，实行按需供热，计量能耗，实现量化(数字化)管理。

先进的技术需要科学的管理，按需供热的节能技术促进了供热系统管理水平的提高，而科学的管理保证了这项技术的应用。在加强对供热系统科学管理的同时，要因地制宜，因势利导，制定、健全各项规章制度，实现正规化操作，规范化管理；搞好技术培训，不断提高管理人员和司炉工的素质，使他们对供热系统运行管理的基本任务做到心中有数；熟练掌握运行管理基本技能，熟悉网路所有用户系统的特点和所用设备的规格、性能，并掌握设备操作、调试、维护、维修等技术。

实行量化管理，必须有一套完整的技术资料，主要包括热源的工艺设计图，锅炉及其辅助设备图纸和说明书，室外网路及各用户系统设计图，供热系统量化管理供热指标及运行参数表、运行管理记录等。

制定运行管理规程，明确各级人员的职责、权限和任务，建立运行管理及维护人员的岗位责任制。实行量化管理必须有专人负责。这些都是做好锅炉供热量化管理的重要条件。

3. 微机监测系统的设计与选择

微机监测系统是用来监测供热系统的锅炉、外网、用户的各项运行参数，显示其运行状态。通过采集的参数计量并记录系统供热量、循环水量、耗煤量等。根据系统的规模、流量的计数量，多点测温分布情况、所用锅炉的特点以及用户要求，来选择不同型号的微机监测仪和各种测温元件、测压元件，流量变送器等。

4. 采用分层燃烧技术，改善锅炉燃烧状况

目前城市集中供热锅炉房多采用链条炉排，燃煤多为煤炭公司供应的混煤，着火条件差，炉膛温度低，燃烧不完全，炉渣含碳量高，锅炉热效率普遍偏低。采用分层燃烧技术对减少炉渣含碳量、提高锅炉热效率有明显的效果。

沈阳惠天公司一台 10.5MW 的热水炉，采用分层燃烧后，热效率由 70.2%提高到 75.1%，炉渣含碳量由 13%下降为 10%。唐山热力公司采用该技术，使锅炉热效率提高 10%～15%，炉渣含碳量降低至 10%以下，而且锅炉燃烧系统的设备故障大大减少，提高了锅炉运行的可靠性和安全性。

对于粉末含量高的燃煤，可以采用分层燃烧及型煤技术。该技术是将原煤在入料口先通过分层装置进行筛分，使大颗粒煤直接落至炉排上，小颗粒及粉末送入炉前型煤装置，压制成核桃大小的煤块，然后送入炉排，以提高煤层的透气性，从而强化燃烧，提高锅炉热效率和减少环境污染。中原油田锅炉燃用鹤壁煤，粉末含量高，$\Phi<3$mm 的煤粒约占 60%～70%，采用此技术后，炉渣含碳量降低到 15%以下，锅炉效率提高了 8%，烟尘排放达到环保标准，年节煤 8%～10%。

没有空气预热器的锅炉，因为向炉排上送的是冷风，容易造成大块煤不易烧透，使炉渣含碳量反而略有增加，不宜采用。

5. 中小型锅炉采用煤渣混烧、减少炉渣含碳量

中小型锅炉，采用煤与炉渣混烧法是一种投入较少、效果很好的节煤措施。煤与炉渣的比例约为 4：1，充分混合后入炉燃烧，煤中掺了颗粒较大的渣，减少了通风阻力，送风更加均匀，增加了煤层的透气性，提高了燃烧的稳定性，使炉渣含碳量显著下降。北京市昌平县房管局供热服务公司，海淀区房屋土地管理局房屋设备经营管理处及天津市房屋供热公司在 14MW 的锅炉上采用煤与渣混烧法后，炉渣含碳量下降到 3%～8%。

6. 改善锅炉系统的严密性，降低过剩空气系数

锅炉的过剩空气系数是评价锅炉燃烧状况的一个重要参数，只有空气系数达到设计值时，锅炉才能在最经济的状态下燃烧，因此要采取防止锅炉本体及烟风道渗漏风的措施，改善锅炉及烟风道的严密性，降低空气系数，以提高锅炉的效率和出力。沈阳惠天公司对锅炉除渣系统进行水封，同时对鼓、引风系统、炉墙、烟道等漏风点封堵后，锅炉热效率由 68%提高到 76%，空气系数从 2.9 下降为 2.1，锅炉不仅升温快，炉渣含碳量也能降到 12%以下。

7. 保证锅炉受热面的清洁，防止锅炉结垢

锅炉的水冷壁、对流管束、省煤器、空气预热器等受热面积灰和锅炉结垢是影响锅炉

传热的一个主要因素。据有关试验测定，水垢的热阻是钢板的 40 倍，灰垢的热阻是钢板的 400 倍，因此要建立及健全锅炉水质管理和定期除灰制度，保证锅炉用水的水质和锅炉受热面的清洁，以提高锅炉效率和设备使用寿命。

8. 大、中型锅炉采用计算机控制燃烧过程，提高锅炉效率

对大中型锅炉房应逐步建立微机系统，实现锅炉燃烧过程自动控制。由于锅炉燃烧过程是一个不稳定的复杂变化过程，各种各样的因素都会引起工况的变化，只有实现锅炉燃烧的自动控制才能达到锅炉的最佳燃烧工况，热效率达到最高。

北京北辰热力厂经过多年努力，采用两台 PLC 工控机对 9 台 35t/h 的蒸汽锅炉进行集中管理，实现锅炉燃烧自动控制。根据负荷状况，对蒸汽压力、流量、煤量、炉膛温度、排烟温度、烟气含氧量进行综合分析和寻优调整，以达到人工操作难以达到的效果，同时还可以根据煤质的好坏、加湿程度等因素适当调整参数，以达到最佳燃烧工况。几年来运行工况一直平稳，吨汽标准煤耗平均下降 9.8kg/t，炉渣含碳量降低 1.37%，效果显著。

9. 改变大流量、小温差的运行方式，提高供水温度和输送效率

目前国内供热系统，包括一次水系统和二次水系统都普遍采用大流量小温差的运行方式，实际运行的供水温度比设计供水温度低 10～20℃，循环水量增加 20%～50%。此种运行状态使循环水泵电耗急剧增加(50%以上)、管网输送能力严重下降、热力站内热交换设备数量增加。其原因除受热源的限制不能提高供水温度外，主要是因为管网缺乏必要的控制设备，系统存在水力工况失调的问题，为保证不利用户供热而采取的措施。因此，应该在供热系统增加控制手段，解决了水力工况失调后，将供水温度提高到设计温度或接近设计温度，以提高供热系统的输送效率、节约能源，并为用户扩展打下良好基础。太原市热力公司在太原第一热电厂供热系统上采用了分阶段改变流量的质调节运行方式，提高了初寒期的热网供水温度，循环水量减少约 25%，一个采暖季循环水泵节电近 200 万 kWh，减少运行费用近 83 万元。

10. 风机、水泵采用调速技术，更换压送能力过大的水泵，节约电能

风机、水泵的选择和配置其能力都有一定的富裕度，这是因为：

(1) 风机、水泵选型时要求扬程有一定裕度，而且风机、水泵规格不可能与需要完全一致，一般选型结果都稍大；

(2) 在运行过程中荷载(扬程、流量)常有波动变化，小荷载时风机、水泵的能力会进一步富裕；

(3) 热网建设有一发展过程，循环水量逐年增加，系统满负荷前水泵能力富裕很大。

风机、水泵采用调速技术，可以及时地把流量、扬程调整到需要的数值上，消除多余的电能消耗，一般都能达到 30%以上的节电效果。长春市热力(集团)有限责任公司在 1997 年和 1998 年两年内，将 58 台水泵改造为变频调速泵后，节电率达 40%～60%，投资回收期为 1.2 个采暖期；白城热力公司于 1999 年在 43 台水泵上加装变频调速装置后，节电率为 40%～50%，采用调速技术所增加的投资，一般在一个采暖季内通过减少电费支出就能得到回收。

但对压送能力过大的水泵，采用调速技术来降低水泵扬程，将导致水泵在低效区工作，达不到预期的节能效果。因此，应根据实际运行资料的分析更换水泵。长春市热力(集团)有限责任公司 1996 年更换了 5 台循环水泵，节电率达 40%～70%；1997 年和 1998

年进一步更换 155 台水泵后，电耗比改造前下降 46.1%，年节电 800 万 kWh，两年共创经济效益 945 万元，投资回收期约为 0.6 个采暖期。郑州市热力公司 1996 年投资 40 万元，更换了 26 台水泵，年节电 90 万 kWh，节省电费 45 万元。

目前常用的水泵变速装置有变频器和液力耦合器两种。采用变频器效率高、调速范围大，但投资大且管理比较复杂；采用液力耦合器效率低、调速范围小，但投资少且维护简单。采用何种调速设备、设备功率如何选定、是否需要同时更换风机或水泵，应根据实际情况，经技术、经济比较后确定。

11. 推广热水管道直埋技术，降低基础投资和运行费用

热水管道直埋技术在国内使用已有经验，《城镇直埋供热管道工程技术规程》CJJ/T 81—98 也已于 1999 年 6 月 1 日起颁布实施。直埋敷设与地沟敷设相比，不仅具有节省用地、方便施工、减少工程投资($DN\leqslant$500mm，管径越小越明显)和维护工作量小的优点外，由于用导热系数极小的聚氨酯硬质泡沫塑料保温，热损失小于地沟敷设。尤其是长期运行后，地沟管道的保温层会产生开裂、损坏以及地沟泡水而大幅度增加热损失，而直埋管道不存在上述问题。根据烟台经济技术开发区热力公司 1998 年冬季实测结果，DN800mm 地沟管道每公里温降为 0.75℃，而 DN500mm 直埋管道的温降仅为 0.34℃，按同类敷设方式的管道，管径越大，温降应越小推算，DN800mm 直埋管道的温降将更小。建议对 DN500mm 以下的管道积极推广直埋敷设。推广时应注意使用符合产品标准的预制保温管和管件，并保证设计和施工的质量。

由于大口径($DN\geqslant$600mm)管道直埋的技术数据和使用经验不够，实施时可能会发生问题，使用时要慎重。

12. 推广管道充水保护技术，防止管道腐蚀

国内部分非常年运行的供热系统，采取夏季放水检修，冬季投产前充水的做法。由于系统放水后不及时充水，空气进入管道而造成管内壁腐蚀。所以非常年运行的供热系统应积极推广夏季管道充水保护技术，在夏季检修后及时充满符合水质要求的水，既可省去管道投运时的充水准备时间，又可防止管内壁腐蚀。

13. 热力站入口安装流量控制设备，解决一次水系统水力失调现象

目前，供热系统的一次系统，因通过每个热力站的水量得不到有效控制而造成的水力失调和能源浪费的现象很严重。因此，应在热力站入口装设流量控制设备以解决一次水系统水力失调问题。对于当前国内供热系统绝大多数采用的定流量质调节运行方式，应装设自力式流量限制器；对于近期即将采用或正在采用的变流量调节的系统应装压差控制器。20 世纪 80 年代末，北京市热力公司在热力站入口加装了流量限制器，在热源能力不增加的条件下供热面积由 1304 万 m^2 增加到 1610 万 m^2，节约热能约 20%。天津市热电公司于 1994～1996 年在第一热电厂热水管网上安装了 148 台自力式流量限制器，耗热指标由 72W/m^2 降到 44.4W/m^2，扩大供热面积 160 万 m^2。中原油田供热管理处 1998 年在基地北区 160 万 m^2 供热系统的 16 座热力站一次网回水管上，投资 26 万元加装国产自力式流量控制器后，停用了 5 台燃油锅炉，年节省燃油费用 84 万元，循环水量由 2300t/h 下降到 2100t/h。

14. 热力站安装监控系统，实时调节供给用户的热量

为了实现实时控制和调节供给用户的热量，热力站应安装监控系统。

热力站(或混水站)内设有采暖系统、生活热水系统和空调系统，哪个系统需要控制，实施什么样的控制水平应根据实际情况确定。当一、二次系统都为质调节、流量基本不变时，根据二次系统的供回水温度控制一次系统的供水阀门，可以使用手动调节阀、自力式调节阀，对于控制要求高、控制过程复杂的，则应考虑配有电动执行机构的计算机控制装置。

发达国家的集中供热间接连接热力站，一般都采用组合式供热机组。该机组包括板式换热器、循环水泵、补水装置、监控仪表和设备，可根据室外温度调节二次水供水温度和供给热量。近年来，我国哈尔滨、天津等地的热力公司安装这种供热机组，运行结果表明，有显著的节能效果。同时还有占地小、安装简单等优点。

国内已经实施监控的热力站，都取得了良好的节能效益。沈阳惠天热电有限公司沈海热网于1993年在33个间接连接热力站安装了监控系统，并于当年冬季对所辖间接连接热力站进行热耗统计：有监控的热力站，其采暖平均热指标为41.2W/m^2，而无监控热力站的采暖平均热指标达48.8W/m^2，节能率为15%。

15. 在合适地区采用多热源联网技术

国内供热系统的规模正在逐渐扩大，部分供热系统具有两个或两个以上的热源。由于各热源的生产设备参数和燃料等不同，因而热生产的单位费用不同(如北京热电联产的费用最低为12.85元/GJ，而燃气区域锅炉房最高达74元/GJ)和效率差异引起的能耗不同[如热电联产供热煤耗一般在44kg/GJ，而集中(或区域)锅炉可达55～62kg/GJ]。因此，在供热系统运行时采用多热源联网运行技术，尽量使热生产费用低、能耗小的热源作为主热源，在整个采暖季中满负荷运行；而热生产费用高、能耗大的热源作为调峰热源提供不足部分的热量，这样就能最大限度地提高系统的经济性和取得良好的节能结果。

多热源联网运行时的循环水量是连续变化的，应采用可调速的循环水泵，而且全网要有统一的补水定压系统和一套完整的监控系统进行实时的调节和控制。由于此项技术的资金和技术投入较大，实施可分阶段进行。

结合我国国情，只要热力站变流量自动控制的手段具备，其他条件可采用辅以手动控制的方式来实现多热源联网运行。抚顺市热力公司采用分阶段改变阀门切断位置，解裂运行的方式以调整主热源和调峰热源供热范围；牡丹江热电总公司采取主热源循环泵采用调速泵，调峰热源配置3种不同能力的定速泵(与不同时期锅炉运行台数和循环水量配套)，运行时辅以手工调节阀门的方式实现双热源的联网运行，都取得了良好的节能效果。因此，各城市应根据自身的条件，经技术、经济等各方面综合比较后，采用最适宜的方式实现联网运行。

4.2.2 管网输配系统优化设计

供热系统管网输配系统优化设计技术包括分布式变频泵技术。本节将从技术原理和应用案例效果分析角度介绍该项技术。

1. 分布式变频泵技术原理

热网传统的设计方法是在热源处只有一个循环水泵。选择循环水泵时，由于要满足最远、最不利用户的资用压头和流量需求，所以，除最不利用户以外，循环水泵的扬程和流量对其他用户来说，都是在不同程度上偏大的。因此，必须在这些用户的供水管道上设置调节阀，以消耗掉多余的资用压头，从而达到调节流量的目的，实现要求的水力工况。然而，这种做法将会造成调节阀消耗水泵提供的一部分能量，如图 4-7 和图 4-8 所示。从水压图中可以看出，水泵提供的其余能量都被阀门消耗掉了。同时也可看到，水泵提供给近端用户的资用压头几乎是实际需要的几倍，所以只能通过阀门节流。可以看到，这种设计造成的后果是以消耗水泵提供的能量为代价的，即约 1/3 的电能无谓地浪费在阀门节流上。这显然不符合我们所倡导的节能思想。不论是暖通行业的技术人员还是研发人员，都有责任去改变这种局面，应用科学技术，研究出新的输配系统设计思路，并付诸实践。

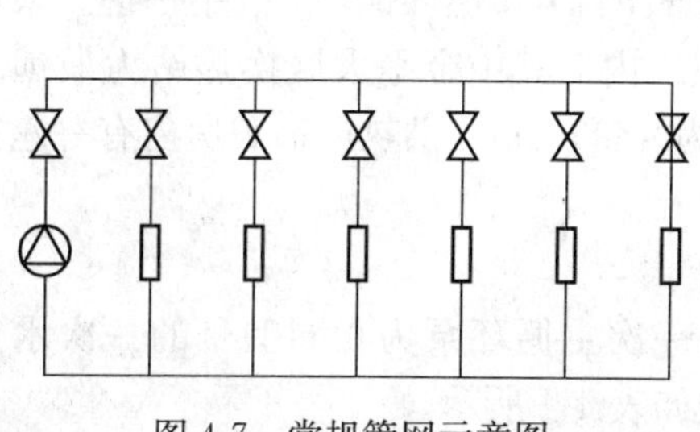

图 4-7 常规管网示意图

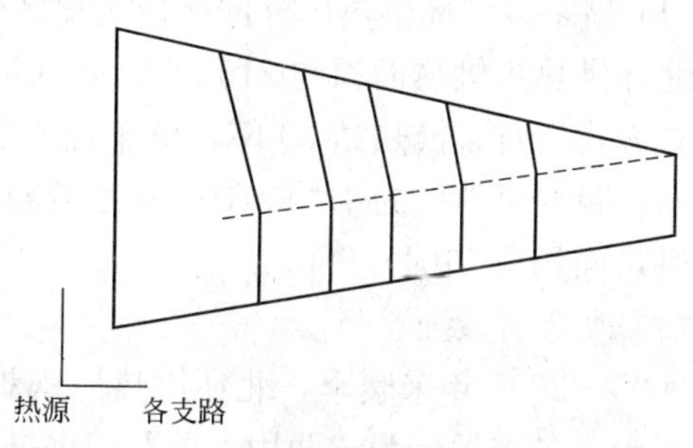

图 4-8 常规管网水力工况示意图

既然只有主循环泵的“粗放式”运行方式是不节能的，那么我们就来研究，怎样才能既满足用户参数要求，又能实现节能的目的。沿途设置加压泵的分布式变频系统就是方案之一。之所以用变频泵，是因为考虑到定频水泵出厂时对额定流量、扬程的限制，使其不能灵活地实现管网实际需要提供的能量。采用变频泵后，就能根据用户所需，沿途提供合适的流量和扬程，来实现系统的合理、节能工况。分布式变频泵供热技术是指在输配系统各用户处采用变频泵代替调节阀，同时主循环泵选用变频泵，并利用零压控制点来调整主循环泵转速，仅依靠主循环泵克服干管阻力的调节方式。

2. 分布式变频泵技术特点

相比以前的分散供热方式，集中供热具有一定的节能环保优势，但传统的集中供热设计依旧存在着一定的问题，在一定程度上浪费能源。随着变频技术在供热系统的普遍应用，使得热网实行无级变流量运行成为可能。相应提出分布式变频系统(见图 4-9 和图 4-10)，即以变频调速泵来代替各用户的调节阀，在管网系统选择适当节点作为压差控制点，主循环泵用以克服主干管的阻力损失，可大大降低循环水泵的扬程，减少系统能耗，同时使得系统运行在较低的压力水平，更加安全可靠。并通过合理选择控制点，可大大提高系统稳定性和可靠性。

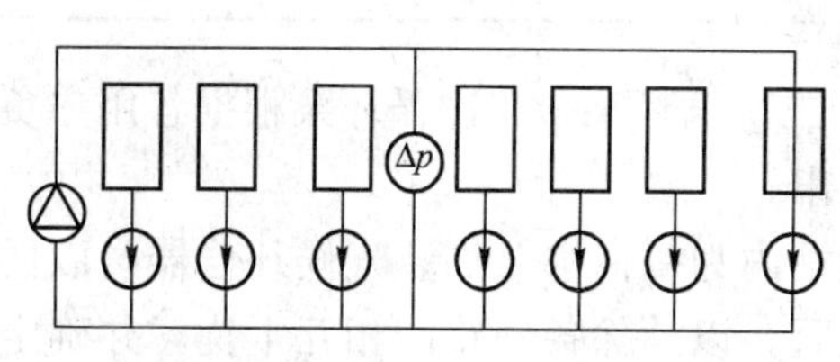

图 4-9 分布式变频泵系统示意图

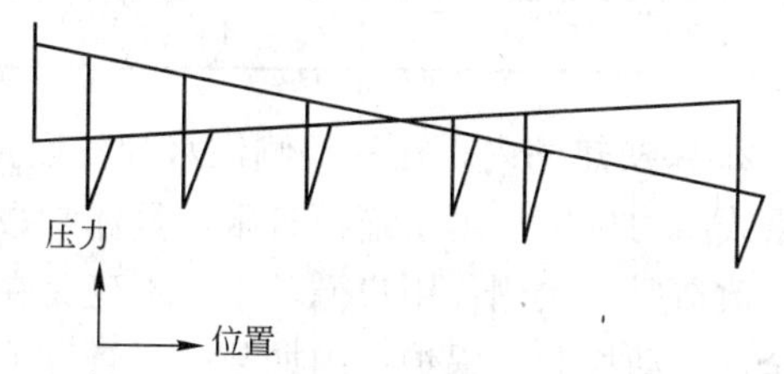

图 4-10 分布式变频泵系统水压图示意图

3. 分布式变频泵技术应用案例

鉴于北京城市建设的快速发展，其供热事业问题日益突现：城市热源已满负荷，供需矛盾日益突出；设施配置极不合理，供热资源浪费严重；运行管理效率较低，供热节能潜力很大等。为了做到供热资源整合，提高环境效益，自 2004 年，北京市各远郊区县大力开展了集中供热的改造工作。其中昌平区也相继在城区建成了北环、南环和昌盛园 3 个大型供热厂，并陆续投入运行。现在昌平老城区的冬季供热工作基本上由 3 个供热厂承担，其中北环供热厂供热面积为 215 万 m^2，是其中较大的一座。为节约能源、提高供热质量。北环供热厂全面改进供热系统，采用了分布式变频调节系统。

(1) 昌平区北环供热厂外网改造工程概况

北环供热厂供热面积约 215 万 m^2，锅炉房配置 4 台 65t 燃煤锅炉，三用一备。采用间接供热方式运行，换热站 29 座，分布在所供范围之内，其中金平大厦换热站为最远末端换热站，距离供热厂为 1.3km，供回水管总长度为 4899.2m。供热厂锅炉房内有一座换热站，供热面积为 51013.65m^2。

(2) 改造前系统

2005～2006 年采暖季，北环供热厂锅炉房内一次主循环泵为相同型号的一次水循环水泵 3 台，冬季运行为“两用一备”，其具体参数如表 4-4 所示。

北环供热厂一次循环泵水泵参数(改造前)　　**表 4-4**

型　号	流量(m^3/h)	扬程(m)	功率(kW)	转速(r/min)
SB-ZL300-250-620A	1200	39	160	2900

从 2005～2006 年采暖季的数据统计来看，北环供热厂电费支出庞大的问题比较突出，一方面由于供热厂的运行调节基本为质调节方式，使得一次水实际总流量大于所需流量，尤其是初寒期和末寒期，造成耗电量巨大；另一方面由于供热间供系统一次循环水泵传统的设计方法是根据最远、最不利用户选择循环水泵的扬程，并设置在热源处，使得供热系统近端(靠近热源处)热用户拥有过多的资用压头，必须设置流量调节阀，将多余的资用压头消耗掉，从而产生大量的节流损失。据资料介绍，一般系统中调节阀消耗的电能占到30%以上。

(3) 改造后系统

采用分布式变频调节系统改造后，北环供热厂锅炉房内一次主循环泵为相同型号的一次水循环水泵 3 台，冬季运行为“两用一备”，其具体参数如表 4-5 所示。

北环供热厂一次循环泵水泵参数(改造后)　　**表 4-5**

型号	流量(m^3/h)	扬程(m)	功率(kW)	转速(r/min)
SB-ZL300-250-620A	1000	22	75	2900

29 座换热站内，在一次侧供水管各配置 1 台二次循环泵，二次循环泵根据各用户负荷和管线阻力选定。由于篇幅有限，具体参数未列出。

改造后二次侧各用户循环水泵不变。在换热站内为每台水泵加装气候补偿器，以便实行全部自动控制。锅炉房内加装旁通管和电动蝶阀，以消除各回路间相互干扰，并确定零压差点以保证节能效果。

(4) 运行状况检测及评估

1) 一次侧二次循环水泵自动控制检测

二次循环水泵变频由气候补偿器和变频柜控制。气候补偿器采集室内外温度、二次供回水温度、二次供回水压力、一次供回水温度及压力、水泵出口压力、变频柜频率、电流、输入功率，设置气候补偿器。当二次侧负荷发生变化时，气候补偿器计算最适宜的供水温度，控制变频柜，调节二次泵频率。

由图 4-11 可以看出，室外温度的降低，二次循环泵的频率、计算温度和循环泵功率均呈逐渐升高的趋势，当室外温度在 2007 年 3 月 14 日 6：54 到达最低点 1℃时，二次循环泵的频率、计算温度和循环泵功率也到达此 24h 内的最高值。当室外温度开始升高后，二次循环泵的频率、计算温度和循环泵功率也呈下降趋势。由此可见，气候补偿器和变频控制柜能够自动跟随室外温度的变化调节二次循环泵的频率，进而调节二次供水温度达到要求，实现了完全自动控制。

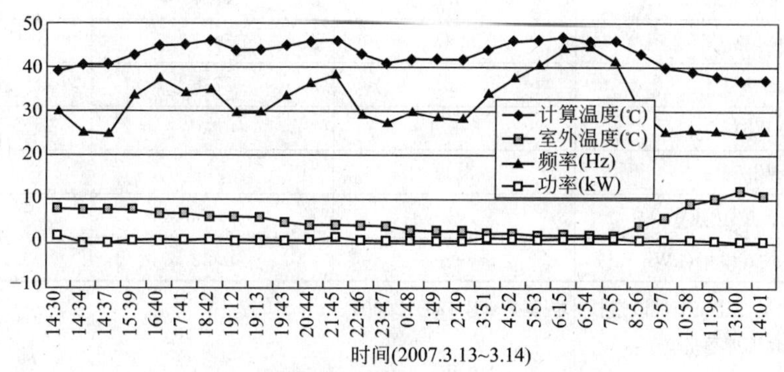

图 4-11　为某换热站不同时刻运行参数曲线图

2) 能耗测试

对系统锅炉房及换热站分别进行冷态测试，锅炉房测试结果见表 4-6，换热站具体参数过多未列出，其总设计流量为 1825.845m^3/h，总实际流量为 1879.19m^3/h，总输入功率为 172.13kW。通过对系统各处流量的测试，可验证二次泵系统流量的分配能够满足用户要求。

对系统锅炉房及换热站分别进行热态测试，锅炉房测试结果见表 4-6，换热站具体参数过多未列出，其总功率为 74.6kW。通过对系统各处参数的测试，可验证二次泵系统气候补偿动态运行的稳定性，且流量和温度能满足用户要求。

供热厂调试数据记录表 2006 年 10 月 20 日：锅炉房集控室数据记录　　　表 4-6

	1号	3号	4号	主　泵		
旁通阀开度(%)	流量(m^3/h)	流量(m^3/h)	流量(m^3/h)	频率(Hz)	功率(kW)	台数
100	645	625	633	40	51.2	2

3) 节能效果分析

采用二级泵系统后，改变了北环供热厂“大流量、小温差”的运行方式，增大了系统供回水温差，降低了系统总流量，这样首先减小了系统循环泵的负荷，节约了电能；其次减少了运行锅炉的台数，降低了用煤量。根据供热厂运行数据，对系统节电量进行估算。

根据冷态、热态测试结果，估算系统节电量。

北环供热厂原水泵总功率为320kW，改造后系统水泵选型总功率为440.8kW。实际运行中，严寒期主循环泵总功率为30kW，外网二级泵总功率为160kW，总功率为190kW，能耗降低30.2%；末寒期系统循环泵总功率为103.34kW，能耗降低了67.7%

4）系统实际能耗数据对比

从表4-7中可以看出，改造前后的水、煤耗量还未能符合北京市的能耗标准。但也可看出，改造后的能耗大大低于改造前，这与当地建筑物大部分为老旧建筑有关；动力电方面，改造后达到了北京市节能标准，尤其是一次侧耗电量已低于北京市标准。

系统能耗分析对比表　　**表4-7**

项　　目	2005-2006(改造前)	2006-2007(改造后)	北京市标准
总耗煤量(万t标准煤)	5.03	4.17	—
平均耗煤量(kg标准煤/m²)	23.4	19.4	12.4①
总耗水量(万t)	6.45	5.91	—
平均耗水量(kg/m²)	30	27.5	9.6～12.6②
总耗电量(万kWh)	675.1	408.5	—
平均耗电量(kWh/m²)	3.14	1.9	1.5～2.1②
一次侧水泵耗电量(万kWh)	—	68.55	—
一次侧水泵平均耗电量(kWh/m²)	—	0.22	0.465～0.75②

①《既有采暖居住建筑节能改造技术规程》(GJ 129—2000)。

② 北京市市政管理委员会。

5）经济性分析

根据昌平北环供热厂提供的数据，北环供热厂的改造费用为140多万元。从实际能耗数据可以看出，仅动力用电一项，上采暖季就节省电费160万元(此处电价按0.6元/kWh计算)，当年就可回收投资。并且系统改造后基本解决了近端过热远端不热的热力失调情况，用户满意度也得到了较大提升。以此可以证明这次改造在经济效益和社会效益方面都获得了巨大的成功。

(5) 结论与建议

昌平区北环供热厂现行使用的分布式变频系统的设计采用的是等温降的水力计算方法。其中各管段的设计负荷采用采暖面积热指标计算法。其面积热指标的取值是根据《城市热力网设计规范》GJJ 34—90中采暖热指标推荐值表选取的，选取设计供热面积热指标为58W/m²。采用这种取值方法计算的结果选取水泵，往往都大于实际系统的需要，这样就降低了节能效果。所以可根据2006～2007年实际调研结果计算出平均面积热指标，进行水力计算并选取水泵。进行优化选型，可有利于增大节能效果。

以昌平区北环供热厂外网改造为实例，对改造后的分布式变频调节系统进行改造效益评估：

1）通过对一次侧二次循环水泵进行自动控制检测表明，气候补偿器和变频控制柜能够自动跟随室外温度的变化调节二次循环泵的频率，进而调节二次供水温度达到要求，实现了完全自动控制。

2）通过对系统的冷、热态测试数据进行整合，对分布式变频系统的运行稳定性及节能效果进行分析得出：分布式变频系统有利于系统的水力平衡及稳定运行，并且有利于系统的节能降耗。

可见，面对集中供热负荷的增长，供需矛盾、供热资源浪费严重、设施配置极不合理、运行管理效率较低等问题亟待解决。采用分布式变频系统的解决方案可作为一种较为理想的解决方案加以考虑。

4.2.3 终端设备优化控制技术

1. 分时分区控制供热技术

针对某一个中、大规模的供热区域由一个锅炉房供热时，可能有不同的供热区域、供热热量或供热时间需求。例如有办公楼、生产车间、宿舍楼、住宅楼及生活热水需求，这些区域的采暖时间、采暖温度都可能不同，传统的方式可能由统一干管输送或通过支路分开，这种方式会造成冷热不均、热能损耗过大。采用分区、分时、分温供热控制技术一般应用于采暖时间不同、采暖温度要求不同、夜间或节假日期间无人值守的区域建筑或独栋建筑实施分时段和温度控制。从而在保证供热效果的同时达到节能降耗的目的。

采暖期热负荷的变化，应采用调整锅炉运行台数的办法解决，即在初、末寒期减少锅炉运行台数，严寒期增多锅炉运行台数，以避免锅炉低负荷运行，提高锅炉运行效率。

利用居民夜间睡眠休息、办公室无人，办公采暖房间需要的温度可以适当降低的条件，对住宅和公共建筑采用分时供热，降低供热参数以减少供热量，可以达到节能的目的。包头市热力公司采用分阶段改变一次网供水温度和对用户实施分时供热的办法；天津市热电公司在热力站中通过控制加热器二次出口温度对用户分时供热，都取得了很好的节能效果。

2. 改善二次水系统和户内系统冷热不均问题

解决小区内建筑物之间和建筑物内部房屋冷热不均，可以减少能源浪费问题。在用户楼栋入口(当几栋楼到干管的系统管道阻力相近时，也可在总分支管上)装设流量控制设备，对各楼之间流量分配进行调节，在管路(一般为立管)上装设平衡阀平衡各立管之间的流量，在每组散热器前装设温控阀控制室内温度，可以有效地解决小区内建筑物之间和建筑物内部房屋冷热不均的问题，不仅可以节约能源，还为计量收费、用户自由调节室温打下了基础。

北京市热力公司在供热节能示范小区采用上述措施后，有效地解决了竖向失调问题，节约能源 20%；山东荣成供热公司在小区供热面积为 10 万 m^2 的 85%用户入口安装了流量调节装置，基本实现了网络水力平衡，节约热能 8%，减少水泵功率 25%，做到了当年投资当年回收；吉林热力公司在户内系统压力损失比较大的环路立管上，安装小扬程、小流量和噪声小的三级调速管道泵，以提高该环路的压差，改善了供热状况，也取得了较好的效果。

3. 解决系统失水问题

目前国内部分直接连接的供热系统失水情况严重，补水率高的可达循环水量的 10%以上。失水主要是用户放水和二次系统以及用户内部系统管网陈旧漏水所致。系统大量失水和热量丢失影响供热能力，而且一些供热单位还因水处理能力不足，不得不用生水作为热网补水，而造成管网阻塞和腐蚀。因此，必须加强宣传教育、加强管理，采取防漏、查漏、堵漏等有效措施，将失水率降到正常的水平。唐山市热力总公司大部分为直接连接的系统，多年来补水率一直保持在1%以下，取得了很大成绩。对于大、中型供热系统应考虑将直接连接改为间接连接。间接连接一方面可将一次系统和二次系统的水力工况分开，彼此不受影响，便于提高一次系统的压力和温度，增加输送能力，保证系统的正常安全运行；另一方面也便于发现失水的部位。

4. 建立与供热系统相适应的控制系统

供热系统是由热源、管网、用户组成的一个复杂系统，为使热生产、输送、分配、使用都处在有序的状态下，提高供热系统的能源利用，需要建立和供热系统相适应的控制系统。控制系统的建立可为供热管理人员提供供热系统的运行状况，帮助工作人员选择最佳的运行方式，维持供热系统瞬间变化的水力工况平衡，保证供热，节约能源。控制系统的投资一般在系统初投资的5%以下，但其经济和社会效益是很好的。

建立并完善控制系统时要防止一刀切、一个模式的倾向。应根据系统的大小、复杂程度，实事求是地选择适用的控制系统，合理配置硬件、使用软件和仪表。

5. 采用平衡调节技术

一个热力管网通常要连接多个热用户，尽管设计采取了管径调整和阀门控制等许多措施进行水力平衡计算，但还难以满足规范规定的压差平衡标准，最终达到压差平衡是通过各热用户的流量再分配而实现的。近几年管网上安装平衡阀或自力式流量控制器，能够实现热力管网的水力平衡，保证每个热用户的热煤流量能在计算工况下运行，克服了供热管网始端用户过热、末端用户不热的现象。

4.3 北方寒冷地区可再生能源及热回收应用技术

北方地区可再生能源供热技术主要形式是水源热泵、土壤源热泵等。回收余热供热技术包括电厂余热回收技术和烟气余热回收技术。

4.3.1 热泵供热技术

1. 电厂循环水热泵供热形式及其特点

由于电厂周边存在供热负荷，因此可以在电厂内集中设置电驱动热泵机组作为供热首站，电热泵提取电厂循环水余热后将热水通过直供管网供给热用户，如图4-12所示。

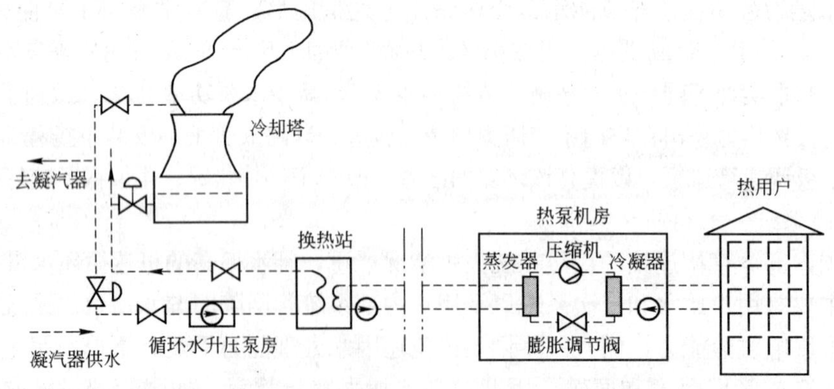

图4-12 热泵提取电厂余热供热形式示意图

该供热系统形式组成如下：

(1) 供热首站：电驱动热泵；

(2) 热网：直供管网；

(3) 采暖末端：地板采暖；

(4) 建筑：65%节能建筑；

(5) 采暖建筑实施计量供热。

2. 土壤源热泵供热技术形式与特点

地源热泵是一种利用地下浅层地热资源(也称地能，包括地下水、土壤或地表水等)的既可供热又可制冷的高效节能空调系统。地源热泵空调通过输入少量的高品位能源(如电能)，实现低品位热能向高品位转移。地能分别在冬季作为热泵供热的热源和夏季空调的冷源，即在冬季，把地能中的热量取出来整合后，供给室内采暖；夏季，把室内的热量取出来，释放到地下去。

(1) 资源可再生利用

土壤源热泵技术利用地球表面浅层地热资源作为冷热源进行能量转换，而地表浅层是一个巨大的太阳能集热器，收集了47%的太阳能，相当于人类每年利用能量的500多倍，且不受地域、资源等限制，真正是量大面广、无处不在。这是储存于地表浅层近乎无限的可再生能源，也是清洁能源。与地面上环境空气相比，地面5m以下土壤温度全年基本稳定且略低于年平均气温，可以分别在夏、冬季提供相对较低的冷凝温度和较高的蒸发温度。所以从热力学原理上讲，土壤是一种比环境空气更好的热泵系统的冷热源。而且土壤源热泵系统不会把热量、水蒸气及细菌等排入大气环境，符合当前可持续发展的战略要求。通常土壤源热泵消耗1kW的能量，用户可以得到4kW以上的热量或冷量，这多出来的能量就是来自土壤的能源。另外，地能温度较恒定的特性使得热泵机组运行更可靠、稳定，也保证了系统的高效性和经济性。据美国环保署EPA估计，设计安装良好的土壤源热泵，平均可以节约用户30%～40%的供热制冷空调的运行费用。高效的土壤源热泵机组，平均产生1RT的冷量仅需0.88kW的电力消耗，其耗电量仅为普通冷水机组加锅炉系统的30%～60%；

(2) 投资少，运行费用低

与传统空调系统相比，其一次性投资可节省15%～25%，每年运行费用可节约40%左右。采用土壤源热泵系统，由于土壤的温度比较稳定，夏季低于室外空气温度，冬季高于室外空气温度，土壤源热泵可以比风冷热泵具有更高的效率和更好的可靠性，其热源温度全年较为稳定，一般为10℃～25℃。而且土壤源热泵系统可用于采暖、空调，还可提供生活热水，一套系统可以替换原来的锅炉、空调制冷装置或系统，一机多用；不仅适用于宾馆、商场、办公楼、学校等建筑，更适用于别墅住宅的供热和空调。此外，机组使用寿命长，均在20年左右；机组紧凑、节省空间；维护费用低；自动化控制程度高，可无人值守。土壤源热泵中的热源不是指地热田中的热气或热水，而是指一般的常温土壤，所以对地下热源没有特殊的要求。

土壤源热泵系统的*COP*值一般在3～6左右，与传统的空气源热泵相比，要高出40%左右。

(3) 占地面积少

机房占地面积小，节省空间，可设在地下。

（4）绿色环保

土壤源热泵系统利用地球表面浅层地热资源，没有燃烧、没有排烟及废弃物，清洁环保，无任何污染。土壤源热泵的污染物排放与空气源热泵相比，相当于减少40%以上，与电采暖相比，相当于减少70%以上，假如结合其他节能措施，节能效果会更明显。该装置的运行没有当地污染，可以建造在居民区内，安装在绿地、停车场下，不需要堆放燃料废物的场地，且不用远距离输送热量。

（5）自动化程度高

机组内部及机组与系统均可实现自动化控制，可根据室外温度变化及室内温度要求控制机组启停，达到最佳节能效果，同时节省了人力、物力。

可自主调节机组，能够任意调机，可按需要调整供给时间及温度，完全自主；一机多用，既可采暖，又可制冷，在制冷时产生的余热还可提供生活生产热水或为游泳池加热，最大限度地利用了能源。

土壤源热泵的缺点如下：

1）埋地换热器受土壤性能影响较大，土壤的热工性能、能量平衡、土壤中的传热与传湿对传热有较大影响；

2）连续运行时热泵的冷凝温度和蒸发温度受土壤温度的变化发生波动；

3）土壤导热系数较小，换热量较小。已有的经验表明，其持续吸热速率一般为25W/m^2，所以当供热量一定时，换热盘管占地面积较大，埋管的敷设无论是水平开挖布置还是钻孔垂直安装，都会增加土建费用。

北方寒冷地区，特别是严寒地区，利用土壤源热泵历年冬季供热时，从土壤中取热量显著大于夏季空调时向土壤的排热量，则会造成土壤逐年冷堆积，这不仅影响岩土体温度的不平衡，而且会逐年降低供热效果。

4.3.2 烟气余热回收技术

燃气锅炉的主要热损失是排烟热损失，而根据天然气的成分（主要是甲烷），其燃烧后生成大量的水蒸气，汽化潜热特别多。因此，通过烟气中水蒸气冷凝成水的相变，提高锅炉回水温度，可以降低天然气的耗量，提高锅炉运行效率。考虑到冷凝水的腐蚀性，烟气冷凝回收装置要采用不锈钢材料，防止冷凝腐蚀。烟气冷凝热回收系统原理如图4-13所示。

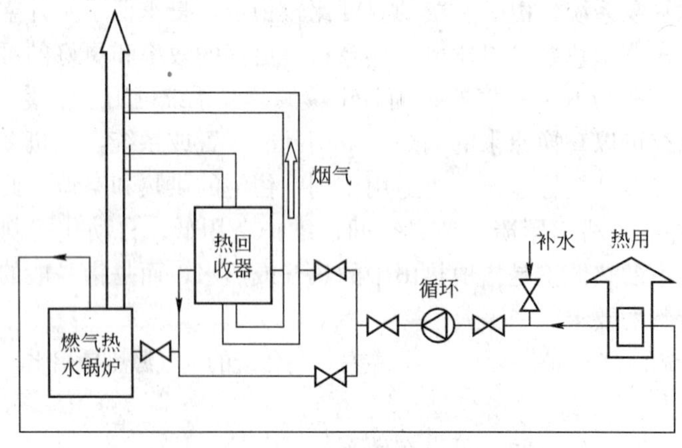

图4-13 烟气冷凝热回收原理图

1. 燃气锅炉房节能潜力

通过采取降低排烟热损失、提高运行控制水平、提高凝结水回收率等技术措施，可以发现燃气锅炉房具有较大的节能潜力。

以北京市为例，2005 年，区域燃气锅炉房供热建筑面积接近 $1.7\times10^{8}m^{2}$，采暖季燃气锅炉房用气量约为 $20\times10^{8}m^{3}$，若节能 10%，可减少燃气耗量 $2\times10^{8}m^{3}$；节能 20%，可减少燃气耗量 $4\times10^{8}m^{3}$。可见，燃气锅炉房节能潜力较大，节能效益相当可观。

2. 燃气锅炉房节能技术措施

根据以上分析，燃气锅炉房应采取合理的节能措施，有效提高节能水平。具有节能潜力的因素中，凝结水回收率、热水锅炉系统补水率实际上与外网和热用户有关，应通过外网和热用户解决。

3. 降低排烟热损失措施分析

排烟热损失主要受排烟温度和空气系数 α 的影响。

其中空气系数 α 过大，会造成烟气量增加，带走更多的热量，所以应在保证锅炉燃烧效率的前提下尽可能降低过量空气系数，可通过合理配置燃烧器、严格的运行调试，使其与锅炉本体的结构特点，燃料的种类和特性相匹配，以确保火焰在炉胆中充满，使燃料充分燃烧。选择具有比例调节功能的燃烧器，能够随着供热负荷的变化自动调节燃气的供应及空气的配比，使燃气锅炉在负荷变化范围内，始终保持在较高的燃烧效率的同时，保证合理的过量空气系统，降低排烟热损失提高锅炉热效率。

由于排烟热损失中水蒸气所携带的热损失占排烟热损失的 55%～75%，如果将排烟温度降到烟气冷凝温度以下，通过回收利用水蒸气潜热，可以很有效降低排烟热损失，提高锅炉热效率。为此，需采取低温吸热装置并达到冷凝效果进行热量回收。低温吸热装置从结构上可分为整体式和分离式两种。整体式即为一般所说的冷凝式锅炉，分离式就是在常规锅炉外的烟道中加装余热回收装置。

(1) 冷凝式锅炉

冷凝式锅炉是指能够从锅炉排放的烟气中吸收水蒸气所含的汽化潜热的锅炉。常规锅炉将烟气中大部分显热传递给水或蒸汽，而冷凝式锅炉不仅将更大一部分显热传递给水或蒸汽，还吸收了部分烟气中的水蒸气冷凝后释放的汽化潜热。

冷凝式锅炉在设计思想上与传统锅炉有很大的不同。冷凝式锅炉必须具有冷凝式热交换受热面，采用高性能的外壳保温和密封材料。用低温水将锅炉的排烟温度降到烟气冷凝温度以下，使烟气中呈过热状态的水蒸气凝结成水，放出汽化潜热，把这部分热量回收仍利用于锅炉。按照燃料低位发热量为基准计算，整体效率可比传统的锅壳锅炉高出 10%～17%。排烟温度可降至 50～70℃。冷凝式锅炉不仅节省能源，而且在冷凝烟气中的水蒸气的同时，可以除去烟气中的有害物质，又可回收可观的水量，具有节能、节水、环保等特点。冷凝式锅炉在国外应用已相当广泛。

由于整体型冷凝式锅炉烟道结构和阻力变化较大，需要增加较大的风机功率；冷凝液在炉内产生，需采取防腐措施；燃烧器在性能匹配上也与非冷凝式锅炉不同，因此通常整体型冷凝式锅炉的成本是常规锅炉的 1.5～2 倍。

(2) 常规锅炉加装余热回收装置

分离式烟气余热回收装置一般可分为直接接触换热器和间接换热器。

直接接触换热器采用水喷淋的方式与烟气直接接触进行热质交换。此方式热能回收率高，同时吸收了大量烟气中的有害物质，但是此方式回收的水质为酸性，使用受到限制，余热回收产生的热水在一般民用采暖锅炉房内难于利用，因此采暖锅炉房一般不采用这种方式。

间接换热器又称为烟气冷凝热能回收装置。因燃气锅炉的烟气中水蒸气含量多，烟气中的水蒸气在冷凝过程中放出大量汽化潜热，使得燃气锅炉所采用的冷凝式余热回收器效果比传统的燃煤锅炉所采用省煤器效率要高，在常规锅炉烟道上加装烟气余热回收换热器，可提高锅炉的热效率，减少能源的浪费，同时也可降低用户的运行成本。

冷凝热能回收装置的另一个作用是降低 NO_x 的排放，锅炉热效率的提高，减少了燃料的消耗，降低了总排放量；冷凝液对 NO_x 的吸收，进一步减少了污染物的排放，因此安装冷凝热能回收装置，具有节能和环保的双重效果。

(3) 烟气再循环

有的锅炉采用了烟气再循环系统，将部分尾部烟气送入炉膛重新参加燃烧，既利用了部分余热，又可降低 NO_x 的生成量，具有节能和环保双重功效。

通过以上分析，燃气锅炉房节能措施如下：采用冷凝式锅炉或烟气余热回收装置、烟气再循环等措施可以降低排烟热损失，提高锅炉热效率，降低运行成本，具有节能、环保效益。

参考文献

[1] 刘靖，张茂勇．供热系统的计算机模拟分析调节法研究［J］．节能，2000，(2)：3～4

[2] 北京市民用建筑采暖现状和发展研究［R］．供热顾问团研究报告，2005.46～49

[3] 江亿．我国供热节能中的问题和解决途径［J］．暖通空调，2006，36(3)：37～41

[4] 张晓亮．单管串联采暖系统不均匀损失模拟分析［D］．北京：清华大学，2002

[5] 于瑾，方修睦．欧洲采暖热计量评述［J］．节能，2005，(5)：54～56

[6] 郝斌，李德英．供热节能改革的国内外案例分析［J］．供热制冷，2002，(5)：28～30

[7] 供热系统自动控制与热计量问题；中国城镇供热协会赴法德供热技术考察报告［J］，区域供热，1998，(3)：13-17

[8] 温丽．中国供热采暖技术发展概况及现状分析［J］，供热信息，2006，(2)：50～55

[9] 陈宏振．徐州市集中供热的经济性比较研究［D］．西安：西安建筑科技大学，2005

[10] 刘英梅．基于可靠性的给水管网扩建改造的优化—［D］．天津：天津大学，2000

[11] 秦绪忠，江亿．集中供热网的可及性分析［J］．暖通空调，1999，21(1)：2～7

[12] 许娟．建筑小区内地下热力管网的优化设计［D］．北京：北京工业大学，2000

[13] 张立勇．供热管网的流体网络分析及水力平衡研究［D］．天津：天津大学，2003

[14] R. Petitjean 著，水力管网全面平衡技术［M］．郎四维译，北京：中国建筑工业出版社，1991

[15] 曹勇．城市供暖模式优化方法的研究［D］．哈尔滨：哈尔滨建筑大学，2000

[16] 高天，班春艳．城市集中供热管网设计的探讨［J］．煤气与热力，2001，2

第 5 章　过渡地区既有建筑供能系统节能设计关键技术

5.1　过渡地区既有建筑冷热源节能设计的主要途径

过渡地区的住宅用电量和北方及南方地区的住宅相比大致相当，和国外相比要低。原因是我国经济适用房和中低档小区在住宅总面积上占很大比重，居民家庭的电气化水平还不高，炊事、照明的电耗不是很高。而近年来新建的一些高档小区，由于照明和家电档次的提高，用电强度已呈现明显的增加趋势。根据上海市的调查结果，高档小区单位建筑面积的电耗已经达到 50kWh/a。因此，住宅用电在今后会持续增加，高能效比的家用电器设备也是住宅节能的一个潜力较大的环节。

公共建筑能耗和国外相比并不高，和发达国家相比基本在同一水平，甚至还要低一些。国外研究机构对公共建筑的节能研究是近几年才开展起来的，一些诸如设计不合理、调试不完善、运行管理不科学的现象在国外的大型公共建筑中也屡见不鲜。新的设计方法和模拟分析根据、设备系统的调试技术以及提高物业管理的节能手段都是研究的重点。

对于供热系统，过渡地区相对于国外和国内北方地区相比处于较低水平，应发挥这一地区室内外温差小、各类地表水资源丰富的特点，发展各类分散的热泵采暖方式，维持这一地区部分空间、部分时间采暖的特点，发展出一种新的低能耗采暖方式。

5.2　过渡地区既有建筑供热系统的节能设计

在过渡地区既有建筑中广泛应用的供热系统包括市政集中锅炉、整装加热单元、独立式加热器和家用火炉。其中，锅炉是建筑供热中比较常用的设备。现有锅炉的平均热效率在 65%～75%之间。

有效利用能源是减少费用以及降低蒸汽和热水散失的最好方法。当生产同样数量的蒸汽和热水时，如果热的损失少了，用的燃料也就减少了。因此，在锅炉选择和运转时需要重点考虑锅炉能否具有较高的热效率。

简单而言，锅炉效率代表能量输入与输出之间的差异。在锅炉的投资成本中，最初的锅炉购置和安装成本仅为总投资的较小的一部分，而燃料费用和维修成本则是总投资的较大的一部分。不同的锅炉，其开支是不同的，通过评估锅炉的差异可以找到所期望的性价比。因此，锅炉之间效率的细微差异往往会产生可观的能量节省。

要确保技术改造的可行性，就必须了解应用的需求、过程设计的缺陷、现有设备的局限性以及降低系统性能和效率的原因。通常受以下因素限制：制热过程中对控制环境的要求；温度的范围；可选的能源种类和原材料的运输成本等。

锅炉的应用遍及大部分工业过程。对一个给定的系统，通常有许多改进和提高系统性能的方法，但要使用最低的成本来获得最大的改进，就应该采用一种系统的方法。

系统的方法要分析系统的供求关系以及它们之间的相互作用，尤其是要注重系统的整体性能而不是单方面的性能。在工程上，一种常用的方法是首先将一个系统或过程分解为几个基本的功能单元(组件、模块、处理步骤)，并进行优化或替换它们，然后重组这个系统。因为基本功能单元的复杂性比较低，所以它们的优化比较容易。如果功能单元相互独立，并且互不影响，这种方法是非常合适的。反之，如果各单元相互影响，那么就必须要用系统的方法来评估整个系统，以确定怎样才能最有效地实现最终的需求，并且最节能。

实际上，随时间的推移，锅炉系统也在不断变化，有些组件会增加，有些会被淘汰或被较新的或其他的形式所替换。不同的组件也许以不可预见的方式在老化，慢慢地在降低系统的性能。新产品在实际运行中需要调节，否则可能导致达不到原始设计的要求。经常改进设计有助于降低锅炉系统的复杂性，并增加它们的可靠性和整体性能。

本章介绍了加热系统性能改善的机会和方法。由于运行特性和运行条件非常广泛，所以本章仅讨论节能方面的问题，主要目的是帮助用户确定并优先考虑在技术和经济上可行的潜在的改善方法和实施方案。

(1) 锅炉的种类：

根据特性的不同，锅炉分有3种形式：

1) 根据水和燃气流过的单元不同，锅炉可细分为：水管锅炉(Watertubeunitsl)和火管锅炉(Firetube units)。

2) 根据热源的不同，锅炉可细分为燃油锅炉、燃气锅炉、燃煤锅炉和固体燃料锅炉。燃煤锅炉根据煤燃烧的装置可进一步分类，燃煤锅炉主要有以下3种：煤粉锅炉(Pulverized—coal，PC)、层燃锅炉(Stoker—fired)和流化床锅炉(Fluidized—bed combustion，FBC)。

3) 根据构造方法，锅炉可细分为整装型、车间装配型和现场架设安装型。整装锅炉在工厂里装配，固定在枕木上，并运输到安装现场。车间装配型锅炉由大量个体构件或分组装配而成。在这些部件被排列、连接和测试之后，整个单位被装配于一体。现场架设安装型锅炉太大，不能作为一个整体装置来运输，它们由一系列单个组件在现场安装而成。

任何锅炉的基本目的就是将以燃料形式存在的化学能转化为能够产生蒸汽和热水的热能。为了达到这个目的，燃烧炉内一定会发生两个基本过程；首先，燃料必须与充足的氧气进行混合，以保证燃料能够持续地燃烧。其次，燃烧过程产生的热量必须迅速传递给水或蒸汽。为了提高燃烧和热传递的效率，锅炉内需要多种成分。锅炉的设计取决于燃料的类型和热传递的方式等因素。

(2) 锅炉的选择

多数锅炉可分为水管锅炉和火管锅炉，但其他形式的锅炉，譬如铸铁(Castiron)、盘管型(Coil Type)和无管(Tubeless)锅炉，目前也在生产。

系统负荷用热流量或蒸汽流量(在特定的压力和温度下)来表示。当谈及系统负荷时，会涉及蒸汽和热水。但是，并不是所有情况或标准都同时提供这两个参数。在不知道系统负荷要求的情况下，测量和选择一个锅炉几乎是不可能的。了解系统负荷需要了解以下信息：

1）锅炉容量：系统要求的最大负荷量；

2）锅炉稳态燃烧的最低负荷：系统要求的最小负荷量；

3）最大效率状态：系统要求的平均负荷量。

在整个供热季节中，商业建筑的供热系统具有很大的供热需求。为了减小与循环锅炉和其他因素有关的不可估计的热损失，慎重选择单个锅炉以及锅炉组合对锅炉的有效运行来讲是很有必要的。有时，选择多个小的锅炉组合来代替一个或两个大锅炉是非常有利的。应用这种方法，至少会有几个小锅炉在连续工作。

典型的采暖负荷是低压蒸汽或热水，因为采暖负荷不会有大的瞬时变化，因此相对比较容易定义。而且，一旦计算出采暖负荷，这些数据能容易地转化为对设备大小的要求。采暖负荷常用于楼宇的采暖。当计算采暖负荷时，也包括蒸汽用于吸收式空调机组的负荷。采暖负荷的特征是季节变化大、瞬时变化小。锅炉的容量大小应该能够满足最坏的天气情况，这表明锅炉一般天气情况下达不到满负荷状态。

（3）锅炉系统的节能改进

锅炉效率包括排烟损失以及辐射和对流损失。如前所述，锅炉原始设计是影响锅炉效率的最主要因素，但是在计算效率时，仍有发挥的空间。如果的确需要，在效率上稍加改进就可以使锅炉的效率比原始设计效率要高。下面列出的是计算效率时要考虑的主要因素：

1）排烟温度（烟道温度）；

2）空气系数；

3）燃烧空气的温度；

4）辐射和对流损失。

另外，安装热回收设备来利用其中的一部分余热对提高效率是非常有益的，但回收利用太多的余热可能会引发腐蚀等问题，尤其是在有水凝结在锅炉设备上时。内部锅炉部件腐蚀是由钢的类型造成的，如碳钢。这类腐蚀一般发生在有水凝结以及与废气中的其他成分结合形成酸的地点。为了避免这些腐蚀问题，可以应用不锈钢或其他合金。对于多数锅炉系统来说，排烟温度具有一个最小的实际限制值。

排烟温度或烟筒温度是燃烧气体排出锅炉时的温度。排烟温度是效率计算的一个验证值，反映锅炉燃料的实际使用情况。一个潜在的操作效率评估的方法是用一个比实际排烟温度低的温度来计算。当评定效率保证书或计算效率时，要检验排烟温度。如果效率值是准确的，那么现有应用中的排气温度应该是一致的。

过量空气是提供给燃烧器完全燃烧所需的空气之外的多余空气。给燃烧器提供过量空气是因为锅炉在没有充足的空气或“燃料富足”的情况下运行会有潜在的危险。所以，供给锅炉比完全燃烧需要的实际空气多的过量空气是为了提供一个安全系数。但是过量空气从燃烧中吸收能量，会带走锅炉内传递给水的能量，如图 5-1 所示。这样，过量空气降低了锅炉效率。一个合格的燃烧器设计允许燃烧的过量空气的最小值是 15%（3%为氧气）。过量空气的测量可以抽样化验废气中的氧气。如果存在 15%过量空气，氧气分析仪会测量出过量空气中的氧气的浓度为 3%。

温度和大气压力的季节性变化可能导致过量空气在 5%～10%之间波动。此外，在低过量空气水平下点火可能会导致一氧化碳的浓度升高以及在锅炉内形成炭黑，尤其是如果燃烧器的结构复杂和风机设计不当时。事实是即使燃烧器理论上能在少于 15%过量空气的情况下运行，但是在实际应用中几乎是不可能的。从安全因素的角度来考虑，锅炉在运行时实际的过量空气应在 15%。

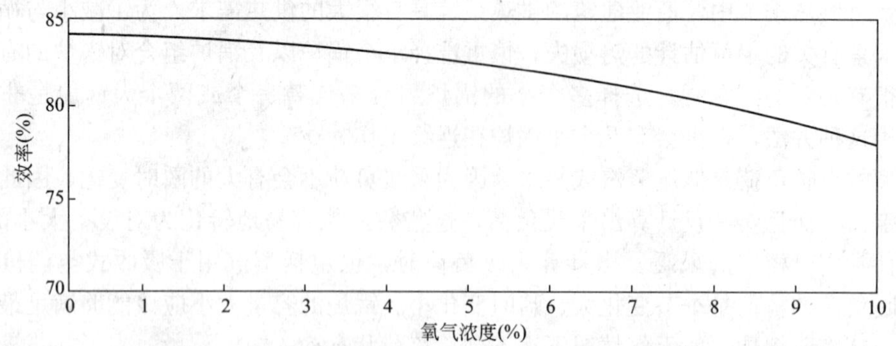

图 5-1　燃烧效率与氧气浓度的关系曲线

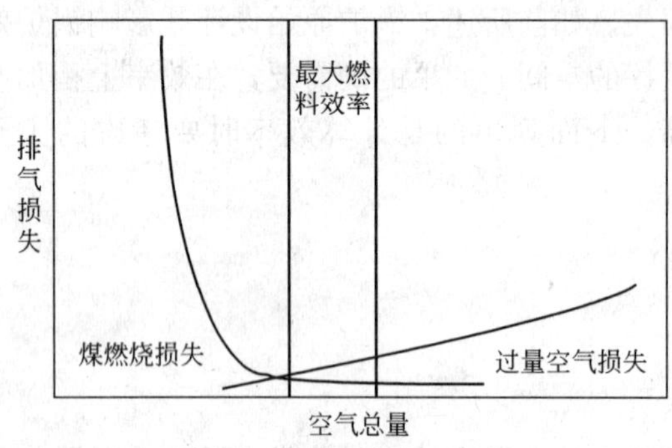

图 5-2　影响锅炉效率的因素

当评定或计算效率时，应该检查过量空气。如果计算效率时用的是 15%的过量空气，燃烧器应该有非常高质量的设计以及有可重复利用的节气阀和联结装置。没有这些特点，锅炉不能在计算时用的低过量空气水平下运行，至少不能长期运行。如果在计算时少于 15%的过量空气，计算出的效率一定会高于锅炉实际长期运行的效率。应该要求在当前的过量空气水平下重估效率。影响锅炉效率的因素如图 5-2 所示。

另外一个影响所有类型燃烧设备的是燃烧气温，它对锅炉效率有很大的影响，如图 5-3 所示。燃烧气温的变化直接影响提供给锅炉的燃烧空气量，而增加或减少过量空气。

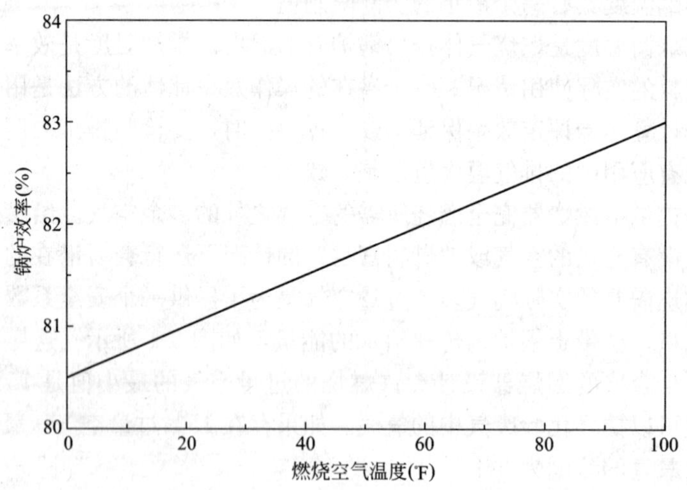

图 5-3　锅炉效率与燃烧气温的关系

过量空气多意味着额外的能量损失，增加了排烟温度，减少了锅炉效率。低过量空气水平可能导致不完全燃烧，生成炭黑和造成燃料的浪费。

为了使该损失减到最小，设计好的燃烧器在15%的过量空气下有效运行。过量空气量会随着锅炉设计和燃料的变化而变化。不幸的是，这个量也没有一个固定的标准。温度的季节性变化会引起过量空气的变化，与锅炉设定值的变化一样，不工作的燃烧器会渗入空气。

通常燃烧器监测程序经常可以检测出与燃烧相关的潜在问题。火焰形状、颜色和声音上的变化是早期的显示。外部气温升高或下降将会影响燃烧气温。虽然应用氧气分析仪能够得到令人满意的测量效果，但还应该使用燃烧分析仪确定实际的燃烧性能。氧气调整系统也能帮助维持高效率，但比较旧的工业锅炉通常没有安装。

辐射和对流损耗代表了从锅炉辐射的热损耗，为了使这些损失减到最小，锅炉外表面应是热绝缘的。但是每个锅炉都不可避免的有辐射和对流损失。有时，效率可能是指没有任何辐射和对流损失时的效率，这不是锅炉的燃料使用的真实反映。锅炉设计可能对辐射和对流损失也有影响，例如，湿尾(water back)设计锅炉比干尾(dry back)设计有更高的后壁温度。到干尾锅炉的后面，摸一下后背就可得到结果，后背温度化是锅炉的后方低辐射和对流损失的结果，锅炉运行时具有较高的后背温度说明锅炉每次生火时都有能量的浪费。辐射和对流损失也是穿越锅炉房的空气速度的函数，一间设计良好的锅炉房内应该没有很大的风速。然而，在室外运行的锅炉会有比较高的辐射和对流损失。

燃料和空气的泄漏：空气在蒸汽产生区后部到引风机之间的泄漏并不是一个严重问题。这可能会影响检测泄漏空气的氧气分析仪的使用寿命，并影响抽风机的工作能力，甚至制约锅炉的最大蒸汽生产能力。阻止空气泄漏的最佳方式是寻找漏气源并密封它们。空气泄漏也可能发生在燃烧器或加煤机与炉膛之间密封的部位。在这些地方，点燃的火柴、丁烷打火机或蜡烛火焰都能检测出漏气的部位，所有漏气的部位都应该立即修复。由于弯曲变形或裂缝等原因而不能密封的通道门应该立刻换掉，破碎或遗失的观察口的玻璃要随时更换，管道上的泄漏部位应该立即修复，尤其是在空气加热器的上面。一般来讲，必须遵守燃烧设备制造商的用户维护指南。总之，一旦氧气水平或燃烧废气量增加，或尾气温度降低就应该进行泄漏检测。

热回收设备包括各种类型的热交换器，当燃烧气体流经锅炉的过热器和蒸汽产生区时，热交换器就会从这些气体中吸收热量。热回收设备主要有以下几种类型：

(1) 节能器

节能器通过从辐射再加热单元或没有再加热锅炉的蒸发层排出的热空气中提取热量，来提高锅炉效率。热转移给锅炉的回水，回水的温度比饱和蒸汽低得多。节能装置是一系列的水平管状物，其特征是中空的管路，或扩大的平面类型。中空管通常包括不同大小的设计成箅子或绕组形式的管子，管材通常由低碳钢构成。由于钢即使在低氧气浓度下也容易受到腐蚀，因此使用的水必须100%不含有氧气的。在燃煤锅炉中飞尘微粒的堆积也会对节能装置的管子形成一定量的金属侵蚀。装置在最大连续额定值之上运行时，多余的过量空气也会加速飞尘侵蚀。任何面积的减小，譬如飞尘聚集区域，都会增加气流速度和侵蚀的危险。在停机时，有规律的清洗应是正常维护程序的一部分。

(2) 空气加热器

空气加热器在废气进入大气前冷却废气，提高燃料生火效率以及提高用于燃烧的空气温度。被磨成粉的煤炭在炉中点燃时，需要通过空气加热器或预热器，在点燃之前去除煤中的湿气。加热的空气还用来将磨成粉的燃料运送到锅炉。影响空气加热器高效率运行的最大因素是腐蚀，燃料的硫磺含量、气体的湿气含量和点火类型都与腐蚀形成有关，适当的设计可阻止或预防腐蚀。为使空气加热器高效运行，经常会使用某些维护技术，包括高压气吹和水清洗。

1）高压气吹。高压气吹的设备以过热蒸汽或烘干压缩空气作为清洁物。尽管可以安装汽水闸和分离器来去除空气中的湿气，但是由于本身没有湿气，压缩空气比蒸汽更受欢迎。

2）水清洗。当高压气吹无法轻易地去除残余的沉积物，并影响了气流通过空气加热器时，用水去除残留的沉积物是非常有效的。多数形成的堆积物是水溶的，因此使用高渗透、固定式、多喷管设备能够容易地去除沉积物，但必须提供充分的排水设备。水清洗可以在大修期间或运行期间进行。锅炉负荷减少时可单独进行水清理，空气加热器的水清理应与在线锅炉分开进行。

5.3 过渡地区既有建筑空调系统的节能设计

5.3.1 制冷系统的选择

大型公共建筑通常使用工厂组装的风冷式的整体型制冷设备。大于 9290m^2 的建筑和建筑群通常使用水冷式的“组合的”或者是为特定要求设计的现场装配的制冷系统。在两者之间，建筑物可以使用多个大中型整装式系统或者小型模块组合系统。目前特大容量的模块式制冷系统(20～60RT)的使用正在增加。应用在小型建筑中的模块式的空调应该并设一条通道以便从室外引入新鲜的空气。整体式模块机用于所有商用楼层的比例高达 2/3，占领了小项目和低楼层建筑的主要市场。

总之，大中型制冷系统比模块系统安装和维护费用更高。因为水冷式制冷系统效率很高，传统的观念是水冷式系统比模块式系统效率更高。然而，在大中型制冷系统中的泵和风扇的“寄生”(非制冷系统)负载可以高达和制冷机的峰值用电量相同。因而，在模块式系统和大中型系统之间，或各种类型的系统之间性能的比较和选择必须检测整个系统，而不仅仅是冷冻或者冷凝单元的比较。表 5-1 给出了各种制冷系统的特性和典型应用。

各种制冷系统的特性和典型应用 表 5-1

特性	风冷式模块机组	水冷式模块机组	风冷式大中型制冷机组	水冷式大中型制冷机组
建筑高度	仅限于1～4层建筑	无限制	无限制	无限制
最小冷却容量	对模块化系统没有限制	对大于 20RT 的项目是划算的	对大于 100RT 的项目是划算的	对大于 200RT 的项目是划算的
冷却控制	低	低到中	高	高
维护	低	中到高	中	高
安装费用	低	中到高	高	高
运行费用	中	低到中	中到高	低
典型的应用	1～2层建筑	炎热/干燥气候中的1～2层建筑	用水和维修受到限制的中到大型建筑	中到特大型建筑和校园

选择正确的制冷系统不是易事，对很多建筑的业主来说，舒适甚至比建筑物的能耗或者效率更重要。热度的不适、噪声以及通风问题都会影响员工的生产力和承租人的满意度。设计不合理的系统不能满足用户的需求，会导致用户的精力分散、生意损失，甚至导致诉讼。

当选定一个制冷系统时，设计者必须选择一个风冷式或者水冷式的制冷系统。风冷式系统消除了对冷却塔的需求，减少了安装和维护费用。然而，风冷式制冷系统实质上比水冷式的效率低。为了比较风冷式和水冷式制冷系统，可以做一个详细的总服务周期成本分析。风冷式制冷系统的维护费用随压缩机的类型变化，螺杆式压缩机初投资高一些，但是可以运行更长的时间才需要大修。

在选择一个制冷系统时，对适当规模的计算和估计是非常关键的。一个过大的制冷系统不但投资大，而且会因不良的低负荷运行特性和过度的循环而浪费能量。

1. 风冷式制冷系统的选择

在制冷系统的选择过程中，工程师应当判定在应用时是强调满负荷效率还是部分负荷的效率。对于变负荷，变环境温度、湿度情况下，可应用 IPLV(综合部分负荷值)来选择风冷式制冷系统(见表 5-2)。但是在组合制冷系统，或者有峰值和需求费用时，工程师或许把更多的精力集中到满负荷特性上。在选择风冷式制冷系统时，选择那些满足推荐效率的压缩机型号。

风冷式制冷系统的 IPLV/满负荷和能得到的最好的 IPLV/满负荷率　　表 5-2

压缩机的类型和容量	最优的部分负荷制冷系统(kW/RT)	
	推荐的 IPLV	能得到的最好的 IPLV
涡旋式(30～60RT)	0.86 或更小	0.83
活塞式(30～150RT)	0.90 或更小	0.80
螺杆式(70～200RT)	0.98 或更小	0.83
压缩机的类型和容量	最优的满负荷制冷系统(kW/RT)	
	满负荷推荐值	满负荷的最佳有效值
涡旋式(30～60RT)	1.23 或更小	1.10
活塞式(30～150RT)	1.23 或更小	1.00
螺杆式(70～200RT)	1.23 或更小	0.94

如果一个 100 冷吨 IPLV 功率额定值是 0.98kW/RT 的风冷式螺杆式制冷系统的购买价格，超出普通制冷系统的部分不大于 47000 美元，就是划算的。当一个效率为 0.83kW/RT 最优的螺杆式模型的价格，超出普通型的部分不大于 74000 美元时，就是划算的，如表 5-3 所示。

以 100RT 的螺杆式制冷系统为例分析制冷系统的性价比　　表 5-3

性　能	普通型	推荐型	最佳型
IPLV 效率(kW/RT)	1.25	0.98	0.83
年用电量(kWh)	250000	196000	166000
年电费(美元)	15000	11800	10000
服务期总电费(美元)	219000	172000	135000
服务期所节约的电费(美元)		47000	74000

年用电量的计算是建立在每年全负荷运行2000h的基础上的。由于风冷式制冷系统通常应用在负荷经常变化的条件下，这样就同时比较了IPLV的效率。假定电价为0.06美元/kWh［这是美国联邦政府的平均电价(包括峰值收费)］。由于这个平均费用没有将需用电费的不成比例的那一大部分核算进来，所以表5-3中所示节约的电费或许是保守值。

确定使用制冷系统的性能是在满负荷还是部分负荷效率(kW/RT)等级，要根据应用情况而定。通常情况下，部分负荷(IPLV)优先选取随环境温度和湿度波动的变化负荷。满负荷适用于制冷系统负荷很高而环境温度和湿度相对恒定的情况。为进一步优化选择，比较基于非标准部分负荷值(NPLV)的制冷系统，NPLV可以保持与IPLV同样的效果，但是允许设计者设定其他的关键变量(如入口冷凝水温度、蒸发器排水的温度、流速等)。

2. 水冷式制冷系统的选择

许多设备管理者选择将旧制冷系统替换成使用非氟氯化碳(non—CFC)制冷剂的高效率制冷系统，报废那些效率低，或者有高维护费记录的基于氟氯化碳(CFC)的制冷系统。电费节约的部分可以添加到非氟氯化碳制冷剂的环保效益中去。表5-4提供了IPLV的推荐值/IPLV的满负荷和最佳有效值/不同类型的水冷式制冷系统的满负荷额定值之间的比较。

IPLV的推荐值/IPLV的满负荷和最佳有效值/不同类型的水冷式制冷系统的满负荷额定值　　**表5-4**

压缩机的类型和容量	最优的部分负荷制冷系统(kW/RT)	
	推荐的IPLV	能得到的最好的IPLV
离心式(150～299RT)	0.52或更小	0.47
离心式(300～2000RT)	0.45或更小	0.38
螺杆式(≥150RT)	0.49或更小	0.46
压缩机的类型和容量	最优的满负荷制冷系统(kW/RT)	
	满负荷推荐值	满负荷的最佳有效值
离心式(150～299RT)	0.59或更小	0.50
离心式(300～2000RT)	0.56或更小	0.47
螺杆式(≥150RT)	0.64或更小	0.58

选择制冷系统时，实现最大限度节能的关键是要特别注意选择适合的级别。一个过大的制冷系统不但要花更多的钱购置，而且运行时在过度循环中造成的能量损失也更多。可以参考ASHRAE的计算步骤，来恰当地确定冷负荷。对中央制冷系统的改进能节约更多的能量。它将制冷系统的置换或制冷剂的改变与其他蓄能措施结合在一起，这样可以减少冷负荷或者提高制冷系统自身的效率。制冷系统效率改进的例子是控制系统的升级，以及增加冷却塔的容量。减少冷负载的措施包括加强建筑的密封性，并更新照明系统。这些额外的花费以及减少其他负荷措施的费用大部分能由规模缩小的制冷系统节约的费用来抵消。

将一台单个制冷系统替换成两个或者更多更小的制冷系统，来适应变化负荷的需求可能会比较经济。在较大的设备中，多个制冷系统的“并联分级”是适应峰值负荷的常用手段，多个制冷系统还能为日常维护和设备故障提供备用。对许多典型设备来说，使一台制冷系统工作在峰值负载的1/3，而使另一台工作在峰值负荷的2/3，能让制冷系统在相对较高的部分负荷效率下满足最大的冷负荷需求。这些分级组合还可以很好地分别使用在不同的条件下，比如在夏季冷凝水为29℃，用电高峰时，一台制冷系统达到最优化运行，而在冬季冷凝水为24℃，高峰时，另外一台制冷系统达到最优化运行。

表5-5列举了一台500RT和一台250RT的CFC制冷系统被高效的非CFC的制冷系统取代的成本效益。离心式制冷系统的年用电量，相当于一台500RT的制冷系统每年2000个的等效满负荷小时数。螺杆式制冷系统的年用电量，相当于一台容量为250RT的机器每年2000个的等效部分负荷小时数，这是因为螺杆式制冷系统通常在部分负荷条件下工作(假定用电价为0.06美元/kWh)。

以500RT和250RT的CFC制冷系统为例分析制冷系统的性价比 **表5-5**

离心式制冷系统500RT型			
性 能	普通型	推荐型	最佳型
满负荷效率(kW/RT)	0.68	0.56	0.47
年用电量(kWh)	680000	560000	470000
年电费(美元)	40800	33600	28200
服务期总电费(美元)	570000	470000	400000
服务期所节约的电费(美元)		100000	170000
回转螺杆式制冷系统250RT型			
性 能	普通型	推荐型	最佳型
综合部分负荷效率(kW/RT)	0.78	0.49	0.46
年用电量(kWh)	390000	245000	230000
年电费(美元)	23400	13700	13800
服务期总电费(美元)	330000	205000	195000
服务期所节约的电费(美元)		125000	135000

由于这个平均费用没有包括制冷系统实际上经常产生的不成比例的那一大部分消耗，所以实际节约的或许更多。

3. 吸收式制冷系统的选择

目前既有大型公共建筑中使用的供能系统仍然多是常规的吸收式冷水机组或者螺杆式冷水机组，这也是此类建筑中能耗的重要组成部分，现比较分析常规能源的经济性。

假设建筑面积为20000m^2，冷负荷指标为100kW/m^2，总冷负荷为2000kW。

方案1：选用1台制冷量为2000kW的水冷螺杆式冷水机组，制冷剂为R22；

方案2：选用1台制冷量为2000kW的直燃型双效吸收式冷热水机组，燃料为天然气；

方案3：选用1台制冷量为2000kW的蒸汽型双效吸收式冷水机组，热源为市政蒸汽。

各基本参数参照过渡地区合肥市的实际情况，如表5-6所示。

过渡地区各基本参数 **表5-6**

制冷期	120d/a	日运行时间	10h/a
制冷负荷率	0.6	电价	0.9元/kWh
天然气热值	36209kJ/m^2	天然气价格	2.4元/m^3
蒸汽价格	210元/t		

3 种方案的选型和运行主要参数如表 5-7 所示。

3 种方案的选型和运行主要参数　　表 5-7

方案	方案 1	方案 2	方案 3
制冷主机	水冷螺杆冷水机组	直燃型双效吸收式冷热水机组	蒸汽型双效吸收式冷水机组
制冷量	2000kW	2000kW	2000kW
电功率	440kW	15kW	7kW
其他能量消耗		180m³/h 天然气	2.6t/h 蒸汽
冷水流量	360m³/h	360m³/h	360m³/h
冷水泵功率	60kW	60kW	60kW
冷却水泵流量	440m³/h	660m³/h	650m³/h
冷却水泵冷却塔功率	72kW	140kW	140kW

根据选型，得出各方案的初投资比较如表 5-8 所示。

各方案的初投资比较表(单位：万元)　　表 5-8

方案	方案 1	方案 2	方案 3
制冷主机	水冷螺杆冷水机组	直燃型双效吸收式冷热水机组	蒸汽型双效吸收式冷水机组
制冷主机费	140	235	175
冷水系统费用	17	17	17
冷却水系统费用	30	48	48
变电配电设备费	68	26	25
设备初投资费合计	255	326	265
初投资之比	1	1.28	1.04

同时，计算了设备的运行费用，如表 5-9 所示。

设备的运行费用表　　表 5-9

方案	方案 1	方案 2	方案 3
制冷主机	水冷螺杆冷水机组	直燃型双效吸收式冷热水机组	蒸汽型双效吸收式冷水机组
主机年运行耗电费	28.5 万元	1.0 万元	0.5 万元
主机年运行其他能源费	0	31.1 万元	39.3 万元
冷水系统年耗电费	3.9 万元	3.9 万元	3.9 万元
冷却水系统年耗电费	4.7 万元	9.1 万元	9.1 万元
年运行费用合计	37.1 万元	45.1 万元	52.8 万元
折合单位面积年运行费用	18.6 元/m²	22.6 元/m²	26.4 元/m²
年运行费用之比	1	1.2	1.4

从分析的结果来看，水冷螺杆冷水机组的初投资和运行费用都比吸收式冷机低。

从能源利用率的角度来看，如果是燃煤或燃气锅炉产生蒸汽，再利用蒸汽进行吸收式制冷；或者直接通过直燃式吸收机，燃烧燃气或燃油制冷，则并不是节约能源的措施。因为与目前吸收机规模相同的大型离心式制冷机组的*COP*一般都在5.5～6之间。通过直接燃烧一次能源来制冷的吸收机比常规的电压缩制冷机要消耗更多的一次能源。

先看燃煤蒸汽锅炉的案例。锅炉的效率为80%，蒸汽吸收式制冷机的*COP*为1.3，这样从燃煤的热量转换为冷量的综合效率为1.3×80%=1.04。同样规模的电动压缩制冷机的*COP*为5.5，我国燃煤发电效率为30%，考虑10%的传输损失，从燃煤到末端用电的转换效率在25%以上。这样，燃煤发电再电力制冷的综合转换效率为：5.5×25%=1.375，远高于吸收机的1.04。

再来看燃气直燃式吸收机，其能量转换效率为1.3，而大型燃气发电厂的发电效率为55%，考虑10%的传输损失，从燃气发电厂到末端用电的转换效率在50%以上。这样，燃气发电再电力制冷的综合转换效率为：50%×5.5=2.75，远高于吸收机的1.3的能量转换率。

水冷螺杆机组的能源利用率也较吸收式制冷机要高。因此，在目前电力供应无严重短缺的情况下，不应提倡通过燃煤、燃气、燃油的吸收式制冷方式，只有有大量工业余热可以利用时，才应该考虑利用这部分余热进行吸收式制冷。

5.3.2 风系统的节能设计

1. 风系统的构成

风系统一般由空气处理机组和以下几个部分构成：

(1) 风阀：用于控制系统分配的风量，包括：新风风阀、回风风阀、排风风阀以及送风风阀等；

(2) 预热盘管：避免因新风太冷而产生凝结；

(3) 过滤器：清除空气中的灰尘；

(4) 冷却/加热盘管：冷却/加热送风，以满足冷却/JJH热负荷的要求；

(5) 加湿器：增加空气湿度，为一个或多个空间调节湿度；

(6) 送风管道网络：输送空气到达各个房间。

2. 定风量系统与变风量系统

(1) 定风量(Constant Air Volume，CAV)系统

提供恒定的风量，通过温控器控制送风，将温度调节到设定值，以此来满足各个空间对温度的需求。无论是用热风或回风来混合加热冷空气，还是直接对冷空气进行加热，都是为了控制送风温度。由于这种混合加热方式，特别是在用于部分负荷时，这种形式是不节能的。当前建筑中常见的CAV系统有以下几种：

1) 末端再热加热的CAV系统。此时需要将循环风进行冷却，以满足的房间的温湿度要求。在部分负荷的情况下，要求对冷空气进行再加热，如图5-4所示。

2) 在内部空间末端带有风机盘管再加热的CAV系统。由于大部分供给空间的空气是内部循环风，所以降低了能量的消耗。

3) 带有周边再加热的全回风系统。回风单元把部分室内的暖回风与新风混合来控制温度。这样就会减少用于再加热的能量消耗，但是必须在末端安装大量的静压控制装置。

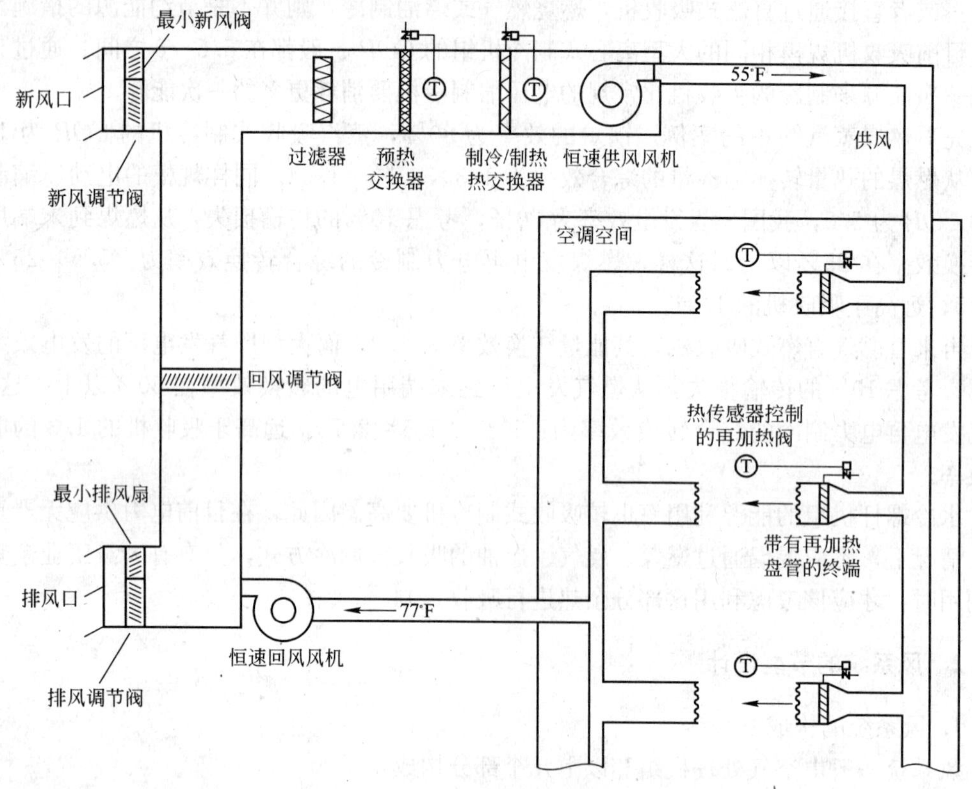

图 5-4　定风量系统的末端再加热装置

4）双风道系统。一组冷空气风道和一组热空气风道，通过将冷空气和热空气适当地混合来控制送风温度，在部分负荷时需要将混合空气加热，就会造成能量浪费。

（2）变风量(Variable Air Volume，VAV)系统

提供变风量的送风，根据一套温控装置保持送风温度恒定，以此来满足各个空间内热负荷的需要。根据热负荷的需求，空气处理机组(AHU)只提供冷空气，而在每个空间再进行加热。相对于CAV系统来讲，VAV系统的能耗显著降低。最常见的系统有以下几种类型：

1）带末端再加热装置的VAV系统：随着负荷的降低而降低供风量，直到达到预置的最小值。在这个范围内，再对送风进行再加热来满足温度的需要。相对于带有末端再加热的CAV系统，由于降低了冷风量的供给，所以此时再加热所需的能耗显著降低，如图5-5所示。

2）外加再加热装置的VAV系统。由于有其他系统完成加热，它只需完成供冷。由于周围热负荷是由于传导损失引起的，因此加热装置受外部空气温度的控制。

3）VAV双风管系统：它有一个冷风管道和一个热风管道，且其运行与带末端再加热的VAV系统非常相似。正常工作只需要提供冷空气，随着热负荷的降低，并达到预置最小容量时，热空气和冷空气开始混合。

由于VAV系统把再加热过程的能耗降到了最低，因此它的能量效率比CAV系统的明显要高。可以通过改变供风/回风的风机末端等措施，来改进目前的CAV系统，使其变

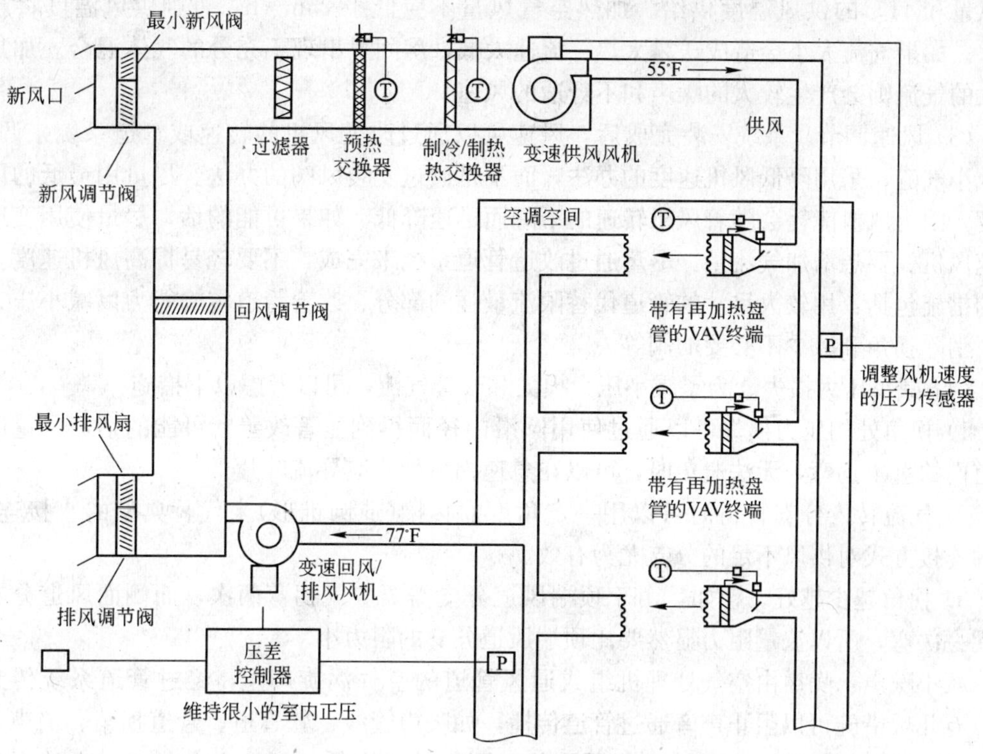

图 5-5 改进的变风量系统的末端再加热装置

成 VAV 单元来以达到节能目的。但是，即便目前已经是 VAV 系统，其节能性也还是一个值得研究的问题。

3. 提高系统的供风效率

高效的供风系统可以通过以下措施得到：增大管道尺寸、消除管道拐角、使用低能耗的传输管道和风机．使压降和噪声降到最低、用尽可能低的通风速度来保持合适的气流。

设计最优的供风系统的确不是一件容易的事。一套合适的系统必须综合考虑低噪声的需要、总的 HVAC 系统的能耗、长期保养和更换的费用。还有许多因素需要考虑，如散热器的类型、数量、尺寸，管道尺寸，材料，送风类型、尺寸，附加装置类型，送风管道长度、拐角的数量、类型，风道系统的位置以及风机性能等。

通常情况下，区域的风量是根据指定的负荷和风速来计算的，可能无法满足湿度要求。对需要除湿的应用场合，设计的气流必须同时满足湿度和温度的要求。在接近居住者的地方，区域气流的风速应保持在 0.05～0.08m/s，要尽量避免过大的风速，但要满足通风和房间压力平衡的需要。

4. 一般系统的气流要求和调整准则

(1) 冷却系统空气流速。总体的系统风量一般应介于 595～765m^3/h 之间，如果过大的话，冷凝水会溅出冷却盘管。而如果风量小于 595m^3/h，那么，冷却能力和效率均会在某种程度上下降。因此，让系统在这个空气流范围的较低端运行是合理的，因为这样的话，离开冷却盘管的空气温度会较低，从而增加除湿能力。

(2) 加热系统气流。对于只需加热的系统，合理的目标是 1kW 的加热量以 145m^3/h

的风量和41℃的供风温度供给。加热空气风量不应低于25m³/h，否则供风温度将超过57℃。如果气流太小会造成送风太热、流速太低，房间里出现不充分的气体混合。加热中过大的气流则会产生较大的噪声和不舒适的风速。

(3) 风速调节。系统安装完成后，风速可以通过改变风机的转速或管道系统来调节。为减小气流，采用降低风机速度的办法，而不是通过安装风阀的办法。尽量用最低的风机速度，因为风机能耗会随着风机转速的下降而迅速降低。如果可能的话，尽量使用变速或多速风机。要想增加气流量，尽量通过改造管道系统来完成，不要轻易提高风机速度。可行的措施包括：用较大尺寸的管道代替限流最强的部分、改善管道传输能力以减小压力损失、消除拐角和减少不必要的阀等。

(4) 减小压力损失。为了减小压力损失和改善气流，可以考虑以下措施：

1) 拐角处的压力损失可以通过使用圆滑内径而得到显著改善。可能的话，尽量避免管道内的直角拐弯，无法避免时，可以在急速拐弯处安装导流叶片。

2) 气流转入分支管道时可以用一定角度的转接(或圆锥形)来代替典型的直接连接，这种连接方式对供风不足的分支尤为有效。

3) 拐角越少越好。譬如，由于顶端风道分支需要空气拐弯两次，而侧面风道分支只需拐一次弯，所以流量阻力显然要比顶端风道分支的阻力小。

减小噪声：噪声由空气处理机组或通风管道的空气涡旋产生，经过管道系统传到空间。有几项措施可以阻止声音通过管道传播，如吸声管线、软管道、管道拐角、消声器以及主动降噪系统。前3个措施是最可取的，因为其成本低，而且不会引起太大的压力损失。综合考虑消声器带来的好处和它所造成的压力损失是重要的。管道、通风格栅和送风口产生的噪声则可以通过前面介绍过的限制空气流速的方法加以控制。

(5)其他问题。改进空调系统时还有另外几个问题需要特别加以注意：

1) 在最长的管道分支或最狭小的拐角处，管道压力损失最大。为了在较长的管道分支里有合适的气流，需要使用较大尺寸或损耗较小的传送管道。

2) 不要把平衡风阀直接安装在送风口后面，如果的确需要风阀，把它们安装在离风机尽可能近的地方，以便最大限度地降低噪声，并且避免出现由于反压而引起的送风管道上的空气渗漏。

3) 顶棚送风口需要用大于两倍口径的直管道来连接，否则压力损失将显著增大。

4) 不要把管道安装在阁楼。因为在晴天屋顶温度能达到65℃，而且管道热负荷的辐射很强。如果管道不得不安装在顶楼，那么需在管道上或屋顶覆盖隔热材料。

5) 滤网必须定期更换，以便保证空气顺利流动，并防止滤网折叠而阻碍空气通过。

6) 设计时综合考虑送风流速和外部静压差。如果气流速度太小，在管道系统中采取措施减小限制，而不要增大风机速度；如果流速比所需的要高，调整风机速度，而不要采用调小风阀的办法。

7) 如果风机太大，需要重新选择风机。分析整个HVAC系统的运行情况，并对风机进行合理调整是非常重要的。实际上，风机系统的改善将影响HVAC系统中其他部分的运行或控制。

5. 风路控制和管理

在需要空调制冷和制热的季节里，室内温度的设置对在居住环境的舒适度和HVAC

系统的能耗均具有重要影响。因此，工程技术人员对此进行正确评价是非常重要的，要求做到：通过评价当前温度控制情况判断节能的潜力，及无需任何投资只需调整温度设置即可改善室内舒适度。通过调整温度设置实现节能，有以下 4 种方案供选择：

1）在夏季，适当提高温度设定值，避免过度制冷造成的能耗；

2）在冬季，适当降低温度设定值，避免过度供热带来的能耗；

3）通过分开制冷和制热设定值，以防止制热和制冷同时进行而造成能耗。

4）在人离开房间的时间里，夏季通过提高温度设定值，而冬季降低温度设定值的办法，来实现节能。

然而应该注意的是，如果上述措施不能正确地执行，其中一些措施实际上会增加能量的消耗。比如，在冬天当室内温度设置比较低的时候，内部的空间需要冷却而不是制热，因而需要较多的能量。同样，夏季室内温度设置较高会导致制热而消耗能量。

当室外空气温度条件适宜时，事实上大量的新风可用来调节建筑内的空气，从而减少 HVAC 系统制冷量的消耗。有两种典型的方法可以决定转换点以及什么时候使用较多的室外新风来调节一座建筑比较有利：一种是基于干球温度计，另一种基于焓值，分别称为温度节能控制和焓值节能控制。

温度节能控制：在这个循环中，只要外界的空气温度低于回风的温度，室外空气入口开大，而当室外空气温度太冷或者太热时，室外空气进风口就调回到最小位置。因此，可通过设定高低两个室外空气温度值进行控制，当室外温度超过设定值范围时，该节能循环就停止。这两个设定值分别称为节能循环的低温限和高温限。

节能循环的高温设定值设成与回风温度相同，低温设定值由回风和新风的状况决定。如果新风比回风更热，那就没必要引入更多的新风，只要满足新风要求即可。

焓值节能控制：该节能控制与温度节能控制相似，只不过使用的是空气的焓值，而不是空气的温度。因此，为了估计各气流的焓值，需要同时测量两个参数(例如干球温度和湿球温度)。因此，即使焓值控制能实现较大的节能，但由于焓值控制的成本较高，系统稳定性不高，所以焓值控制的应用相对就比较少。

5.3.3 水泵的节能设计

不管冷负荷大还是小，老式的冷水系统在制冷机组和建筑中循环的冷水量是固定不变的。如果负荷较小，定量的冷水在风机盘管前面通过三通阀时，要进行分流，这就导致了能耗的增加，于是出现了变流量系统。利用现代化的控制系统和变速控制可以实现较好的节能效果。

有多种变流量水系统的设计策略，一种常见的思路就是一级/二级泵系统，这种系统中流过制冷机组的水流量相对恒定，而通过风机盘管的水流量则因制冷需求的不同而有所变化。另外一种思路在某种意义上讲更有效，并且越来越受到欢迎，这就是一级/二级泵系统均可变流量控制。

对冷凝器水循环系统来说，结构相对简单，它们一般是一级或多级泵结构，可进行变速控制或者不用变速控制，用来满足冷却水循环和冷却塔正常运行的需要。

有效的 HVAC 水系统能对整个建筑的能耗产生显著影响。考虑到水系统的选择同整个制冷系统有密切关系，本节简要介绍不同的水系统设计和节能潜力问题。

(1)一级/二级泵变流量系统

一级/二级泵变流量系统是多机组制冷、多负荷使用的标准设计形式，一级/二级泵变流量系统设计原理如下：制冷机构成一个循环，系统二级水路形成一个循环，一级和二级环路之间分别独立或者存在耦合。该设计的关键是需要两个独立的环路之间共用一小段称为旁通平衡管的管道，如图5-6所示。

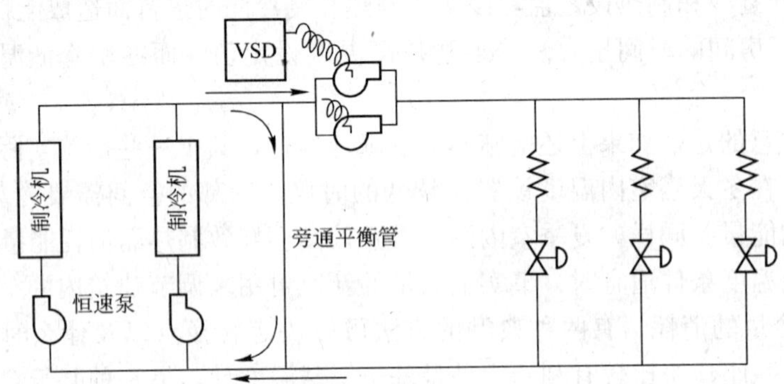

图5-6　一级/二级泵变流量系统结构图

当一级/二级泵系统以相同流速运行时，旁路平衡管中没有流量。当一级供水量和二级供水量有差异时，相差的部分从平衡管流过，平衡管可以双向流动，这样，就可以解决制冷机组和用户侧水量控制不同步的问题。用户侧供水的调节通过二级泵的运行台数及变流量调节器控制。一级/二级泵是变速的，根据系统压差传感器和风机盘管阀的位置进行控制。

一般来说，希望一级泵的流量大于或等于二级泵的流量，即意味着部分冷水将通过旁通返回空调主机回路，这部分冷水与二级泵回路的回水进行混合，以降低二级回水温度，然后一起流回空调主机。当二级泵回路流量超过一级泵回路系统时，用户侧的回水通过旁通管流回，并与同一级空调主机的冷水进行混合，这提高了二级水系统的温度，有时会造成不良的后果，较高的供水温度会进一步加大二级泵的流量需求。为解决这个问题，就需要控制一级泵系统流量始终大于或等于二级泵系统流量。

如果二级泵系统回水温度低于设定温度，制冷机组则无法达到其最大制冷能力，并且导致泵、制冷机组和冷却塔需要更大的能耗，同时也会降低制冷机容量。大多数情况下，空气处理单元的流量控制和阀控制是产生该问题的主要原因。

(2) 一级泵系统变流量控制

1) 冷水系统

图5-7显示的是典型的一级泵系统变流量控制的结构图。每套盘管都有一个可根据要求来调节流量的阀门。带控制阀的旁通管道保证空调主机运行所需的最小流量。一级泵的变速器是由差压传感器信号及风机盘管阀的位置进行控制的。

工程师们通常避免对空调主机进行变流量控制，但是由于制冷机控制技术的快速发展，蒸发器的流量可以实现比过去更大范围内的动态控制。如果制冷机在稳态下运行，而蒸发器流量减少，那么会使冷水的温度降低，如果流量减少缓慢，主机控制器就可以有足够的时间进行反应，从而使系统保持稳定。但是流量的迅速改变，则会引起冷水的温度迅

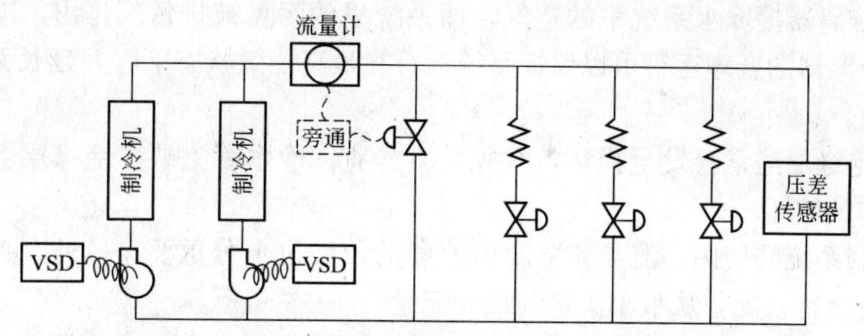

图 5-7 一级泵系统变流量控制结构图

速下降，如果控制反应缓慢，空调主机会因低温保护而停机。因此必须重新进行手动重启，而主机重启必须要间隔一段恢复时间，这是个相当麻烦的过程。大多数制造商(尽管不全是)已经针对冷水温度下降对主机采用了现代控制技术，这些控制技术能防止主机的非正常停机。

在一级泵变流量系统设计时，另外一个问题就是要避免蒸发器管道里的层状流动。为了保持良好的热传导，建议流速至少为 1m/s。

一级泵变流量系统的成本一般比一级/二级泵变流量系统要低，主要是因为泵的用量少。由于需要对泵进行变流量控制，所以变流量系统一般比定流量系统成本要高。然而，在变流量系统中，由于节省运行费用，可以很快收回变流量控制的投资。

2）冷却水系统

冷却水系统相对简单，对于冷却水回路来讲，一旦冷却水系统按特定的流速安装了，那么要保证冷却塔一定的效率，其流速变化范围将会变得很窄。调整冷却水的流速时，必须同时考虑冷却塔的效率。管道中水流速度对热传导有很大影响，当速度增加时，热传导系数会随之增加，但是冷凝器对水的阻力也会同时增加。另一方面，冷凝器的出入水温差与流速也有很大关系，如果冷负荷一定，当水流速度增加时，温差就会减小，泵的能耗也会增加。所以，泵的工作点设置应该由冷负荷决定，以便节省能量。

离心泵适用于冷凝器和压缩机冷水系统，泵的容量应能满足最大动态流速要求。泵的选择和安装应该满足入口静压水头。

对合理设计的冷却水回路，冷却塔风扇的能耗是冷却水系统泵能耗的 4～5 倍，因此，对冷却塔风扇进行能效控制要比对泵的节能控制更有效。

3）水系统的能效

除了纠正水系统中不合适的设备容量，还可以通过提高每一部分的能效来提高总的能效，一些节能措施如下：

① 周期性的泵维护时，应该检查振动、轴承温度、噪声、水路空气、压力、水流、轴承转子及外罩等。

② 在冷水系统可能会有空气进入，将会引起腐蚀和不必要的能耗，定期进行检查并且清除里面的气体。

③ 管道直径加倍，管道摩擦阻力减小为原来的 1/32。而如果管道直径减半，则管道阻力增加为原来的 32 倍。这种显著变化的原因是，在扩大管道直径的情况下，相同流量只需要较慢的流速即可，而管道的摩擦阻力正比于速度的平方。

④ 空气分离器提取水系统里的空气，而系统里的污垢被排污阀排出，以保证系统的清洁。空气分离器的合理运行可以保证系统运行在最高能效状态下，并延长泵、盘管、阀和管道的寿命。

⑤ 管道绝缘层经常会发生损坏，必须认真检查。冷水管上缺少绝缘层会导致凝结和管道外部结构的破坏。

⑥ 泵控制系统的使用、流量和温度传感器的校准也十分重要。另外，必须在整个运行范围内检查运行状况，从最小流量到最大流量。

通过提高每部分能效来提高整个水系统能效的想法虽然很好，但实际上未必可行。水分配系统的各个部分以复杂的方式互相联系着，这使得一般的改进方法很难奏效。举个例子，冷凝器的效率可以通过增大水流量来提高，但不幸的是，这同时会使所需泵的能耗增加，甚至可能超过制冷机组节省下来的能耗，因此，最终反而会导致整个系统能效的下降。

节能依赖很多因素，包括能源和需求价格、负荷类型、当地气候、建筑构造、运行计划、分配系统特性、冷凝器类型和冷却塔的使用。弄清这些变量以及它们之间的联系并非易事，尤其是系统会时不时地变化。以前，工程师们利用简单的拇指法则来避免系统最优化问题，然而对于期望系统最优化的人们来说，通过基于计算机技术的控制管理工具来解决大量的信息，也是可行的。

5.3.4　区域供冷

区域供冷就是在一个建筑群设置集中的制冷站制备空调冷水，再通过循环水管道系统向各个建筑提供空调冷量。这样各建筑内不必单独设置空调冷源，从而避免到处设置冷却塔。由于各建筑的空调负荷不可能同时出现峰值，因此制冷机的装机容量会小于分散设置冷机时总的装机容量，从而有可能减少冷机设备的初投资。自20世纪80年代开始，日本一些大城市的商业建筑群，美国许多大学校园，都采用这种区域供冷的方式。典型的案例是日本东京的新宿新都心、日本名古屋新机场、美国许多大学校园等。区域供冷的建筑面积都在50万m^2以上。我国广州大学城、北京中关村科技园也采用了区域供冷方式，并已投入运行。

目前采用区域制冷的原因之一是认为可以提高冷源效率。制冷机的能源利用效率会随着单机装机容量的增加而增加，但是当单机容量达到1000RT(3.5MW)以后，效率就很难再随着容量增加而增加。而两台1000RT的冷机只能向7万m^2左右的公共建筑提供空调冷量，因此进一步扩大规模，并不能继续提高冷源效率。所以除特殊情况外，冷源能源效率高不能成为采用区域供冷的理由。并且由于系统安装的单机容量都很大，在系统负荷很低时(例如仅为最大负荷的1%时)冷机工作效率反而会很低，从而导致此时的冷源效率低下。而大规模集中供冷系统由于各个末端性质各不相同，出现1%冷负荷或更低比例的冷负荷的时间非常多，这就导致与单座建筑的集中供冷方式比，冷源效率非但不能提高，反而变低。

集中冷源方式的区域供冷需要通过冷水循环输送冷量，由于供水温度不能过低(否则就出现冻结)，回水温度也不能过高(否则不能起到供冷的作用)，因此供回水温差一般都不高于10℃。与我国北方集中供热系统的60～70℃的供回水温差相比，输送同样的热量，循环水流量就要大6～7倍，这就导致循环管道的直径要大2.5倍，循环水泵容量要大6～

7 倍，水泵电耗要高 6～10 倍，输送系统的初投资和运行费都远高于集中供热的输送系统。同时，循环水泵消耗的电能将全部转换为热能，加热管道中的冷水，从而又消耗了大量的冷量。以日本某个区域供冷系统为例，其循环水泵的电耗相当于所供冷量的 8.5%。也就是 8.5%的冷量被水泵电耗所抵消，而该系统的管道冷损失仅为 1.5%。如果这个系统冷源采用电制冷，制冷效率(*COP*)为 6，则制冷机产生每千瓦冷量耗电 0.167kW，循环水泵输送每千瓦冷量耗电 0.085kW，总耗电 0.252kW，末端得到的冷量仅 0.9kW。制冷机和循环泵的综合效率(*COP*)还不到 3.5，低于一般的螺杆制冷机。

区域供冷的另一问题就是如何处理部分负荷下的工况。集中供热的热负荷主要由室外气候变化造成，在供热期间一般只在 40%～100%的范围内变化。而空调冷负荷则主要由室内发热量及透过外窗的太阳辐射构成，对于一个具有多种不同功能的建筑组成的小区，空调负荷将在 1%～100%间变动，并且大多数建筑的空调都停止运行时，很有可能某座建筑的空调负荷达到 100%。这样，要应对在 1%～100%范围内变化的空调总负荷，系统循环流量很难在 1%～100%间变化，其结果就是在低负荷期间小温差运行，导致冷水循环流量偏大，循环水泵电耗过高，系统综合用能效率过低。为了满足个别用户的需要，系统必须 24h 连续运行。这不仅使得循环水泵长时间工作于低效状态，往往还会造成不需要连续空调的一些建筑也按照连续空调运行。美国、日本一些区域供冷的案例，单位建筑面积年累计耗冷量一般都高于同样气候条件下采用自有冷源的同类型建筑的 20%～40%。尤其对于住宅性用户，间歇运行的空调变为连续供冷的空调在调节不当时冷量消耗有可能高出 2～3 倍。因此，部分负荷时效率低下，是区域供冷的一个致命问题。

图 5-8 给出了一些日本区域供冷实际一次能耗的运行数据。可以看出，区域供冷系统一次能源利用效率一般在 1.2 以下。而对于分散的楼宇式供冷系统，由于没有区域供冷的管网损失和输送能耗，以及冷机严重偏离部设计工况而带来的能效下降，其一次能耗一般在 1.3 以上(冷源的综合 *COP* 在 4 以上，电力由 33%发电效率获得，因此一次能源利用效率为 4×33%=1.3)。

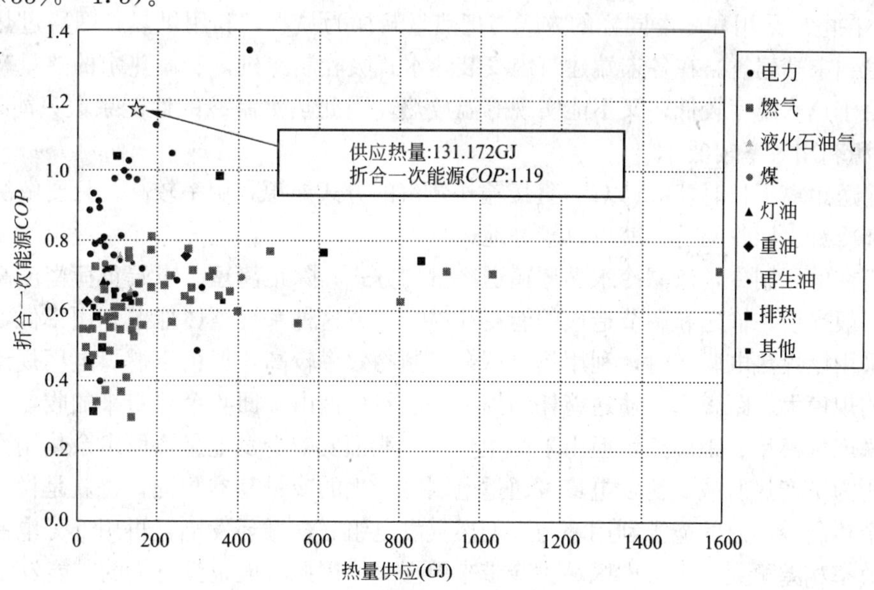

图 5-8 日本区域供冷一次能耗 *COP* 调研结果

采用区域供冷的又一个可能出现的问题是计量收费方式。北方集中供热系统经过多年努力，仍不能处理好计量收费问题。热量计成本高，精度和可靠性不足，都曾是影响供热计量收费改革的一些问题。供冷的供回水温差远小于供热，因此对温差计量精度的要求就更高，技术问题就会更多，计量成本也必然会高于供热计量。不全面解决计量收费问题，区域供冷就很容易成为全日连续供冷，造成很大的能源浪费。目前国内已经运行的区域供冷系统在收费问题上都出现了一些困难，目前冷费收缴率低，运行单位效益差。

总之，与一般分布式制冷系统相比，区域供冷具有运行效率低、随负荷调节性能差、运行能耗高和计量收费困难等问题。因此，在没有对冷源效率、输送系统能耗、部分负荷下维持高效的方法、计量收费方式等问题进行充分论证，找到科学可行的解决方案之前，不应提倡和推广区域供冷方式。

5.3.5　热电联产

区域燃气式热电冷三联供就是利用热电联产电厂作为动力源，冬季利用发电的余热为建筑采暖提供热源；夏季则把发电的余热转换为冷量，作为建筑物空调的冷源。

夏季发电余热转换为冷量，并且输送到建筑末端有如下3种方式：

(1) 在热电厂采用蒸汽吸收式制冷机利用从发电后的低压蒸汽制冷，产生5～7℃的冷水，此时制冷的性能系数(*COP*)为1.2～1.3，既每份蒸汽的热量可以产生1.2～1.3份冷量。冷水需要通过管网输送到各座用冷末端的建筑。

(2) 直接把发电后的低压蒸汽通过管道送到各末端建筑，在末端建筑用户内分别安装蒸汽吸收式制冷机，利用蒸汽制取空调用冷水。此时制冷的性能系数(*COP*)也可以达到1.2，同时避免了利用冷水循环长途输送冷量的问题。但是，长途输送蒸汽也存在很多技术和管理上的困难。尤其是怎样使蒸汽凝结水有效地返回电厂，目前世界各国做得都不太好。不能有效回收冷凝水，造成部分就地排放，就导致水资源的大量浪费，同时冷凝水中的热量也不能很好的利用。

(3) 在电厂采用和冬季同样的方式，把热量转换为热水，利用供热管网通过热水循环把热量送到末端建筑。在各末端建筑内安装热水式吸收制冷机，利用热水的热量产生空调冷量。由于热水温度较低，又不能实现等温放热，因此热水制冷的性能系数只能是0.6～0.7，能源利用效率较低。

当输送距离不长时(3km以内)直接输送蒸汽的方式能源利用率较高，只要解决蒸汽输送问题和冷凝水回收问题，就可以较好地运行。

采用在电厂制冷，依靠冷水循环输送冷量的方式，除距离短、末端负荷密度高等特殊条件，一般来说，输送和调节造成的能耗和损失导致这种系统整体能源利用率低，不易推广。当采用燃煤热电联产时，利用热电厂余热制冷效率较高，但由于燃煤电厂规模大，供冷管网的规模大、距离远，输送能耗和损失一般将抵消由于回收余热带来的收益。采用燃气热电联产规模小、距离近，但由于产生热量一般都要减少发电量，而由余热制冷产生的冷量与所为了产热所减少的发电量可通过电制冷产生的冷量基本相同，也就是说，采用燃气发电余热制冷，总的能源利用率与大型燃气发电组联合循环发电，再用部分电制冷的能源利用效率相差不大，再考虑区域供冷带来的损失，因此一般也没有大的节能效益。

采用热水循环，到末端建筑内依靠热水型吸收机制冷，由于制冷效率低，因此总的能源利用率不高。同时，建筑物的夏季冷负荷峰值一般高于冬季热负荷峰值，制冷系数仅为0.6～0.7，就使得一座建筑的夏季热量需要量为冬季的两倍多，这就又导致热水系统调节上的一些问题。

总之，在目前的技术水平和过渡地区建筑空调的运行特点看，热电冷三联供方式在多数场合都存在各类问题，能源利用率难以提高，因此还有待于新的技术突破，使这种方式真正产生节约能源改善环境的效果。

参考文献

［1］American Boiler Manufacturers Association. A Guide to Clean and Efficient Operation of Coal-Stocker-Fired Boilers

［2］Council of Industrial Boiler Owners. CIBO Energy Efficiency Handbook

［3］U. S. Department of Energy. Water Heating. Office of Building Technology，State and Community Programs Technology Fact Sheet

［4］Cleaver-Brooks. Boiler Efficiency［M/OL］. http：//www. cleaver-brooks. com

［5］陆耀庆. 实用暖通供热空调设计手册［M］. 北京：中国建筑工业出版社，2008

［6］李娥飞. 暖通设计与通病分析［M］. 北京：中国建筑工业出版社，2004

［7］American Society，Refrigeration an Air-Condition Engineers，Inc［M］. ASHRAE Handbook (2000)：HVAC Systems an Equipment

［8］Wang S K. Handbook of Air conditioning an Refrigeration［M］.［S. l.］：McGraw-Hill Inc.，1994

［9］薛志峰. 既有建筑节能诊断与改造［M］. 北京：中国建筑工业出版社，2007

第6章 南方炎热地区既有建筑供能系统节能设计关键技术

6.1 基于全年运行负荷优化调节的设计技术

6.1.1 中央空调节能控制原理

亚热带地区夏热冬暖，建筑能耗中的大部分为空调系统能耗。减少空调系统能耗可从两个方面考虑：一是减少空调冷负荷。通过科学的设计、建造、安装以改善围护结构的构造，减少通过围护结构的传热；以及通过运行管理，缩短办公设备、灯具的使用时间减少其散热，控制新风量从而减少新风热负荷等措施减少空调冷负荷。二是提高空调系统运行效率，降低电耗。在满足空调需求的前提下，通过采取冷水机组、水泵以及末端设备优化运行等措施提高其运行效率，降低电耗。

大型公共建筑空调系统是和主体建筑同时设计施工建造的，此时由于各单元的功能没有确定或在使用过程中会发生变化，因此空调系统冷负荷计算存在着许多如房间的人数、机器设备的散热量和散湿量等不确定性因素，这些不确定性因素会使部分房间以及整个建筑的空调冷负荷计算偏差过大，会导致部分房间、局部冷水系统、风系统以及整个工程的调节性能变差，致使空调系统无法随各用户冷负荷的变化而高效运行，最终导致空调系统整体运行经济性能变差。此外，中央空调系统在实际运行时绝大多数时间内的负荷率低于80%。

在部分负荷的工况时可以利用末端设备富裕的换热面积，提高冷水的供水温度，可使冷水机组的运行效率提高，即所谓的变水温调节，由于变水温调节具有实现条件简单、节能改造需要的二次投入少，且不影响水系统的水力特性等突出优点，使得近年来对其的研究和应用越来越多，成为空调节能的主要手段之一。

基于全年运行负荷优化调节技术以中央空调系统为对象，在满足空调舒适要求的前提下以提高中央空调系统运行效率、降低其能耗为目的，针对中央空调系统多用户、温度和湿度高度耦合的特点，将中央空调系统冷水温度和流量优化控制、空调机组优化启停控制、室内温湿度舒适性控制、多台机组并联运行优化控制、冷凝器冷却水换热表面清洁监控等节能技术与系统优化技术综合集成，通过计算机集中监测和控制，完成中央空调系统优化节能运行的工作。具有人机界面友好，使用简捷方便、性能稳定等优点。

中央空调综合节能控制系统是基于典型气象年数据库、建筑结构资料采用传递函数法计算出该建筑的全年逐时空调负荷，在此基础上，结合空气处理机组表冷器和风机盘管的传热与传质模型冷水机组的性能模型、水泵的性能模型、冷水系统的变工况性能模型，经最优化计算得出冷水流量和进出水温度的优化值。再根据实际的运行数据进行修正用于实际运行。通过对实际运行数据进行统计分析，得出节能量。中央空调综合节能控制系统优化模型原理如图 6-1 所示。

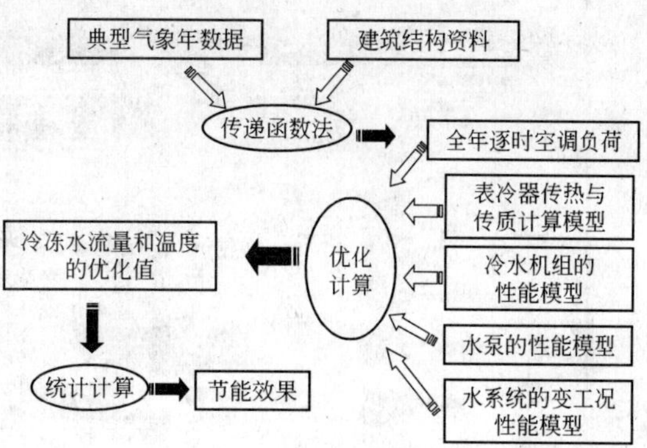

图 6-1　中央空调节能控制系统优化模型原理图

中央空调综合节能控制系统采用系统集成技术，以美国 NI 公司图形化编程软件 LabVIEW 为开发平台，与数据采集模块、变频器、冷水机组主机控制器进行通信，由计算机实时优化控制模型，以获取不同负荷、不同室外环境等条件下空调系统的最优控制目标。中央空调综合节能控制系统的组成原理图如图 6-2 所示，中央空调综合节能控制系统主控制界面如图 6-3 所示。

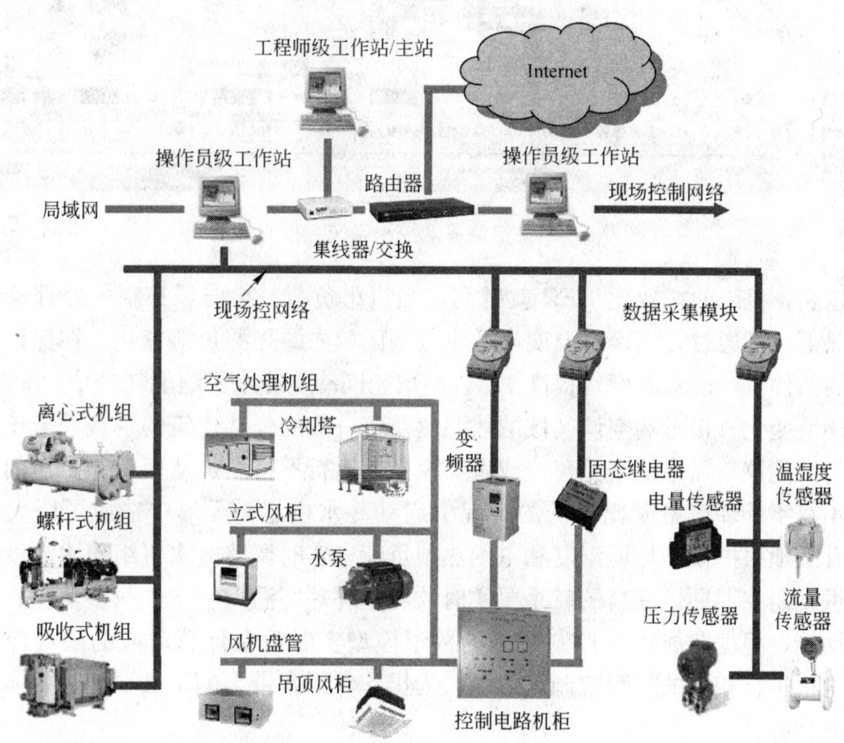

图 6-2　中央空调节能控制系统的组成原理图

6.1.2　中央空调综合节能控制系统组成

中央空调综合节能控制系统具体包括以下内容：

1. 冷水机组变水温调节

空调机组的设计一般都保留 10%以上的设计余量，同时机组全年 70%以上的时间都是在 60%的负荷率条件下运行，导致机组全年运行的效率很低，浪费大量能源。冷水机组

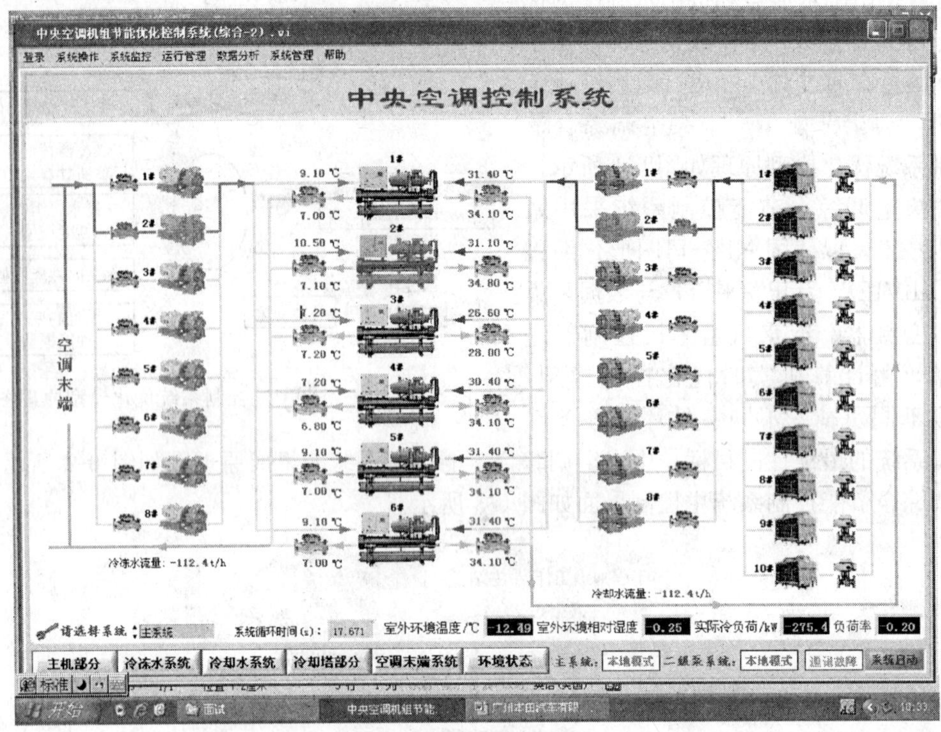

图 6-3 中央空调节能控制系统主控制界面

蒸发温度越高，机组的能效比 *EER* 就越高，当机组负荷减少时，在空气处理机组送风量不变的情况下，可通过提高冷水温度来适应空调区域内的热湿负荷变化，在保证空调区域湿度要求的条件下，冷水温度每提高 1℃，制取相同冷量冷水机组能耗减少 2%～3%。

室外环境变化直接影响空调区域的热湿负荷，一般的公共建筑的空调季节比较长，加上大部分公共建筑新风系统不完善，或者新风系统运行不科学，从而引起了房间空气环境差，不得不在室外环境温度比较低的情况下启动冷水机组，无形中造成了巨大的能源浪费。如何有效地根据室外环境温度和室内热湿负荷来实时调整冷水机组出水温度是节能控制领域的重要研究课题，其目的就是要实时监测室外环境温度和室内热湿负荷，结合冷水机组工作性能，根据节能优化控制系统的数学模型实时后台计算对应的最优冷水出水温度，并对主机进行相应的远程控制，避免人为操作等因素带来的不必要能耗，实现变水温调节的节能目标。

2. 冷水泵变频调节

空调机组大部分时间都运行在部分负荷工况下，部分负荷下的冷水泵流量过大，造成不必要的能源浪费。在不增加系统阻力的前提下，冷水泵变频运行，使其随系统负荷的变化而改变，维持最优的进出水温差，实现变频节能的目的。

3. 空调机组优化启停控制

建筑围护结构的蓄热特性直接影响冷负荷的变化趋势。对空调区间要提前开机通风制冷，提前停主机而继续保持通风，充分利用低温冷水制冷。在春夏过渡季节或者当室外环境温度较低时，根据室外环境温度来自动控制机组的启停，尽可能推迟用冷时间，避免不必要的能源浪费，实现节能的目的。

4. 多台机组并联运行的优化控制

当多台机组并联运行时，需要研究冷水机组负荷分配的不同对系统能耗的影响。在空调系统设计前期，根据实际用户的情况，研究不同额定功率的机组搭配原则和负荷承担原则。对已安装的空调系统，则主要根据目前机组的运行情况，对机组负荷分配进行研究，得到多台机组并联时的优化控制方案。如何分配负荷对机组群能效比的影响很大，合理的负荷分配与运行方式具有巨大的节能空间，同时按运行时间来均匀分布各机组的运行时间，可延长机组的使用寿命。

5. 冷凝器冷却水侧换热表面清洁监控

冷凝器冷却水中含有微生物和微小颗粒物，会在冷凝器冷却水侧换热表面产生污垢，使冷凝器的传热性能变差，导致冷凝温度升高。水冷式冷水机组的冷凝温度每增加1℃，其单位制冷量的功耗约增加3%～4%。因此，在冷水机组实际运行过程中应密切监控冷凝器冷却水侧换热表面的清洁程度和换热情况，为操作人员提供机组运行状况的直观判断，以便对机组及时采取如胶球清洗等相应措施，使冷水机组保持较高的运行效率。

6. 综合节能技术集成及系统优化

采用综合节能技术集成，在单元设备节能控制的同时进行系统优化控制，使空调系统的能耗最低。由于整个空调系统是一个相互联系、相互影响的整体，对某一设备采用节能控制具有一定的局限性，从整个系统出发，综合考虑各个单元的运行状况，结合热湿负荷变化，得到不同负荷条件下，整个机组的最优运行参数，如冷水泵变频深度、冷水出水温度、多台机组并联运行优化控制等，从系统的层面上综合考虑各单元设备的运行特性、室内热舒适性，提出系统在线能量优化管理和控制方案，从而最大限度地实现节能控制。

中央空调综合节能控制系统操作界面友好、操作方便、容易掌握，大大简化了工作人员的工作量，减轻了工作强度。系统具有很强的拓展性，能够实现对单台主机和多台主机进行优化控制。采用该技术一般可以取得节能20%～25%的效果。

6.2 空调冷水系统变水温控制技术

冷水机组是空调系统中主要的用能设备之一，能量消耗占空调制冷系统总能耗的50%～60%，因而节能潜力很大。在空调系统设计中，冷源设备容量的确定一般都考虑最不利情况并附加一定的安全系数；在设备选择时，又总是向设备容量较大的一档靠近。而在实际运行过程中，空调负荷是随着气象条件等因素而变化的，实测表明，实际空调负荷多数时间只是在设计负荷的40%～80%。这些势必造成制冷设备和空气处理设备的工作能力有很大的富裕量，因而运行调节也具有很大的灵活性。

而冷水系统的调节主要分两大类：量调节和质调节。而目前国内外大多采用量调节，即采用变流量调节来满足不同冷负荷的要求。对于质调节即变冷水温的调节以满足不同冷负荷的需要的研究还比较缺少。所以分析冷水质调节的可行性和经济性是很有必要的。

众所周知，气象条件的变化和系统工作参数的变化都会影响制冷与空调的效果。而且，气象参数是客观的，是无法控制的，它的变化直接影响着空调负荷的大小。而工作参数是可以改变的，可以通过自动控制进行调节，使系统在较高的效率下运行。为适应空调冷负荷全年不同季节以及不同气象条件的变化，可以在系统设计和运行调节中采取相应的技术措施以达到节能的目的。因此，当空调负荷为低于设计负荷的部分负荷时，由于空气处理设备的工作能力有富裕量，可调整制冷机运行状态，适当提高冷水温度，使设备既能保证供应所需的冷量又能提高运行效率，不失为一种简单方便的节能手段。

6.2.1 部分负荷时冷水温度对空调房间温湿度的影响

通过对广州地区不同气象条件下空调冷负荷的计算，然后采用计算热交换效率 ε_1 和接触系数 ε_2 的计算方法，针对JW10-4型6排表冷器按图6-4所示流程图，计算了在负荷率 Q/Q_0 为60%～100%时，冷水进口温度 t_{w_1} 及可达到的室内温度 t_n、相对湿度 φ_n，送风温度 t_2。当冷水进口温度提高后，空气处理后可达到的室内相对湿度也相应提高，但根据新有效温度线图(ASHRAE，1972)，适当降低室内温度，同样可以满足人体舒适要求。当然，采用变冷水温调节还需要考虑水系统平衡及制冷机、换热器、末端装置等设备效率的影响；需要考虑空调系统除湿能力的影响。对国内8种常用表冷器去湿量的计算分析结

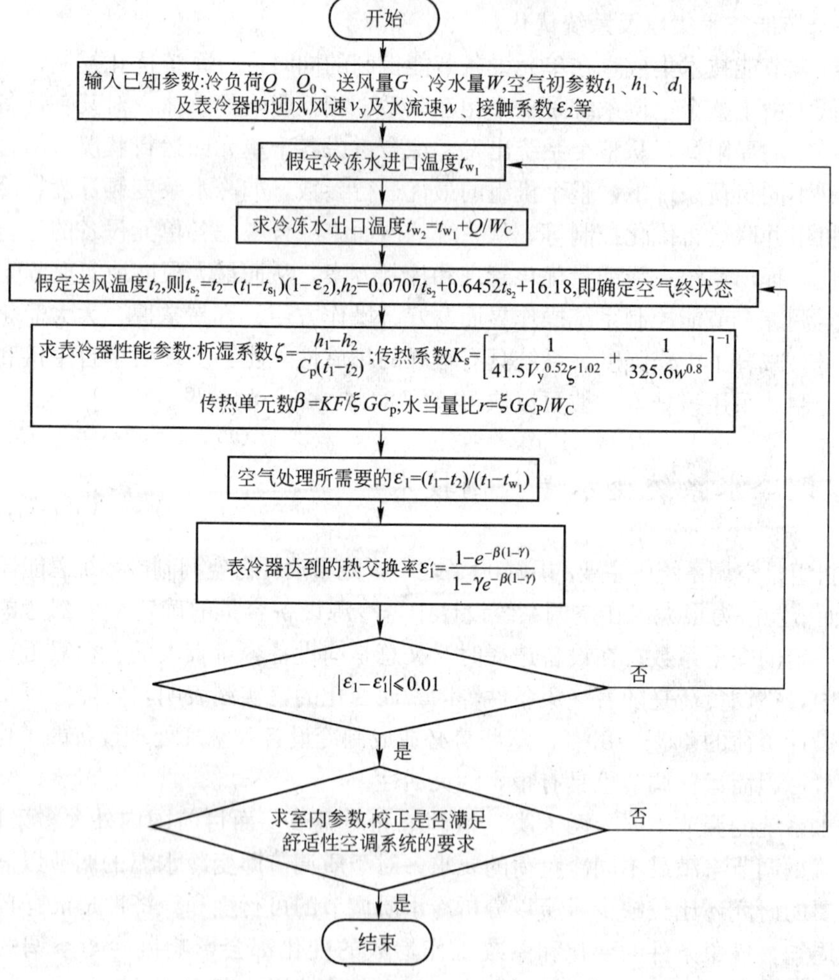

图6-4 不同冷负荷时，计算冷水温度

果表明，当冷水温度从 7℃提高到 13℃时，其去湿能力大约下降了 30%。但采用适当降低室内温度的措施，对相对湿度要求不高的舒适性空调可满足要求，其计算结果如表 6-1 所示。

不同冷负荷时满足要求的冷水温度 **表 6-1**

负荷率 Q/Q_0	60%	69%	75%	80%	83%	87%	90%	95%	100%
冷水进口温度 t_{w_1}（℃）	14	12.6	11.5	10.5	10	9	8.5	7.6	7
室内温度 t_n（℃）	23.6	24.1	24.4	24.7	24.5	25.3	24.7	25.1	25
室内相对湿度 φ_n（%）	70.6	65.8	62.3	59.5	60.7	54.7	57.5	54.8	52.7
送风温度 t_2（℃）	18	17.4	16.8	16.6	16.5	15.6	15.8	15.4	14.7

上述分析和计算表明，空调部分负荷时采用变冷水温调节后的室内温度 t_n 和相对湿度 φ_n 都在舒适标准范围内。因此，对舒适性空调系统采用变水温质调节是可行的，是可以满足要求的。

把表 6-1 中的 Q/Q_0 和 t_{w_1} 做曲线拟合，得到图 6-5。

从图中可以看出，负荷率 Q/Q_0 是和冷水进口温度 t_{w_1} 基本上是呈线性关系的。即，$t_{w_1}=25.37-18.6Q/Q_0$。

这样，在满足空调系统要求和室内温湿度要求的前提下，就可以建立不同冷负荷时负荷率与冷水的温度的关系，为分析采用冷水质调节的经济性奠定了基础。

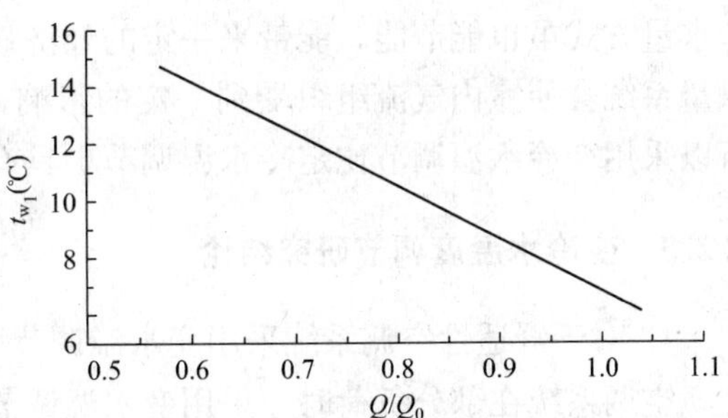

图 6-5　Q/Q_0 和 t_{w_1} 的曲线拟合图

6.2.2　变冷水温度调节的节能分析

现以惠州大金三石空调有限公司的水冷整体式冷水机 C7-UWJ1320B5Y 型为例进行计算。在进入冷凝水温度为 30℃，流出冷凝水温度为 35℃ 时，该机在不同冷水温度时的性能见表 6-2。

冷水机组性能表 **表 6-2**

冷水温度（℃）	7	9	11	13	16
制冷容量 Q_c（kW）	118	125	133	140	153
输入功率 P_c（kW）	28.9	29.5	30.1	30.7	31.8
Q_c/P_c	0.245	0.236	0.226	0.220	0.208

Q_c/P_c 为每制冷 1kW 所需的输入功率（kW/kW）。Q_c/P_c 越小，即对相同的制冷量来说，所需的输入功率越少，即所耗的电能越少，机组的性能越好。

从表 6-2 可以得到，提高冷水温度，可以提高机组性能。冷水温度越高，Q_c/P_c 越小，即所耗的电能越少，经济性越好。设计工况下的制冷容量 Q_0 时冷水温度为 7℃。当负荷率 $Q/Q_0=0.60$ 时，采用冷水温度为 14℃，$Q_c/P_c=0.208$，与采用 7℃冷水温度相比，耗电量下降幅度为(0.245～0.208)/0.245=12.2%。其他不同负荷率时采用变水温质调节方法的节能效果见表6-3。

不同冷水温度时的节能效果　　**表6-3**

Q/Q_0	60%	69%	75%	80%	83%	87%	90%	95%	100%
冷水温度(℃)	14	12.6	11.5	10.5	10	9	8.5	7.6	7
节能率(%)	12.2	10.2	8.6	6.53	5.71	3.64	2.86	1.2	0

由于一年中大多数时间都是在夏季空气调节非设计负荷下工作的(因为夏季空气调节的室外计算日平均温度采用的是历年平均不保证5天的日平均温度)即Q/Q_0在大多数时间内都小于1，可采用的冷水温都高于设计负荷所采用的7℃冷水，能有较好的节能效果，也即具有较显著的经济效益。

从上面的分析可知，在空调系统里，利用变水温来调节的方法以满足不同冷负荷的要求，并满足室内温湿度的要求是具有可观的经济性的。且从技术上来看，变冷水温调节操作简单，调节方便，又无需耗费昂贵的设备费用。而目前国内外所采用的变风量方式和变冷水量方式虽也能节能，能带来一定的经济效益，可是它们自身也有许多不利因素。如变风量系统会使室内气流组织受到一定的影响；而当风量过小时，又会使新风量不易保证。所以采用变冷水温调节比定冷水温调节更具有可观的经济性。

6.2.3　变冷水温度调节研究结论

1. 对于舒适性空调系统采用变水温调节可以满足舒适性要求

空调系统在部分负荷时，采用变水温调节能保证室内温度和室内湿度能满足舒适性要求，在舒适标准范围内。

2. 采用变水温调节的经济效益是显著的

当负荷减少时，提高冷水温度，可以提高机组性能。当负荷率Q/Q_0为60%时，采用冷水温度为14℃，与设计负荷时采用7℃的水相比，耗电量下降幅度为12.2%。所以，当出现负荷较低的季节时，采用变水温调节，其节能效果是显著的，能带来经济效益。

6.3　空调冷水系统变水温和变流量协调控制技术

能源是经济发展的动力，节约能源是经济和社会可持续发展战略的需要。近年来，由于我国经济的飞速发展，在全国很多城市都出现了供电紧缺的现象，而空调用电却逐年上升，要求空调节能运行势在必行。随着的电价不断上涨，不少业主对空调系统进行了节能改造，其主要手段是通过加装变频器实现循环水泵的变频运行。

冷水系统的调节主要分量调节与质调节，水泵变频属于量调节，变水温属于质调节。实现空调的变水温调节，就是在部分负荷的情况下，适当提高空调主机冷水的出口温度，能够提高主机的运行效率，从而达到空调节能运行的目的。变水温调节的可行性和经济性，在有关文献中已经进行了分析论证。将两种手段有机结合起来则可以得到更佳的节能效果。因此，本节提出了变水温和变水量协调优化控制策略，并通过具体的建模计算说明其调节过程和节能效果。

6.3.1 全年逐时空调负荷计算及最不利负荷的确定

空调负荷的变化情况是空调系统节能运行的主要依据。只有准确掌握了各空调房间的负荷变化规律才能做到既保证空调房间的舒适性，又深入发掘系统的节能空间。笔者根据有关文献介绍的传递函数法对广州某综合大楼的几个典型房间的全年逐时空调负荷进行了模拟计算。计算过程中的气象参数来源于陆琼文等提供的广州地区典型气象年数据库，人员和设备等按定值计算。根据空调设计每年 50h 不保证的设计标准，并乘以 1.1 倍的安全系数，对每个房间进行设备选型，即任意时刻任意房间的负荷率可以表示为：

$$负荷率=\frac{该房间实时负荷}{1.1\times 50h 不保证负荷}$$

为了保证优化调节过程能使每个典型房间都能满足舒适性要求，在优化计算过程中以空调负荷率最大的房间的负荷率为计算输入，简称最不利负荷，其确定方法如图 6-6 所示。房间 1 和最不利的空调负荷频数如表 6-4 所示，统计时间为空调运行时间，即 3 月到 12 月，早上 8：00 到下午 18：00。

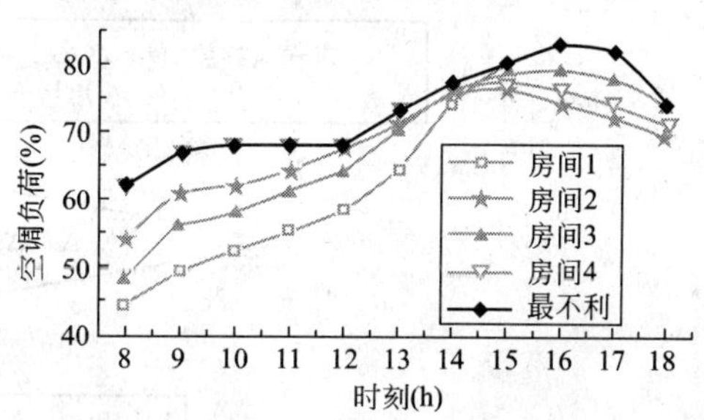

图 6-6 5 月 24 日最不利负荷的确定

空调负荷时间频数(%)

表 6-4

负荷百分数	10	20	30	40	50	60	70	80	90	100	>100
房间 1 负荷累计时间	5	11.7	19.7	30.6	43.5	60.2	80.8	92	98.1	100	100
最不利负荷累计时间	0.8	3.3	9.4	17.3	27.6	41.5	63.1	83.4	96.7	99.9	100

6.3.2 全年变水温和变水量协调优化控制的模拟计算

1. 表冷器变水温和变水量协调优化控制计算模型

依据最不利负荷率以及相应的气象参数，采用计算热交换效率 ε_1 和接触系数 ε_2 的计算方法，对 JW104 型 6 排表冷器按图 6-7 所示的流程进行计算，得到全年逐时冷水流量、出口温度及室内相对湿度。该计算模型针对的是一次回风空调系统，其设计工况如下，室外参数为广州空调设计的干球温度 $t_W=33.5℃$，相对湿度 $\varphi_W=64.8\%$；室内参数为干球温度 $t_n=25℃$，相对湿度 $\varphi_n=50\%$；冷水出口温度 $t_{w1}=7℃$，进口温度 $t_{w2}=12℃$；水流速 $w=1.4m/s$；新风比 $m\%=20\%$。在计算过程中保持室内干球温度 t_n、风量 G、新风比 $m\%$，并假设室内的热湿比 ε 不变。

在计算空气参数的过程中调用了由清华同方开发的湿空气焓湿图组件(IDGraph Control)。送风干球温度 $t_2=t_{s2}+(t_1-t_{s1})/(1-\varepsilon_2)$。实际热湿比 $\varepsilon'=1000\times(h_n-i_2)/(d_n-d_2)$。表冷器性能参数：析湿系数 $\xi=\frac{h_1-h_2}{C_p(t_1-t_2)}$；传热系数 $K=\left[\frac{1}{41.5V_y^{0.52}\xi^{1.02}}+\frac{1}{325.6w^{0.8}}\right]^{-1}$；传热单元数 $\beta=\frac{KF}{\xi Gc_p}$；水当量比 $\gamma=\frac{\xi Gc_P}{W_c}$，表冷器的换热效率 $\varepsilon_1=\frac{1-e^{-\beta(1-\gamma)}}{1-\gamma e^{-\beta(1-\gamma)}}$；冷水出口温度 $t_{w1}=t_1-(t_1-t_2)/\varepsilon_1$。

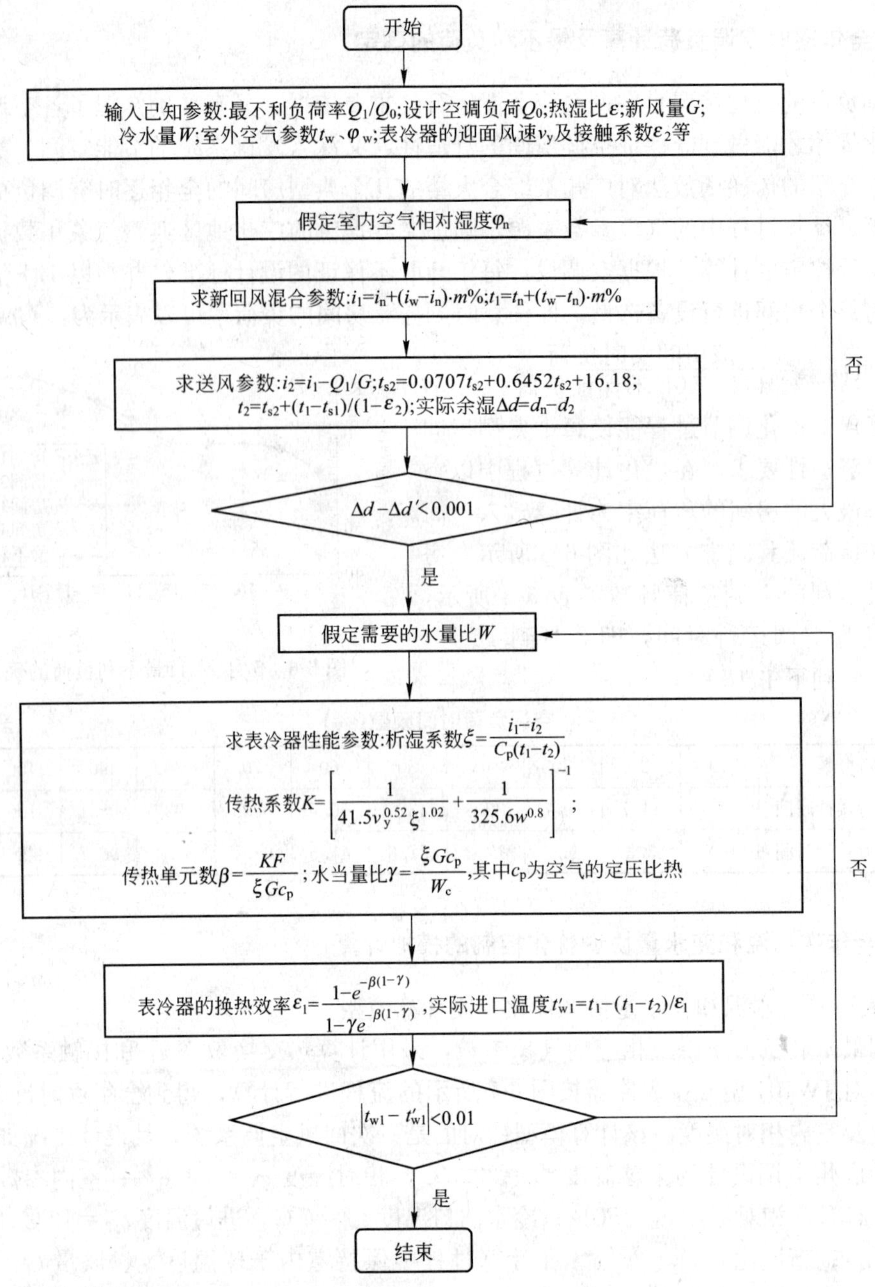

图 6-7　冷冻水流量比计算流程图

空调主机的额定功率 $P_c=268\text{kW}$，冷水泵和冷却水泵的额定功率 $P_P=35\text{kW}$。周巧航、刘飞龙等提供的冷水机组性能数据均显示冷冻出口温度平均每升高1℃，节能率就能提高2%～3%。这里采取冷水温度每升高1℃，主机节能2.5%，对该变水温调节过程进行节能估算。不考虑空调主机随负荷变化所发生的效率变化，即空调主机的节能率可以表示为：

$$\theta_C=2.5\%\times(Q/Q_0)\times(t_{w1}-7)$$

式中，Q/Q_0 为空调负荷率。

在满足水泵学相似律的前提下，水泵能耗与流量的三次方成正比，水泵的节能率可以表示为：

$$\theta_P = n \times [1-(W/W_0)^3]$$

式中 n——与管网特性有关的修正系数；取 0.8；

W/W_0——水量百分比。

对于冷却水系统，通过水泵变频水温差恒定，即可得冷却水量百分比等于空调负荷率。

为了保证系统运行的安全性，冷水、冷却水的最低流量设定在设计流量的 60%，对应的水泵频率为 30Hz。冷水温下限为 7℃，上限为 15℃。7℃、15℃是国家空调设备监督检验中心对表冷器性能进行检验时采用的两个冷水温度。

2. 计算实例及分析

对广州某综合大楼进行了实例计算，其计算结果抽样如图 6-8～图 6-13 所示。结果显示，从 3 月到 7 月随着空调负荷逐渐增大，冷水流量逐渐增加，冷水出口温度也逐渐降低；从早上 8：00 到下午 18：00 的空调时间内，空调负荷率一般是中间高两头低，冷水流量与之相同，冻水出口温度则相反，但也有一些特别情况，如 3 月 20 日，这主要是因为当天的室外温度逐渐降低导致了空调负荷逐渐减少。值得注意的是，当负荷较小时，冷却水流量都处于下限状态，可见只采用水泵变频的局限性。同时需要指出的是，空调负荷率的大小是决定水量和水温的主要因素，但不是惟一因素，室外干球温度和相对湿度也会对其造成一定的影响。冷水温度的提高会使得表冷器的除湿能力降低，造成室内相对湿度增大，水温过高就会影响空调的舒适性。但根据相关文献提供的舒适性空调设计标准，舒适性空调的室内设计相对湿度可以在 40%～65%变化。室内设计相对湿度如图 6-12 所示，全年最大值不超过 65%，同时模拟计算过程将室内干球温度设定为 25℃，因此该优化控制过程是能够满足空调的舒适性要求。

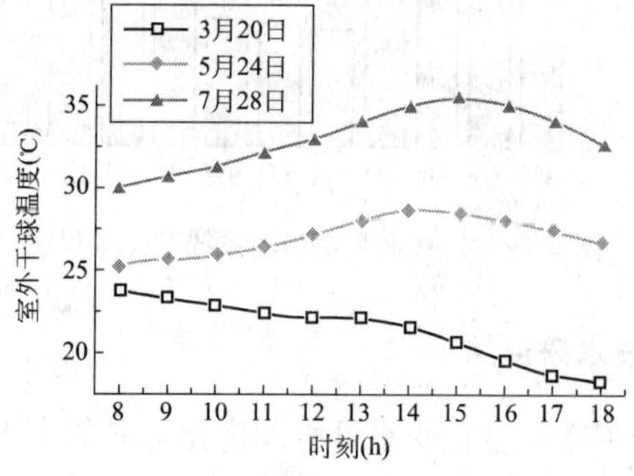

图 6-8 室外干球温度随时间变化曲线

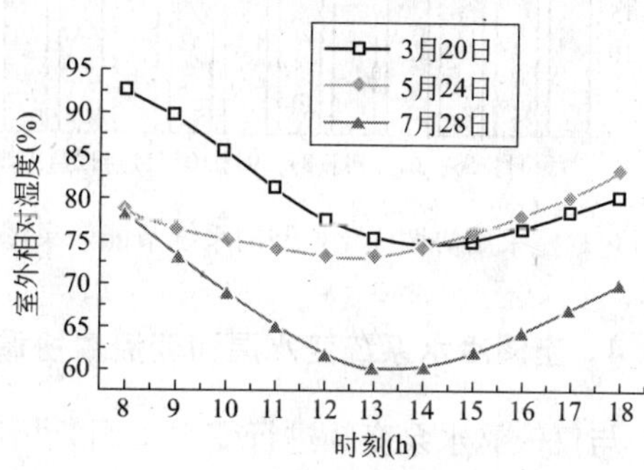

图 6-9 室外相对湿度随时间变化曲线

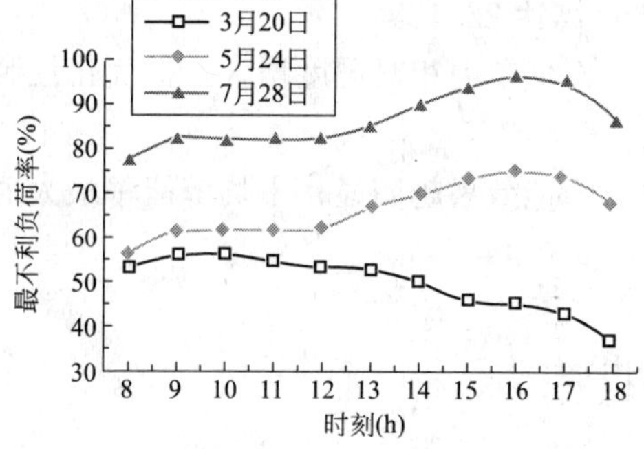

图 6-10 最不利负荷率随时间变化曲线

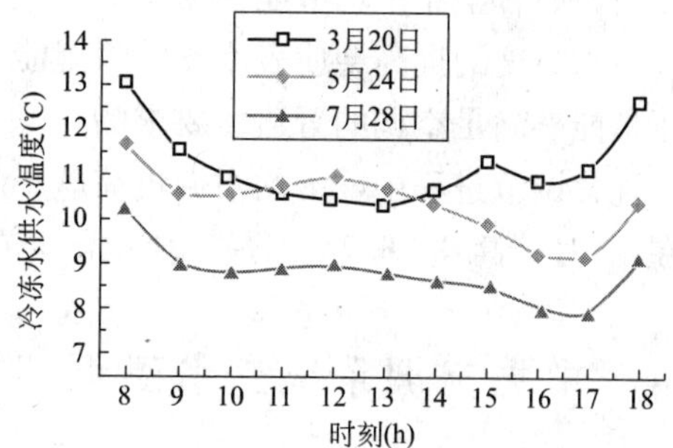

图 6-11 冷水出口温度随时间变化曲线

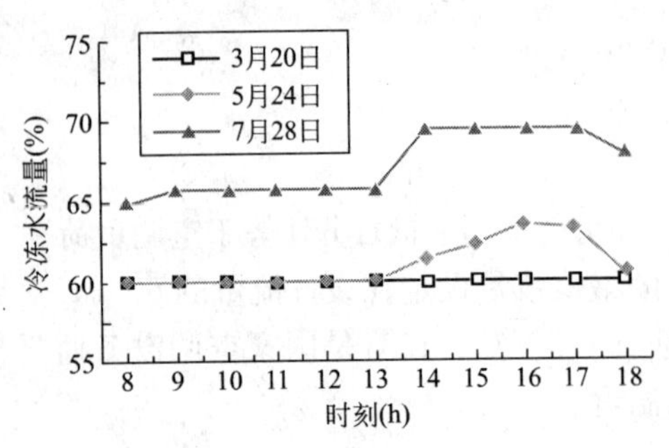

图 6-12　冷水量随时间变化曲线

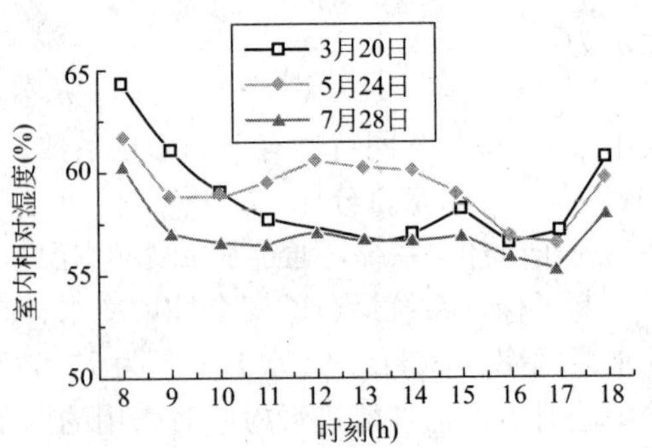

图 6-13　室内相对湿度随时间变化曲线

6.3.3　优化运行的节能性分析

对模拟计算的结果进行统计，可得到如图 6-14 所示的节能效果图。由图可知，平均空调负荷越小的月份，节能效果越明显；平均节能率最大值出现在 12 月，高达 36.7%，最小值则出现在 7 月，仅有 14.5%；全年平均节能率为 22.4%。

只有通过比较才能看出调节方法的优劣，因此，就只有水泵变频的情况在相同条件下的运行工况进行了模拟分析，其节能效果如图 6-15 所示，全年平均节能率为 17.5%。可见变水量和变水温的协调优化控制策略更能挖掘空调系统的节能空间。

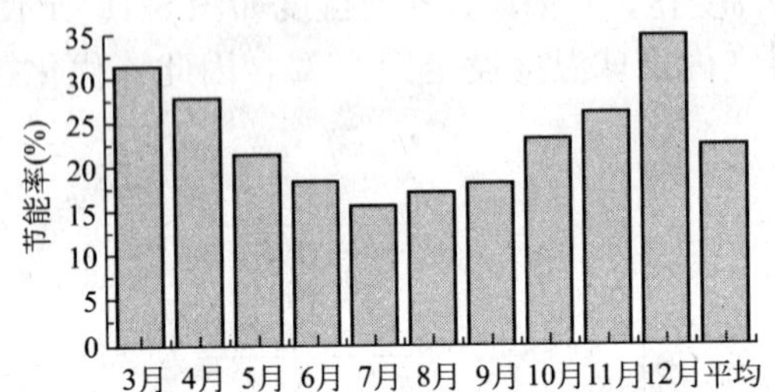

图 6-14　采用协调优化控制的系统节能效果图

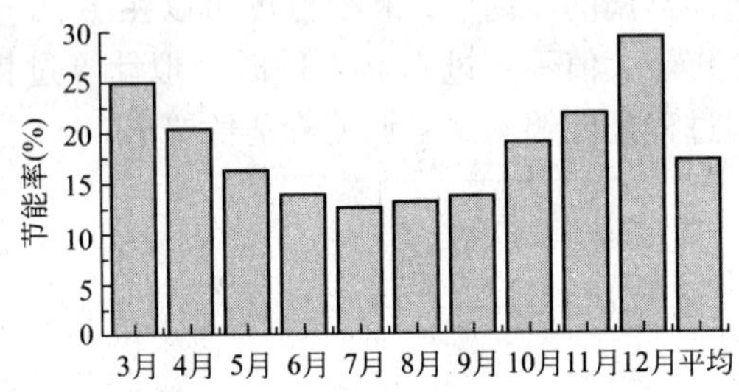

图 6-15　只有水泵变频的系统节能效果图

6.3.4　空调冷水系统变水温和变流量协调控制技术研究结论

与仅依靠水泵变频进行变水量调节相比，基于变水温和变水量协调优化策略的中央空调系统优化调节方法可以取得更佳的节能效果。对广州某综合大楼全年调节过程的模拟计算表明，前者全年平均节能率为 17.5%，而后者可高达 22.4%。

冷水温度的提高会使表冷器的除湿能力降低，造成室内相对湿度增大，但优化控制过程还是能够满足空调的舒适性要求的。

优化调节过程中，平均空调负荷越小的月份，节能效果越明显；平均节能率最大值出现在 12 月，高达 36.7%，最小值则出现在 7 月，仅有 14.5%。

6.4　中央空调系统变水温调节可适用性

中央空调系统是按设计负荷设计的，但绝大多数时间是工作在部分负荷条件下。有关文献的研究结果表明，舒适性空调系统在部分负荷时，采用变水温调节能保证室内温湿度在舒适标准范围内且节能效果显著。陆琼文等针对浦东国际机场的负荷特点和气象条件，给出了分阶段变水温运行的方案。在部分负荷时段实行分阶段变水温运行，可以有效地提高制冷机组运行效率，降低运行能耗。翁文兵等针对中、小型中央空调系统，通过实验确定了变冷水温调节时冷水机组的运行特性和对空气处理效果的影响，在部分负荷下运行时，变水温调节可以有效提高冷水机组运行效率。刘飞龙、闫军威等对区域供冷空调系统在部分负荷采用变水温调节，节能效果明显，但当空调负荷率太高时，变水温调节会对供冷量和室内舒适性产生一定的影响。基于变水温和变水量的协调优化控制策略可以取得更佳的节能效果。变水温调节是根据平均负荷率给出冷水机组的出水温度，而要满足空调全部用户的舒适性要求，就要知道空调负荷最大用户的负荷率与平均负荷率的关系，而不同功能建筑的空调系统，其最大用户的负荷率与平均负荷率之间的关系是不同的。因此，有必要研究不同功能建筑的空调系统在不同平均负荷率时，最大用户的负荷率与平均负荷率之间的关系，以确定变冷水温度调节技术的适用范围。

6.4.1 建筑冷负荷计算原理与计算软件

1. 冷负荷计算原理及过程

从冷负荷构成来说，主要可以分为围护结构冷负荷、照明与设备冷负荷、人员冷负荷、新风冷负荷。按图 6-16 所示的流程进行计算，其中，F_q 为外墙和屋面的面积，m^2；K_q 为外墙和屋面的传热系数，$W/(m^2 \cdot K)$；τ 为计算时间，h；ε 为温度波传到内表面的时间延迟，h；$\tau-\varepsilon$ 为温度波的作用时间，即温度波作用于围护结构内表面的时间，h；$\Delta t^{\tau-\varepsilon}$ 为作用时刻下，围护结构的冷负荷计算温差，℃；F_c 为外玻璃窗面积，m^2；K_c 为玻

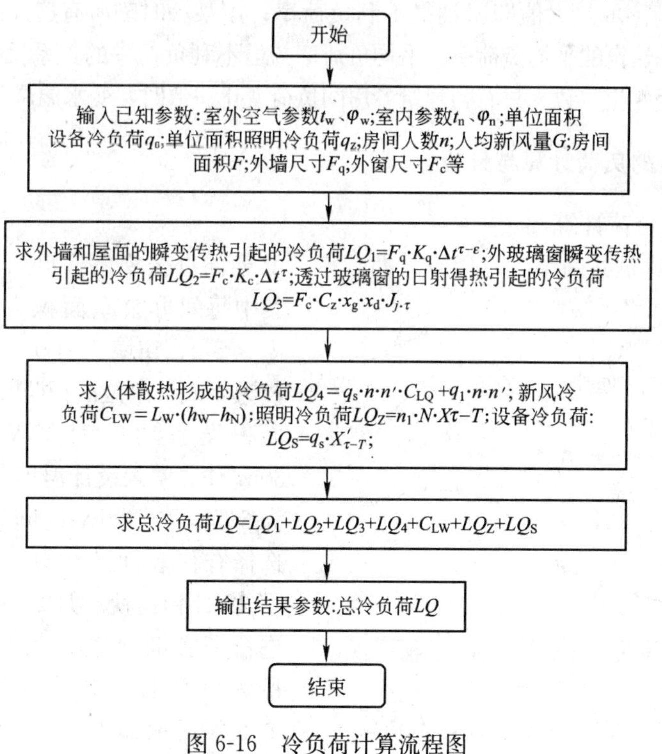

图 6-16 冷负荷计算流程图

璃的传热系数，W/(m²·K)；Δt^{τ} 为计算时刻的负荷温差，℃；C_Z 为玻璃窗的综合遮挡系数 $C_Z=C_s \cdot C_n$；C_s 为玻璃窗的遮挡系数；C_n 为窗内遮阳设施的遮阳系数；x_g 为窗的有效面积系数；x_d 为地点修正系数；$J_{j,\tau}$为计算时刻，透过单层窗口面积的太阳辐射热形成的冷负荷，简称负荷强度，W/m²；q_s 为不同室温和劳动性质成年男子显热散热量，W；n'为群集系数；C_{LQ}为人体显然散热冷负荷系数，人体显热散热冷负荷系数；q_l 为不同室温和劳动性质成年男子潜热散热量；N 为照明设备的安装功率，W；n_0 为考虑玻璃反射，顶棚内通风情况的系数；n_1 为同时使用系数；T 为开灯时刻，h；$X_{\tau-T}$为 $\tau-T$ 时刻灯具散热的冷负荷系数；$X'_{\tau-T}$为 $\tau-T$ 时间设备、器具散热的冷负荷系数；q_s 为热源的实际散热量，W。

2. 全年空调冷负荷计算软件介绍

基于传递函数法编写了全年空调冷负荷计算软件。该软件采用了 VBA 编程语言，以嵌入 EXCEL 表格的一个自定义工具栏实现的，其主要部分包括房间参数设置、逐时冷负荷计算和统计计算等。软件的输入形式与常用的负荷计算软件类似，输出结果的信息量却比一般商用负荷软件大得多，严格区分每个构成因素，并提供了全年 8760h 逐时空调冷负荷及其统计结果，方便于比较分析。

3. 不同类型建筑的负荷特性

不同用途的建筑空调负荷特性存在着明显的差异，为了得到变水温调节的可应用域，有必要对各种典型的不同用途的建筑负荷特性进行研究。以广州市办公、公共餐饮、宾馆饭店、医疗这 4 种典型用途建筑的负荷计算为例，得出其负荷特性曲线。计算用的气象参数来源于中国气象局气象信息中心气象资料室提供的广州市典型气象年参数。最不利负荷率指的是空调负荷率最大的房间的负荷率，而平均负荷率指的是整栋建筑所有房间的负荷率。其中，用每个房间某一时刻的负荷除以该房间的最大负荷，得到的是该房间这一时刻的负荷率，各房间的负荷率取最大值即得到最不利负荷率；用某一时刻所有房间的总冷负荷除以设计负荷即得到整栋建筑的平均负荷率。平均负荷率与最不利负荷率的关系反映的是每栋建筑中各房间的负荷是否变化一致。只有当建筑各房间负荷变化一致时，变水温调节方式才是适用的。

6.4.2　各类建筑的负荷计算与分析

1. 办公建筑负荷计算

建筑模型：建筑共两层。每层东、西、南、北朝向办公室各 5 间，内区办公室 5 间，其中每间办公室面积为 20m²，房间层高为 3.5m，窗墙比为 0.3，每个房间设定人数为 4 人，单位面积照明功率为 5W，单位面积设备功率为 50W，人均新风量为 30m³/h。室内设计温度为 25℃，相对湿度为 60%，空调开启时间为 8：00～18：00。选择有代表性的初夏 5 月 24 日、盛夏 7 月 28 日和初秋 9 月 20 日对广州某办公楼进行了实例计算，其中 7 月 28 日为全年最大负荷日，其计算结果如图 6-17～图 6-20所示。

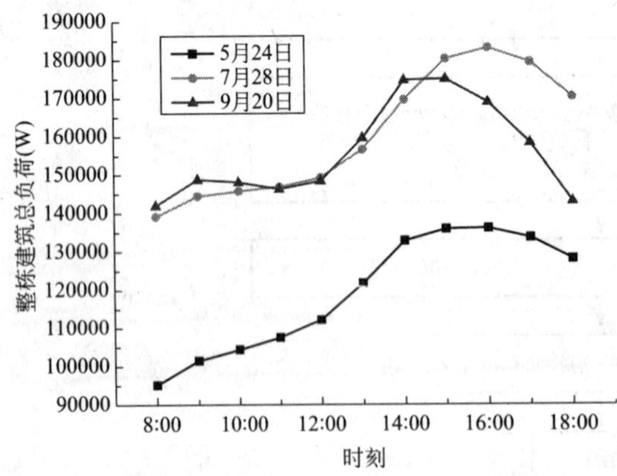

图 6-17　整栋建筑总负荷随时间变化曲线

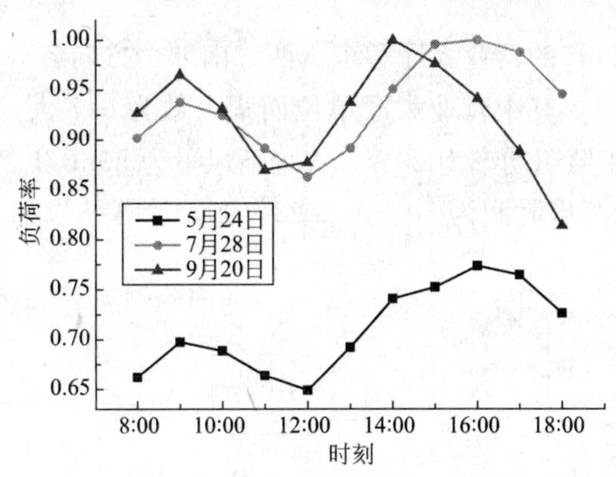

图 6-18 三天最不利负荷率随时间变化曲线

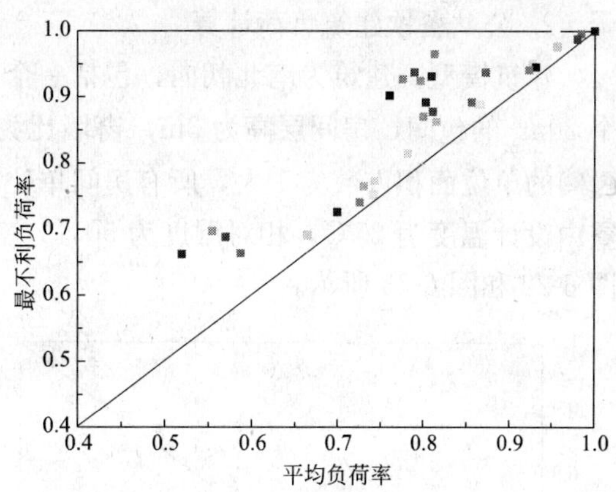

图 6-19 办公建筑的最不利负荷率与平均负荷率的关系变化曲线

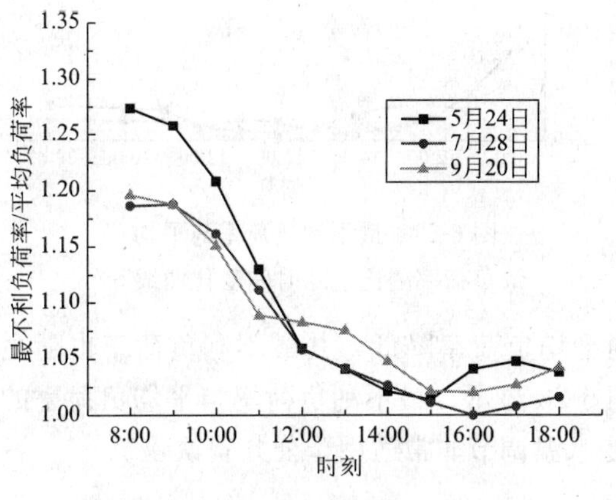

图 6-20 最不利负荷率与平均负荷率的比值随时间变化曲线

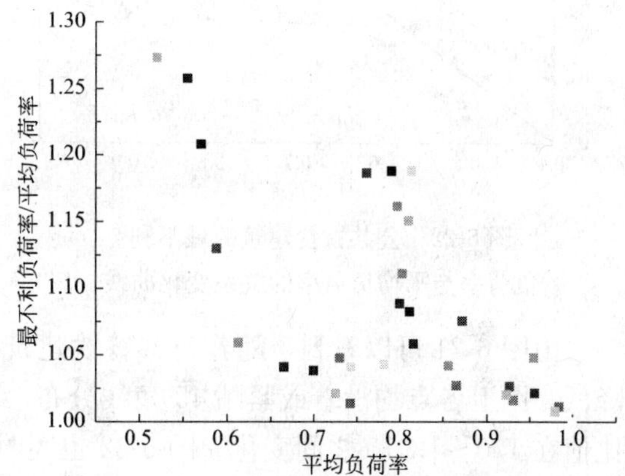

图 6-21 办公建筑最不利负荷率与平均负荷的比例随平均负荷率的变化曲线

构成冷负荷的几个组成部分中，围护结构冷负荷和新风冷负荷随着外界环境的变化而变化，属于可变化负荷。而照明与设备冷负荷和人员冷负荷维持在一个相对稳定的范围内，变化甚微。

图 6-17 显示了整栋建筑总负荷随时间的变化规律，计算的 3 天内，负荷在一天内的变化趋势基本一致，呈现先增大后减小的趋势，最大负荷出现在 14：00～16：00 之间。

图 6-18 显示，从 5 月到 7 月空调负荷率也逐渐变大，而到了 9 月份，空调负荷率仍然很大，甚至在某些时刻超过了全年最大负荷日的负荷率。

由图 6-19 可以看到，随着办公建筑的平均负荷率降低，其最不利负荷率也随之降低，图上各点均沿着或紧贴 45°角线分布。图 6-20 显示，气温越高的天气，最不利负荷率与平均负荷率的比值越小，表明各房间负荷变化一致性越好，而一天当中，比值先是逐渐下降，傍晚时分有小量回升。之所以出现各房间负荷率一致性不如下午好的情况，主要是因为上午太阳照射东向房间，而其他方向的房间尚未受到太阳照射，其最不利负荷率较之平均负荷率差异较大，而随着太阳照射方向的变化，各朝向房间的负荷率差异逐渐减小。由图 6-20 可以看出，最不利负荷率与平均负荷率的比值在 1.0～1.27 之间变化。

图 6-20 和图 6-21 显示，最不利负荷率与平均负荷率的比值随平均负荷率的增大而减小，因此，当负荷率大时，变水温调节是适用的。

2. 公共餐饮建筑负荷计算

建筑模型：建筑为南北朝向，包括一个 200m² 的营业大厅和东、西、南 3 个方向各 5 个 20m² 的包间，房间层高为 3m，窗墙比为 0.3，其中营业大厅单位面积人数为 0.7 人，包间的单位面积人数为 1 人，所有房间单位面积照明功率为 20W，人均新风量为 30m³/h。室内设计温度为 25℃，相对湿度为 50％。空调开启时间为 10：00～22：00，计算结果如图 6-22 和图 6-23 所示。

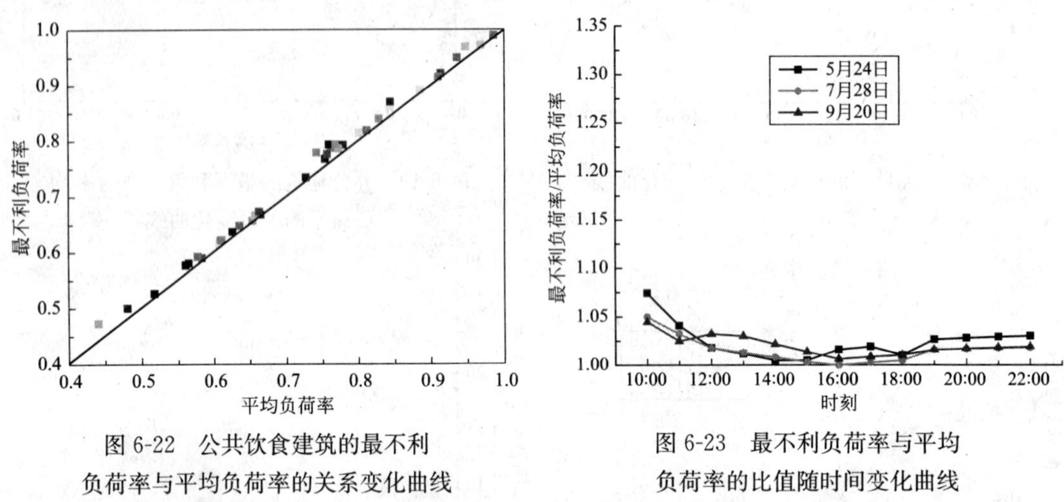

图 6-22　公共饮食建筑的最不利负荷率与平均负荷率的关系变化曲线

图 6-23　最不利负荷率与平均负荷率的比值随时间变化曲线

由图 6-21 可以看到，随着公共餐饮建筑的平均负荷率降低，其最不利负荷率也随之降低，图上各点均沿着或紧贴 45°角线分布。图 6-23 显示，最不利负荷率与平均负荷率的比值在 1.0～1.075 之间变化。图 6-22 也表明变水温调节非常适用于公共餐饮建筑。

3. 宾馆酒店建筑负荷计算

建筑模型：建筑共两层。每层东、西、南、北朝向房间各 5 间，内区房间 5 间，其中每个房间的面积为 20m²，房间层高为 3m，窗墙比为 0.3，单位面积人数为 0.1 人，单位面积照明功率为 15W，单位面积设备功率为 20W，人均新风量为 30m³/h。室内设计温度为 25℃，相对湿度为 55％。空调全天候开启，计算结果如图 6-23 和图 6-24 所示。

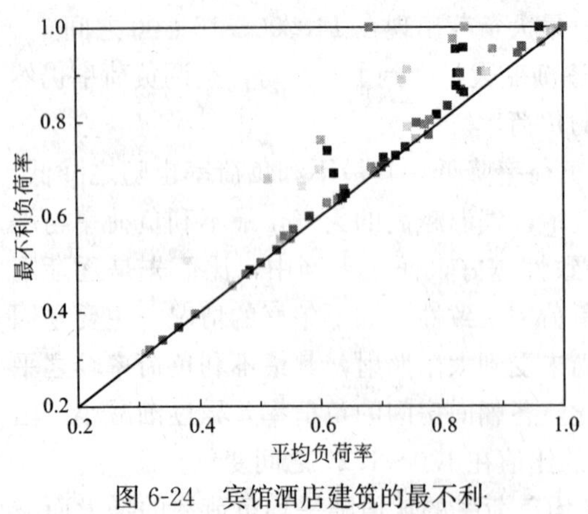

图 6-24　宾馆酒店建筑的最不利负荷率与平均负荷率的关系变化曲线

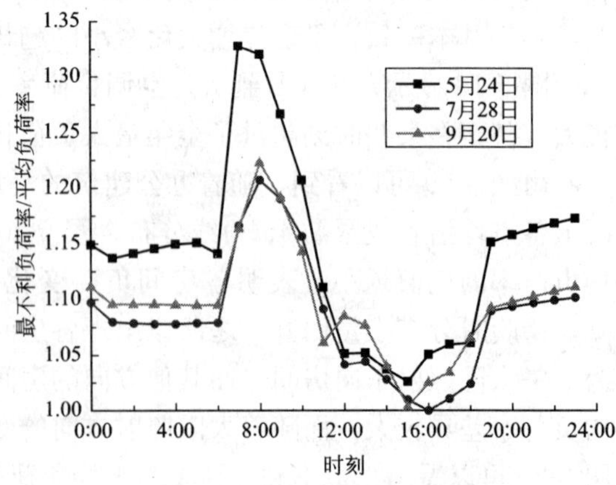

图 6-25　最不利负荷率与平均负荷率的比值随时间变化曲线

由图 6-24 可以看到，随着办公建筑的平均负荷率不断增大，其最不利负荷率也随之相应增大，图上各点均沿着或紧贴 45°角线分布。图 6-25 显示，最不利负荷率与平均负荷率的比值在 1.0～1.325 之间变化。

4. 医疗建筑负荷计算

建筑模型：建筑共 3 层。每层东、西、南、北朝向房间各 5 间，内区房间 5 间，每个房间的面积为 20m²，房间层高为 3m，窗墙比为 0.3。其中一楼是门诊部，二楼和三楼为病房、疗养室。所有房间人均新风量为 30m³/h。室内设计温度为 25℃，相对湿度为 55%。一楼门诊部单位面积人数为 0.2 人，单位面积照明功率为 40W。二楼和三楼病房的单位面积人数为 0.1 人，单位面积照明功率为 5W，单位面积设备功率 20W，空调全天候开启，计算结果如图 6-26 和图 6-27 所示。

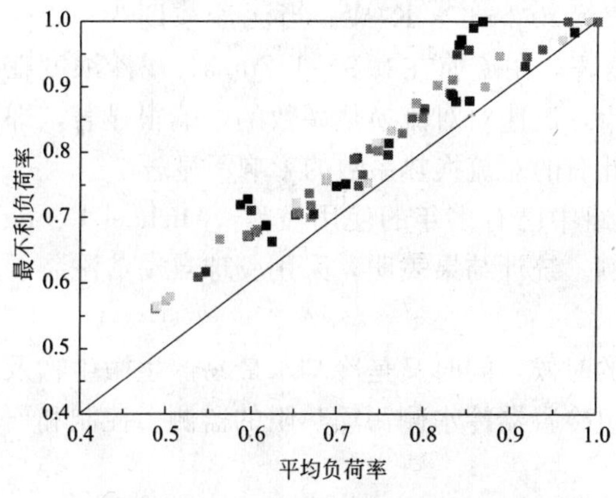

图 6-26 医疗建筑的最不利负荷率与平均负荷率的关系变化曲线

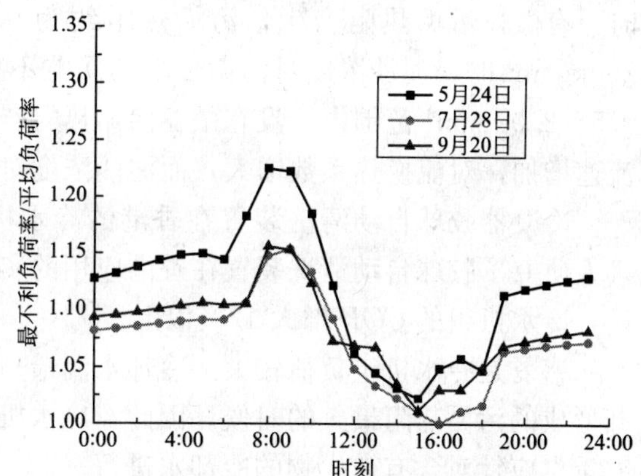

图 6-27 最不利负荷率与平均负荷率的比值随时间变化曲线

由图 6-26 可以看到，随着办公建筑的平均负荷率降低，其最不利负荷率也随之降低，图上各点均紧贴 45°角线分布。图 6-27 显示，最不利负荷率与平均负荷率的比值在 1.0～1.225 之间变化。

6.4.3 结论

(1) 不同功能的建筑，最不利负荷率与平均负荷率的比值有所不同，最大值为 1.325，最小值为 1。

(2) 不同时间，最不利负荷率与平均负荷率的比值有所不同，上午最大，在 1.1～1.325 之间变化，午后较小，小于 1.1；每天的 8：00～11：00，由于东向房间首先受到太阳辐射的影响，与其他各朝向房间负荷率差异较大，而在其他时段，各朝向房间负荷率差异不是非常明显。

(3) 各类建筑的平均负荷率降低，其最不利负荷率也随之降低。因此当负荷率降低时，变水温调节是适用的。

6.5 冷水机组冷凝器冷却水侧污垢热阻控制技术

换热表面的污垢热阻使传热恶化。随着强化传热技术的广泛应用，污垢热阻对传热过程的影响更加明显，冷却水侧污垢热阻值的选取已成为冷水机组冷凝器优化设计的主要问题之一。如广州地铁车站空调系统冷水机组因冷凝器冷却水侧污垢热阻选择偏低，出现了机组制冷量偏小，能耗偏高的问题。由于珠江水质比预测的要差，取水条件不利于维护等原因，导致广州地铁海珠广场制冷站从 2003 年 4 月开机运行到同年 11 月整个空调季节冷却水系统达不到设计要求，空调运营后，每 6～8d 需要拆开清洗冷却水泵；冷凝器内部管壁约 1/3 管径被淤泥细浆等覆盖，传热系数降低，冷凝器两侧的换热温差增大，导致冷冻机报警停机，需 10d 左右清洗一次。从运行状况来看，因受条件限制，珠江冷却水系统需耗费大量的运营维护人力，且机组的正常运行受到一定的影响。

有关研究结果表明，微生物是影响冷却水污垢热阻产生的主要因素，含有微生物的冷却水的污垢热阻较大，约为 $1\times10^{-4}m^2\cdot K/W$。不含有微生物的冷却水，在流速为 0.5m/s 时，有微粒污垢热阻产生，污垢热阻约为 $0.2\times10^{-4}m^2\cdot K/W$；当泥沙浓度为 0.5～2.0kg/$m^3$ 时，泥沙浓度对污垢热阻的影响不显著；在流速在 0.9～1.2m/s、泥沙浓度在 0.5～2.0kg/m^3 范围内、没有微粒污垢热阻产生，流速对对流换热系数的影响很显著，即流速增加，对流换热系数增大，而泥沙浓度对此时的对流换热系数的影响不显著。

冷凝器胶球自动清洗装置在香港的冷水机组中已有多年的使用经验，Michael Leung 等人研究了胶球自动清洗装置在香港应用的实例。统计结果表明，采用胶球自动清洗装置后，冷水机组的 *COP* 增大 12%以上。

盛夏是冷水机组负荷较大、冷却水温最高的时候，同时又是冷却水最易产生微生物及其形成的污垢热阻最大的时候。因此，冷水机组冷凝器冷水侧污垢热阻的监测、控制和研究重点应针对含有微生物的冷却水进行。

在国内已有超过 100 台的冷水机组采用了冷凝器胶球自动清洗装置。为了便于了解其应用情况，这里详细介绍 3 例工程实践的应用背景和使用效果。

6.5.1 冷水机组冷凝器胶球清洗工程实践

1. 日立环球(深圳)工厂制冷站

日立环球(深圳)工厂制冷站有 5 台上海一冷开利 19XR7677583EMS52 型号离心式冷水机组，单机制冷量为 1260RT，输入功率为 784kW；1 台上海一冷开利 19XR7677587ENS52 型号离心式冷水机组，单机制冷量为 1350RT，输入功率为 835kW。目前是开 2 台机组，满负荷运行 365d，6 台轮流使用，设计最大负荷时要开足 5 台，1 台备用。

新机时的换热管洁净，端差在 100%负荷为 1.2℃左右，但随着使用时间推移，尽管做化学水处理和每年清洗处理，从 2007 年和 2008 年的全年运行记录看，折算为 100%负荷时，端差平均都在 3℃以上。

安装胶球自动清洗装置之前，6 号冷水主机 2009 年 6 月 10 日至 2009 年 6 月 18 日的运行记录共 6 组数据为对比依据，冷凝器端差换算为 100%负荷时的平均值为 3.27℃。安装胶球自动清洗装置之后，6 号冷水主机 2009 年 9 月 4 日至 2009 年 9 月 18 日的运行记录共 6 组数据为对比依据(图 6-28)，冷凝器端差换算为 100%负荷时的平均值为 0.91℃。胶球自动清洗装置使用前后相比，冷凝器端差的变化值为 $\Delta T=2.36$℃。说明采用自动胶球清洗装置是保障冷凝器换热面清洁的有效手段。

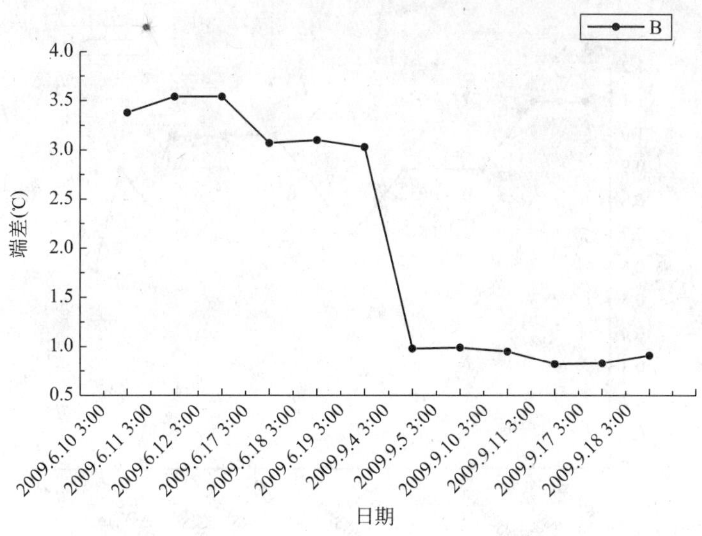

图 6-28　6 号冷水主机折算至 100％负荷时冷凝器端差

2. 深圳华润中心制冷站

深圳华润中心总建筑面积 55 万 m^2，包括超大规模室内购物及娱乐中心“万象城”、国际标准 5A 甲级写字楼“华润大厦 ”，已于 2004 年 12 月竣工开业。在中区地下二层设置集中制冷站，其中有 3 台 2000USRT 和 3 台 650USRT 的冷水机组，年平均开机时间约 2400h。从 2004 年 12 月到 2008 年 12 月期间，冷水主机刚开始使用时，冷凝器的端差在 1.3℃内，随着使用时间的增加，冷水主机尽管做了化学水处理和每年清洗，但清洗后随着使用时间的延长，冷凝器的端差还在增加，华润一期冷水主机运行的情况是：2008 年 12 月清洗前的冷凝器端差通常在 3.5～4.5℃之间，有的在 5℃以上，

2009 年 1 月 3 日安装胶球自动清洗装置，从运行半年的情况来看，冷凝器端差的增量一直保持在 0.3℃，即端差在 1.5℃以内。这样相对以前节能 8％～12％。

1 号冷水机组冷凝器在 2008 年 12 月 3 日清洗实景如图 6-29 所示，1 号冷水机组在安装胶球自动清洗装置运行了 6 个月后，冷凝器换热管清洁状况如图 6-30 所示。空调高负荷率运行的 8 月份，1 号冷水机组冷凝器端差的记录数据如图 6-31 所示。胶球自动清洗装

图 6-29　2008 年 12 月 3 日清洗实景

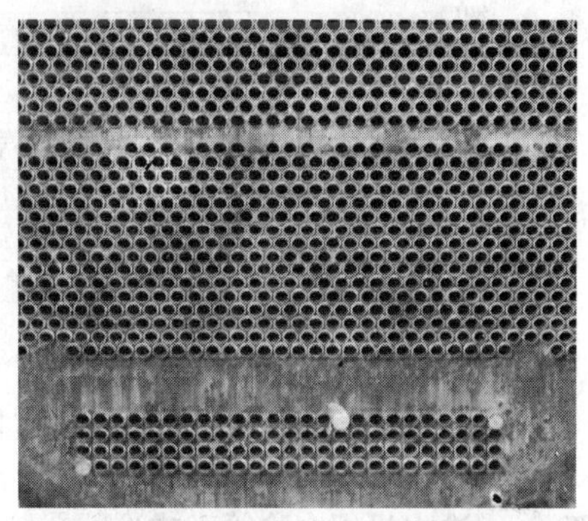

图 6-30　安装使用胶球自动清洗装置 6 个月后冷凝器换热管清洁状况

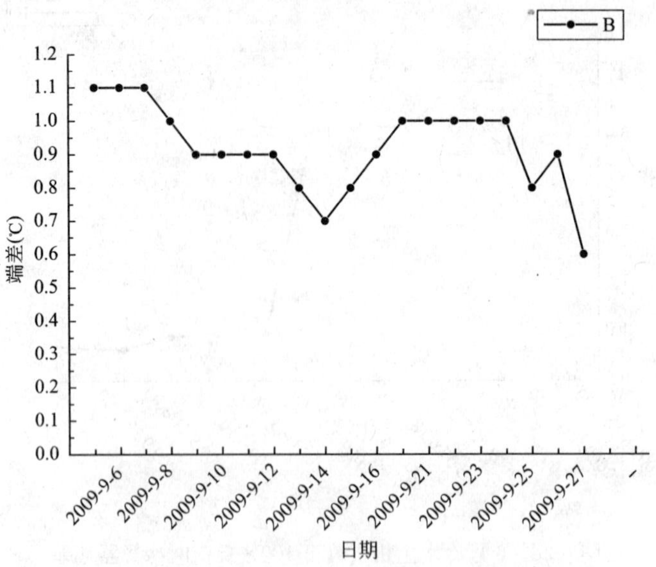

图 6-31 2009 年 9 月份 1 号冷水机组冷凝器端差

置使用前后相比，冷凝器端差下降约 3～4℃，说明采用自动胶球清洗装置是保障冷凝器换热面清洁的有效手段。

3. 比亚迪股份有限公司大亚湾工业园 C2 厂房冷水机组

比亚迪股份有限公司三大工业园主要是集团 IT 产业群的生产基地，工业园中大多数厂房由于生产的需要安装了中央空调系统，工作时间为一天 24h 三班制，中央空调系统冷水主机为满足生产要求年平均开机时间很长。

C2-1 号冷水机组是由麦克维尔公司生产的，制冷量为 700RT，该冷水机组安装胶球自动清洗装置前后折算至 100％负荷时冷凝器端差如图 6-32 所示。从图中看出，5 月 28 日安装胶球自动清洗装置，5 月 22 日和 5 月 26 日的冷凝器端差都在 7℃上下浮动，这个数据与以前统计的数据相符。胶球自动清洗装置之后，自 5 月 28 日至 6 月 17 日，冷凝器端差始终在 3℃上下浮动。前后相比，冷凝器端差下降约 4℃，说明采用自动胶球清洗装置是保障冷凝器换热面清洁的有效手段。

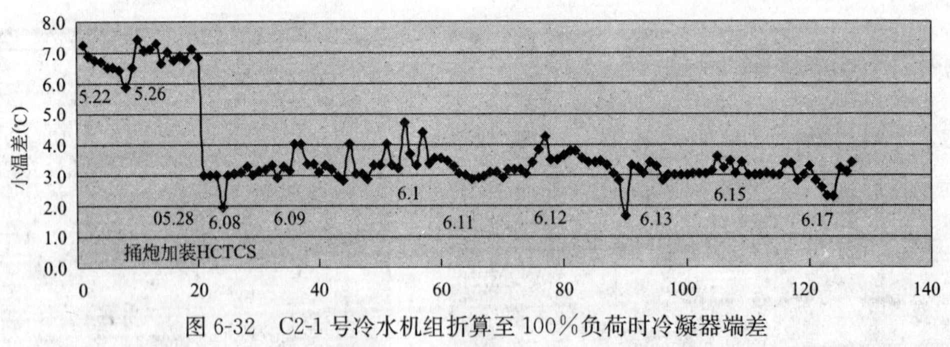

图 6-32 C2-1 号冷水机组折算至 100％负荷时冷凝器端差

6.5.2 《冷水机组水冷管壳式冷凝器胶球自动在线清洗装置》(报批稿)简介

鉴于胶球自动在线清洗装置是保持冷水机组水冷管壳式冷凝器冷却水侧换热表面清洁

的有效措施，为了规范胶球自动在线清洗装置的应用，《冷水机组水冷管壳式冷凝器胶球自动在线清洗装置》(报批稿)提出了水机组水冷管壳式冷凝器胶球自动在线清洗装置的使用性能如下：用化学清洗或机械式毛刷捅炮机清洗冷水机组冷凝器换热管内壁，确认换热管内壁洁净无污后，在电流百分比为100%及额定工况下运行，清洗装置正常使用时，温度端差 Δt 的增加量应不大于0.3℃±0.1℃。

6.5.3 冷水机组冷凝器冷却水侧污垢热阻控制技术结论

冷水机组冷凝器污垢热阻主要是微生物和粒径小于0.01mm的微粒，因此采用自动胶球清洗装置可使冷凝器端差下降约2.5～4℃，是保障冷凝器换热面清洁的有效手段。

参考文献

[1] 周巧航，赵加宁，施雪华. 深圳市某办公楼空调系统节能潜力分析 [J]. 暖通空调，2004，34(4)：19～22

[2] 刘金平，周登锦. 空调系统变冷水温度调节的节能分析 [J]. 暖通空调，2004，34(5)：90～91

[3] 陆琼文，刘传聚，曹静. 浦东国际机场变空调供水温度节能运行方案分析 [J]. 暖通空调，2003，33(2)：123～125

[4] 翁文兵，宋振宁，陈剑波，于昌勇. 小型中央空调系统变水温调节特性的实验研究 [J]. 流体机械，2006，34(11)：8～11

[5] 刘飞龙，朱冬生，闫军威，李静，周璇. 区域供冷质调节的节能分析 [J]. 流体机械，2007，35(11)：70～73

[6] 闫军威，刘飞龙，朱冬生，周璇，李静. 广州大学城区域供冷系统质调节的节能分析 [J]. 建筑科学，2007，23(12)：27～29

[7] 刘金平，麦粤帮. 中央空调系统变水温和变水量协调优化控制研究 [J]. 建筑科学，2007，23(6)：12～15

[8] 中国气象局气象信息中心气象资料室. 中国建筑热环境分析专用气象数据集 [M]. 北京：中国建筑工业出版社，2005

[9] 马光友. 广州地铁空调冷却水系统运行分析 [J]. 暖通空调，2002，30(5)：1302～1321

[10] 刘金平，刘雪峰，杜艳国等. 凝汽器冷却水污垢热阻的研究 [J]. 中国电机工程学报，2005，25(15)：100～105

[11] Michael Leung，Godwin Lai，W. H. Chan Sponge-Ball Automatic Tube cleaning device for saving energy in a chiller [J]. International Energy Journal，2002，3(2)：35～43

[12] JB/T《冷水机组水冷管壳式冷凝器胶球自动在线清洗装置》(报批稿)

第7章 既有建筑能量梯级利用及其他示范项目

1980年，吴仲华院士在中共中央书记处举办的科学技术知识讲座报告“中国的能源问题及其科学技术解决的途径”中提出，各种不同品质的能源要合理分配、对口供应，做到各得其所，提倡按照“温度对口、梯级利用”原则，大力发展各种联合循环、热电并供与余能利用等总能系统。

吴仲华院士从两个层面精炼地解释了应该如何优化配置能源：第一，在资源分配上应该实现“分配得当、各得所需”，根据不同用户，在不同时段，对于不同能源的不同需求，进行合理妥当的资源配置，可以实现能源利用效率和能源设备利用效能的最优化；第二，在能源利用上，根据能源的品位，依照热力学第二定律的原则实现“温度对口、梯级利用”，尽力扩大对于温度的利用范围，使高品位的能源满足高端的需求，将低品位的能源满足低端的需求。按照能量品位高低进行梯级利用，从总体上安排好功、热(冷)与物料热力学能等各种能量之间的匹配关系与转换使用，在系统高度上总体地综合利用好各种能源，以取得更好的总效果，而不仅是着眼于单一生产设备或工艺的能源利用率或其他性能指标的提高。只有如此，才能确实有效地利用资源，控制熵增的速率。

自然界中存在的各种形式的能是有区别的，按照可以转换为功的程度可以将能量分为以下3类：

(1) 可以无限转换的能量，如电能，机械能。这类能量可以百分之百地转换为功的能量形式。这类能量质量最高，可转换的能力最强。电能是高品质的能，它与功基本上是等价的。而机械能这种能的质与量是完全统一的，是所谓的“高级能量”。

(2) 可以有限转换的能量，如热能，化学能。这类能量在转换为功或者机械能、电能时，受热力学第二定律的限制，只有㶲的部分可以转换为功，其余的部分虽然有一定的量但质极差。这类能量的质与量往往并不统一，被称作“低级能量”。

(3) 不可转换的能量，如环境内能，包括大气、海水、土壤等所具有的能量。这些能量在数量上很可观，但是按照热力学第二定律，它们无法转换为可利用的功，属于“不可利用能量”。

由于各种形式能的级别不一样，因而某系统(或过程)的能量利用程度可以用效率的高低来衡量，而效率可以形象地从能量供求方面，量与质的匹配程度来理解。即用供入系统(过程)的能量与其供出能量之间在数量上是否平衡、质量上是否匹配来衡量。在实际工程应用中，由于各种散热等外部损失的存在，该效率往往低于1。质量上匹配是从效率或热力学第二定律的角度来衡量能量利用的完善程度。因而能量利用与转换过程中应该尽量避免“高质能”用于“低级利用”或是“低质能”被用于“高级利用”，要实现能量的逐级利用。要符合合理用能原理：能质匹配，梯级利用。

7.1 北方地区既有建筑能量梯级利用及其他示范项目

7.1.1 热电联产系统

1. 热电联产概述

热电联合能量生产简称热电联产，是根据能量梯级利用原理，先将煤、天然气等一次能源发电，再将发电后的余热用于供热的能量生产方式，主要有以下几种形式：

(1) 锅炉加供热式汽轮机热电联产系统(即常规热电联产系统)。这种热电联产系统以煤为燃料。由于燃烧煤形成的高温烟气不能直接做功，需要经锅炉将热量传给蒸汽，由高温高压蒸汽带动汽轮发电机组发电，做功后的低品位的汽轮机汽轮机抽汽或背压排汽用于供热。这是我国的热电联产系统普遍采用的形式，技术非常成熟，主要设备早已国产化。

(2)燃气轮机热电联产系统，分为单循环和联合循环两种形式。单循环的工作原理是：空气经压气机与燃气在燃烧室内燃烧后，温度达1000℃以上、压力在1～1.6MPa的范围内，进入燃气轮机推动叶轮，将燃料的热能转变为机械能，并拖动发电机发电。从燃气轮机排出的烟气温度一般在450～600℃，通过余热锅炉将热量回收用于供热。大型的燃气轮机效率可达30%以上，当机组负荷低于50%时，热效率下降显著，但热和电两种输出的总效率一般能够保持在80%以上。

(3) 内燃机热电联产系统。当规模较小时，它的发电效率明显比燃气轮机高，一般在30%以上，因而在一些小型的燃气热电联产系统中往往采用这种内燃机形式。但是，由于内燃机的润滑油和气缸冷却放出的热量温度较低(一般不超过90℃)，而且该热量份额很大，几乎与烟气回收的热量相当，因而这种采暖形式在供热温度要求高的情况下受到了限制。

(4) 燃料电池。它是把氢和氧反应生成水放出的化学能转换为电能的装置。根据使用的电解质不同，主要有磷酸燃料电池(PAFC)、熔融碳酸盐型燃料电池(MCFC)、固体氧气物燃料电池(SOFC)和质子交换膜燃料电池(PEMFC)等。燃料电池具有无污染、效率高、适用广、无噪声和能连续运转等优点。它的发电效率可达40%以上，热电联产的效率也达到80%以上。

截至2005年底，我国热电联产的年供热量约为192550万GJ，6000kW及以上供热机组共1990台，总容量达6981万kW，占6000kW及以上火电装机容量的18.31%，比2004年增加6个百分点，占全国发电机组总容量的13.5%。2005年热电机组增加装机2167万kW，不仅突破历年来最高纪录，在世界热发电发展史上也是史无前例。

在运行的热电厂中，规模最大的为太原第一热电厂，装机容量为138.6万kW；在北京、沈阳等特大城市已有一批20万kW、30万kW大型抽汽冷凝两用机组在运行。热电厂已在全国各地成为当地重要的热能动力供应系统。

到2005年底，全国共有661个设市城市，其中有321个城市建有集中供热设施，占48.56%。2005年底，我国集中供热能力为：蒸汽10.7万t/h、热水19.8万MW/h。供热量为：蒸汽7.15亿GJ/a、热水13.95亿GJ/a。2005年底，全国供热面积为25.2亿m^2，比2004年增长16.67%；蒸汽热力管道总长度已达1.48万km，热水管道总长7.13万km。东北、华北、西北地区，集中供热面积约占全国集中供热面积的80%，热化率30%。

2. 既有建筑热电联产供能系统升级改造技术研究与示范工程建设

国华能源发展有限公司是天津开发区内第一家热电联产能源生产型企业，成立于1993年，总占地面积36000m²。该公司主要负责为周围的用热企业提供1.4MPa高参数工业用蒸汽，年生产蒸汽能力达到100多万t，年发电量可达4000多万kWh。该热电企业的系统流程简图如图7-1所示。

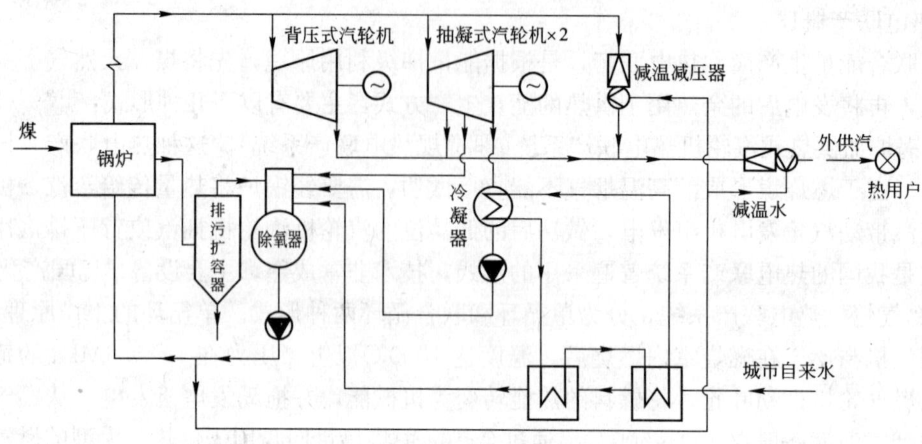

图7-1　系统工艺流程图

主要设备有：5台35t/h的中温中压链条蒸汽锅炉，5台锅炉并列运行，主蒸汽母管制；1台1.5MW背压式汽轮机组，2台3MW抽凝式汽轮机组，额定进汽压力3.43MPa，进汽温度435℃，背压机排汽和抽凝机抽汽压力均为1.4MPa。主要热力设备的性能参数如表7-1和表7-2所示。

锅炉的主要性能参数　　**表7-1**

序号	参数名称	数值	单位
1	额定蒸发量	35	t/h
2	蒸汽压力	3.82	MPa
3	过热蒸汽温度	450	℃
4	给水温度	104	℃
5	给水压力	5.2	MPa
6	神华煤低位发热量	5500	kcal/kg

汽轮机的主要性能参数　　**表7-2**

序号	参数名称	单位	背压机组×1	抽凝机组×2
1	额定功率	kW	1500	3000×2
2	主蒸汽压力	MPa	3.43	3.43
3	主蒸汽温度	℃	435	435
4	排汽压力	MPa	1.4	0.0069
5	排汽温度	℃	350	35.6
6	额定主蒸汽流量	t/h	37.8	37.8×2
7	工业用汽压力	MPa	—	1.4
8	工业用抽汽量	t/h	—	20×2
9	排汽量	t/h	37.8	12×2

(1) 热经济性分析

选取该热电企业 2009 年全年的实际运行数据为分析对象，对系统的全年各月运行情况及效率进行热经济计算分析。

1) 系统全年热负荷

系统全年的月平均蒸汽热负荷如图 7-2 所示，其中热负荷以该企业的外供蒸汽量为计算标准，供汽的平均参数为：供汽压力 1.4MPa，供汽温度 240℃，焓值为 2902kJ/kg。

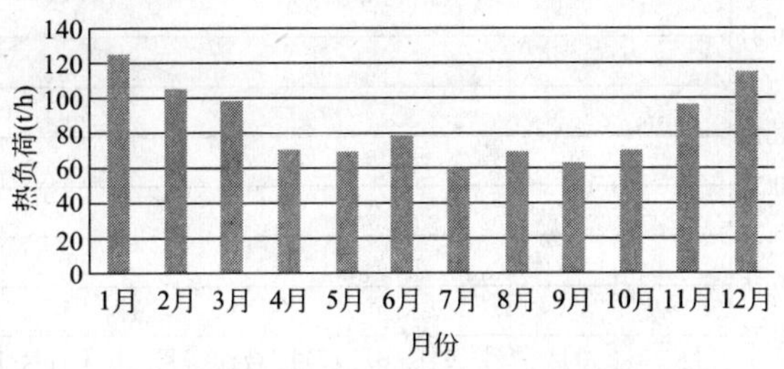

图 7-2　系统全年蒸汽热负荷图

汽轮机组的蒸汽处理总量为 113.4t/h，生产工业用汽的能力仅为 77.8t/h，既使汽轮机组满负荷运行也仅能满足非采暖季的用热需求，在采暖季只有将新蒸汽直接经减温减压器处理后才能满足工业用热需求。使用减温减压器造成了高品位的蒸汽直接降为低品位的蒸汽，未能实现热能的梯级利用，造成了很大的㶲损失，减少了发电量，降低了热电厂的经济性，不能体现出热电联产的节能优势。

2) 系统总热效率

由图 7-3 可以看出，该热电系统的发电量在总耗热量中所占的比例很低，仅在 1%～3%左右，其主要原因有：一是该系统的发电机组容量小，为了满足热用户的用热需要，只有少部分的蒸汽进入汽轮机做功，大部分的蒸汽则直接进入减温减压器来供热，大大减少了发电量，降低了发电效率；二是背压式汽轮机机组的背压参数很高，根据该企业背压机的性能参数，考虑到汽轮机的相对内效率、机械效率和发电机效率的影响，则背压机组的实际发电比例一般仅在 4%以下。

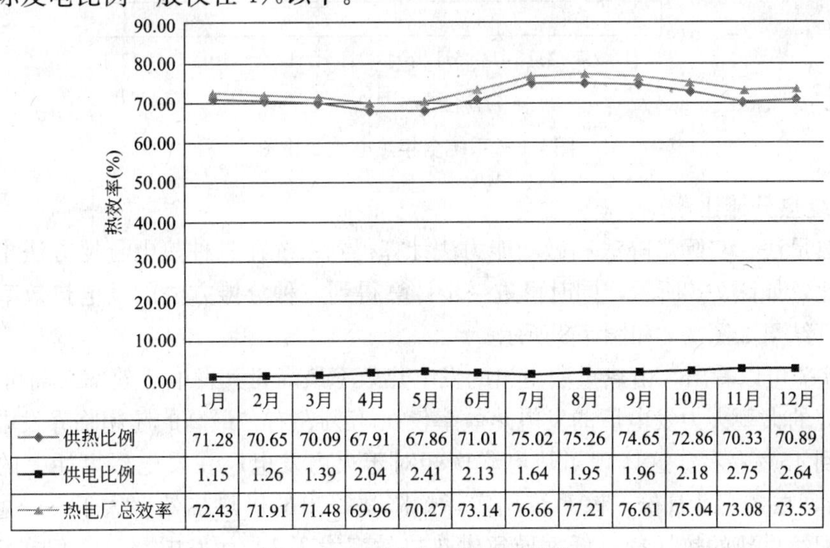

	1月	2月	3月	4月	5月	6月	7月	8月	9月	10月	11月	12月
供热比例	71.28	70.65	70.09	67.91	67.86	71.01	75.02	75.26	74.65	72.86	70.33	70.89
供电比例	1.15	1.26	1.39	2.04	2.41	2.13	1.64	1.95	1.96	2.18	2.75	2.64
热电厂总效率	72.43	71.91	71.48	69.96	70.27	73.14	76.66	77.21	76.61	75.04	73.08	73.53

图 7-3　系统全年热效率变化图

3）锅炉热效率

由图7-4可知，该系统锅炉的热效率在80%左右，主要由于该企业采用小型燃煤链条式锅炉，固体不完全燃烧热损失很大。而流化床锅炉和煤粉燃烧锅炉，其热效率很高，达到了90%以上，这也是这种锅炉改进和发展的方向。小型热电联产热效率低一个主要的因素在于锅炉的热效率低，提高小型热电联产的热效率首先要提高锅炉的热效率。

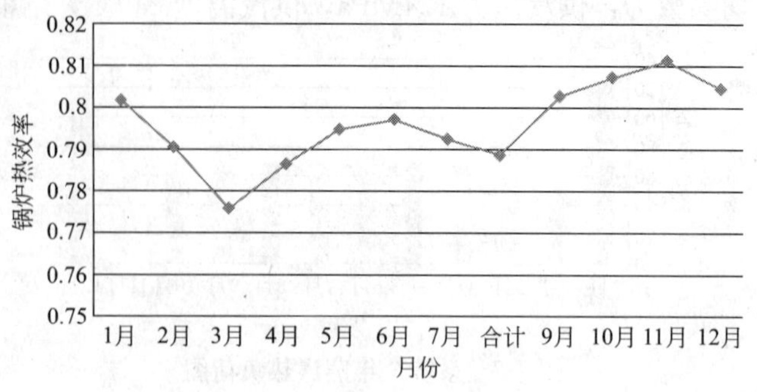

图7-4　系统全年锅炉热效率变化图

4）系统热电比

由图7-5可见，1～3月份的热电比高于11、12月份的热电比，主要原因是汽轮机减温减压进汽量过大，导致发电量减少，从而热电比变大。该热电企业具有很高的热电比，全年平均为39.3，在供热机组正常运行时，能够热尽其用，高品质的蒸汽用来发电，排汽乏汽用来供热，符合能量梯级利用的原则。

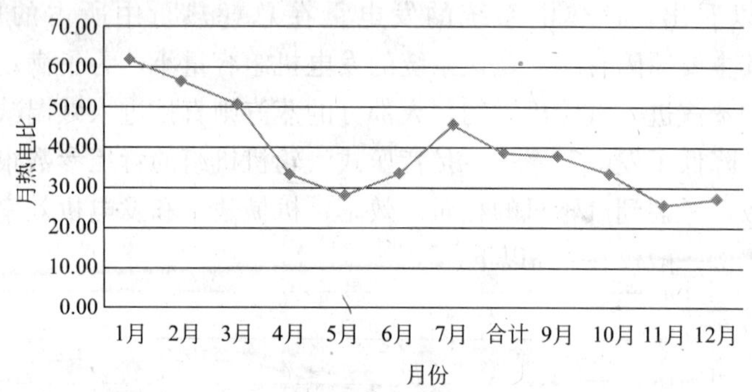

图7-5　系统全年热电比变化图

5）系统热分摊比

按照热量法、实际焓降法和做功能力法计算得到系统在三种热电分摊方法中全年月平均热分摊比，如图7-6所示，同时可进一步计算得到三种分摊方法的发电热效率和供热热效率，计算结果如图7-7和图7-8所示。

由图7-7可以看出，由热量法得出的发电热效率最高，其发电热效率最高可达50%以上，而常规的大型火力发电厂的发电热效率仅在37%左右，最高的超超临界发电机组的热效率可达到45%左右。这体现了热电联产相对于火力发电厂在发电标煤耗上的优势。从图7-8看出，在7～10月份，该系统用实际焓降法得出的供热热效率大于1。这说明实际焓降法分配给供热的热耗量过低，导致供热热效率大于1，而发电热效率仅在10%左右。

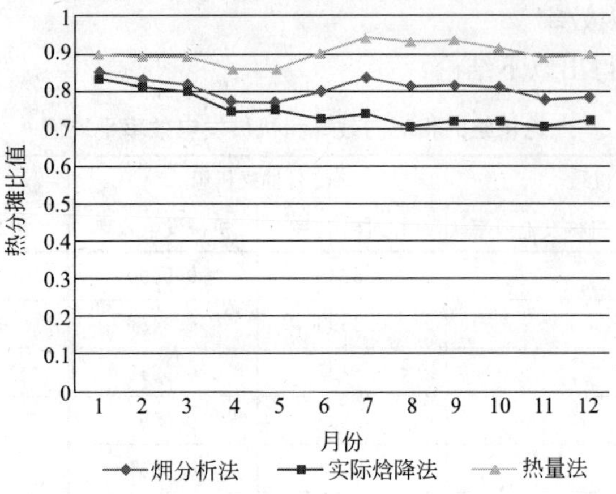

图 7-6　3 种热电分摊方法下的热分摊比

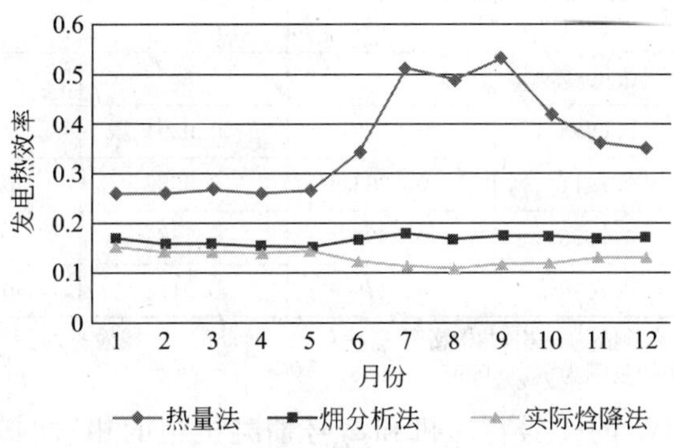

图 7-7　3 种分摊方法的发电热效率

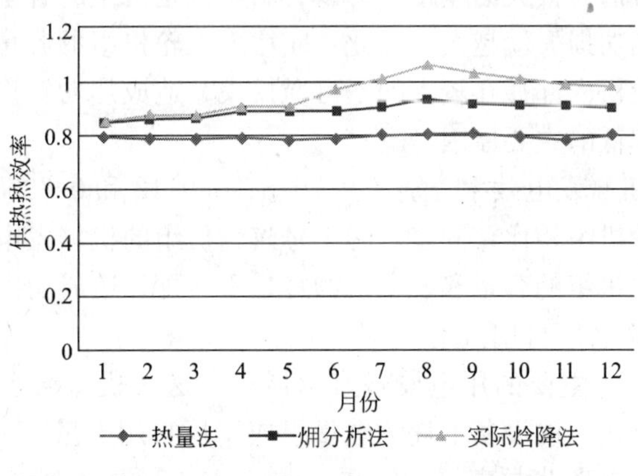

图 7-8　3 种分摊方法的供热热效率

同时，热量法得出的供热热效率最低，在 80%左右。而锅炉的热效率也在 80%左右，有时锅炉的热效率还要低于供热热效率。这对于常规的供热锅炉来说是不可能的，其供热热效率是肯定要低于锅炉的热效率的。我国的工业小锅炉数量多，2003 年在用工业锅炉达 52.4 万台，平均运行效率仅为 60%～65%，而热电联产的锅炉一般容量较大，热效率也较高，这在一定程度上体现了热电联产相对常规锅炉供热的优势。

6）汽轮机的相对内效率

根据表7-3，可以得出以下结论：

汽轮机组的相对内效率和机械发电效率平均值 **表7-3**

	1号背压机组		2号抽凝机组		3号背压机组	
	相对内效率	机械发电效率	相对内效率	机械发电效率	相对内效率	机械发电效率
1月			0.5738	0.9590	0.4691	0.8470
2月			0.5590	0.9457	0.4806	0.8500
3月			0.5427	0.9242	0.4899	0.8399
4月			0.5332	0.8994	0.4579	0.8447
5月			0.5121	0.8981	0.4438	0.8257
6月	0.6442	0.7051	0.5224	0.8979	0.4451	0.8125
7月	0.6841	0.6788				
8月	0.6751	0.6661			0.4370	0.8083
9月	0.6450	0.6987			0.4294	0.8149
10月	0.6496	0.6993	0.5610	0.9291		
11月	0.6214	0.7411	0.5266	0.9588	0.4832	0.8292
12月	0.6213	0.7656	0.5999	0.7886	0.4813	0.8356
平均值	0.6487	0.7078	0.5479	0.9112	0.4617	0.8308

注：6～25MW汽轮机组参考值为：相对内效率 $\eta_{ri}=0.82\sim0.85$；机械效率 $\eta_{m}=0.985\sim0.99$；$\eta_{g}=0.965\sim0.975$。机械发电效率的范围为 $\eta_{mg}=0.95\sim0.965$。

① 额定功率为3MW的1号背压机和2号抽凝机组的相对内效率分别为0.6487和0.5479，额定功率为1.5MW的3号背压机的相对内效率平均值为0.4617，均和6MW汽轮机组相对内效率参考值有很大的差距。可以看出，汽轮机组的容量越小，相对内效率就越低，内部的不可逆热功损失就越大。因此，应增大汽轮机组的容量。另一方面，该机组技术完善度较低，汽轮机内部存在较大的不可逆损失，造成热功转换效率较低，这是该系统汽轮机组相对内效率低的主要原因。

② 三台汽轮机的机械发电效率分别为0.7078、0.9112和0.8308，也和参考范围有一定差距。但与3号汽轮机组相比，同容量的1号汽轮机组的机械发电效率很低，功电转换效率较低，可能是汽轮机组的容量和发电机的容量不匹配，造成功损失较大。

7）系统厂自用电率及厂自用汽率

在热电联产企业中，主要的用电设备有引风机、送风机、给水泵、渣浆泵、循环泵等，这些维持系统正常运行的设备消耗的电量组成了厂自用电量。由图7-9可以看出，该热电联产系统的厂自用电率非常高，一般在30%以上，最高达到了50%以上。厂自用电率过高，则企业的上网电量会减少，这无疑降低了热电联产的经济性。所以应尽可能地降低热电联产的厂自用电率。

系统的厂用汽装置主要有除氧器、汽动给水泵用汽、加热自来水、化学处理用汽（这里也包括了管道热损失和凝汽热损失）等，这些维持系统正常运行的设备消耗的蒸汽组成了厂自用汽量。由图7-10可以看出，该热电联产系统的厂自用汽率在14%左右。厂自用汽率过高，则企业的外供蒸汽量会减少，也会降低热电联产的经济性。

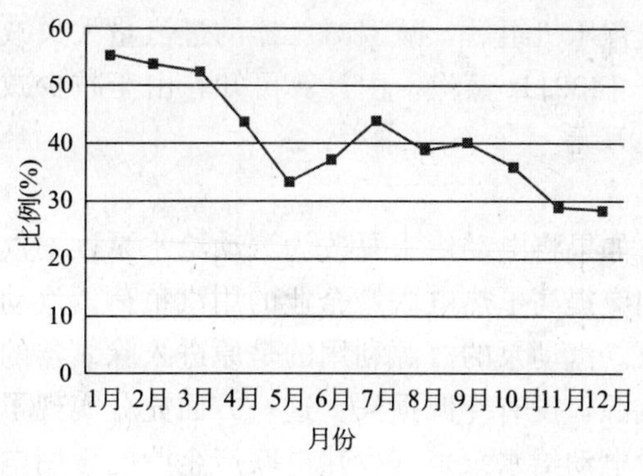

图 7-9 厂用电率变化图

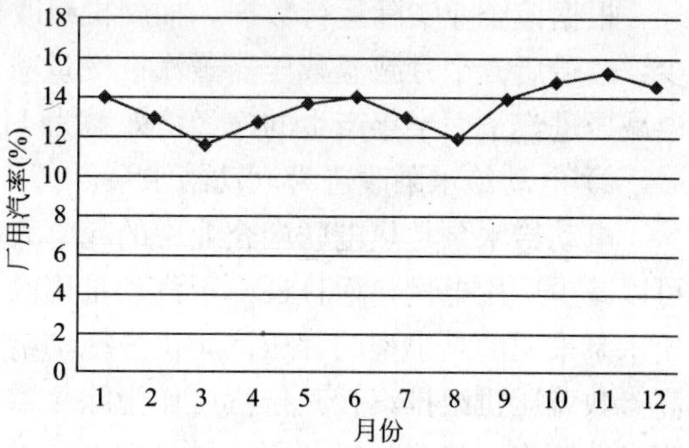

图 7-10 厂用汽率变化图

根据以上分析，分析得出以下结论：

① 工业热负荷较大时，宜全部采用背压式供热机组或背压型供热机组和抽凝式供热机组相结合的方式，背压机组承担较人的稳定负荷，抽凝机组进行调节。

② 锅炉热效率仅在 80%左右，是小型热电联产热效率低的主要原因；汽轮机组的高背压参数和减温减压器的过度使用是导致该系统发电比例低的主要原因，仅在 2%左右。

③ 不同热电分摊比得出的发电热效率和供热热效率不同。根据热量法结果，与常规锅炉供热和火力发电厂相比，在一定情况下热电联产系统具有一定优势。

④ 汽轮机的相对内效率较低，仅为 40%～60%，与汽轮机组的设计值有较大差距；发电机组容量小是主要原因之一，也是小型发电机组效率低的重要原因。

⑤ 该系统的厂用电率和厂用汽率较高分别为 50%和 14%左右，应尽量降低系统的自用电和自用汽量，提高企业的经济性。

(2) 系统优化改造

1) 抽凝机组改造为背压机组分析

该系统存在汽轮机组蒸汽处理能力低，不能满足工业用热负荷的问题，导致长期非正常使用减温减压器。系统有两台抽凝式汽轮机组，凝汽量约为 24t/h，供热蒸汽量少，凝汽热损失大，虽然部分冷凝水热量用来加热和化学处理自来水，但大部分被浪费，产生大量的凝汽热损失。由此，企业将一台抽凝机组改造为背压机组，不减少汽轮机发电量，只增加背压机组的蒸汽进汽量。

该企业于 2009 年 3 月份对 1 号抽凝式汽轮机进行了背压式改造工程，并于 2009 年 6 月份正式启用了改造后的背压式汽轮机组。1 号汽轮机改造前后的主要性能参数如表 7-4 所示。改造后三台汽轮机组的蒸汽总处理能力为 154.1t/h，生产工业用汽的能力为 136.3t/h，基本上满足了采暖季最大工业用汽的需求。

1 号汽轮机改造前后主要性能参数 **表 7-4**

参　数	改造前(抽凝机组)	改造后(背压机组)
额定功率(MW)	3	3
额定进汽量(t/h)	37.8	78.5
进汽参数(MPa,℃)	3.43，435	3.43，435
排汽参数(MPa,℃)	0.033，85	1.4，350
抽汽参数(MPa,℃)	1.35，350	—，—

根据该企业实际运行数据，抽凝机组改造成背压机组后，减温减压器的进汽量大大减少：改造后6个月减温减压器蒸汽进汽量减少了143911t蒸汽。由计算可知，由于减少减温减压进汽量而半年产生的净经济效益为110.3万元。

2）电动给水泵改造为汽动给水泵

电动给水泵是热电联产企业中的耗电大户，如果将电动给水泵改为汽动给水泵，不仅可以减少厂用电量，而且还由于汽动泵用汽，相应提高了热电联产企业的用汽负荷。汽动给水泵采用的是小型的背压汽轮机来拖动给水泵。汽动泵的汽源利用的是原进入除氧器的高参数背压机组排汽，其排汽可作为除氧器的汽源，没有冷源损失。这一方面充分实现了高参数蒸汽的热能梯级利用，另一方面通过减少电动给水泵来减少热电联产企业的厂用电量，降低了热电厂的厂用率，达到节能的目的。

高参数的外供热蒸汽直接进入除氧器，不符合热能的梯级利用原则。可将这部分蒸汽先进除氧器来带动汽动给水泵，减少了厂用耗电量，提高企业经济效益。

除氧器是热电联产企业厂用汽量的一个重要构成部分，一般是将背压机组排汽，即外供蒸汽的一部分进入除氧器来满足需要。除氧器所需的蒸汽参数仅在0.1MPa左右，直接用外供蒸汽进除氧器造成了很大的压力损失，可以先将高参数背压汽轮机排汽通过小型背压机带动给水泵，再将小型背压机的排汽进入进除氧器，这样可以减少电动给水泵的耗电量，达到节能降耗的目的。改造前电动给水泵的总额定功率为484kW，汽动给水泵的额定耗气量为8t/h左右，能够满足锅炉给水所需压力及水量要求。

使用汽动给水泵后，多消耗的蒸汽量为0.457t/h。电动给水泵的额定耗电量为484kWh。则汽动给水泵改造后与改造前相比，全年净收益为118.02万元。

3）凝结水回收利用

热电联产对外供热主要有蒸汽和热水两种介质。蒸汽管网除了满足部分企业生产直接使用蒸汽以外，主要通过汽水换热或间接用热来满足生产、生活、采暖使用。就凝结水的水质来讲都没有受到大的污染，而且从热能的品位上来讲温度一般在50～70℃左右，具备再利用条件，对于规模较大的热交换站，这部分凝结水量是非常可观的。因此，冷凝水回收的价值直接体现为热能价值、冷凝水纯净品质价值和减少排污价值这三部分。

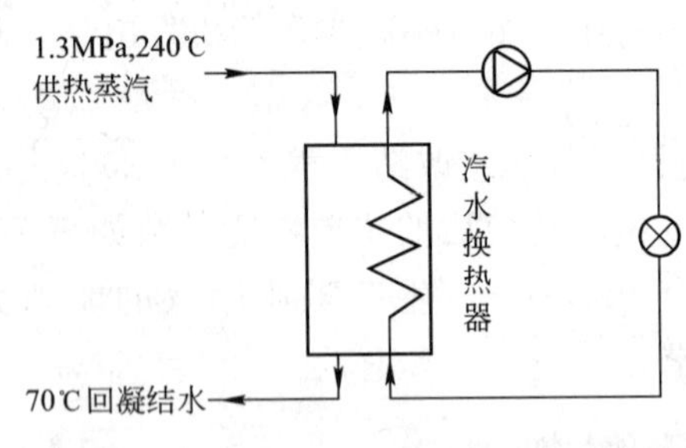

图7-11　一次网供热示意图

国华热电联产企业于2009年6月开始回收邦基正大生产蒸汽的冷凝水。该系统一次网供热系统示意图如图7-11所示。供热蒸汽为1.3MPa、240℃高温高压蒸汽，经换热后的蒸汽凝结水回水的温度为70℃左右(夏季)，冬季凝结水的回水温度在50℃左右。并且这一部分回水基本上不需要进行化水处理，比纯水的温度要高10～20℃，具有较高的利用价值。目前，国华热电公司的凝结水回收率仅在30%左右，但回收期略有波动。

综合上面三部分改造，系统流程图如图7-12所示，综合效果有以下几方面：

① 全厂总热效率：在非采暖季，总效率提高了约5%～6%；在采暖季，总热效率提高了1%～2%，主要体现在发电所占的比例的增加；

② 发电热效率：根据热量法的计算结果，供热热效率基本不变，发电热效率由25%

左右增加到50%以上；

③ 厂用电率：将电动给水泵改造为汽动泵，厂用电率由50%降低到30%。

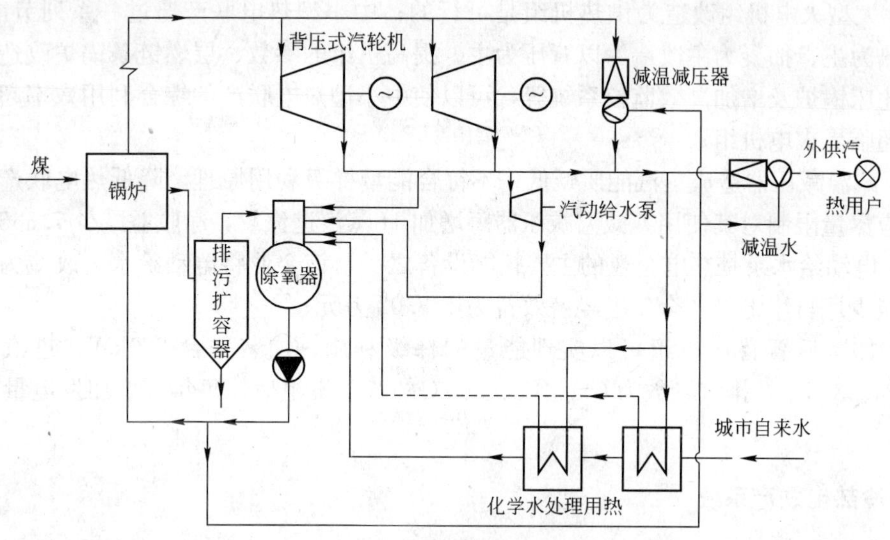

图 7-12 该热电联产系统改造后的工艺流程图

4）加装后置背压机组

根据国华热电厂的实际运行数据及合理用能原则，该热电厂除氧器用汽直接由高温高压蒸汽供给，没有将这部分高品位能量充分利用。在非采暖季，工业用热负荷较小，造成了大部分时间的设备闲置。

一般来说，背压机是以热定电的，只有额定负荷下效率才能达到最高值，在供热负荷不足时，设备效率较低。加装后置背压机，不仅可以避免高品位蒸汽直接用于满足低品位热量需求，增加了系统发电量，还增加了系统热负荷，提高了背压机组的发电效率，形成能量梯级利用，从而提高整个系统的热效率和效率。

在供热负荷较小的情况下，后置背压机组还可增加系统发电量，提高热电厂锅炉设备和汽轮机发电机组的利用率。改造原理如图7-13所示，机组主要参数为：进口参数：背压排汽参数，1.35MPa，345℃；出口参数：主要满足除氧器进汽的压力要求，0.1MPa，260℃。

根据2009年全年的运行数据，直接进入除氧器的高温高压蒸汽总量为52667t。安装后置背压机组后，实际进入后置背压机组的蒸汽量增加，实际进汽量为55658t，平均进汽量为6.5t/h。取该后置背压机组的机械发电效率为85%，则该背压发电机组的发电功率约为220kW，全年后置背压发电机组的发电量增量为190.78万kWh，约占目前全厂全年总供电量的11.7%，显著增加了

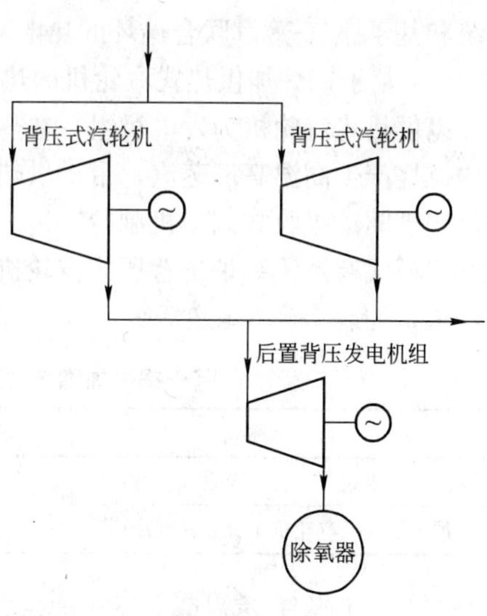

图 7-13 后置背压机组改造原理图

全厂发电量，降低了厂用电率，经济效益明显。

综上所述，通过对国华能源有限公司的热电联产系统节能改造分析，得出以下结论：

(1) 大型火电机组改造为供热机组是可行的；中小型热电联产通过一系列节能改造，如以供热为主、抽凝为主改造为以背压为主、提高机组的参数、层燃链条锅炉改造为新型循环流化床锅炉及增加高效监控系统等，可以使中小型热电联产的综合利用效率超过最先进的超超临界火电机组；

(2) 减温减压器造成蒸汽能质贬低，不符合能量梯级利用原理，降低热电联产的节能优势，应尽量限制对其使用。减温减压器每增加1t蒸汽进汽量，净收益减少7.665元；

(3) 电动给水泵是热电企业的主要耗能设备之一，该企业将电动给水泵改造为汽动给水泵，减少厂自用电量，全年净经济效益为118.02万元；

(4) 加装后置背压机组可以实现能量的梯级利用，加装一台220kW，进汽参数为1.35MPa、345℃，排汽参数为0.1MPa、260℃的背压机组后，每年可增加发电量190.78万kWh。

7.1.2 冷热电联产系统

热电冷联产，是通过能源的梯级利用，将燃料通过热电联产装置发电后，变为低品位的热能用于采暖、生活供热等途径的供热，这一热量也可驱动吸收式制冷机，用于夏季的空调，从而形成热电冷三联产系统。

根据应用范围不同，可分为小型热电冷联产系统和大型热电冷联产系统。小型热电冷联产装置可设置在一个大建筑物内，发电直接供建筑物的用电负荷，所产生的热冷量由建筑物内管网输送至各房间。大型热电冷联产系统，即以热电厂为热源的区域供热(DH)或区域冷热联供(DHC)系统，发电系统一般直接输送至电网，而热(冷)量则通过热网输送给各建筑物用户。

1. 大型热电冷联产系统

根据发电机组的不同，热电冷联产系统可分为基于锅炉加供热式汽轮机的热电冷联产系统和基于燃气-蒸汽联合循环的热电冷联产系统两种主要形式。

(1) 基于锅炉加供热式汽轮机的热电冷联产系统

以供热式汽轮机为发电机组，在热电联产系统的基础上设置吸收式制冷机。燃料在锅炉内燃烧产生高温高压蒸汽，带动供热式汽轮发电机组发电，做功后的汽轮机抽汽或背压排汽用于驱动吸收式制冷机制冷、进入汽水换热器换热对外供热水、直接对外供蒸汽。主要配置模式有：①锅炉＋背压式汽轮机＋吸收式制冷机；②锅炉＋抽气式汽轮机＋吸收式制冷机，如表7-5所示。

基于锅炉加供热式汽轮机的热电冷联产系统主要特点　　表7-5

名　称	特　点
锅炉＋背压式汽轮机＋吸收式制冷机	可增加背压机组的夏季热负荷，提高背压机负荷率和设备利用率
锅炉＋抽气式汽轮机＋吸收式制冷机	可根据冷热负荷的变化调节经过凝汽器的蒸汽量，运行、调节方便

(2) 基于燃气-蒸汽联合循环的热电冷联产系统

燃气-蒸汽联合循环是由燃气轮机和汽轮机结合而成，如图7-14所示。其工作过程为压气机从外界大气中吸入空气，并把它压缩到某一压力，同时空气温度也相应提高。然后，将空气送入燃气轮机燃烧室与喷入的燃料混合燃烧，产生高温高压烟气进入燃气轮机做功，直接带动发电机发电。燃气轮机排出的烟气温度仍较高，进入余热锅炉(补燃型或非补燃型)，产生高温高压蒸汽驱动汽轮机带动电动机发电。汽轮机排汽进入冷凝器中放热，凝结水又送入余热锅炉，形成蒸汽动力循环。燃气-蒸汽联合循环是燃气轮机循环与蒸汽动力循环联合的热力循环，两个循环结合后，互相取长补短，形成一种初始工作温度高而最终放热温度低的联合循环，大大提高了循环热效率。

燃气-蒸汽联合循环按照燃料性质分类有常规燃油(气)型联合循环、燃煤型联合循环及核能型联合循环。常规燃油(气)型联合循环有非补燃余热锅炉型、补燃余热锅炉型和增压锅炉型三种最基本形式的联合循环。燃煤型联合循环主要有常压流化床联合循环(AFBC)、增压流化床联合循环(PFBC)以及整体煤气化联合循环(IGCC)等。

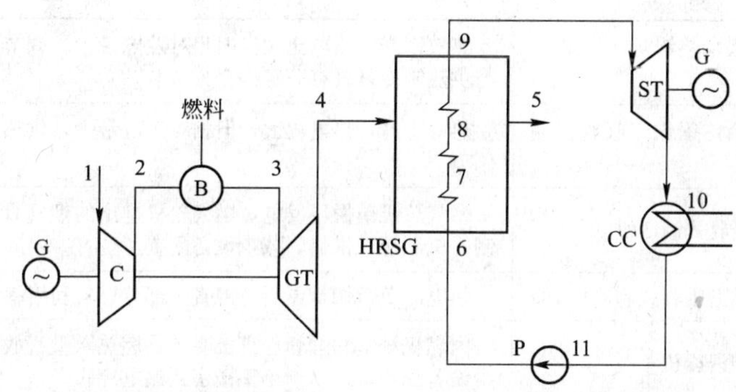

图 7-14 余热锅炉型燃气-蒸汽联合循环装置系统图

C—压气机；B—燃烧室；GT—燃气轮机；HRSG—余热锅炉；ST—汽轮机；CC—凝汽器；P—给水泵；G—发电机；1～11—分别为工质进出各设备状态点

基于燃气-蒸汽联合循环的热电冷联产系统，以燃气轮机和汽轮机为发电机组，在燃气-蒸汽联合循环热电联产的基础上设置吸收式制冷机构成。其主要配置模式有：①燃气轮机＋非补燃型余热锅炉＋供热式汽轮机(抽汽式或背压式)＋吸收式制冷机；②燃气轮机＋补燃型余热锅炉＋供热式汽轮机(抽汽式或背压式)＋吸收式制冷机，如表 7-6 所示。

燃气-蒸汽联合循环的热电冷联产系统主要特点 **表 7-6**

名 称	特 点
燃气轮机＋余热锅炉＋抽汽式汽轮机＋吸收式制冷机	电、热调节灵活，发电量较大，㶲的有效利用率高，但热电比较小
燃气轮机＋余热锅炉＋背压式汽轮机＋吸收式制冷机	以热定电，㶲的有效利用率高，但热电比较小
燃气轮机＋补燃型余热锅炉＋供热式汽轮机(抽汽式或背压式)＋吸收式制冷机	配置补燃型余热锅炉有利于根据系统的热、电、冷负荷合理配置燃气发电机组及蒸汽发电机组的容量，从而减少系统设备投资费用，提高系统运行经济效益

2. 使用天然气的小型热电冷联产系统

以小型燃气发电机组和余热锅炉等设备组成的小型热电联产系统，适用于写字楼、宾馆、医院等分散的公共建筑，它具有效率高、占地小、保护环境、减少供电线路损坏和应急突发事件等综合功能。

使用天然气的小型热电冷联产系统，是以小型燃气轮机(20MW以下)、微型燃气轮机(小于300kW)、燃气内燃机、斯特林外燃机等为发电机组的热电冷联产系统。该系统有三个特点：(1)主要使用天然气；(2)热电冷三联产；(3)机组小型化；具有投资小，见效快，不用长距离传输、几乎没有输能损耗，能源利用率可达到80%～90%，可以参与电力调峰等优点。常用配置模式有：(1)由燃气轮机直接带余热锅炉(补燃型或非补燃型)供热制冷；(2)燃气轮机排出的烟气直接进入直燃型吸收式制冷机(补燃型或非补燃型)供热制冷；(3)内燃机排出的烟气直接进入直燃热水型吸收式制冷机(补燃型或非补燃型)供热制冷，如表7-7所示。

天然气的小型热电冷联产系统主要特点 表7-7

名　称	特　点
燃气轮机＋非补燃型余热锅炉＋吸收式制冷机	热效率高，热电比大，但相对发电量少，调节灵活性较差，发电量与供热制冷量具有一定耦合关系
燃气轮机＋补燃型余热锅炉＋吸收式制冷机	热效率高，热电比大，但相对发电量少，供热主要靠锅炉补燃进行调节
燃气轮机＋直燃型吸收式制冷机	燃气轮机单循环发电，燃气轮机排出的烟气直接进入直燃型吸收式制冷机制冷、供热，减少设备配置
燃气轮机＋直燃补燃型吸收式制冷机	热电冷负荷调节灵活，但直燃部分燃料利用率低
内燃机＋直燃热水型溴冷机	内燃机排气和缸套水直接驱动直燃热水型吸收式制冷机运行，可减少设备配置，适用于小型楼宇式热电冷联产
内燃机＋直燃热水补燃型溴冷机	内燃机排气和缸套水直接驱动直燃热水型吸收式制冷机运行，可减少设备配置；热电冷负荷调节灵活；适用于小型楼宇式热电冷联产

7.1.3 地热资源梯级利用系统

1. 地热资源梯级利用概述

我国地热资源以中低焓资源为主，由于其温度较低，适合于直接综合性利用。进入20世纪90年代，随着全球环境保护意识的增强，我国地热资源兴起了直接利用的高潮，尤其在高纬度寒冷的三北(东北、华北、西北)地区，加大了以地热供热(采暖和生活用水)为主的开发力度。

地热供热系统存在以下问题：一是地热水排放温度较高，造成浪费，如不能全部回灌可能对河流造成热污染；二是部分地热供热系统需设调峰锅炉。虽然以地热为主导的供热形式很大程度上解决了燃煤带来的污染问题，但终究锅炉一次能源消耗大，需要占用场地用来储存燃料和灰渣，同时带来了环境污染和加大公路交通运输的压力。

地热能梯级供热可以按照用户需要的采暖/供热水温度，实现地热水资源温度对口，高低排序，分配得当，各得其所。在传统的地热供热系统中，由于单台或单组供热设备所能产生的温降是有限的，因而为了能充分利用地热能资源，可以采用几台或几组采暖设备串联的方式，使地热水降到理想的温度，再予以回灌。因此，地热能梯级利用供热系统即为利用多台或多组采暖设备以及热泵机组通过换热器采用串联的方式，使地热水温度逐级降低，以达到充分利用中低焓地热能资源为原则的地热供热系统。

图 7-15 为地热梯级供热系统基本原理图，其中 n 为地热能梯级利用系统的级数。为保证地热水的利用效率，多采用传热系数大的板式换热器。由于地热水一般含有大量的矿物质和腐蚀性物质，工程上通常使用耐腐蚀的钛板板式换热器将地热水和供暖设备加以隔离，以减缓地热水对换热设备的腐蚀。

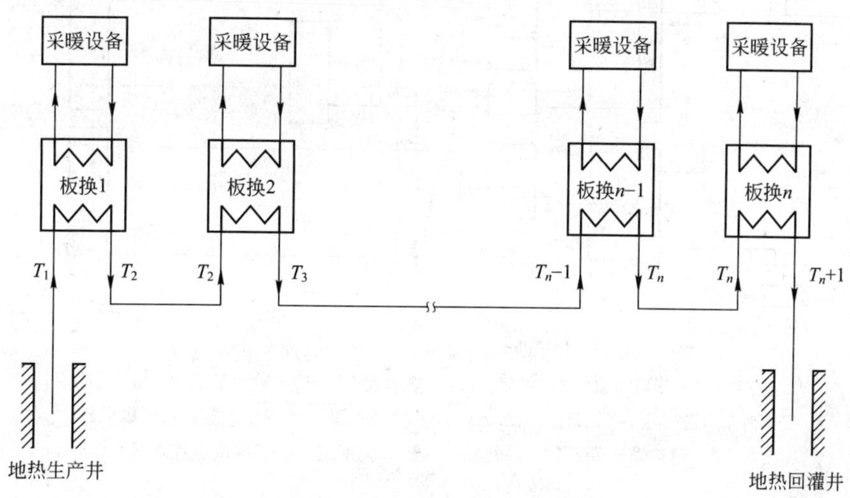

图 7-15 地热梯级供热系统基本原理图

一般根据地热水温度的高低，在设计地热梯级供热系统时，按照地热水的利用方式分为地热水“直接利用级”和“热泵利用级”两部分。根据“直接利用级”和“热泵利用级”的组合不同，有以下几种常见的工程模式：

（1）地热水“直接利用级”采用地板辐射供热，用以加大温差，温差大约 10℃；“热泵利用级”采用普通水源热泵以及高温水源热泵(近年来开发、适用于旧建筑物改造，供热仍然使用原有的暖气片设备)。

（2）将高温地热水全部通过板式换热器，使地热源侧的温度降到热泵可以接受的范围，采用“热泵利用级”的方案。此方案由于没有地热水“直接利用级”，从科学用能的角度上来说是不合理的，最终系统的总效率也比其他系统的低。

（3）为了尽可能地利用地热水，同时也为了实现热泵在正常情况下的稳定工作，将经过板式换热器换热后直接利用的一级循环水，与热泵负荷侧的水合并进入混水分水器，共同为建筑室内供热。在供热的初期和末期(包括夜间值班供热)，一般不必开启热泵，只是利用“直接利用级”供热，节约能源。在设计方案中，一般使用变频或自动调节的水源热泵机组。

（4）地热水经过板式换热器换热后的高温循环水采用“直接利用级”（一般为第一、二级），供热系统采用暖气片或低温风机盘管机组，并且几组串联，循环水温降为 15℃左右，使循环水降到热泵可以接受的温度(约为 32～35℃)；在“热泵利用级”（即第二级以后的各级），水源热泵的负荷侧并联在一起接地板辐射系统或风机盘管机组，每个热泵的水源侧温降约为 5℃(见图 7-16)。由于热泵的节能作用，用于驱动热泵的初始燃料消耗要少于锅炉所耗燃料。另外，热泵调峰的地热资源利用系数要比锅炉调峰提高很多，地热水排放温度进一步降低。

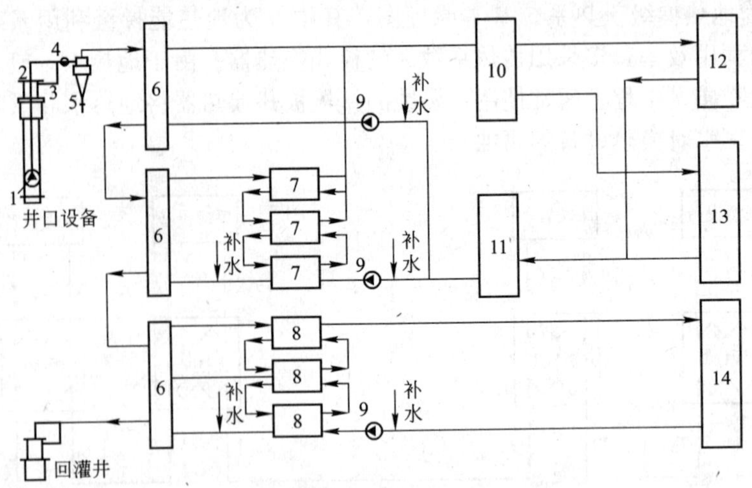

图 7-16　地热热泵简介供热系统流程图

1—地热井；2—井口装置；3—回流管；4—热水表；5—旋流除砂器；6—板式换热器；7—高温水源热泵；8—常温水源热泵；9—循环水泵；10—分水器；11—集水器；12—散热器末端；13—散热器、地板采暖末端；14—风机盘管末端

2. 既有建筑热电联产供能系统升级改造技术研究与示范工程建设

(1) 唐官屯地热利用概况

在天津市静海县唐官屯镇地区，地下蕴藏着丰富的地热资源。通过资源勘查，唐官屯地区地热资源面积达 40km²，属天津市 10 个地热异常区之一。唐官屯的中低温地热资源十分可观，该处的地热资源属于水热型，其赋存方式属基岩流裂隙型热储，顶板埋深在 1000～1500m 之间。

目前，唐官屯地区有两口地热井，主要实行一采一灌的方式。开采井的设计井深为 2800m，实际钻井深为 2777.3m，完井日期为 1996 年 3 月 29 日。回灌井刚投入运行，每年 48 万 t 地热水同层回灌，回灌率达到 76.5%。开采的地热水主要用于居民洗浴和区域供热，供热面积为 13.98 万 m²。

现运行的供热系统中，由于地热水的水质矿化度较高(见表 7-8)，供热方式采用地热水-循环水换热后间接供热，供热面积为 13.98 万 m²，供热地热水侧供/回温度为 86/54℃，供暖循环水侧供/回水温度为 65/52℃。其最大抽水量为 196t/h，长期开采量为 150t/h。

地热水主要成分指标　　表 7-8

水化学成分	Cl. SO_4-Na 型水	锂	560～623mg/L
矿化度	5684～5965mg/L	锶	11.6～13.41mg/L
PH	7.12～7.55	氟	4.99～5.60mg/L
水温	88℃	偏硅酸	83.80～98.80mg/L

注：上述含量达到国家医疗矿泉水的标准，同时，水中还含有多种有益健康的微量元素和化学成分，通过天津市矿产储量委员会确定，可定为以氯化物为主的复合型医疗矿泉水。

根据现场实测，在冬季严寒期，当室外温度低于设计平均值情况下，地热负荷难以满足整个供热区域所需热负荷，按照测试数据计算得到，要维持采暖室内 18℃室温，采暖热负荷指标为72.85W/m²，与国家供热期单位面积热指标60W/m²(《城市热力网设计规范》(CJJ 34—2002))相比偏高。按照这一标准进行计算，则地热井的供热能力为13.2万m²，无法满足整个基地13.98万m²供热要求。

(2) 地热回灌

为实现地热资源的可持续利用，延长地热田生产寿命，改善尾水排放造成的热污染及突然污染问题，基地处于2009年开凿地热回灌井一眼，系统运行至今，实现每年48万t地热水同层回灌，回灌率达到76.5%，每年可减少2264t标准煤的热损失和热污染，节约177万元的矿产资源补偿费。

(3) 地热梯级利用

在不改变建筑围护结构和采暖系统末端设备，满足基地处13.98万m²的供热需求的前提下，根据"温度对口，梯级利用"的原则，提出"发电＋供热"的串联式梯级利用方式(见图7-17)。

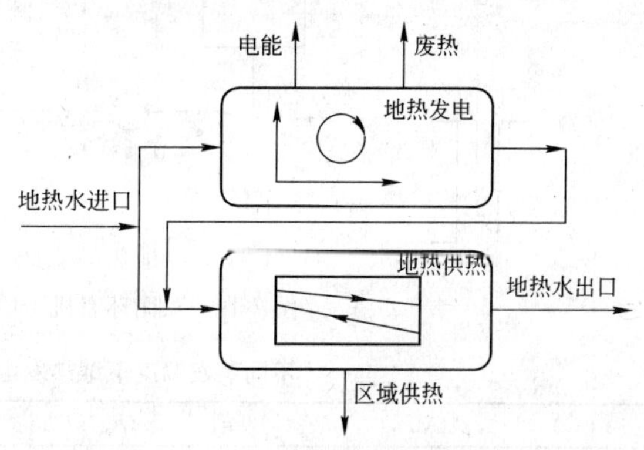

图7-17 串联式地热梯级利用系统

1) 地热发电

根据实际条件，地热发电系统采用有机朗肯循环，利用异丁烷R600a作为循环工质，如图7-18和图7-19所示。地热水经由水泵首先流经一个换热器，在此换热器中热水与有机工质进行热交换，有机工质在此换热器受热变为蒸气后流入蒸气透平并带动发电机发电(4-1-2)，有机工质蒸气经冷凝器冷却(2-3)后由工质泵流入另一换热器，该换热器与上一换热器串联，在换热器中与热水再次进行换热，实现对有机工质的预热(3-4)，预热后的工质进入上一级换热器与热水换热，后进入透平作功发电(1-2)，经两级换热器与工质换热的热水经喷射泵返回冷水源。由于这种双循环有机工质汽轮机发电系统循环对循环工质进行了两级加热(有机工质的预热与加热)，使循环过程中的加热平均温度处于较高的水平，因而循环效率较高。

根据理论计算得到最佳蒸发温度为67.5℃时，系统发电效率为6.27%，发电净功率为218.53kW(见表7-9)，地热尾水温度为72.5℃。按照天津地区大工业电价0.5元/kWh计算每年可为基地处取得95万元的经济效益。

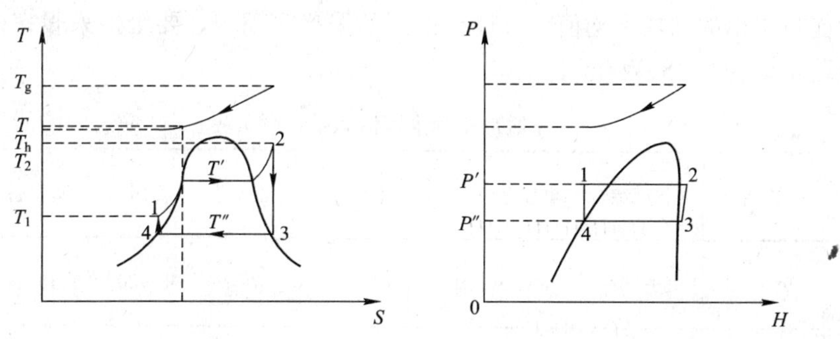

图7-18 双循环有机工质汽轮机发电热力循环图

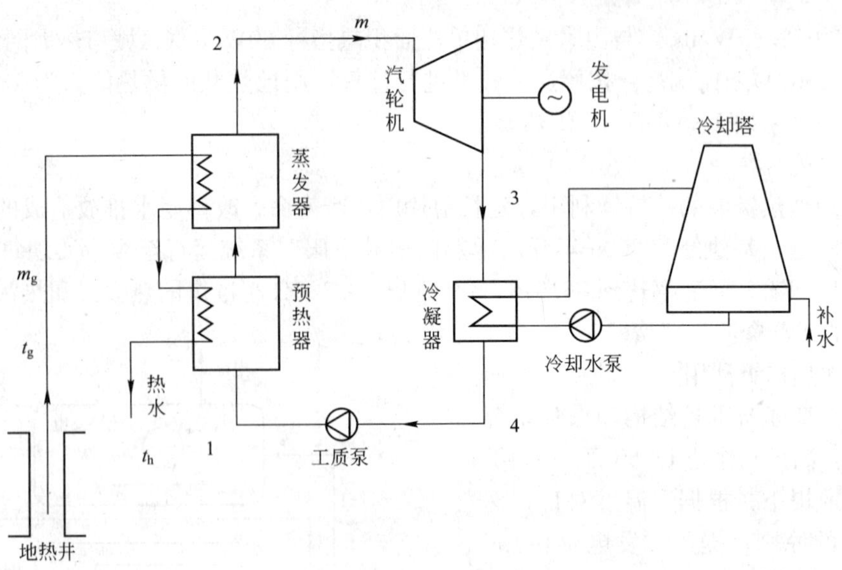

图 7-19　双循环有机工质汽轮机发电系统图

不同蒸发温度下地热发电系统性能参数比较　　　**表 7-9**

t'(℃)	p'(MPa)	W_p(kJ/kg)	m(kg/s)	t_h(℃)	Q(kW)	P(kW)	(%)
65	0.973	0.744	13.192	67.5	4202.04	239.03	5.16
70	1.0866	1.036	9.747	72.5	3063	218.53	6.27
75	1.2095	1.353	6.023	77.4	1951.4	184.03	8.25
80	1.3424	1.696	2.293	81.8	961.13	84.26	9.67
85	1.4858	2.065	−1.538	89.5	−807	−69	—
90	1.6402	2.463	−5.576t	93.4	−1679.67	−266.5	—

双循环有机工质汽轮机发电有效利用地热水的能量，发电效率较高，同时所需工质量较小，系统热水循环的流量也较小，系统运行与维护费用较低。汽轮机在热能动力系统中有广泛的使用，无论在运行操作、维修及管理都具有成熟的技术与经验，便于在工程中推广运用。

2) 地热区域供热

采暖热指标与建筑物所在地的气候条件和建筑类型等因素有关，根据《城市热力网设计规范》(CJJ 34—2002)新标准规定(见表 7-10 采暖热指标推荐值)，可以暂取采暖热负荷指标取 60W/m^2。但结合唐官屯基地的实际情况，根据入户测试数据，再根据计算所测房屋实际耗能量得出的加权平均值，可计算得到冬季严寒期内，要维持采暖室内 18℃室温，采暖热负荷指标为 72.85W/m^2。

采暖热指标推荐值 q_k(W/m^2)　　　**表 7-10**

建筑物类型	住宅	居住区综合	学校办公	医院托幼	旅馆	商店	食堂餐厅	影剧院展览馆
未采取节能措施	58～64	60～67	60～80	65～80	60～70	65～80	115～140	95～115
采取节能措施	40～45	45～55	50～70	55～70	50～60	55～70	100～130	80～106

根据公式计算出唐官屯地区所应该供给的热量 Q 为 10184.4kW，而目前的供热系统所能供给的热量 Q' 为 7294.68kW，采暖负荷明显不足。

① 第一级地热利用

为充分利用设备资源，所设计的第一级采用原有系统的地热水通过板式换热器与供热循环水换热，进行间接供热。板式换热器的换热面积及换热系数已知，利用能量守恒定律，结合 c++编程优化，形成最终的供热系统。

通过对地热发电系统的计算优化，得到地热水排水温度为 60.11℃。此温度的地热水作为供热系统中板式换热器的进口温度，与进口温度为 30℃的供热循环水进行换热，直接供给用户。

传热学中，对于热交换器的计算有两种方法：一种是设计计算，一种是校核计算。这里的板式换热器的参数已知，因此采用校核计算——效能-传热单元数方法，即法 ε-NTU。

首先要确定热容最小的流体，在相同负荷下，热容越小的流体，其换热温差就越大。为了使得地热水最后的回灌温度达到标准，选用地热水为热容最小的流体。如式(7-1)和式(7-2)所示：

$$W_{\min}=C_p m_g \times \frac{10}{36}，\text{kW/℃} \tag{7-1}$$

$$W_{\max}=C_p m_s \times \frac{10}{36}，\text{kW/℃} \tag{7-2}$$

式中 m_s——循环水的设计流量，t/h。

由于换热方式为逆流换热，因此选用逆流情况下的 ε-NTU 方法，根据式(7-3)～式(7-5)，依次求出 R_c、NTU、ε。

$$R_c=\frac{W_{\min}}{W_{\max}} \tag{7-3}$$

$$NTU=\frac{KF}{W_{\min}} \tag{7-4}$$

$$\varepsilon=\frac{1-\exp[-NTU(1-R_c)]}{1-R_c\exp[-NTU(1-R_c)]} \tag{7-5}$$

利用以上结果，计算式(7-6)即得出板式换热器地热水侧的出口温度。

$$\varepsilon=\frac{\Delta t_{\max}}{t_1'-t_2'} \tag{7-6}$$

式中 $\Delta t_{\max}$——最小热容的流体换热温差，即地热水换热温差，℃。$\Delta t_{\max}=t_1'-t_1''$；

t_1'——地热水的进口温度，℃；

t_1''——地热水的出口温度，℃；

t_2'——循环水的进口温度，℃。

将以上的计算思路，利用 c++编程来实现。通过改变循环水的流量，使得地热水的出口温度和第一级的供热量均达到最优值，逻辑关系如图 7-20 所示。

经过多次迭代，最终求出的地热水出口温度为 35.65℃，循环水出口温度为 52.8℃，循环水流量为 210t/h，第一级的供热量为 5575kW。

② 第二级地热利用

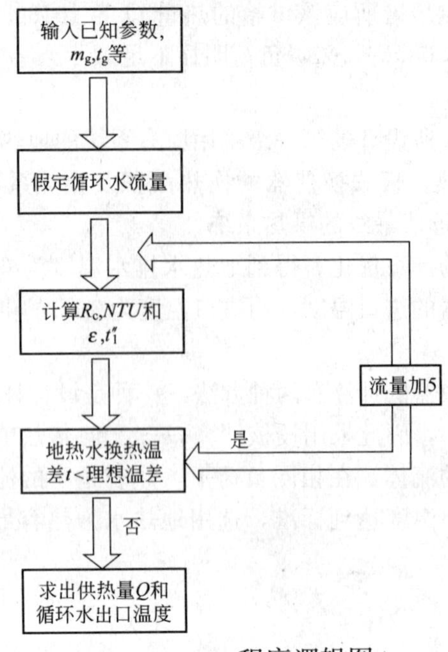

图 7-20　c++程序逻辑图

根据上节求出的第一级供热量为 5575kW，可以得出利用热泵的第二级需要供给的热量是 Q_2＝10184.4－5575＝4609.4kW。

由于地热水温度较低，不能通过换热来供热，必需加入热泵来提高能源品质，据此对北京清源世纪科技有限公司的产品进行分析筛选，选用型号为 QYHP1580M 的中高温水源热泵三台：

第一台热泵——供热量为 1477.3kW，输入功率为 303kW；

第二台热泵——供热量为 1517.8kW，输入功率为 305kW；

第三台热泵——供热量为 1619kW，输入功率为 310kW。

系统循环水量为 174t/h。由此得出，总供热量为 4614.1kW，输入总功率为 918kW，系统 *COP* 值为 5.026。由此，地热水区域供热系统图如图 7-21 所示。

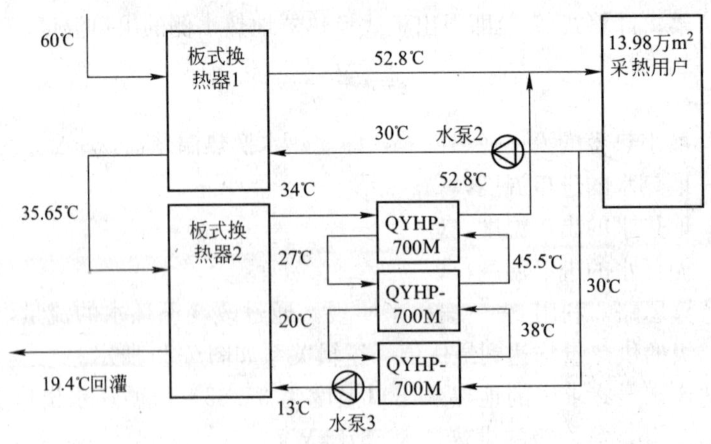

图 7-21　地热区域供热系统图

3）系统经济性分析

① 系统热利用效率分析

热利用效率计算见下式：

$$\eta=\text{地热实际供热量}/\text{地热可供热}=GC(t_1-t_2)/GC(t_1-t_0)=t_1-t_2/t_1-t_0 \tag{7-7}$$

式中 G——地热水流量，kg/s；

C——地热水比热，kJ/(kg·℃)；

t_1——地热供水温度，℃；

t_2——地热排水温度，℃；

t_0——计算最低排水温度，℃，一般可按当地平均室外气温来计算。

天津地区年平均室外温度为12℃，改造前地热供/回水温度为86/54℃，此时地热利用率约为43%，按照梯级利用方案，地热水供热温度为60℃，地热尾水可降至19.4℃回灌，此时地热利用率可达到约84.6%，提高约42%。

② 环境效益

综合以上的整个系统，地热水由开采温度86℃降到最后的回灌温度19.4℃，总热功率为15182.06kW。二氧化碳减排量为64961.4t/a，二氧化硫减排量为462.84t/a，氮氧化物减排量为163.36t/a，悬浮粉尘减少了217.8t/a，减少了2722.61t/a的煤灰渣。

③ 经济性分析

该设计系统中，选用螺杆膨胀发电系统，因为它是适用范围极广的余热回收系统。目前，国内大部分废热资源都可以利用此系统进行能量回收。

(*a*) 年发电量

根据以上系统设计计算，采用异丁烷作为发电循环工质，地热水量为196t/h，净发电量为331.6kWh。按照年运行12个月，大概8640h来计算，则年净发电量为331.6×8640=2865024kWh。

(*b*) 年经济效益

按照电价为0.5元/kWh计算的话，则年效益为2865024×0.5=143.3万元。由此可见，对于这个小型发电系统而言，年经济效益十分可观。

(*c*) 年采暖费用

按照天津市规定的采暖费用征收情况，每年采暖费用为25元/m²。唐官屯现住居民区有13.98万m²，预估每年征收采暖费用为350万元。

(*d*) 系统投资费用(见表7-11)

系统投资费用 **表7-11**

设备名称	数量	成本费用(元)
螺杆膨胀发电机	1台	400万
异丁烷	15t	16万
蒸发换热器	1台	60万
冷凝换热器	1台	60万
工质循环泵	2台	40万
系统施工费用		30万
循环水泵	2台	50万
清远水源热泵	3台	500万
其他		100万
合计		1256万

(e) 投资回收期

根据式(7-8)可以估算出静态投资回收期为 2.5 年。即投入运行后，2.5 年可获得收益。

$$N=\frac{P_t}{P}，年 \tag{7-8}$$

式中 P_t——设备投资成本，万元，P_t=1256 万元；

P——年运行收入，万元，P=143.3+350=493.3 万元。

3. 地热水能量梯级利用热泵串联方式

现在常用的地热能梯级利用热泵串联方案流程如图 7-22 所示。50℃的地热水经过板换 HE1 在次级输出/输入为 45/37℃的采暖热水，这是地热水中不必再加其他能源可直接利用的有用能部分。它排出的 39℃的地热水尾水中的低品位热能是不能直接利用的，需要经过热泵 HP1～HP3 的能级提升，最后将不能再提取低品位能量的 9℃的地热水尾水回灌到同层蓄水层。为了提高供热系统的整体性能，热泵 HP1～HP3 的冷凝器输出，输入为 45/37℃的采暖热水和板换 HE1 输出/输入的 45/37℃采暖热水并联。

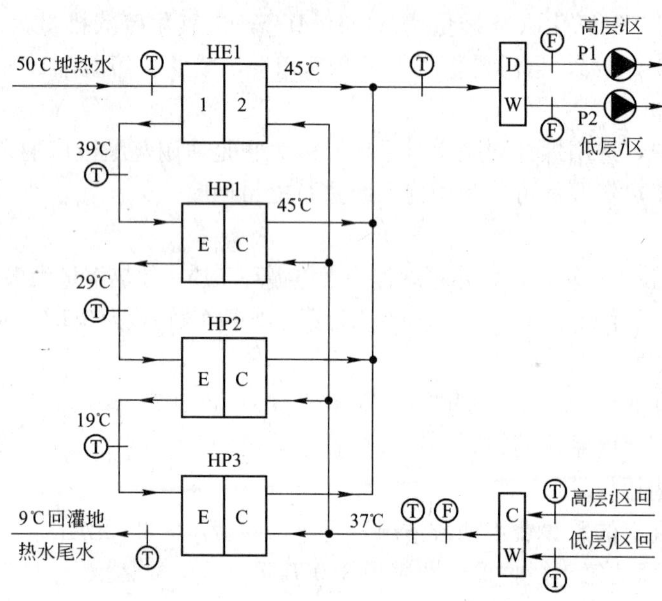

图 7-22 地热水能量梯级利用串联流程图

采用地热水能量梯级利用串联运行后，地热水供热量增加约 4 倍，即供热能力是不采用能量梯级利用的 4 倍左右，也就是供热面积可以提高 4 倍，这可以充分利用地热水资源中的热能，从而大大降低了系统整体的造价。

串联在逻辑运算中属于“与”运算，因此串联设备在运行中有一个都不能少的特点。空调负荷是随时间、季节、天气时时变化的，空调绝大部分时间都在部分负荷下运行，时均负荷率只有 59%，空调系统的任务就是时时跟踪大楼负荷的变化，大楼需要多少冷、热，系统就输送多少冷热，若以最小的代价实现负荷跟踪的任务，也就达到了系统整体节能的目标。然而，串联方案在任何负荷率下所有设备都要参与运行，这对系统高效地能量调节是十分不利的，这也就决定了热泵串联地热水能量梯级利用构成方案是不可能达到最佳的地热能利用效果。

4. 地热水能量梯级利用热泵并联方式

能够实现高效跟踪大楼负荷变化地热水能量梯级利用系统，应当是地热水热泵并联式能量梯级利用方案，其系统原理如图 7-23 所示。

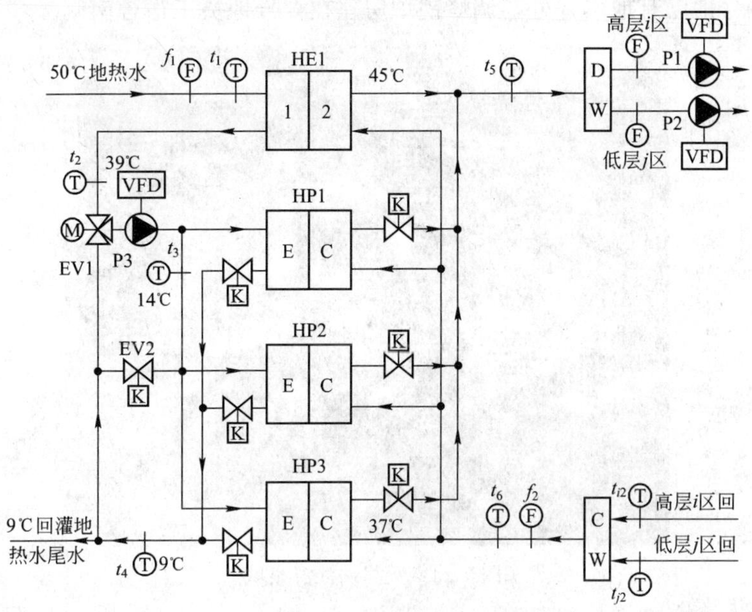

图 7-23 地热水能量梯级利用热泵并联方式流程图

在地热水能量阶梯利用热泵并联方案中，50℃的地热水可被直接利用部分经过板换 HE1 直接向采暖系统提供 45/37℃的热水，余下 39℃的尾水中的(9～39℃)低品位热能能级被 3 台并联运行的热泵提升，向采暖系统提供 45/37℃的热水。每台热泵蒸发器 E 的设计工况进出口温度差为 5℃。

为了适应变工况的调节，系统增加了调节混水温度 $t_3=14$℃的电动二通阀 EV1 和跟踪回灌尾水温度的 $t_4=9$℃的变频水泵组 P3。由于各个热泵蒸发器进口温度在运行中只有 14℃，热泵运行是比较安全的。高层 i 区的变频水泵组 P1 跟踪高层 i 区的负荷，低层 j 区的变频水泵组 P2 跟踪低层 f 区的负荷。这样构成的地热水梯级利用采暖系统是一个跟踪大楼负荷变化有机整体。

当大楼热负荷发生变化时，高层 i 区、低层 j 区采暖热水回水温度发生变化，变频水泵组 P1、P2 跟踪负荷控制，使系统的总流量 f_2 也发生变化，经过能量传递链，最终反映在采暖系统地热水侧的信号就是地热水尾水回灌温度 t_4 的变化，P3 跟踪 t_4 的变化调节，使得地热水尾水回灌温度 $t_4=9$℃恒定，同时改变地热水总流量 f_1。例如，当负荷减小，使地热水流量 f_1 减小到额定流量的 2/3，并连续 8min 保持这个状态，控制系统按顺序停一台热泵，比如停 HP3 热泵。P1、P2、P3 根据各个区域的流量减小一台水泵流量、维持一定时间时，相应停一台水泵。

5. 地热能源梯级利用示范项目——天津珠江温泉城

(1) 工程概况

天津珠江温泉城坐落于天津市宝坻区周良镇，建设项目包括住宅、度假酒店、温泉度假村、中小学校、体育馆、商业、办公体育活动中心等，各建筑物均设采暖和生活热水供应(见图 7-24)。该区域已有地热井一眼，可作为热源，另需建调峰锅炉房一座。总供热能力 22.958MW，供生活热水能力 560t/h(其中温泉热水 396t/h，普通热水 164t/h)。地热供热站建在 2 号地已有地热井处，调峰锅炉房建在 3 号地员工宿舍南侧。

图 7-24　天津珠江温泉城

其主要设施为钛板换热器 6 台，不锈钢板式换热器 4 台，WNS7-1.0/110/70-Q 型燃气热水锅炉 2 台。循环水泵 6 台，其中 KDB200-80(I)C 型 3 台，用于一级采暖；KDB200-50(I)型 3 台，用于二级采暖，且均为一台水泵采用变频技术另外两台为备用泵。补水泵 4 台，其中 KDB40-32(I)A 型 2 台，用于一级采暖补水；KDB50-32(I)型 2 台，用于二级采暖补水，同时开启并采用变频技术。加压给水泵 6 台，其中 KDB200-20 型 2 台，用于普通生活热水加压一用一备；KDB80-80(I)A 型 2 台，用于普通生活热水给水两台变频使用；KDB150-80A 型 2 台，用于地热生活热水给水两台变频使用。300QJR200-100/5 型潜水泵一台变频使用，如图 7-25～图 7-29 所示。

图 7-25　换热器

图 7-26 锅炉

图 7-27 换热器

图 7-28 软水箱

图7-29 水泵

(2) 设计依据

1)《锅炉房设计规范》(GB 50041—92);

2)《锅炉大气污染物排放标准》(GB 13271—91);

3)《城市区域环境噪声标准》(GB 3096—93);

4)《工业企业厂界噪声标准》(GB 12348—90);

5)《电力装置的继电保护和自动装置设计规范》(GB 50062—92);

6)《低压配电设计规范》(GB 50054—95);

7)《建筑物防雷设计规范》(GB 50057—94)。

(3) 设计原则

1) 方案设计中充分贯彻节省投资,节约能源,减少占地,因地制宜,现状和发展相结合,一次设计,分期实施,合理布局的理念。工程投资限额1000万元。

2) 生产工艺选用国内技术先进,运行可靠,经济合理的设备,采用便于操作和管理的流程系统,以保证运行工况和人员的安全。

3) 供热站及调峰锅炉房部分电气设备采用变频调速控制,既降低电能消耗,延长设备使用寿命,又便于运行管理,节约能源。

4) 重视对环境的保护,降低噪声,避免污染。

(4) 设计参数

该方案设计范围:地热供热(供热水)站,调峰锅炉房各一座(供热、供热水范围:1号、2号、3号地,供热面积约45万m^2)。

1) 气象条件

① 年平均温度	12.2℃;
② 冬季采暖室外计算温度	—9℃;
③ 采暖期室外平均温度	—0.9℃;
④ 冬季室外风速	3.1m/s;
⑤ 冬季室外主导风向	北、西北;
⑥ 冬季采暖期	122天(11月15日~3月15日)。

2）地热井参数

ZL_1 地热井：井口温度 $t=101℃$，设计水量 $G=150m^3/h$。

（5）冷热源系统

该示范工程项目冬季主要依靠地热水作为系统热源，采用梯级利用的形式分为三级利用，即一级供热、二级供热、三级供生活热水。三级换热均采用板式换热器进行换热，并辅以调峰锅炉，其具体的系统流程如图 7-30 所示。其主要的供能为对温泉城进行供暖及供生活热水用，其采暖热负荷情况见表 7-12，生活热水负荷情况见表 7-13。

采暖热负荷情况　　表 7-12

序号	地块	建筑名称	建筑面积（万 m^2）	热指标（W/m^2）	热负荷（MW）	同时使用系数	设计热负荷（MW）
1	1 号地	沿街单体	2.6	49	1.27	0.64	0.813
2	2 号地	1 区	1.6	75	1.207	0.663	0.8
3		2 区	1.7	70	1.185	0.663	0.786
4		3～5 区	10.6	85	9.056	0.663	6.004
5		游泳池			0.642	1	0.642
6	3 号地	办公楼	0.64	30	0.193	1	0.193
7		员工宿舍	1.4	50	0.72	1	0.72
8		住宅	25.6	50	13	1	13
	合计		44.14		27.273		22.958

生活热水负荷情况　　表 7-13

序号	地　　块	地热生活热水（t/h）	普通生活热水（t/h）
1	1 号地	77	73
2	2 号地	61	51
3	3 号地，员工宿舍、办公楼	0	40
4	3 号地，住宅	61	0
5	4～5 号、8～9 号、14～16 号地	197	0
	合计	396	164

ZL_1 地热井出水温度较高，利用其高温段作为采暖热源，其供热能力为 8.52MW，占总供热需求的 37%，另 63%的热负荷由调峰锅炉房负担。为合理利用地热能源，采用两级供热系统，两级分别调峰的方式。采暖后的地热尾水作生活热水，一部分为地热水直供，即温泉水，另一部分经换热器间供，即普通生活热水。

① 供热系统

ZL_1 地热井：101℃地热水进入一级钛板换热器，提供一级供热热量为 6.05MW。经过一级换热器加热的一级采暖循环水再进入调峰换热器，经调峰后系统供水温度为 85℃，回水温度为 60℃，可直接进入普通散热器采暖用户。用风机盘管采暖的用户，需经用户换热站再一次换热，达到风机盘管 50～60℃的温度要求。

由一级钛板换热器出来的地热水进入二级钛板换热器，提供二级供热热量为

2.47MW。经调峰后系统供水温度为55℃，回水温度为45℃，供给风机盘管采暖用户。

② 生活热水系统

地热采暖后的尾水进入储罐，一部分地热水经钛板换热器将自来水加热到45℃供生活热水，地热尾水排放；另一部分经除铁后进入热水储罐，直接作温泉水供应。

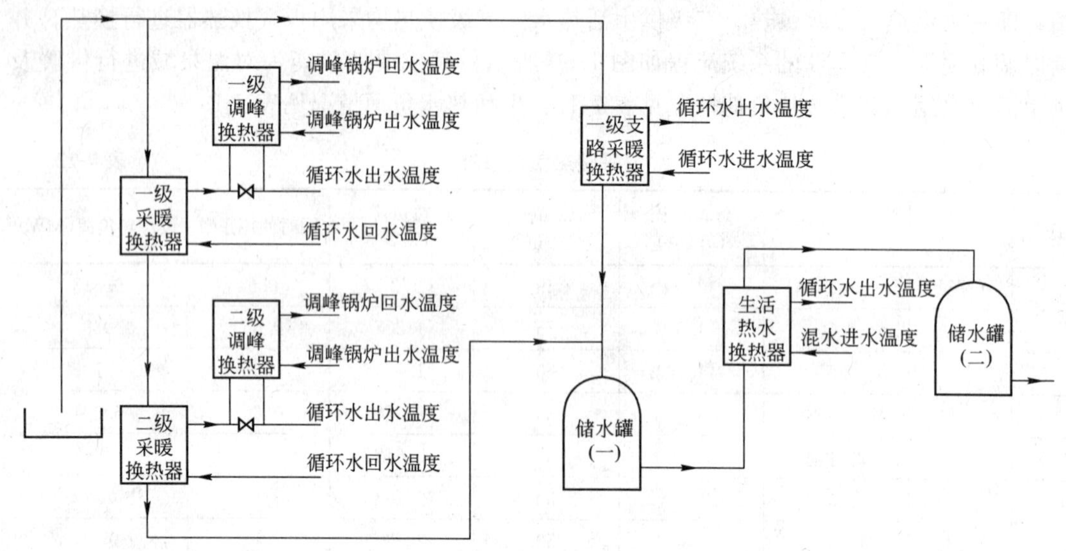

图7-30　地热能梯级利用系统简图

(6) 投资估算

天津珠江温泉城1号、2号、3号地供热(供热水)热源工程估算总投资965.83万元，包括地热供热(供热水)站662.88万元，其中，工艺设备投资551.50万元，设备基础投资9万元，土建投资102.38万元；调峰锅炉房302.95万元，其中，工艺设备投资235.94万元，设备基础投资3万元，土建投资64.01万元。

方案设计：地热供热(供热水)站一座，调峰锅炉房一座，主要设施为钛板换热器6台，不锈钢板式换热器4台，WNS7-1.0/110/70-Q型燃气热水锅炉2台。

7.2　过渡地区既有建筑能量梯级利用及其他示范项目

7.2.1　示范工程概况

对某学生浴室供能系统进行升级改造，利用太阳能、空气能、污水余热等多种可再生能源综合利用技术建立新型节能环保供能系统，代替原来效率低下、污染严重的煤锅炉，取得了良好的节能效应和社会效益。

目前，热水供应通常采用燃油、燃气锅炉等方式，这些方式除了存在易燃、易爆、触电等安全隐患，不仅消耗很多一次能源而且排放大量污染物。

利用太阳能供应热水是一种比较好的替代方式，它是传统的、绿色的、运行费用低廉的热水系统。但由于太阳能集热器的工作受气候条件和昼夜变化影响太大，在雨雪天和阴天，太阳能集热器便无法工作；而一天之内，也只有在日出和日落之间的白昼才能集热，夜晚便无法应用。同时，太阳能集热板由于面积较大，也受到安装条件的制约。

空气源热泵热水机是根据逆卡诺循环原理，以少量的电能为驱动力，以制冷剂为载体，吸收空气中的热能，生产生活热水，是一种安全、可靠、节能、环保的热水系统。空气源热泵热水机组制热效率高，占地面积小，但是热泵热水机的制热性能会受到天气条件的制约。

将太阳能和热泵两者结合起来，扬长补短，优势互补，既达到节能减排、又能保证全年全日连续供热，是一种经济环保安全可靠的热水供应解决方案。

7.2.2 原系统情况

原浴室面积 400m²，使用煤锅炉生产热水。每天开放 4h，满足 80～100 人次的洗浴需求，每天需消耗 43℃左右的洗浴水约 40t。系统采用燃煤锅炉加热水至高温高压水蒸气，水蒸气与自来水在混水灌内混合成 43℃左右的洗浴水，送入浴室使用后直接排放，系统流程如图 7-31 所示。

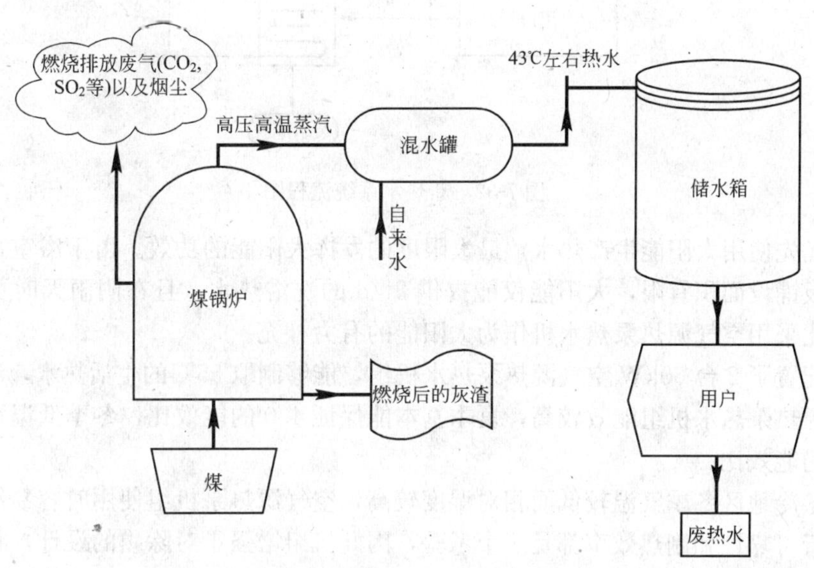

图 7-31 原浴室热水系统流程图

此套燃煤锅炉系统使用年限较长，效率低下，只有 50%左右。消耗一次性化石能源，且排放大量 CO_2，SO_2 和灰渣，给周边环境造成较大的污染。

因此尽快淘汰老旧的煤锅炉建立新型节能环保的热水系统既符合国家能源政策也是节能环保的必然要求。

7.2.3 升级改造方案与措施

浴室升级改造废除了原有煤锅炉，使用空气源热泵热水机和太阳能联合生产热水。太阳能热水器产生 50～70℃的热水，空气源热泵热水机生产 55℃左右的热水，进入热储水箱，通过冷储水箱水自由混合，混兑出 43℃左右洗澡水使用，洗浴废水温度大约在 28～32℃，将废水通过污水换热器回收剩余热量。自来水通过污水换热器吸收回收热量，温度得到提高，直接进入冷储水箱；也可以进到热泵热水机组，提高空气源热泵热水机组进水温度，提升机组运行效率(见图 7-32)。

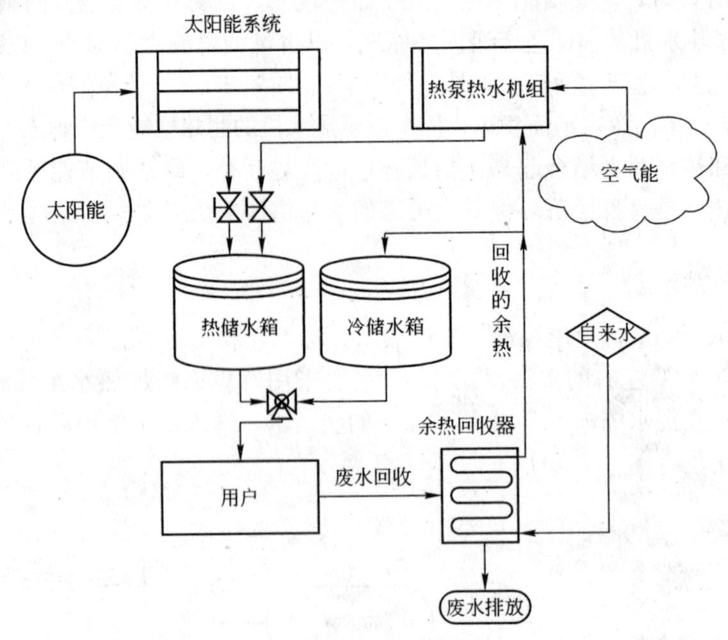

图 7-32　新热水系统流程图

系统优先使用太阳能生产热水，最大限度的发挥太阳能的功效。由于浴室顶部平面太阳能集热板铺设面积有限，太阳能仅能提供 8t/d 的洗浴热水，且在阴雨天时更无法保证使用，因此采用空气源热泵热水机作为太阳能的有力补充。

系统配置了 2 台 60kW 空气源热泵热水机组，能够制取 55℃的生活热水，满足洗浴用度。空气源热泵热水机组能效较高，夏季基本能保证 4.0 的能效比，冬季低温情况下仍能保证 2.4 的能效比。

夏热冬冷地区冬季气温较低而相对湿度较高，空气源热泵机组使用时容易结霜，这对机组的运行可靠性和制热效率都是一个考验，因此机组增强了对除霜的设计，将冷凝器出口高温液态的制冷剂，先从蒸发器前端布置的单排翅片管进行过冷，与蒸发器进风空气进行热交换提高蒸发器进风干球温度，在绝对含湿量不变的情况下，从而相对降低空气露点温度，实现减缓结霜的目的。在机组试验过程中发现，该流程能够有效的减缓结霜现象，使得机组在冬季使用过程中能大大提高效率。

对于洗浴后排出的废热水，通过采用污水换热器对余热进行热回收。设计了一台 50kW 换热量的污水换热器，通过自来水和废热水的间接热交换实现热回收。自来水在铜管内流动，管外流动的是洗浴后产生的废热水，通过折流板的隔断，使得废热水沿铜管逆向流动从而增加换热效果。提升了温度的自来水，注入冷水水箱，提高冷水水箱内水的温度，直接利用回收的热量；同时提升了温度的自来水可以进入热泵热水机组，通过进水温度的提高增加热泵的制热量。

7.2.4　升级改造前后测试与对比分析

1. 节能性分析

从消耗的能源来看，燃煤锅炉和传统的锅炉消耗的是一次性化石能源，而此系统消耗的是太阳能、空气能、污水废热等可再生能源，可持续利用。

从能源的具体使用环节来看，燃煤锅炉及传统锅炉使用的高品位能源生产高温的蒸汽或热水(100℃左右)，而洗浴仅需要43℃左右的热水，㶲损失较大，而新系统利用太阳能、空气源热泵热能、废水余热等多种低品位能源，满足洗浴要求，实现了高能高用，低能低用，能量梯级利用，如图7-33所示。

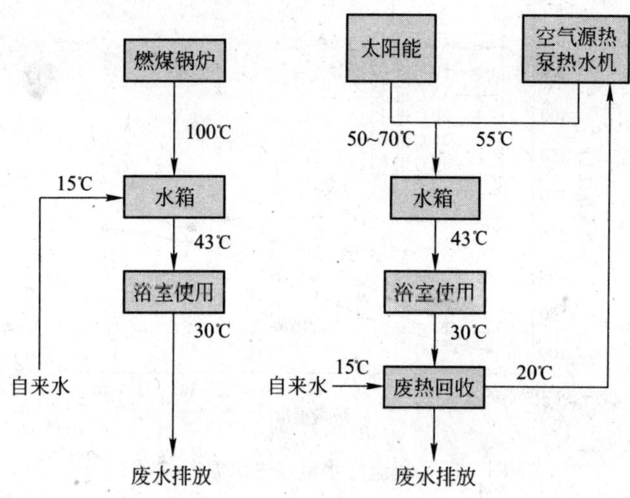

图7-33 能量梯级利用示意图

从能源的利用效率来看，太阳能联合空气源热泵的热效率达到4.63，远远高于传统的燃煤、燃气、燃油锅炉及电热水器。远高于原系统燃煤锅炉(50%)，如图7-34所示。而太阳能联合空气源热泵这种供能方式的热效率也比太阳能或空气源热泵单独供热水时要高，增加热效率同时也保证了热水供应的可靠性。

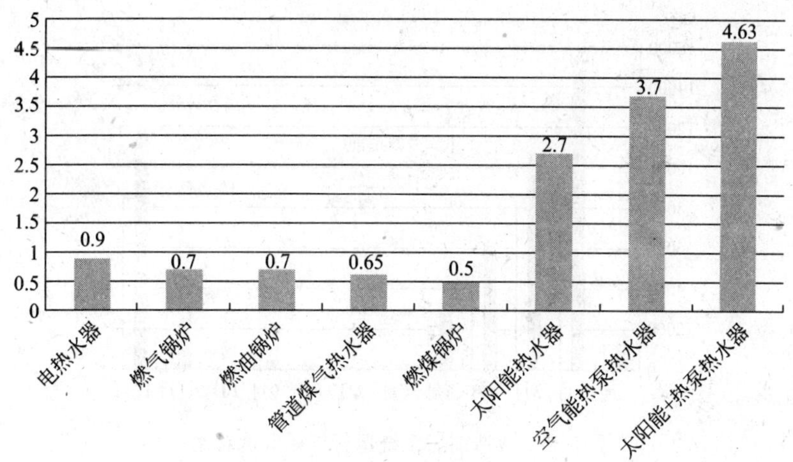

图7-34 生产热水各种能源效率对比

注：其中太阳能热水器按照一年中1/3的时间需要用电加热辅助制热水计算，太阳能＋热泵热水器按照一年中1/5的时间使用太阳能(不用电)，4/5的时间使用热泵热水机计算。

另外，系统利用了洗浴废水的余热，将其回收。回收的热量可直接灌入冷水箱提升混水温度，也可以进入热泵热水机组，通过提高机组的进水温度，增加机组的制热量。图7-35是某热泵热水机生产厂家不同进水温度下的机组产水量曲线图，从图中可以看出，将进水温度从15℃提升至20℃时，在环境温度20℃的条件下，机组的产水量提升了12.5%。

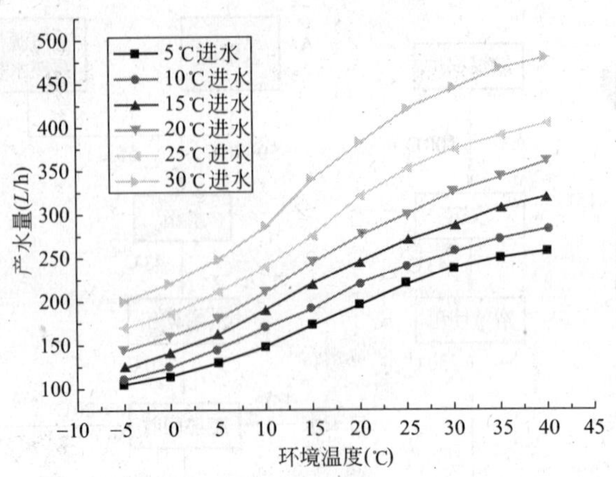

图7-35 机组产水量与进水温度关系

系统改造前后实际运行耗电量如表7-14和图7-36所示。

改造前后系统运行年耗电量对比表 表7-14

耗电量(kWh)	1月	2月	3月	4月	5月	6月	7月	8月	9月	10月	11月	12月
改造后	1253	9234	7894	4352	1954	324	11	57	280	872	2987	8380
改造前	1843	14782	10814	6400	2792	470	17	81	478	1425	4207	12006

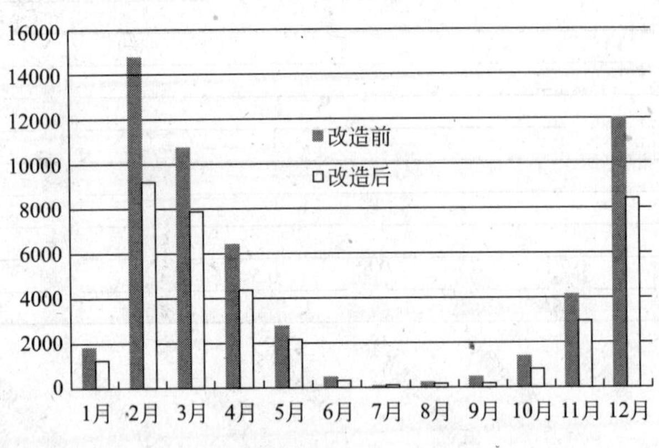

图7-36 改造前后系统运行年耗电量对比

经过全年测试，改造后全年耗电量为37599kWh，相比改造前的55315kWh节能32%。

2. 经济性分析

各种能源的热效率及实际价格如表7-15所示。

各种能源热效率及价格表　　表 7-15

名　称	热值	热效率	实际热值	能源单价
电热水器	860kcal/度	0.9	774	0.8元/度
燃气锅炉	10800kcal/kg	0.7	7560	5.6元/kg
燃油锅炉	10200kcal/L	0.7	7140	4.9元/L
管道煤气热水器	3800kcal/m^3	0.65	2470	1.3元/m^3
燃煤锅炉	4000kcal/kg	0.4	1600	0.64元/kg
太阳能热水器	860kcal/度	2.7	2322	0.8元/度
空气能热泵热水器	860kcal/度	3.7	3182	0.8元/度
太阳能+热泵热水器	860kcal/度	4.63	3978	0.8元/度

根据各种能源生产热水的热效率结合能源的实际价格，得出生产热水各种能源消耗费用对比如图 7-37 所示，可见使用电热水器生产热水的费用最高，达到 41.34 元/t，太阳能联合热泵热水机生产热水的费用最低，只需 8.05 元/t，原燃煤锅炉生产热水的费用是 12.80 元/t。

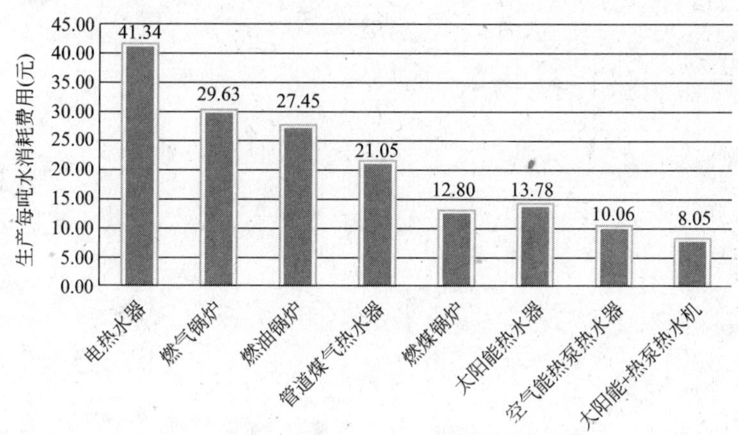

图 7-37　生产每吨热水各种能源消耗费用对比

根据实际用电量测算全年运行费用，太阳能＋热泵热水机这种新形式的供能系统年运行费用仅为原来燃煤锅炉的 40%，新型热水系统每年可节约运行费用近 5 万元，具有良好的经济性。

另外，太阳能＋热泵热水机这种新系统不需要专用机房，原来的煤锅炉机房拆掉另作他用，而且新系统无需专业人士值守。

3. 环保性分析

燃煤产生的主要污染物为主要是二氧化硫、氮氧化物、总悬浮颗粒物这三种污染物质。这些污染物与浓雾相互作用产生了有害物质，这些有毒的物质在近地大气层中越集越多，燃煤过程中产生的多种有害气体和煤粉尘污染的综合作用，致使环境空气越来越差。

由于新系统使用了太阳能＋空气源热泵的热源清洁环保，基本实现了零排放。

与原系统相比，改造后浴室每天减少耗煤 670kg，排放 CO_2 1400kg，排放 SO_2 67kg，排放粉尘量 25kg，灰渣 135kg。

全年 CO_2 的排放总量约为 290t，全年 SO_2 的排放量约为 14t，全年粉尘排放总量为 5t，全年产生灰渣总量约为 28t。

4. 安全性分析

新的供能系统更稳定、安全。它避免了燃煤、燃油锅炉的火灾、爆炸等安全隐患，也避免了电锅炉、太阳能热水器的电热管置入水中可能带来的漏电、干烧等危险。新系统通过先进的除霜技术增强了机组恶劣工况运行的可靠性，通过增加机组保护确保水电分离，保证机组的安全稳定运行。

第8章 既有建筑电力系统升级改造关键技术

8.1 概述

电力是发展国民经济、改善人民生活的重要物质基础。随着我国社会经济的发展，以及人民生活水平的提高，电能消耗占能源总消耗的比重不断增加。节能减排首先需要从节约用电抓起。而建筑用电目前已占到全社会电能消耗的30%左右，且浪费较为严重，因此建筑节电具有很大的潜力，意义重大。

既有建筑(包括公共建筑和民用建筑)使用过程中的能耗主要包括采暖、空调、通风、热水供应、照明、炊事、家用电器及电梯等方面的能耗，其中采暖、空调、通风三者的能耗总和占到了65%，它们中大部分的能源供应往往也来自电能。因此，建筑节电是建筑节能中至为重要的核心部分。

建筑节电技术涉及诸多方面，包括合理选择供电设备和实施优化运行措施以降低线路损耗，合理选择电器减少无谓的电能消耗，合理安排公共照明以减少电能浪费等；除此之外，随着科学技术的快速发展和新技术的不断涌现，还可以应用各种新型节能电器实现节省电能等。

8.2 建筑节电电器及应用

随着国民经济的高速发展，电能作为一种清洁、方便的二次能源，需求节节攀升，以至于常常会出现供需矛盾，如许多地方采取的拉闸限电措施即为例证。为解决这一矛盾，在商业、民用建筑中应用的各种节电电器和节电技术应运而生，在一定程度上缓解了局部供电的紧张态势。从电气设备角度看，造成目前电能浪费的主要原因包括：

(1) 功率因数过低。功率因数的高低是影响电源利用率的关键所在。功率因数较低时，会降低电源的利用率和设备的运行效率，增加电路损耗。

(2) 谐波污染。过电压、雷击以及变频设备和电力电子设备的大量使用，都是电力系统谐波产生的重要原因。谐波会造成设备自身和电网中产生相当大的附加无功电流，增加电网中的电能损耗，影响设备运行效率和使用寿命。

(3) 电源不平衡。使用单相大功率设备极易造成三相电源不平衡和不对称运行，从而影响用电设备的输出功率，加大线路上的功率损耗。有时候因单相断路缺少一相电压，也容易出现前述类似问题。

(4) 瞬流和浪涌。某些用电设备负荷波动较大，会产生大量的瞬流和浪涌，在小电网(区间)里迂回徘徊，产生电力污染，给其他用电设备造成危害，同时也会造成大量的电能浪费。

针对上述问题，很多节电技术得到快速发展，主要有如下几种：

（1）变频技术。交流变频技术具有良好的节能效果，控制性能好、过载能力强、使用维护方便，得到了广泛的应用，已经成为电动机调速的首要选择。变频器的工作原理就是把工频电源变换成较低频率的交流电源，以实现电机的变速运行。其中控制电路完成对主电路的控制，整流电路将交流电(50Hz)变换成直流电，逆变电路将直流电再变成相应频率的交流电。按照异步电动机的实际转速对应的电源频率，并根据希望得到的转矩来调节变频器的输出频率，可以使电动机具有对应的输出转矩，进而达到控制电动机转矩的目的。利用变频调节技术，电机可以在很宽的范围内平滑调速，与传统调速技术相比，变频调速具有更高的效率。

（2）电容无功终端补偿。随着既有建筑用电量的增长，导致在局部供电网络中，尤其是远离电源的设备和线路中，无功电流较大。由于功率因数偏低，电缆、电机发热现象比较突出。为此，利用移相电容、集中式或分散投入的电容，对一些局部的终端负荷，尤其是电动机的无功进行补偿，成为一种常用并且成熟的方法。实践证明，在负荷终端系统进行一定容量的无功补偿，对改善局部供电质量、节约电能有明显效果。

（3）电机节电控制。电机总是以最高负载量加裕量来设计参数及进行选型，而在实际运行中，大部分时间内电机处于非满载运行状态，这主要源于负载的不断变化，而很多情况下负载容量小于电机额定功率，从而形成大功率电机拖动小负载的情况。由电机运行特性可知，电机满载运行时的效率最高，功率因数最佳，而轻载运行时效率较低，这主要源于电机励磁无功电流基本不随运行负载变化。电机节电控制技术主要用于提高电机在各种运行工况下的运行效率，以达到节电目的，常用的电机节电控制技术分为如下几种：

1）电容补偿节电装置：利用电容的储能特性对电机进行无功补偿。优点：提高功率因数，改善电能质量；缺点：在动力设备有载运行的供电回路中，无法达到有效的有功节电率，不适用于对变化负载的补偿，只能作为一种辅助性手段。

2）星角转换调压技术：由于该技术只能转换电压至最低 220V，无法进一步降低电压，节能效果有限。另外，在实际应用中，对于大容量电动机，自耦变压器的体积要做得很大，不易实现连续启动电压的增加和减少，而且其触头易损坏，寿命过短，在应用中遇到许多技术困难和较大的局限性，因此目前已较少使用这一技术。

3）谐波和瞬变浪涌抑制控制节电装置：谐波和瞬变浪涌在用电系统中大量存在，对既有建筑供电系统安全运行造成极大危害。该装置利用专门的瞬变抑制元件和特殊的线路设计，目的是有效过滤电网电路中瞬变浪涌和高次谐波，以减小和削弱谐波和浪涌的强度，从而保护系统安全并达到节能的目的。但这种方法并不能完全消除谐波和浪涌的干扰。由于谐波和浪涌并不是电机耗能的主要原因，因此该类装置作为节能的辅助手段。

4）电抗式调压技术：该技术是通过电抗器、电子器件以及可控硅控制设备组合应用，以达到电机降压节电的目的。但是其效率较低，成本较高，在对电动机、风机和水泵的节能应用中，效果一般，且当负载率大于65％、功率因数大于0.7时将无法使用。总体上来讲，该技术尚处于进一步完善阶段。

5）可控硅调压技术：该技术利用改变可控硅导通角大小降低电压从而达到节电目的，虽然具有节电效果，但在调压过程中会导致波形的畸变，引起大量谐波和尖峰电压产生，污染电网，使用效果较差，而且使用范围较窄，仅在电动机变负载、轻载和功率因数较低的情况下有效。

6）逆变调压技术(UPS类)：UPS系统是先将电网的交流电转变成直流电，再从直流电经过逆变而输出交流电的转换装置。UPS只改变输出电压，并不改变频率，通过隔离变压器后，UPS可提供高质量的输出电源。但由于UPS效率很低，价格昂贵，而且在交流和直流的变换过程中，会给电网带来严重的电流谐波污染，因此UPS仅在供电质量要求较高的环境下采用。

7）脉宽调制(PWM)技术：脉宽调制技术，即变频调速技术，是通过改变频率亦即调制脉宽以达到降低能源消耗的目的。该类技术的代表产品有电机应用中的节能变频器、电源应用中的开关电源和照明系统中的节能灯及电子镇流器等。尤其是变频器，其在节能领域中的应用已经非常广泛。但是，脉宽调制技术的实际应用对象也有一定的限制，它只适用于特别需要变频的场合，而对于恒速运行中的电动机、风机和水泵等，包括中轻载、重载、满载和超载以及功率因数较高的运行状态，无明显节电效果，并且其产生的谐波和瞬变浪涌比较严重。另外投资回收期较长也是一大缺点。

8）集成电路芯片控制技术：相控电机节电器采用集成电路芯片控制技术(技术5的改进)，由微处理器芯片(CPU)、可控硅、集成式双置晶闸管等国外进口元件组成。其核心技术是动态跟踪电机负载量的变化，调整电机运行过程中的电压与电流(1%s内完成动作)，保证电机的输出转矩与实际负荷需求精确匹配。在调整过程中，不改变电机的转速，不影响电机的正常运行，并且能有效避免电机因出力过度造成的电能浪费，具有很好的动态节电控制功能，能有效降低电机的功率损耗，改善电机的启动和停机性能，延长电机的使用寿命。

(4) 电力滤波。随着电力电子技术的发展，既有建筑中的非线性负荷逐年增加，由此产生了大量有害的谐波。谐波不仅会污染公共电源，干扰设备的正常运行，还会造成供电线路的超载与过热，损耗大量电能。因此有必要采取相应措施来抑制谐波的产生。目前抑制谐波电流主要有如下两方面的措施：

1）采用脉宽调制技术：利用脉宽调制技术，在所需要的频率周期内，将直流电压调制成等幅不等宽的系列交流电压脉冲，可大大抑制谐波的产生。

2）在谐波源处吸收谐波电流：该方法主要通过有源滤波器和无源滤波器来进行：

① 无源滤波器安装在电力电子设备的交流侧，由L、R、C元件构成谐振回路，当LC回路的谐振频率和某一高次谐波电流频率相同时，即可阻止该次谐波流入电网。该方法投资小，效率高，具有结构简单、运行可靠及维护方便等优点，是目前采用的抑制谐波并作无功补偿的主要手段；其缺点是滤波效果易受系统参数的影响，对某些谐波有放大的可能，耗费多、体积大等。因此随着电力电子技术的不断发展，人们将滤波研究方向逐步转向有源滤波器。

② 有源滤波器具有高度可控性和快速响应性，能补偿各次谐波，可抑制闪变、补偿无功，有一机多能的优点。有源滤波器的滤波特性不受系统阻抗的影响，可消除与系统阻抗发生谐振的危险，并且具有自适应性，可自动跟踪补偿谐波的变化。

基于上述四类技术，由之衍生的多种节电产品也已经发展较为成熟，并获得了广泛的应用，如空调节电器、锅炉节电器、照明节电器等。

除了设备本身采用有效的节电技术外，用户对电器合理使用也会大大提高设备的用电效率，因此本章将主要从既有建筑电气节电角度介绍与电器相关的节电技术与合理的用电策略。

8.2.1　空调节电

对于一般商业建筑，空调系统耗电量约占整座建筑物耗电量的30%～50%，甚至更高。因此，空调系统的节能降耗潜力非常大。降低空调的能源消耗，是建筑节能领域的一个重要课题。

现有建筑中的空调设备主要有两种形式，即中央空调系统和房间空调。其中，房间空调是当前主要的空调设备，主要应用在住宅和一些中小型公用建筑中；中央空调系统主要应用于大型的公共建筑中，由于运行管理不合理，目前中央空调系统的运行效率非常低，风机、水泵电耗所占比重较高，存在很大的节电潜力。

1. 空调节电的关键途径

根据空调能耗的机理，空调节电可以通过以下几项关键途径实现：

(1) 开发并使用节能型、节电“错峰”型空调设备

通过开发新技术提高房间空调的季节效能比 *SEER*(例如变频空调 VRV 技术等)和中央空调中制冷机的能效水平，以及开发新型的节能空调形式(如冷辐射型空调、工位空调等)。

(2) 变频节能技术在中央空调中的应用

中央空调的冷冻水系统和冷却水系统在正常使用时，存在着能耗过大的问题。为解决这一难题，在上述系统中常采用变频节能技术，通过温差控制变频器的频率，进而调节水泵的转速，以达到节能目的。

中央空调系统中的负载主要是各种风机、泵类等，其工作特性可表示为：

$$Q \propto n \tag{8-1}$$

$$H \propto n^2 \tag{8-2}$$

$$P \propto n^3 \tag{8-3}$$

即流量与转速成正比，压力与转速的平方成正比，轴功率与转速的三次方成正比。

根据转速公式，转速与电源频率、转子极对数和转差率相关：

$$n=\frac{60f}{p}(1-s) \tag{8-4}$$

式中　f——电源频率，在我国为50Hz；

p——极对数；

s——转差率。

因此，调节转速可有3种方法，即改变频率、改变极对数和改变转差率。其中，改变频率的方法调速性能最好，调速范围广且运行效率高。

通过调节电源频率可以改变水泵电机的转速，进而达到调节流量的目的，同时还可以显著调节轴送功率。通过在水泵上加装变频器，可实现自动调节控制，使系统工作平缓稳定，并通过变频节能收回投资。变频器能根据冷冻水泵和冷却水泵负载变化而随之调整水泵电机的转速，在满足空调系统正常工作的前提下使冷冻水泵和冷却水泵做出相应调节，以达到节能的目的。水泵电机转速下降，电机从电网吸收的电能就会大大减少。若将电机

的运行频率由原来的 50Hz 下调到 45Hz 时，则电机的实际转速为额定转速的 90%；由于电机的运行功率与转速的三次方成正比，因此电机运行时的实际功率等于额定功率的 72.9%，由此得到节电率为：

$$节电率=\frac{电机的实际功率-电机的额定功率}{电机的额定功率}\times 100\%=27.1\% \quad (8-5)$$

可见，变频调速的理论节电效果是相当显著的。

此外，采用变频技术对电机转速进行调节，要比阀门、挡板调节更为节能，设备运行工况也将明显得到改善，具有良好的经济效益。下面给出空调采用变频技术的节电实例。

某办公大楼，由主楼、商务中心及会议中心组成，占地 13500m^2，建筑面积为 40000m^2，建筑物层高为 90m。主楼 20 层(地上 19 层，地下 1 层)，商务中心 8 层，会议中心 4 层。大厦除地下车库与设备用房外，其余全部设计集中空调。空调系统计算负荷：供冷季为 4500kW，采暖季为 3000kW。楼内人数每天随时间段的不同而变化，(以 1 个星期为周期)空调送风模式也不同。送风机的进风量根据室内的环境情况确定其必须量，设备的送风机由于设计时留有一定的富裕度。因此，按高速时 86%，中速时 67%，低速时 57%的进风量(转速)来设计。

接入变频器后可以降低送风机和水泵的能耗，由流体力学可知，轴功率与转速的 3 次方成比例减少，那么输入的电能也相应减少。接入变频器前后的电能消耗如表 8-1 和表 8-2 所示。

接入变频器后水泵输出流量减少所达到的节能效果 **表 8-1**

运行模式		所需能力		节能效果	
		接变频器前	接变频器后		
流出流量(L·min)	运行时间(h/a)	45kW 电机	25kW·A 变频器输入	节电率(%)	节电量(kWh)
3866	720	40	28	42.5	12240
2658	816	33	8	75.8	20400
1788	960	28	3	89.3	24000
节电电量					56640
年节电经费：56640kWh×0.43 元/kWh					

注：上述仅 1 台水泵节能效果，本例有水泵 4 台，则年节电经费为 24355.2 元×4=97420.8 元；年节电量 56640×4=226.560kWh。

接入变频器后送风机能耗减少所达到的节能效果 **表 8-2**

		接入变频器前		接入变频器后		节能效果	
必须风量(%)	运行时间(h/a)	输入功率(kW)	用电量(kWh)	输入功率(kW)	用电量(kWh)	节电量(kWh)	电费(元/a)
86	1680	45	75600	28.6	48048	27552	11847.36
67	960	45	43200	13.5	12960	30240	13003.2
57	800	45	36000	8.3	6640	29360	12624.8
合计	3440		154800		67648	87152	37475

可见，该办公大楼空调系统在接入变频器后，年节电量可达313712kWh。年节能总金额达13.4万多元，节能效果显著。

(3) 中央空调系统的优化运行管理和控制技术

由于运行管理不合理，在目前很多大型公共建筑的中央空调中，风机、水泵的电耗占到了空调电耗的30%～50%，凸显了中央空调系统优化运行管理及节能控制技术的重要性。该类技术的关键不在变频设备本身，而是基于空调系统中“冷源—输配系统—末端设备”各环节的物理特性基础上的控制策略和方案，主要包括变风量(VAV)、变水量(VWV)、变制冷剂流量(VRV)等空调运行控制技术。另外，中央空调新风负荷一般占公用建筑空调负荷约30%～40%，控制和正确使用新风量及余热回收利用也是空调系统最有效的节能措施之一。

2. 空调日常节电技巧

在空调的使用过程中注意以下事项，可减少能源的浪费：

(1) 检查和移走不必要的热源(如一些启动了但未使用的电器等)，以免增加空调负荷；

(2) 如果房间的窗户在空调操作期间暴露在直射阳光下，可考虑使用室外或室内遮阳措施；

(3) 在维持足够通风以保证室内空气质量良好的同时，应把空调房间的门窗关闭以减少室外空气渗入和冷气流失；

(4) 避免设定过低的温度，造成不必要的浪费；

(5) 考虑调高风速，增加风速可增加制冷机蒸发器的热交换功率，也可以把较大的冷气流输送到房间的活动区域，亦可考虑使用风扇辅助空调，增加空气流动；

(6) 注意空调的保养，定期清洁冷凝器或散热器的叶片、制冷机的隔尘网及其他组件等，保证这些装置的正常运行，定期检查空调各部分的运行情况。

3. 几项空调节电新技术

(1) 传感器技术在中央空调中的应用

传感器是能感受或响应规定的被测量并按照一定的规律转换成可用输出信号的器件或装置。传感器的输出信号通常是电量，它便于传输、转换、处理、显示等。电量有多种形式，如电压、电流、电容、电阻等，输出信号的形式是由传感器的原理确定。

中央空调系统机组中有冷却水系统和冷冻水系统，冷冻水泵和冷却水泵的容量是根据空调系统最大设计热负荷选定的，且留有一定的设计余量。利用中央空调节能控制系统中的各种传感器检测系统运行状态，并依据传感器输出信号对被控制系统实施节能控制。各传感器的输出端经已编号的接口连接到控制器输入通道中相应的输入端。传感器的自动识别技术用于在线识别各个传感器的类别与用途，无需人工编号、对号连接，可保证系统自动地按照设计约定的输入—输出关系运行，可以降低系统施工、调试、检修成本。

系统正常启动后，由现场安装的温度传感器和变送器、流量传感器和变送器、压差传感器和变送器、智能电表等将检测的数据传送给智能I/O模块，通过实测值与设定值相比较，计算出该量值的偏差和偏差的变化率，实时调节变频器的运转频率。满足系统负荷的需要。其中，检测的冷冻水回水温度，用于控制冷冻水泵转速；检测的冷却水出水温度用于控制冷却水泵转速；检测的冷却水进水温度用于控制冷却塔风机转速。压差传感器检测的是供回水总管的压差，主要用于保护功能，当压差超过一定量值时，控制旁通阀的开度，保障系统安全运行；智能电表检测的量值用于系统管理，计算出系统消耗的电能，绘制节能曲线和节能的历史记录。

(2) 中央空调的智能控制

对于中央空调这种复杂系统，以经典数学为基础的控制方式(如 PID 控制)往往难以奏效。随着计算机信息技术的发展，将操作人员、管理人员或专家的操作经验、知识和技巧归纳成为一系列的规则，存放在计算机中，使控制器模仿人的操作策略，就可以实现中央空调的人工智能控制。其控制的基本思想就是按照中央空调主机所要求的最佳运行参数去控制系统的运行，根据系统的运行工况及制冷控制参数的变化，通过模糊控制器动态调整空调系统运行参数，使空调运行在优化的最佳工作点上，从而确保主机始终具有较高的热转换效率。该方法可有效解决传统中央空调系统在低负荷状态下热转换效率下降的弊端，最终提高系统能源利用效率。

8.2.2 电梯节电

对于住宅和一般公共建筑，电梯也同样成为“电老虎”，其用电量有时仅次于空调。据中国电梯行业协会统计，我国已成为世界电梯超级大国，我国目前星级酒店每年每平方米耗电量为 150kWh，其中将近一半用于电梯。因此电梯的耗能不容忽视。电梯节能改造可从以下 4 方面着手进行。

1. 扶梯变频节能技术

目前常规的自动扶梯无人空载时仍是按额定速度运行，具有耗能大、机械磨损大、使用寿命低等缺点。例如，南京石林家居卡子门店有 14 部扶梯，每部扶梯的电功率 5.5kW，每天运转 9h，每部扶梯日耗电 42kWh 左右，而且始终都是恒定速度运行。在大多数情况下，扶梯较多地运行于 1/3 额定载客量以下，每部扶梯每天无人空载时间累计约 5h。如果扶梯在无人空载时停运或缓行，将大大减少用电量；将扶梯运行方式由每天连续恒速运行改为有人乘梯时正常恒速运行，无人乘梯时慢速行驶或停止，就能实现节电的目的。改造后的系统要符合如下要求：

(1) 要求保持原有电梯的“恒速运行”模式和增加的“变速运行”模式并存，用户可随时选择采用其中一种模式运行，当选择原有电梯“恒速运行”模式时，增加的线路完全撤出电路。这样可使用户需要选择回原有模式或新增线路需要维护时，都可方便切换，保证了电梯正常运行。

(2) 要求线路改造后，保证在任何工作模式下都能符合国家关于扶手电梯安全标准的要求。

(3) 要求“变速运行”模式运行时，电梯渐进启动或停止，速度转换平滑顺畅，舒适性好。

在扶梯电气控制线路加装变频器，经简单改造后即可实现此项功能。采用变频调速方式控制自动扶梯运行，可使扶梯具备平稳启动、节能运行的优点。无人乘梯时，扶梯由额定运行速度转为低速运行或停止；当乘客走近时，由光电开关发出控制信号，使扶梯快速启动并以正常速度运行；乘客离开后，扶梯减速变为慢速运行或停止，等待下一位乘客；如果乘客连续不断，扶梯便持续以正常速度运行，直到最后一位乘客离开扶梯。这样既不会影响乘客乘坐扶梯的安全性与舒适度，又能达到节能和减小机械磨损的目的。

具体方案中，变频器采用多段速控制模式，并设置主频率1(低速)、多段速频率2(高速)两种运行频率。

(1) 在电梯首尾处各安装一支红外传感器开关，乘客通过电梯时，红外传感器开关被触发并发出开关信号给变频器；

(2) 有客流时，红外传感开关被触发，变频器加速到多段速频率2，并使电梯高速运行；

(3) 电梯高速运行时，变频器内置计时器开始计时，若在计时的时间段内再无乘客通过电梯，计时结束后变频器将自动切换到主频率1，进行低速运行；若在计时器计时期间，有乘客重新触发光电开关，计时器将重新计时；

(4) 对电梯上行和下行，外围控制采用开关互锁，保证扶梯系统的正常工作；

(5) 为消耗制动过程产生的多余能量，需在变频器上加装制动电阻。

变频系统电气接线电路中有“市电”和“节电”接触器，由控制箱上的开关切换选择“工频运行”或“变频运行”模式。工频模式下，变频器不工作，整套系统手动启停、工频运行；变频模式下，电机由变频器直接拖动，变频运行。当出现故障时，系统自动切换到工频运行。

变频器效率是指其本身变换效率。就变频器的两种形式而言：交-直变频器尽管效率较高，但其调频范围受到限制，应用受到限制，目前通用的变频器主要是交-直-交型。其变频器的损耗由3部分组成：整流损耗约占41%、逆变损耗约占50%、控制回路损耗占10%。前两项损耗随着变频器的容量、负荷、拓扑结构的不同而变化，而控制回路损耗不随变频器容量、负荷而变化。变频器采用大功率自关断开关器件等现代电力电子技术，其整流损耗、逆变损耗等都比传统电子技术中整流损耗量小，变频器在额定状态运行时，其效率为86.4%～96%，并随着变频器功率增大而提高。相比于电梯的损耗很小，可以近似忽略。

此外，利用变频技术可使一些电梯同时具有再生电能的处理转换能力，如制动电阻、吸收电容、回馈制动等。目前较为先进的方法则是在电梯释放能量状态时，由回馈变频器将这部分能量变成与电网电压同步、同相位的正弦波，经过滤波后回馈电网。国内外一些品牌电梯已广泛应用此项技术，可使电梯节电率高达30%～60%。

自动扶梯电机为两对极单速电机，根据公式：$n=60\times f/p(1-s)$，当转差率变化不大时，转速基本上正比于频率 f。扶梯恒速时，$f=50\text{Hz}$，电机转速 $n=60\times 50/2=1500\text{r/min}$；扶梯慢行时，$f=20\text{Hz}$，电机转速 $n=60\times 20/2=600\text{r/min}$。当电机的额定电压为380V，频率为50Hz时，经过变频器改变频率后，频率为原频率的40%，即20Hz时，送到电机的电压则变成：$U_1=(380\text{V}\times 20\text{Hz})/50\text{Hz}=152\text{V}$，根据公式 $U_0/U_1=P_0/P_1$ 得出，$P_1=0.4P_0$。

因而电机所耗费的电功率也为原功率的40%。南京石林家居卡子门店有14部扶梯，每部扶梯均有一台5.5kW的电动机，每天运行9h，每度电费为1元，实际其耗电量由于自动扶梯的负荷变化略小于此数值，按0.85元计算，那么它每天的电费为：$1\times 9\times 5.5\times 0.85=42.07$ 元；安装变频器后，且考虑变频器损耗后，如果每天慢速运行的时间为全天的50%的话，那么每天慢行所耗费的电费为：

1×4.5×5.5×0.4×0.85=8.42 元；

安装变频器后每天电费：42.07/2+8.42=29.46 元；

安装变频器后每天节约电费：42.07－29.46=12.61 元；

据此，可算出 14 部扶梯每年节约费：360×14×12.61=63554.40 元。

由此可见，节电效果非常显著。从现场调研分析，家居卖场的扶梯慢速运行时间远小于 50%，实际使用节电效果更加可观，一年左右即可回收技改投入成本。

2. 电梯回馈电能技术

该技术是将电梯运动时的机械能(位能、动能)通过能量回馈器变换成电能，并回馈给交流电网，供附近其他用电设备使用，从而使电机拖动系统在单位时间消耗的电网电能下降，以达到节约电能的目的。例如，升降电梯这种具有势能性负载的设备。

电梯运行中多余的机械能通过电动机和变频器可转换成直流电，并储存在变频器直流回路的电容中。随着回送到电容中电能的增加，电容电压逐渐升高，如果不能及时释放，就会产生过电压故障，造成电梯无法正常运行。目前国内多数变频调速电梯均采用电阻消耗电容中储存电能的方法来避免此类现象的发生，但电阻耗能不仅降低了系统的效率，电阻产生的大量热量还恶化了电梯控制柜周边的环境。采用电梯电能回馈装置——有源能量回馈器，可有效地将电容中存储的电能回送给交流电网，供周边其他用电设备使用，不仅解决了上述问题，且节电效果非常明显。

能量回馈器一般是根据变频器直流回路电压 U_{PN} 的大小来决定是否回馈电能的，因此需要设定回馈电压固定值 U_{HK}。由于电网电压的波动，若 U_{HK} 取值偏小，在电网电压偏高时会产生误回馈；若 U_{HK} 取值过大，则回馈效果降低。目前提倡使用的是一种具有电压自适应控制回馈功能的新型能量回馈器，采用电压自适应控制，即无论电网电压如何波动，只有当电梯机械能转换成电能送入直流回路时，才及时将电容中存储的电能回送电网，有效地解决了误回馈的问题。

3. 更新电梯轿厢照明系统

电梯轿厢通常使用白炽灯、日光灯等照明灯具，如果以 LED 发光二极管代替可节约照明用量 90%左右。LED 灯具功率一般仅为 1W，不发热，其寿命是常规灯具的 30～50 倍，而且能实现各种外形设计和光学效果。

另外，电梯轿厢还应同时采用无人自动关灯技术，当有人进入电梯轿厢时才开启电灯照明。

4. 采用已成熟的各种先进技术

采用目前已成熟的各种先进适用技术也能大大节约能源，如：矩阵变频拖动技术、预防性保养技术、复合钢带技术、无机房电梯、无齿轮曳引技术、驱动器休眠技术、群控楼宇智能管理技术等，均可以达到很好的节能效果。

5. 电梯的使用与保养

除以上几方面的技术手段外，在电梯的日常使用过程中，用户和维护人员的操作管理行为也可为电梯节能带来很大的帮助。

(1) 选择轻巧的内部装饰设计；

(2) 公共建筑在办公时间以外或假日减少运行数量，只开启一部或少量电梯以供使用；

(3) 鼓励用户步行一层或两层楼梯，以代替乘坐电梯；

(4) 定期对电梯进行检查和保养，保持良好的运行状况；

(5) 当电梯停车并未载客时，自动关闭轿厢内所有的照明和通风系统。

8.2.3　照明节电

随着经济社会的发展，我国建筑照明能耗逐年上升，在某些情况下甚至超过了空调负荷而跃居各种建筑用电之首。照明节电要求在保证不降低作业面视觉要求、不降低照明质量的前提下，力求减少照明系统中光能的损失，从而最大限度地利用光能。照明节电的原理可以通过下式来解释：

$$L=WT\cdot(EA/FUM)=EAT/UT\eta \tag{8-6}$$

式中 W——每一台灯具消耗的电功率；

T——开灯时间；

E——平均设计照度；

A——地板面积；

U——照明率；

F——每台灯具的灯泡光束；

M——保持系统；

η——灯泡的综合效率，包括镇流器的损失。

因此，欲降低照明电耗，必须设法提高照明率、使用高效灯泡、提高灯具的维修率，或者减少开灯时间、保持适当的照度和尽量采用局部照明灯。由于在实际应用中，要保证足够的照明亮度和照明质量，因此还需要考虑到诸如光源和器具的选择、照度和年龄、荧光灯的光通量与环境温度的关系、照明设备减光的原因等一系列外在条件的约束。

常用的照明节电措施有以下几种。

1. 选用自然光

自然光是一种取之不尽、用之不竭的无污染的绿色洁净能源，充分开发并有效利用自然光，势必会对建筑物的照明节电起到决定性的作用。建筑物应该在结构的设计和建造上考虑到对于自然光的充分获取与合理利用，使自然光与室内人工照明有机地结合，从而大大地节约人工照明电能。

2. 减少配电线路损耗

采用合理的配电方式，如三相四线制要比单相两线制损耗低得多；采用较高的配电电压，使用功率因数高的镇流器，可以降低无功损耗，从而相应降低配电线路的损耗。另外，在采用荧光灯照明的场合，镇流器本身的损耗一般达到荧光灯功率的20%～30%，可安装电容器进行无功补偿，通过提高其功率因数减少镇流器的损耗，或者选用低损耗的电子镇流器。

3. 合理设计照明照度

进行照明设计时采用的照度应符合《建筑电气设计技术规程》，杜绝过度照明引起的浪费。为此可以采用相应的技术措施，如使用调光型镇流器随时进行调光，尽量利用自然光，减少不必要的照明灯具等。

4. 加装节电控制设备——照明系统节电器

为满足不同情况下均能正常启动与发光，照明灯具的设计电压一般低于标准相电压220V，造成其实际工作电压偏高。这些超额的电压不仅不能让灯具更有效地工作，还存在两大负面影响：浪费电能与缩短灯具寿命。加装照明系统节电器，既可减少由于过压所造成的照明眩光，使灯光所发出的光线更加柔和，照明分布更加均匀，又可大幅度节省电能。照明节电器对于气体放电光源还可以利用微机进行智能控制，通过内置的专用优化控制软件，可以随时采集、分析和计算，控制系统内部的综合滤波电路，控制电流波形，补偿功率因数，吸收内部失真电流并循环转化为有用的能量，提高整体电源效率，随负荷变化动态调整运行状态下所需的电流和电压，对功率进行自动调节，达到智能节电的目的。

5. 选用高效节能光源

建筑照明设计应根据应用场所的不同，合理选择灯具的配光，以提高利用系数。办公区推荐采用T8或T5稀土三基色荧光灯管，这是由于T8或T5灯管具有更高的显色指数和光效，光衰小、寿命长、用汞量少，更符合节能和环保要求。另外，由于灯管功率越大，光效越高，所以一般应优选36W以上光源。门厅、走廊等场所应采用紧凑型荧光灯(包括“H”形、“U”形、“D”形、环形等)替代以往的白炽灯，达到节约能源的目的。在开闭频繁、面积小、照明要求低的情况下，例如公共建筑的楼梯走道可采用白炽灯，考虑到双螺旋灯丝型白炽灯比单螺旋灯丝型白炽灯光通量高10%，故应当优先选用双螺旋灯丝型白炽灯。

6. 选用高效节能电器附件

推广使用低能耗、性能优的光源用电附件，如电子镇流器、节能型电感镇流器、电子触发器以及电子变压器、节电开关等。常规的电感式镇流器自身能耗一般为光源的10%～15%，而电子镇流器本身能耗则极低，并具有恒功率输出的特点。

8.3 建筑供电优化设计

由于所处地域特征的不同、建筑负荷水平的不同及用户侧用电需求的不同，对既有建筑电力系统的升级改造也不能一概而论。如何考虑各种影响因素以确定经济合理的配电优化控制策略，并最大限度地利用现有建筑的配电设施，需进行全面、综合的分析与设计。

8.3.1 供电设计的基本原则

现代建筑的供电设计应遵循以下原则：

(1) 保证供电可靠性。可靠性是现代建筑供电设计的前提，在确定供电方式时应根据建筑项目内用电负荷特性，当地电源情况，充分考虑供电的条件，对负荷进行分析和划分等级，合理设置电源的回路数和自备应急电源，保证供电的可靠性。

(2) 减少电能损耗，保证供电质量。采用高压深入负荷中心供电，可减少电源损耗，提高运行技术经济性。电力节能技术涉及诸多方面，电能质量是节能降损的一个重要影响因素。

(3) 接线简单灵活，方便维护管理。

(4) 留有发展余地。供电设计应适当考虑负荷今后发展变化的要求，留有适当的余量。

（5）要考虑技术经济性。在满足供电可靠要求的前提下，考虑当地供电部门基本电费电价制度，合理设计，以节约投资和提高正常运行的技术经济性。

8.3.2　供电方案评估方法

评价一个供电方案的指标并不是单一的，影响供电方案优劣的因素有很多，且具有很强的不确定性。再者，随着节能的概念深入人心，越来越多的先进技术被转化到建筑节能应用上，如可再生能源的利用和宇航材料的应用等，无疑会因初始投资增加而提高成本。节能建筑的评估既不能盲目控制一次造价而不顾后期投入大量增加，也不能一味追求所谓节能高技术，造成建设投资大幅超标。本节主要介绍基于节能与经济性的评估方法与原则。

供电方案评估的步骤如下：

（1）选择分析指标，构建建筑节能技术经济综合分析体系。建筑节能是一项复杂的系统工程，影响因素众多。根据建筑能耗的特点，选取有代表性的分析指标，对指标进行分类，构建建筑节能技术经济分析层次结构。

（2）确定各指标权重。虽然选取的指标都是重要的、有代表性的，但各个指标对建筑节能的影响程度是不同的，指标之间的重要程度是不一样的。因此，需要通过权重设置反映这种差异。

（3）选择综合分析方法。多指标综合分析方法主要有运筹学和其他数学方法、统计方法、神经网络法。不同的分析方法各有优缺点，应结合建筑节能技术经济分析特点，选取最合理的方法。

（4）确定指标分析标准。

（5）对建筑节能技术进行综合分析并给出建议。

8.3.3　既有建筑供电方案优化设计

1. 合理布置电源点

要做到合理布置电源点，首先要划分电力负荷的等级，区分电力负荷的类别和确定用电设备的容量。

（1）负荷等级划分

民用建筑用电负荷根据建筑物的重要性或用电设备对供电可靠性的要求分为三级，即一级负荷、二级负荷、三级负荷。具体划分方式在8.4节做了较详细的说明，在此不再赘述。

（2）负荷分类

不同地域、不同规模、不同性质的建筑，各种电气负荷所占的比重有所不同。高层建筑的电气负荷一般分为空调负荷、动力负荷、照明负荷以及电热负荷等。

安装中央空调系统的建筑中，空调占整个建筑电气负荷很大的比重，其对电气负荷的计算有举足轻重的影响。动力负荷主要包括电梯、生活水泵、通风机械等；照明负荷包括普通照明等；电热负荷主要包括电热水器、桑拿设备、电热锅炉及部分厨房设备等。建筑所在地区人的生活习性，管道煤气、天然气的普及使用，各种新能源的出现，国家或地区性能源及环保政策的修改等都会影响该部分负荷的使用。

(3) 负荷预测

负荷预测对电网规划和运行发挥着重要的指导作用，被用来确定发电设备的容量以及相应输、配电设备的容量。

目前建筑负荷的计算普遍采用需要系数法和单位面积功率法。其中单位面积功率法一般用于可行性研究方案及初步设计阶段的电气负荷估算，也可用来对计算的结果与同类建筑的电气负荷进行比较及评估；需要系数法一般用于技术设计和施工设计阶段，根据各专业提供的设备用电容量及相应的需要系数 K_x 进行负荷计算。

(4) 确定供电电源

当建筑小区内仅有三级负荷时，供电电源可取自附近的区域变电所的若干供电回路，当小区内同时具有一、二级负荷时，则应根据区域变电所的电源路数和变压器台数确定供电电源，若区域变电所的电源仅为一路，则小区的备用电源应从另外的区域变电所引来。当住宅小区内的一、二级负荷较小，且设置自备电源比从城市电网取得第二电源更经济合理时，可设置自备电源。

(5) 配电变压器选址

住宅小区内变电站的设置应遵循以下原则：

1) 尽量接近小区负荷中心且进出线方便，以降低电能损耗、提高供电质量、节省设备材料。

2) 考虑合理的负荷分配及适宜的供电半径。

3) 一般按小区内干道的自然分隔划分供电分区，避免大量管线穿越马路、交叉重叠。

(6) 低压配电系统

低压配电系统应保障安全、配电可靠、经济合理、维护方便。从变电站到各栋楼或各中间配电点一般均采用放射式接线方式；对单元式高层住宅，可在每单元地下室设置小型低压配电间，分单元双电源供电。配电间内安放数台低压配电及计量柜，以放射式、树干式或分区树干式向各楼层馈电。对多层住宅或别墅，可在楼前适当位置设置落地式风雨箱或在楼内地下室设置落地式进线箱作为中间配电点，以放射式向各栋楼或各单元供电。每单元宜提供三相电源，以利于三相负荷平衡。单元配电箱暗设在单元首层入口处。

2. 变压器选型

供配电变压器的设计选型对变压器运行寿命产生极大的影响。选型合理，不但能节省一次投资，而且会大大降低运行费用；相反，就会带来资金的浪费甚至引起安全事故。变压器选型应根据负载的性质、大小、特性来选择，其基本要求是要保证安全和经济运行。目前普遍的习惯是对安全系数考虑过大，因此造成大多数的变压器运行时负载率很低，投入运行的台数过多，造成大量电能特别是无功的浪费。随着变压器的制造技术的不断发展变化，特别是新型节能变压器的不断涌现，为设计选型提供了更大的空间，也提出了新的要求。

变压器选型方法：

1) 变压器一般均选用三相双绕组变压器。

2) 电力负荷变化大和电压偏移大的变电所，如果普通变压器不能满足电力网和用户对电压质量的要求时，应采用有载调压变压器。

3) 变压器绕组一般为 Dyn11 连接组接线，当变压器低压绕组不平衡电流小于 25%时；

低压侧单向接地短路保护的灵敏系数满足要求或为与原有变压器一致时，可选用 Yyn0 连接组接线。

4）大容量双绕组普通变压器的阻抗电压百分制可根据短路电流及电压质量要求等参数计算选择，适当加大。

5）多层或高层主体建筑内的变电所，应选用不燃或难燃型变压器。

6）在多尘或有腐蚀性气体严重影响变压器安全运行的场所，应选用防尘型或防腐型变压器。

7）变压器的铜损等于铁损时，变压器的效率是最高的，负载率为最佳负载率。从节能角度考虑，应使变压器在接近最佳负载率的情况下运行。当变压器参数一定时，变压器应在最佳负载率下使用；当负荷一定时，应按最佳负载率选用效率高的变压器。

总之，用户和设计单位应因地制宜、科学合理地综合考虑负荷的实际情况选用适合的变压器。

3. 平衡三相负荷

(1) 三相负荷平衡的原理

三相负荷平衡降损的实质就是通过改善配变线路网络的结构，使三相负荷平均分配。从数学定理中，当 a、b、c 都大于或等于零时，$a+b+c\geqslant(a\times b\times c)^{1/3}$，而当 $a=b=c$ 时，代数和 $a+b+c$ 取得最小值。忽略空载损耗等的影响，假设变压器的三相损耗分别为：

$$Q_a=I_a^2R,\quad Q_b=I_b^2R,\quad Q_c=I_c^2R \tag{8-7}$$

则

$$Q_a+Q_b+Q_c\geqslant(Q_a\times Q_b\times Q_c)^{1/3}=[(I_a^2\times R)(I_b^2\times R)(I_c^2\times R)]^{1/3} \tag{8-8}$$

当 $I_a=I_b=I_c$ 时，即三相负荷达到平衡时，变压器损耗最小。

式中　Q_a，Q_b，Q_c——变压器的三相损耗；

I_a，I_b，I_c——变压器二次负载相电流；

R——变压器的相电阻。

当变压器运行在三相负荷平衡时，即：

$I_a=I_b=I_c$ 时，　　$Q_a=Q_b=Q_c=3I^2R$　　(8-9)

当变压器运行在三相负荷最大不平衡时，即：

$I_a=3I$，$I_b=I_c=0$ 时，　　$Q_a=(3I)^2R=9I^2R$　　(8-10)

通过比较可以看出，变压器处于三相负荷最大不平衡运行状态时的线损是处于平衡时的3倍。因此，调整三相负荷分配，使其达到平衡，是降低变压器损耗的一个重要的措施。

(2) 实现三相负荷平衡的方法

1）了解设计前所改造台区的负荷变化规律和负荷的分配情况；

2）通过对比当月变压器总表的电量，了解三相负荷的分配情况，使不对称负荷合理分配到各相，尽量使其平衡；

3）220V 照明负荷的线路电流小于或等于 30A 时，采用单相供电；大于 30A 时，采用三相四线制供电；

4）采用三相平衡化装置。

4. 选用节能电器

在建筑中需要使用大量高能耗的电气设备，这些生活中习以为常、不被人重视的细节，常常会耗费大量的能源，造成不必要的浪费。根据多年的工程经验，电能的消耗大致上是：空调用电占到建筑用电的30%～50%，生活水泵、电梯等设备用电占15%左右，照明用电占25%左右，其他设备用电约占15%。从这些数据中可以看出，在建筑耗能方面，空调和照明占到了举足轻重的作用，存在较大的节能空间，例如，有条件时，在照明设计中可以考虑自然光的应用，有些建筑中，其顶部或侧面有大量的玻璃，白天大量的天然光线透过玻璃，使室内完全可以不用人工照明而获得充足的照度，这时可利用顶部或侧面采光，在白天替代人工照明。

为了从源头降低建筑能耗，电气设计师在工程前期应该精心考虑，在设备选型时，了解各种产品的性能、选择合适的产品，达到节能的效果。

5. 无功补偿

合理地增设无功补偿装置对配电网无功功率进行补偿，可以降低线路和变压器中的功率损耗和电压损耗，提高线路和变压器的有功功率传输能力。

(1) 无功补偿装置

常见的无功补偿装置主要有以下几种：

1) 并联电容器：这是电力系统中应用最广泛的无功补偿方法。其优点是价格便宜，安装和维护方便，降损显著，可分级投切；缺点是只能补偿固定无功功率且可能与系统发生谐波放大，在电容器附近发生短路会产生较大的冲击电流。

2) 并联电抗器：其原理与并联电容器相仿，作用就是吸收线路多余的电容性无功功率，将线路电压在轻载或空载时控制在允许的范围之内。其缺点是容量固定，分组投切时，调节容量阶梯形变化，不平滑。

3) 静止无功补偿器：其优点是动态响应速度快、投入快，不存在失步问题，无功出力可调范围大，能保持网络电压稳定等；主要缺点是投资较大，电压下降时，无功出力按电压平方的比例下降，运行中会产生谐波电流。

4) 新型无功功率补偿装置：随着现代电力电子技术的发展，出现了采用自变换交流电路的静止无功补偿装置(SVG)，具有响应速度快、吸收无功功率连续、产生的高次谐波量小的优点，但由于其价格较为昂贵，目前还没有得到大范围的使用。

(2) 无功补偿的主要方式

低压无功补偿方式的选择，从理论上而言，最好的方式是就地补偿，整个系统将没有无功电流的流动。但在实际电网中这是不可能做到的，因为无论是变压器、输电线路还是各种负载，均会产生无功。所以实际电网中就补偿装置的安装位置而言有以下几种补偿方式：低压母线集中补偿、低压配电线路分散补偿、负荷侧的集中补偿及负荷的就地补偿。各种补偿方式都有其优缺点，在实际应用中，应根据具体情况选择最佳的补偿方式。

6. 抑制和消除谐波

(1) 谐波的产生

供电系统谐波的定义是对周期性非正弦电量进行傅立叶级数分解，除了得到与电网基波频率相同的分量，还得到一系列大于电网基波频率的分量，这部分电量称为谐波。

电网谐波来源于3个方面：

1）电源质量不高产生谐波：发电机由于三相绕组在制作上很难做到绝对对称，铁芯也很难做到绝对均匀一致和其他一些原因，发电源多少也会产生一些谐波，但一般来说很少。

2）输配电系统产生谐波：输配电系统中主要是电力变压器产生谐波，由于变压器铁芯的饱和，磁化曲线的非线性，加上设计变压器时考虑经济性，其工作磁密选择在磁化曲线的近饱和段上，这样就使得磁化电流呈尖顶波形，因而含有奇次谐波。它的大小与磁路的结构形式、铁芯的饱和程度有关。铁芯的饱和程度越高，变压器工作点偏离线性越远，谐波电流也就越大，其中3次谐波电流可达额定电流0.5%。

3）用电设备产生的谐波：晶闸管整流设备、变频装置的广泛应用都会造成电网谐波的产生。对建筑用户来说，一些家用电器，如电视机、录像机、计算机、调光灯具、调温炊具等，因具有调压整流装置，会产生较深的奇次谐波。在洗衣机、电风扇、空调器等有绕组的设备中，因不平衡电流的变化也能使波形改变。这些家用电器虽然功率较小，但数量巨大，也是谐波的主要来源之一。

（2）谐波的危害

非线性电气设备产生谐波电流，一方面谐波电流导致电压谐波；另一方面，这些谐波电流本身就是网络上一个附加的负荷，发生谐振且谐波电流振荡放大并导致一个更高的负荷是极其危险的。电压畸变加在与电网连接的所有电气设备上，造成电动机、变压器、电容器、开关设备和电缆的过热，大大加速绝缘老化，产品寿命大大降低，有的电气设备因电压畸变会产生较强的噪声，而电压畸变灵敏的电子保护、控制和脉动控制系统，造成动作异常，使通信线路、信息线路产生噪声，甚至造成故障。谐波电流引起的电气设备及配电线路过载导致短路，甚至引发火灾。目前，谐波、电磁干扰、功率因数降低已并列为电力系统的三大公害。

（3）消除谐波的方法

既然谐波对电网的危害是极为严重的，如何抑制和消除谐波即成为建筑供电优化设计必须考虑的一个方面。减少谐波影响应优先对谐波源本身或在其附近采取适当的技术措施，主要措施有加装交流滤波装置、加装串联电抗器和静止无功补偿装置、改善三相不平衡度等。当然，每种方法都有各自的优缺点和适用性，实际措施的选择要根据谐波达标水平、措施的效果、经济性和技术成熟程度等综合比较后确定。

8.4　建筑供电智能监控

随着计算机技术、控制技术、网络技术、通信技术、可视化技术和计算机软件技术的发展，建筑供电智能监控技术获得了快速发展，成为建筑节能的有效方式和手段，通过它可以全方位地对建筑中各类用电设备进行有效监视：可以对建筑群高压供电、变压器、低压配电系统，备用发电机的运行状态和故障报警进行检测；可检测系统的电压、电流、有功功率、功率因数，为节能和安全运行提供实时信息；可提供对功率大的设备或系统，如制冷机、冷冻水泵、冷却水泵、冷却塔等主要设备的效率和工况的评估以及照明能耗的评估等内容，从而可实现节能措施的优化，达到最大限度节能的目的。

能耗计量是节能工作的前提和基础，通过此项工作可找出能源消耗“大户”，有利于进行能耗分析及对重点用能设备和系统进行诊断，抓住问题的主要矛盾，避免“跑题”。此外，能耗计量系统也为后评估提供了条件，对节约能量的认证评估提供了客观公正的数据。建筑节能工作必须从“粗放型”管理走向“数字化”管理，充分体现以“数字说话”、以“电表说话”的有效、客观、公正的发展之路。在此过程中，能耗计量系统提供了一把“尺子”。

在该领域内，世界上各大专业厂家纷纷推出了许多变配电智能监控系统以及智能照明控制系统，无疑将是今后智能建筑电气节能的发展方向，也是这一领域节能行之有效的技术和手段。同时还要强调能源管理系统的实施在很大程度上取决于管理制度、措施以及运行管理人员是否精心，这也就是所谓的行为节能。系统的设置只是为建筑节能打下了基础，另一个重要的环节是运行管理。对现有建筑电气设备进行节能改造，管理可以起到事半功倍的作用。良好的管理，可以在具备节能系统的基础上，达到更进一步的节能。

8.4.1 分项能耗计量

1. 分项能耗的定义

分项能耗是指根据国家机关办公建筑和大型公共建筑消耗的各类能源的主要用途划分，进行采集和整理的能耗数据，如空调用电、动力用电、照明用电等。

2. 分项能耗计量工作的意义

既有建筑节能是节能工作的重点，能够定量描述建筑能耗的分项数据是建筑节能工作的重要基础。建筑物分项能耗计量工作的开展以及能耗运行管理公共平台的搭建具有如下的意义：

(1) 各座建筑的运行管理者可以得到匿名的其他建筑各类用能状况的统计分析数据，通过与自身用能状况的比较，就可以清楚地了解自身的优势和差距；

(2) 各级主管部门可以通过统计结果鼓励先进、督促落后，使节能工作建立在定量化的基础上，在此基础上还可进一步实现大型公共建筑的分项用能定额管理制度；

(3) 各种节能措施的真实效果可从实测数据中得到客观的反映与评价，避免了目前在市场上兜售的某些名为节能措施而实际更加费能的技术与产品的泛滥；

(4) 为节能服务公司对大型公共建筑进行节能改造工作的实际节能效果提供公正的评估，从而改变目前节能服务公司在大型公共建筑节能领域的尴尬局面，促进这一行业的良性发展；

(5) 通过在线的实时数据及时发现运行中出现的问题，指导运行管理者及时改进；

(6) 推动物业考核制度的改革，真正将实际节能与物业的经济效益挂钩，从而激励物业公司开展节能运行管理。

总之，分项能耗计量工作的开展，有助于找到各用能环节中存在的真正问题、节能潜力和节能措施，从而使建筑节能改造工作从目前粗放的定性管理模式变为科学的定量管理模式。

3. 分项能耗的计量方法

分项能耗计量采集系统需要在大型公共建筑物内部对各类不同的用电系统都安装一分项计量电表，通过宽带网、电话线或其他通信方式，把用能数据实时传输到各个城市的建筑用能管理中心。对于既有建筑物，要实现分项计量需要对供电电路进行分项改造，并在每一项上安装具有通信功能电能表。分项计量实施中需注意如下5个方面：

(1) 在各建筑物内部安装电能计量表前，应明确计量对象的负荷内容。大量既有建筑配电系统现状的调查结果表明，几乎所有的既有建筑物的配电系统图与实际配电线路使用情况都存在出入。例如，配电系统图或配电室标明的“照明”线路，在实际使用中可能混入了照明以外的其他用电设备。若没有摸透配电系统的现状，而仅依靠现场的标注就进行电能表的安装，那么得到数据不但毫无意义，反而会产生错误的结论。因此，对大型公共建筑进行分项计量时，最基础、最关键的一个环节就是实施前明确配电线路信息，需由建筑管理人员和工程实施人员配合，对各个即将安装电能表的电力线路逐个进行校核，确保责任到人。

(2) 要严把施工质量。由于分项计量工程主要针对低压配电线路，施工技术门槛较低，因此容易出现大量的施工质量问题，如电流互感器型号不统一导致电量数据不正确等。

(3) 应有健全的运行维护机制，保证能对数据的意外丢失立即响应并修复。

(4) 要严格控制平台建设及运行的成本。根据调查及改造案例，每座建筑物分项计量初期投资成本为10万～15万元，平均年运行成本为2500元。

(5) 应在城市建筑能耗管理中心形成数据分析和诊断技术，让能耗数据能充分发挥作用。

虽然目前的分项能耗计量方法可实现能耗分项计量任务，但其也存在几点明显的不足：

(1) 需要对既有建筑进行电路改造、分项加装电表，这必将影响到电力用户正常的生产经营活动；

(2) 改造过程中的工作疏忽会造成分项能耗数据不正确，失去现实指导意义，甚至是产生错误的结论；

(3) 电路改造与电能表购买费用较大；

(4) 由于需要电路改造和较大的前期投入，其只能在容量较大负荷(如大型公共建筑)上采用，推广受到限制。

4. 非侵入式负荷分解与监测系统

鉴于传统的分项计量统计方法的不足，这里给出一种基于非侵入式的负荷分类与监测系统，通常把电力负荷中不同类型用电设备功率消耗比例的实时辨识简称为电力负荷分解。电力负荷分解数据能够更为详实地了解既有建筑不同时段各类用电设备的电能消耗，帮助其制定合理的节能计划，调整用电设备的使用，有针对性的购买节能设备，检验节能计划和节能设备的成效。从而使电力用户在不影响其正常的生产、生活的前提下，降低电能消耗，减少电费开支。

非侵入式方法是相对于侵入式方法提出的，其基本思想是：无需进入负荷内部，仅通过对电力负荷入口处的电压、电流及功率信息进行测量、分析，便可得到负荷内部不同用电设备实时的功率消耗比例，从而实现电力负荷分解。

非侵入式电力负荷分解监测系统从结构上可分为3大部分：人机交互、系统资源和任务处理，如图8-1所示。智能化人机界面用于人机友好交互，是整个结构的重要组成部分。系统资源是指系统中用来存放数据、模型、知识、方法等信息资源的数据库、模型库、知识库和方法库。任务处理部分是整个系统的核心，其根据不同功能可划分为 3 个层次：

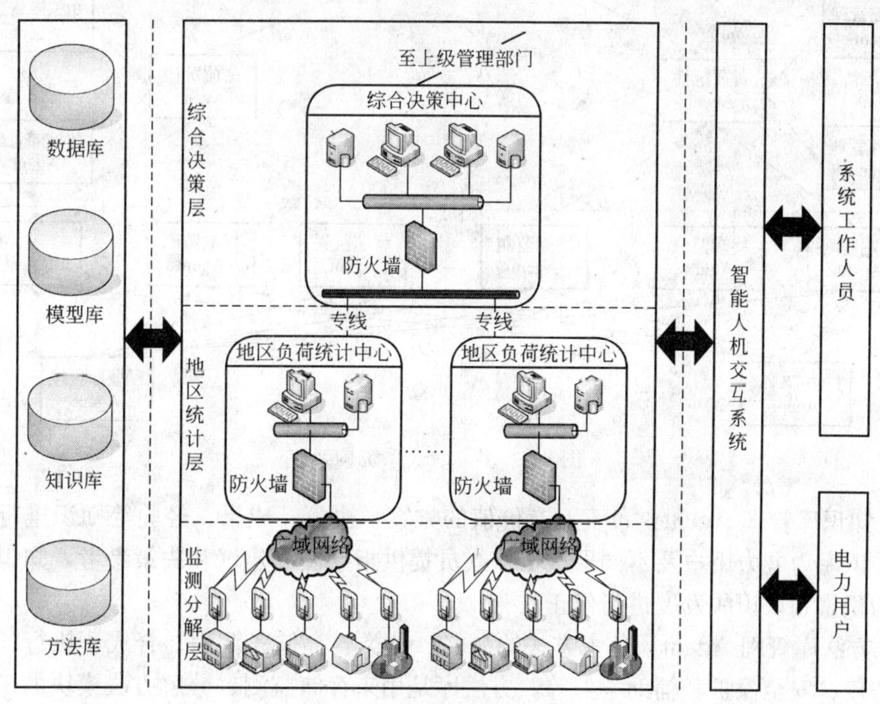

图 8-1 非侵入式负荷监测系统

(1) 监测分解层：负责对电力负荷进行分解、测量与监管；

(2) 地区统计层：负责对其所辖负荷进行电能消耗统计与存储；

(3) 综合决策层：依托统计数据制定相关决策。

各个层次之间通过双向通信网络，实现信息交流。

这种分层、分布式的系统结构特别适宜采用多 Agent(代理)技术来实现。Agent 是一个独立的智能实体，它将对信息的获取行为、认知行为以及利用知识和产生智能的一系列过程封装其中，可以在不需要外界指令的情况下独立地完成任务，或者感知环境变化并通过自我规划和调整，从而实现其目标。根据负荷分解监测系统的功能结构，建立了一个基于多 Agent 技术的系统架构，其由不同功能、不同层次的智能 Agent 相互合作而形成的一个有机整体，如图 8-2 所示。

系统中各个 Agent 的功能为：

(1) 数据库管理 Agent：负责数据库的使用与管理，保证数据库的安全与完整。数据库用来存放电力用户的使用数据，电力用户可以通过交互系统访问到自身的历史及实时使用信息以及其他匿名用户的使用信息；系统工作人员也可根据自身的权限做相应的操作。

(2) 模型库管理 Agent：负责模型的生成、存储、维护、运行和应用。模型库用来存放离线统计得到各类用电设备的单元电流参数，监测终端可根据用户的具体情况选取一定种类的用电设备参数，用于负荷分解。

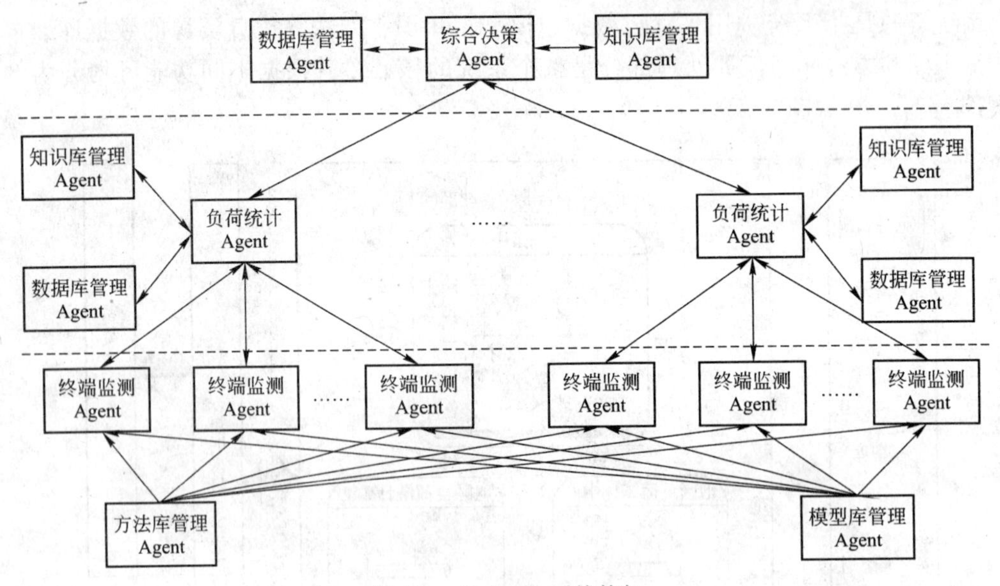

图 8-2　多 Agent 系统构架

(3) 知识库管理 Agent：负责对有价值的方案、决策、成果、经验等知识进行存储与管理。知识库为电力用户及不同层次工作人员提供指导性的建议和决策参考，知识库应根据经验的积累和认识的发展进行修正。

(4) 方法库管理 Agent：负责方法的命名、分类、存储、调用、合成、执行、数据与方法的链接、安全保护和辅助学习等。方法库是用来存储监测、分解方法模块的工具，监测终端可根据实际需求进行选取。

(5) 终端监测 Agent：主体是负荷监测终端，主要对电力负荷实现诸如负荷分解、电能计量、电能质量、分时电价、防窃电等的量测与监管。下面重点对负荷分解做一具体说明，其主要任务为：

1) 根据电力负荷的具体情况分别通过模型库管理 Agent 从模型库中调出其主要用电设备的单元电流参数和方法库管理 Agent 从方法库中选取适合的监测与分解方法，将其一起输入到监测终端中。这个步骤应该在监测终端安装时就已经完成。

2) 监测终端每隔一段时间(比如 15min)将采集到的电力负荷稳态电压、电流数据进行分解计算，得到其内部主要用电设备的功率比例。

3) 将带标志(如时间、用户信息编码等)的分解结果通过广域通讯网络上传到其所在地区的负荷统计 Agent。

(6) 负荷统计 Agent 的主要功能为：

1) 将各个电力用户的分解数据通过数据库管理 Agent 存储到数据库中，建立独立的用户“账户”，方便电力用户的查询、核对、检验节能计划与节能设备的成效等，同时也有助于电力部门负荷管理、规范用电等的实施；

2) 根据电力用户的实际情况，通过知识库管理 Agent 从知识库中选择合适的方案，并将方案传给终端监测 Agent，用于指导电力用户合理用电和有针对性的选购节电设备；

3) 选择出典型的电力用户，对其进行用电分析和比较，不断修正备选方案，并通过知识库管理 Agent 对知识库进行修改；

4）将各个用户的分解数据按照行业以及用电设备种类进行直和，得到地区级电力使用的分解数据，用于所在地区的能耗统计、用能政策反馈以及电力部门的负荷预测等，并将统计后的数据上传给综合决策 Agent。

（7）综合决策 Agent 的主要功能为：

1）将各个负荷统计 Agent 上传的地区级电力使用的分解数据通过数据库管理 Agent 存储到数据库中，建立独立的地区电能使用“账户”，用于地区电能使用的查询、核对等；

2）将各个地区数据进行分析和比较，不断修正指导策略，查找政策执行中的不足，通过知识库管理 Agent 对知识库进行相应的修改，并将最新的节能策略传给各个负荷统计 Agent，指导具体的节能实践；

3）将各个地区的电能使用分解数据进行汇总，得到总体的电能使用分解数据，用于所辖区域的能耗统计、用能政策反馈等，同时这一数据还有助于电力部门提高负荷预测精度与建立更为真实的负荷模型等；

4）将统计数据与决策计划上传至上一级主管部门。

上述非侵入式负荷分解与监测系统，能够在不影响电力用户正常生产、生活的情况下得到其内部主要用电设备单元电流的近似参数，从而实现分项计量统计的意义，达到对既有建筑内负荷进行分类。实现节电的目的。

8.4.2 节能诊断系统

在分项计量的基础上，可以积累准确详细的建筑能耗数据，了解监测建筑的分项、逐时的能耗情况，依据这些信息，展开节能诊断工作，即可准确定位建筑节能存在的问题和潜力。开展节能诊断工作的基本流程如下：

1. 基本资料调查

在此过程中需要了解建筑形式、建筑概况、建筑的建造年份、工作人员数量、工作班制、工作时间、工作特点、历次修改建情况等。在最终施工图的基础上对建筑内所有用电设备，如电梯、风机、水泵、照明灯具、光源、镇流器、开关、断路器箱、热水器、各种厨房电器、空调通风设备、UPS、特殊用电设备等的运行电气参数进行分类统计列表，并了解各种设备的能源管理状况。

2. 电耗宏观、微观调查及测量分析

依据监测记录的典型工作日内各高压（或低压）进线侧、各变压器出线侧的电压、电流、电度，绘制出每个监测点的变化曲线，找出用电变化规律，检查电源性能指标有无异常波动。

通过查找电源系统运行记录，根据典型工作日、节假日用电数据，绘制出用电曲线，找出它们的用电变化规律。

通过查阅近年的变电所运行记录，绘制出年内各季度总电耗、柱状年能耗对比图和各月总电耗柱状年对比图。结合使用单位的用电设备增减记录和年气象记录，分析造成能耗增减的原因，查找是否存在不合理电耗增加的因素。

根据近年的变电所运行记录及各类用电负荷的设备容量、运行时间及运行规律，详细汇总、计算出近年各类用电负荷的分项电耗。通过分析分项电耗的各种指标，节能诊断工作应重点关注高百分比电耗项目和单位面积电耗超出常规数据的项目。

3. 照明节能诊断

根据已掌握的房间功能及灯具资料，找出不同类型的典型房间或区域，确定白天某一代表时段和夜间某时段，利用照度计测量出各典型房间(或区域)白天开灯、不开灯及夜间的平均照度值并计算出它们的照明功率密度值。与《建筑照明设计标准》(GB 50034—2004)要求的相关参数进行对比。同时，对个别大批量的典型陈旧灯具有必要进行灯具效率测试。

根据标准值、实际照度值、光源、灯具、镇流器等参数，通过研究对比，发现问题，提出改造方案(包括产品的类型及控制方式)。

4. 电力照明配电系统诊断

大部分既有办公楼都经历过多次规模大小不同的改建装修，或增添用电设备。造成部分配电回路的负荷与原设计有较大出入。所以，针对每个配电支干线回路逐一进行负荷统计、计算和设计，对不合理回路必须进行调整。常见的问题有：

(1) 改建时没有对配电系统统筹考虑，出现严重的三相负荷不平衡现象，造成不必要的线路损耗。采用分层调整相序或同配电箱内回路间对调相序的方法是最经济实用的方法。

(2) 个别回路季节性超负荷运行，这样既增加线路损耗又影响供电安全，对这些回路必须重点进行改造。

(3) 通过测试个别办公楼线路，发现存在绝缘能力降低、老化等现象，这是由于使用年限过长及线路长期过负荷等多种因素造成的。这种情况就一定要更换线路，避免由此引发电气火灾。

5. 变配电系统诊断

变电所运行记录数据显示，既有办公楼的变电所经过改造后其变压器基本能满足正常运行的要求。由于变配电室布置比较紧张，改造的空间比较小，但存在的问题还是能够解决的。

(1) 由于电力照明配电系统调整(增加)带来的个别馈电回路断路器的整定值及供电电缆的调整是必需的。

(2) 有些低压配电系统中电流互感器及电流表等出现错误或偏差，无法真实地反映实际电流。特别是个别办公楼电容补偿柜的功率因数传感器及补偿控制器出现故障，有些电容器损坏，电容无法正常投切补偿，致使电源功率因数偏低，造成更多的无功损耗。对此进行改造，使低压侧功率因数提高到 0.90 以上。

(3) 配电线路的谐波抑制。既有办公楼用电设备包括计算机及其他电子设备、变频空调、水泵、电梯以及节能灯、H 级荧光灯电子镇流器等大量含有谐波的用电负荷，造成许多供电线路谐波非常严重。通过实际测量，计算分析出主要谐波参数，在变压器低压侧装设无源滤波器，有效滤除中性线和相线上的谐波电流。可以保证系统的正常安全运行，并降低能耗，提高供电质量。

6. 设备控制节能诊断

对于大量的既有建筑，往往因建成时间较长，大部分没有设置中央空调系统及建筑设备监控管理系统。由于设备分散，无法进行自动化统一管理，极易造成大量的能源浪费。对公共区空调、照明、通风及电开水器等，安装定时或分时控制器进行控制；对分散设备指定专人强化管理，都会具有很大的节能潜力。

另外，一些重要的指挥中心、数据中心、机房等，由于其用电量大、时间长，24h不间断运行，对其用电设备及空调在保证正常运转的前提下进行优化控制，将会有可观节能效果。

7. 用电设备节能诊断

既有办公楼设备虽然在改建过程中有过更换，但都会保留个别陈旧的用电设备，或者是有些设备没有很好地进行时间控制，从而导致耗电现象十分严重。例如有的建筑中采用的电开水器，由于无人管理，24h通电运行，水烧开后自动断电，等降到一定温度后又自动运行，如此往复，耗电现象十分惊人。某项工程中13台6～9kW的电开水器，1年的用电量竟达到18万多度。因此，对于其中经常使用的设备，在节能诊断中一定要对它们的实际运行效率进行测定。对于效率低下、频繁使用的用电设备，从节能的角度一定要进行有效控制或逐步更换，并对无用时段(如夜间)得使用进行严格控制。

既有建筑的节能包括建筑物围护结构、采暖、通风、空调、供水、供电、照明及其他设备等各个专业的相关内容，对它们的改造必须各方面相互协调。对任何一个改造项目，必须进行深入研究，并进行方案论证。对采用的节能技术措施、产品和设备进行投资估算，进行节能效果分析和投资效益分析。整体而言，应该结合我国的国情和经济支付能力，在满足正常使用的前提下，实事求是、通盘考虑，分清主次，制订出近期、中期、远期计划，逐步实现。

能源是所有现代既有建筑赖以生存的基础性资源和前提条件，同时又是一项重要的成本开支，这些特点又以电力能源表现得最为鲜明。实施智能化供电监控系统可以有效地保证供电可靠性和供电品质，为连续不间断的供电提供保证，有利于合理地安排生产、生活、优化负荷分配、节约电力成本和检修成本、提高维护人员的工作效率、降低劳动强度、节约人力资源。若用户能在高峰用电时间关掉非必要的电气设备，或调整这些电气设备的使用时间，则可以协助电网降低最大用电需求，也可减少电力公司的供电需求。

8.4.3 分项能耗计量系统及其应用

为了实现分项能耗计量工作的意义，开发了一套基于虚拟仪器的电力负荷分解监测装置。该装置由笔记本电脑、数据采集卡、信号调理箱等组成，如图8-3所示。

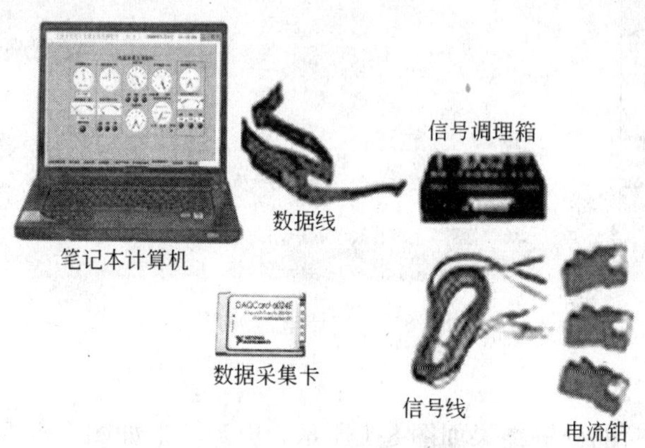

图8-3 电力负荷分解监测装置

为验证改装置的实用性，在天津大学第六教学楼进行相关实验。该教学楼的主要负荷与电路如图 8-4 所示。

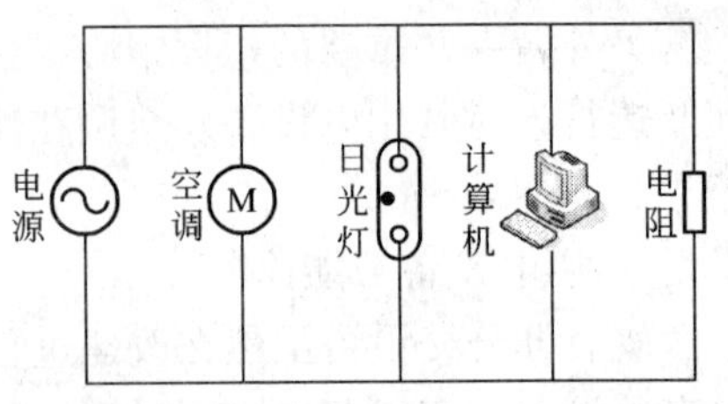

图 8-4 负荷与电路示意图

在实际验证中，分如下几种情况：

(1) 空调设备单独投入

分解结果如图 8-5 所示，电流波形如图 8-6 所示。

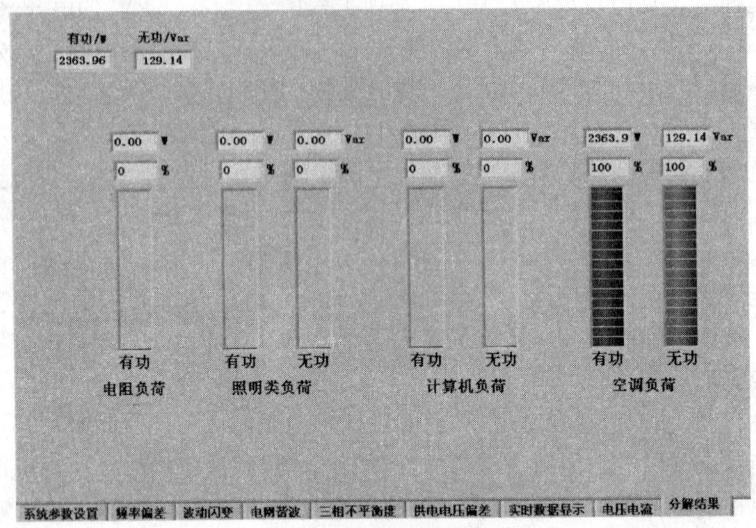

图 8-5 空调单独投入分解结果

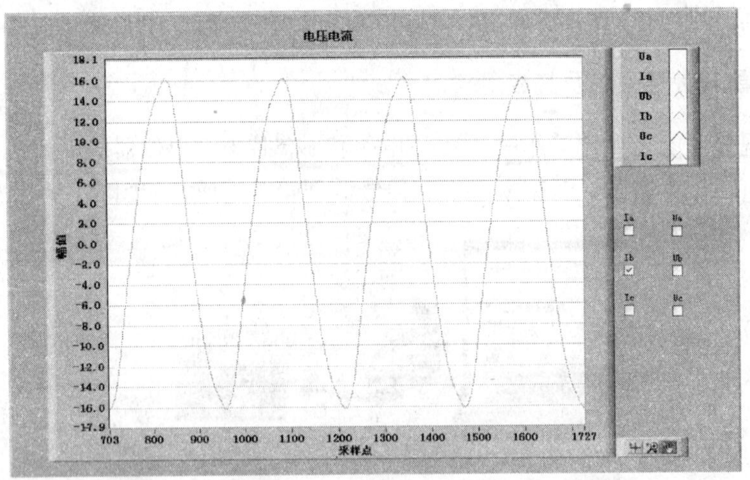

图 8-6 空调电流波形

(2) 只有计算机投入

3 台计算机投入时的分解结果如图 8-7 所示，电流波形如图 8-8 所示。

(3) 只有日光灯投入

14 盏日光灯投入时的分解结果如图 8-9 所示，电流波形如图 8-10 所示。

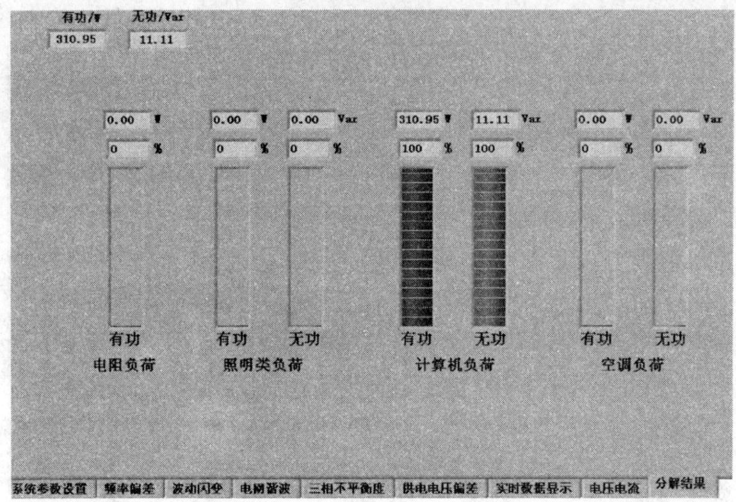

图 8-7　只有计算机投入的分解结果

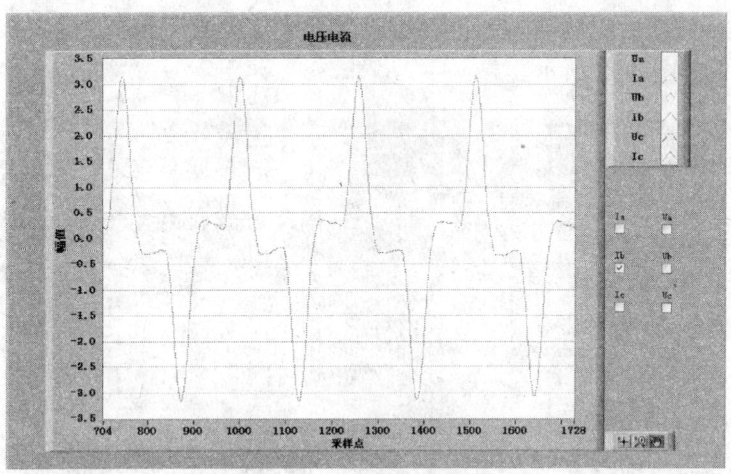

图 8-8　计算机电流波形

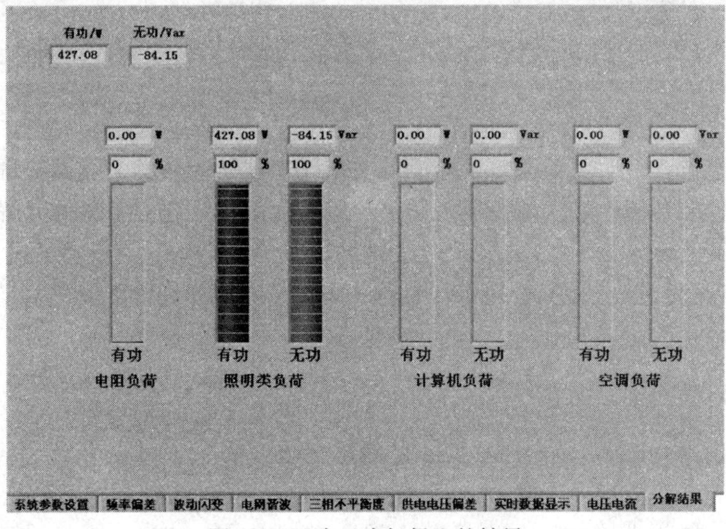

图 8-9　只有日光灯投入的结果

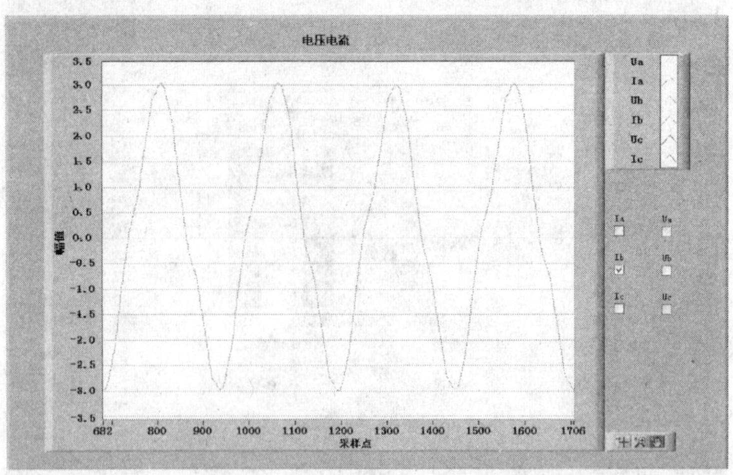

图 8-10 日光灯电流波形

(4) 1个电炉+1台空调+3台计算机+8盏日光灯投入

其分解结果如图 8-11 所示。

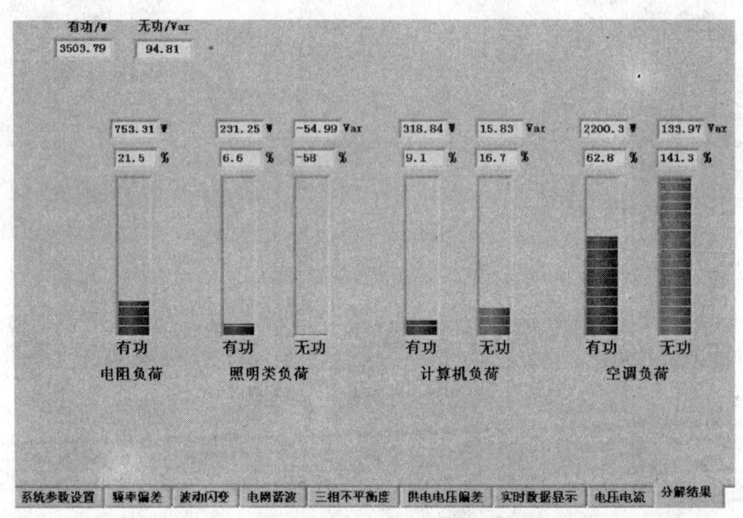

图 8-11 分解结果

从上述结果看，针对负荷分解及监测的要求，上述所开发的一套基于虚拟仪器技术的电力负荷分解监测装置，经实测算例表明该装置可有效实现电力负荷的分解与监测。

8.5 示范项目——兆瓦级燃气轮机冷电联供系统

8.5.1 项目概述

近年来，以微型燃气轮机为核心设备的冷热电联供(Combined Cooling Heating and Power，CCHP)技术发展十分迅速。CCHP 实现了能源的梯级利用，整体燃料利用率在70%～90%之间，大大优于效率仅为30%～45%的传统火电厂。

8.5.2 示范工程系统介绍

1. 选址情况

如图 8-12 所示，选址定在佛山变电站大院，位于禅城区季华路和待建的雾岗路交界处，包括 220kV 佛山变电站、送电大厦、试验研究所和即将建设的禅城区新大楼。除变电站外，3 栋大楼主要用作日常办公使用。将要建设的联供系统即是为以上 3 座办公楼提供冷、电供应。

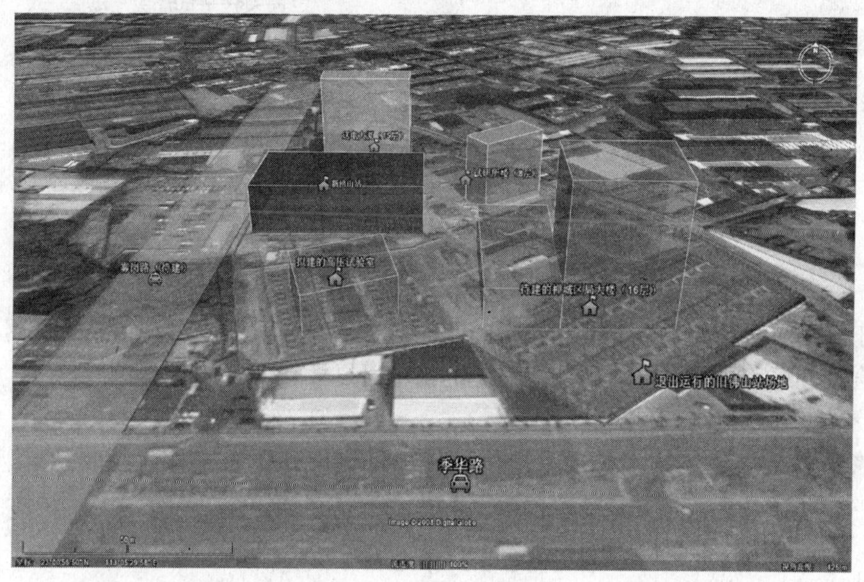

图 8-12 变电站大院建筑物

2. 示范点各建筑物的主要指标

示范点各建筑物的主要指标如表 8-3 所示。

各建筑物的主要指标 表 8-3

	送电大厦	实验楼	新楼
建筑面积(m^2)	13100	4200	19900
主体高度(m)	64.0	31.5	64.8
建筑层数	地上 16 层 地下 1 层	地上 9 层	地上 17 层 地下 1 层
主要功能	办公室、会议室、资料室、厨房、餐厅等	办公室、会议室、实验室、资料室等	办公室、会议室、资料室、餐厅、活动中心、自动化机房等

3. 综合楼(含试验楼)原供电系统

图 8-13 为综合楼原供电系统接线图。综合楼配电房 G0895 由佛山站 707 佛调丙线供电，除电力局综合楼 G0895 外，佛调丙线无其余用户。试验楼的电源是由综合楼配电房的 401 低压开关柜供电。由于综合楼及试验楼均在使用过程中，建议该项目不对其低压供电系统做大的改造，尽量维持现状，以减少工程改造量。

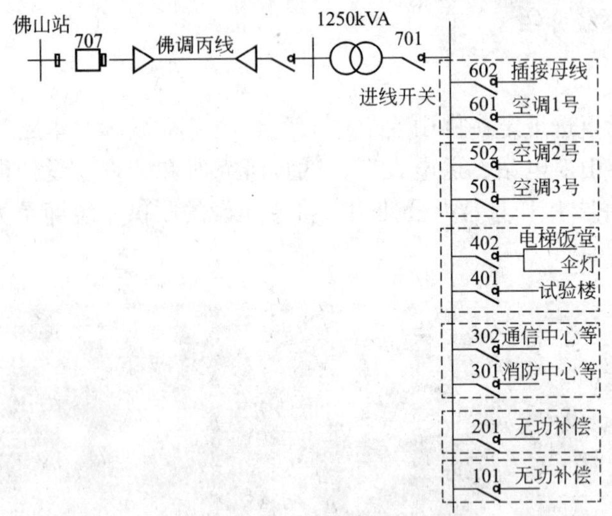

图 8-13　电力局综合楼(送电大楼)供电系统接线图

由于采用单段 10kV 线路供电，当 10kV 线路、主变压器或者 10kV 断路器发生故障时，综合楼和试验楼将停电，因此原系统的供电可靠性较低。

4. 示范点负荷需求

参考清华大学建筑技术科学系提供的佛山供电局办公大楼负荷预测结果，如表 8-4 所示。

佛山供电局办公大楼负荷预测结果　　　　**表 8-4**

	试验楼	综合楼	新楼	三栋楼总计
最大冷负荷(kW)	544.61	1238.48	1484.57	3256.43
最大显热负荷(kW)	287.27	896.36	926.61	2188.27
最大潜热负荷(kW)	268.42	537.09	802.77	1608.28
最大电负荷(kW)	84.89	330.90	302.82	718.21
最大照明电负荷(kW)	38.44	105.20	144.13	287.57
最大设备电负荷(kW)	46.45	225.70	160.35	432.50

需要特别指出的是：电负荷预测结果仅仅包含有普通照明负荷、电梯、电脑等耗电设备，不包含消防安全用电、特一级或一级设备等电力供应要求较高的负荷，同时也不包含空调设备的电力消耗情况。

参考中科院热物理所提供的“MW 级燃气轮机分布式冷电联供技术集成与示范研究”总体技术方案，以空调系统的单位新风量和制冷量的实际耗电为基础，计算得到综合楼最大电负荷为 869.4kW；试验楼最大电负荷为 198.4kW；新大楼最大电负荷为 948.3kW。3 栋楼总的最大电负荷为 2026kW。

用电负荷特点表现为：全年电、冷负荷大于 500kW 的时间只有 2378h 和 1633h，电、冷负荷持续时间短；负荷具有较强的实时性，周期性。

5. 供冷、供电系统方案

(1) 示范点的能源供给接线图如图 8-14 所示，试验楼、部分调度大楼的电负荷和微燃机组一起接在低压母线 LM1 处，其余调度大楼的电负荷由 LM2 母线供电，综合楼的电负荷由 LM3 母线供电。3 台型号为 C200 的 Capstone 微燃机组成燃气机组，与一台远大公司的溴化锂双效烟气制冷机构成冷电联供系统。单台微燃机的最大发电功率为 200kW，三台燃气机满发，总发电功率为 570kW(扣除燃气增压泵自耗电 30kW)。制冷机的最大制冷量为 1277kW。微燃机在 ISO(相对湿度 60%，101.3kPa)工况下的运行特性如表 8-5 所示，制冷机在不同燃气排烟温度和废烟流量下的最大制冷功率如表 8-6 所示。

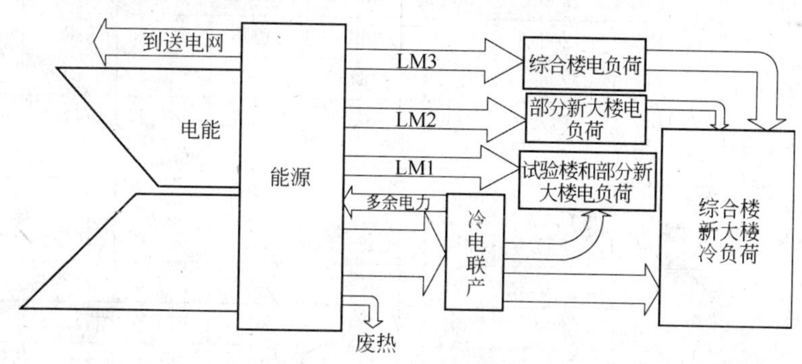

图 8-14 示范工程能源供给图

C200ISO 工况下的燃机运行特性 表 8-5

燃机出力(kW)	燃料热值(kW)	排烟温度(℃)	排烟流速(kg/s)
105	338.1878	221.5556	0.925344
115	362.7827	223.8333	0.970704
125	389.4226	230.0556	1.016064
130	403.1159	233.1111	1.038744
135	416.8149	236.1667	1.061424
140	430.281	239.3889	1.079568
145	444.2966	242.7222	1.102248
150	458.4538	246	1.120392
155	472.7689	249.3333	1.143072
160	487.2592	252.6667	1.161216
165	501.946	255.9444	1.183896
170	516.9105	259.4444	1.20204
175	531.9044	262.7778	1.22472
180	547.0427	266.1667	1.2474
185	562.3224	269.5	1.265544
190	577.8619	272.8333	1.288224
195	593.7743	276.2778	1.310904
200	609.2802	279.5	1.329048

注：表中未扣除内置天然气增压机的耗电 10kW；零背压的影响系数。

吸收式制冷机的运行特性　　**表 8-6**

制冷量(kW) 流量(kg/s) 温度(℃)	0.00	0.80	1.20	1.60	2.00	2.40	2.80	3.20	3.60	4.00
220	0.0	113.5	174.2	239.4	309.6	376.2	435.2	493.3	550.3	606.3
225	0.0	119.5	183.3	251.9	325.7	395.6	457.8	518.9	579.0	637.9
230	0.0	125.6	192.5	264.5	341.8	415.2	480.4	544.6	607.7	669.6
235	0.0	130.7	200.3	275.2	355.6	431.9	499.8	566.6	632.2	696.7
240	0.0	135.9	208.3	286.1	369.5	448.8	519.4	588.8	657.1	724.1
245	0.0	141.5	216.9	297.9	384.7	467.2	540.8	613.1	684.1	754.0
250	0.0	148.1	227.0	311.7	402.5	488.7	565.7	641.4	715.7	788.9
255	0.0	153.8	235.7	323.5	417.6	507.1	587.0	665.6	742.8	818.7
260	0.0	159.8	244.8	335.9	433.5	526.3	609.3	690.9	771.1	849.9
265	0.0	166.9	255.6	350.7	452.5	549.4	636.0	721.2	805.0	887.4
270	0.0	174.5	267.2	366.5	472.7	573.8	664.3	753.4	841.0	927.1
275	0.0	181.7	278.2	381.4	491.7	596.8	691.0	783.8	875.0	964.7
280	0.0	191.5	293.0	401.4	517.2	627.6	726.8	824.5	920.	1015.2

(2) 三栋大楼中，除调度大楼为新楼外，其余两栋楼均为旧楼，各自安装有电空调：试验楼的冷负荷由分体式电空调来满足；综合楼的现有制冷系统为风机盘管设计，末端设有温度调节装置。由于该项目为示范工程，且联供系统的最大制冷量(1015kW)并不能满足调度大楼的最大冷负荷需求(1484.57kW)，所以在调度大楼中仍然安装有电空调，部分房间安装恒温恒湿空调，部分房间安装多联机空调。溴化锂双效制冷机仍采用风机盘管设计向调度大楼供冷。

(3) 燃机的电量将直接影响溴化锂制冷机产生的制冷量，进而影响到电空调的制冷量，即电空调消耗的电功率。因此，需要通过优化计算，使整个系统按照特定的优化目标运行。

(4) 系统的优化运行策略和运行费用不仅受系统冷、电负荷的变化影响，还要受当前购电价格、购气价格的影响。

(5) 由于示范点负荷处于最大负荷的时间占全年的比例较小，在某些情况下，燃机所排放的可利用烟气废热全部利用，有可能出现燃机倒送电力的情况。

6. 系统方案

供冷、供电系统结构图如图 8-15 所示。

系统对外购买的能源形式有两种：天然气和电网电能。该系统的运行方式和特点如下：

(1) 在某些月份，冷电联供系统产生的制冷量既不能满足调度大楼的最大制冷需要，也不能满足综合楼的最大制冷需求(1238.48kW)。

(2) 虽然综合楼电空调也是风机盘管，但是两个系统的水泵压力不同，可能出现一方无法将冷水压入管道的情况。此外，将联供系统的冷却水与综合楼电空调冷却水混合后，不易按照优化目标分配各自的制冷量。因此，综合楼的电空调不与吸收式制冷机共同使用。

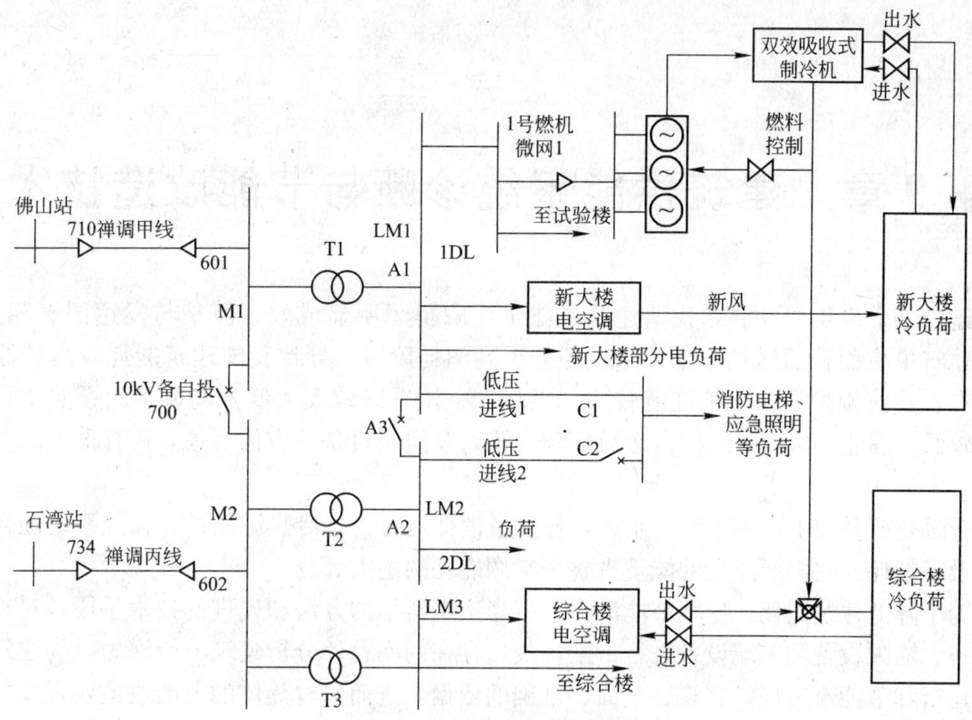

图 8-15 供冷、供电系统结构图

(3) 新大楼的多联机电空调基本安装在 LM2 母线处，包括屋面层智能多联室外机动力、四层智能多联室外机动力。其余楼层安装水媒系统恒温恒湿空调，也属于电空调，接在 LM1 母线处。所有电空调在所接回路处安装一个 EM(ABB 的综合测量仪表)，可以测量电空调的耗电量。

(4) 从经济运行角度考虑，如果吸收式制冷机的制冷量大于调度大楼和综合楼的冷负荷最大需求总和，可以通过冷水阀门将吸收式制冷机产生的冷水按照一定比例旁通入综合楼原有冷水管道，同时满足两栋楼的冷负荷需求；如果吸收式制冷机可以单独满足调度大楼最大供冷需要，但不能满足综合楼的最大供冷需要，则吸收式制冷机的制冷量全部用于满足调度大楼的冷负荷需求，综合楼的冷需求则由电空调满足；如果吸收式制冷机可以满足综合楼的冷负荷，但是无法满足调度大楼和综合楼两楼的最大供冷需求和，需要将吸收式制冷机的冷水按照一定比例部分旁通至综合楼，还需要同时开启调度大楼电空调以补充不足部分(这种情况可不予考虑，因为大部分时间，综合楼的最大冷负荷需求大于新大楼)；当吸收式制冷机的制冷量既不能单独满足综合楼，也不能单独满足调度大楼时，吸收式制冷机的制冷量应全部供给调度大楼，不足部分可以通过开启电空调进行补充，综合楼的冷负荷需求由电空调提供。

(5) 三台 C200 组成的微燃机成组运行时实行功率均分原则，即 3 台微燃机开启运行，其输出功率按照功率指令平均分配，两台微燃机开启，其输出功率按照功率指令平均分配。

由于示范点负荷处于最大负荷的时间占全年的比例较小，故冷、电负荷具有较强的季节性和时间特性，在某些情况下，有可能出现燃机倒送电力的情况。

第9章　建筑供能系统诊断与节能改造技术

经过二十多年的发展，我国建筑节能工作取得了明显成效。但是与发达国家相比，我国建筑单位面积的能耗量总体来说还处于高消耗阶段。导致我国建筑能耗较高的原因主要有：建筑围护结构热工性能较差；供热和空调系统效率太低，调节不匀；照明设备效率较低。因此，从围护结构、暖通空调系统以及照明设备等方面考虑，具有很大的节能潜力。

采暖空调系统由许多子系统组成，按能量消耗可分为：冷热源能耗、输配系统能耗和末端设备能耗，它们所消耗的能量占整个空调能耗的绝大部分。

为了降低建筑能耗、挖掘节能潜力，应当运用科学的方法和先进的技术手段，对冷热源设备、输配设备和末端设备进行诊断，找出存在的问题，分析建筑节能潜力，为建筑的经济运行和节能改造提供客观、全面、准确的依据，进而通过具体的节能改造，提高能源的有效利用率。因此，建筑功能系统的诊断及节能改造工作，是建筑节能工作中重中之重。

合理用能诊断的主要工作内容包括：供能系统基本情况调查、现场检查、检查监测、统计分析、综合诊断评价和具体节能措施。

建筑诊断是指通过对各建筑子系统的诊断来实现。系统诊断分为病态诊断和节能诊断。病态诊断的目的是寻找问题的原因，提出解决的措施。建筑节能诊断的目的是促进节能，改善室内热环境，简化运行管理，提高空调系统的可靠性、经济性和安全性。

1. 国外建筑节能诊断技术发展

在国外的建筑节能诊断与改造发展过程中，ESCO作为以合同能源管理运作模式的专业化公司起到了重要推动作用。ESCO为客户实施节能诊断及改造，其实质是ESCO为客户实现节能。ESCO根据客户的实际情况，分析客户的节能潜力，提出节能改造方案，向客户提供设计节能项目、项目融资、能源效率审计、节能项目设计、原材料和设备采购、施工培训、运行维护、节能量监测及管理等一条龙综合性服务，最终向客户保证节能效果。1994年，美国政府制定了联邦政府能源管理计划，采用合同能源管理的方式与ESCO合作，提高能源使用效率以减少政府本身的巨大能源开支。1999年，美国能源部制定了一套既有建筑的调试指导原则。在指导中，讨论了几种不同建筑调试过程，包括新建建筑的调试、既有建筑的调试、连续调试和评估调试。美国能源部及ASHRAE技术委员会也提供资助进行这方面的研究工作，并取得了很好的成果。

日本建筑能源性能的诊断流程通常有4个：性能验证、ESCO、节能诊断、BOFDD。性能验证(Commissioning：CX)：即委托给有能力的性能验证机构在既有建筑物中，以其现状为基础，进行缺陷监测和诊断，并提出改进方法。ESCO：即能源服务公司模式。节能诊断：既不属于性能验证又不属于ESCO，即改造或翻新所必然伴随的、在预定时间为建筑免费进行的诊断业务或公共机构为了推进节能而进行的短期诊断服务项目。BOFDD（楼宇最优化与缺陷检测和诊断）：楼宇最优化（BO）是指使用各种线上手段和线下手段，从能源消耗量的角度出发，保持楼宇的最佳状态。其方法包括带有学习过程的反馈控制、前馈控制、线下模拟以及援引专家系统的操作员的操作。FDD即缺陷检测和诊断考察对象由正常状态演变为故障状态的过程。

日本的节能标准有明确的节能目标，其中两个最重要的建筑节能指标是：反映建筑围护结构热工性能的判断指标——全年热负荷系数和反映建筑物内设备系统的耗能特性的判断指标——设备系统能量消费系数。

国际能源组织（IEA）进行了建筑空调系统的故障检测诊断和系统的实用性验证研究的工作，并相继完成了Annex 25，Annex 34，Annex 40的研究项目。Annex 25确定了各种建筑空调系统的常见故障，研究了各种各样的故障检测及诊断方法；Annex 34公布了26个故障检测及诊断工具，这些工具都在建筑空调系统中进行了测试及验证；Annex 40研究及验证了一些建筑空调系统的适用性验证工具，这些工具包括了验证的规程、提高验证水平的建议以及一些可以内置于EMCS中有助于适用性验证的软件包。正在进行的Annex 47的主要工作是研究既有建筑的能效及建筑的经济有效的验证工具以提高或优化系统运行性能。

英国在节能方面进行的研究包括：设计与建造低能耗建筑物原型作为研究探索示范，通过对原型进行控制与监测，将实际与预计的性能作比较。

在德国联邦科技部也曾开展一项能源合理化使用的研究。ERIK研究项目的出发点与研究目标，是通过对各种影响能源使用的多种不同部件组成的复杂体系，从数量与质量上分析，以寻找具有普遍可行的节能方案，以提供将来实际使用，达到具体工程节约成本的目的。研究包括以下几个方面：通过调节与控制的优化以获得室内技术设备的最佳运行状态；校验室内技术与建筑物的设计参数；校验技术上、卫生方面以及充分利用现有设施降低建筑空间的需要；使用节能型室内技术，采用户内装备技术设备；对建筑物进行节能改造。德国新建筑节能规范EnEVZO 02体现了德国最新建筑节能技术研究成果，有很强的实际操作性，并利用税收政策推动建筑节能改造。

2. 国内建筑节能诊断技术发展

张逊宝等通过对夏热冬暖地区深圳、海南、广州、广西的公共建筑的能耗进行分析，针对夏热冬暖地区公共建筑，提出了初步节能诊断方法及其诊断指标的合理范围，对运行管理、用能系统、空调系统和室内环境的诊断指标的范围进行了验证。

陈永攀等针对国家机关办公建筑和大型公共建筑开发了能耗监测与节能诊断系统。该系统具有以下功能：帮助建筑用户实现能源系统由粗放型管理转变为精细型、科学化管理；帮助建筑用户实现对能源系统的低效率、准故障运行的诊断，提高能源系统的运行可靠性；帮助建筑用户实现国家能源统计要求的能源管理和能源报表上传，提高业主的管理水平；持续性地为建筑用户提供建筑能源系统优化运行咨询报告，特别是暖通空调系统的优化运行策略。

黄琼等提出了医疗建筑改扩建中的节能理念，从总体发展规划、医疗建筑自身的节能、节能技术和节能材料、设备的节能等方面介绍了医院建筑改扩建的节能体系。

国家“十一五”科技支撑计划重大项目——“既有建筑综合改造关键技术研究与示范”中列入了既有建筑检测与评定技术和既有建筑综合改造关键技术等研究内容：既有建筑的适用性检测与评定技术，既有建筑性能的综合评定技术，开发既有建筑性能评定支撑软件，既有建筑功能提升改造关键技术，既有建筑设备改造关键技术，既有建筑能源系统升级改造关键技术等。

高效的运行和维护技术是保证建筑用能系统节能运行的最具成本效益的方法之一。建筑用能系统的失当管理是造成建筑能源过大的原因之一。相比国内的“重设计，轻维护”的现象，国外发达国家更加重视建筑的运行维护，并针对建筑耗能系统有一套比较成熟的运行和维护管理技术，而能耗测试及诊断是其中的重要环节。

既有公共建筑的节能诊断方法研究在我国刚刚起步，还没有形成完善的节能诊断方法。我国目前既有公共建筑的主要节能诊断方法如下：

(1) Web诊断

Web该诊断是利用因特网进行的节能诊断，其目的是在用户自身判断对象能耗倾向的同时，向用户提供该建筑物节能化的指导。该诊断由两部分组成：一是诊断建筑物全体的能耗，同时了解对象建筑物的设备容量和已实施的节能技术的实际效果；二是输入对象建筑物的概要、使用能源的类别和使用量，通过分析后与相同用途建筑物的统计值进行比较，从而对被研究建筑物做出相应的评价。

这种诊断方法的优点是使用方便，对于一般的用户只要登录网站，把自己的建筑用能概况输入就会得到一个简单的诊断报告，可以知道该楼的能耗情况。

其缺点是只限于简单的诊断，只是能耗方面的诊断结果，业主可以知道该大楼的能耗较高，但是什么原因造成的能耗较高，Web诊断就不能提供进一步的结论。因此Web诊断只是一种简单的最基本的能耗状况诊断。

(2) 预备诊断

预备诊断属于简易诊断，只以规定的节能技术为对象，根据各种诊断结果设定节能目标值。对建筑的能耗做一个比较简单的诊断，对公共建筑进行倾向诊断、比较诊断和采用诊断。倾向诊断是了解能量消耗量的逐时变化的趋势。

比较诊断是将该建筑的能耗与相同用途、相同地方、相同规模的统计值进行对比的诊断。采用诊断是了解该建筑已使用的节能技术的利用程度。

预备诊断的优点是可以对该建筑使用的节能技术的程度给出诊断结果；其缺点是对于节能技术的效果不能给出评价。

(3) 详细诊断

详细诊断由“10%诊断”和“20%诊断”构成。与现状能耗比较，节能目标设定为“10%”的称为“10%诊断”，节能“20%”称为“20%诊断”。“10%诊断”主要是加强运行管理和强调更新。

详细诊断的优点是：能耗状况与现状进行比较，主要强调的是能耗的多少，并且注重运行管理的节能和节能改造后的效果进行诊断，即与改造前的效果进行比较；其缺点是，只注重运行管理节能，对于如何进行节能改造，没有提出改造建议，只是对改造结果进行诊断。

(4) OTI方法

即观察/交流、测试/计算、判断/解决。OTI诊断方法是清华大学节能诊断组经过多年的节能诊断实践总结出来的一套方法。其优点是：主要集中在空调系统的节能诊断方面做的比较深入；通过现场测试，根据现场状况和试验结果进行分析，最后给出结论，是一个比较程序化的方法。其缺点是：只注重空调系统的节能诊断；对于照明以及动力配电，围护结构方面的诊断做的比较少；再者对于空调系统的现场测试，有的测试是无法进行的，有待于进一步完善，通过做大量的节能诊断项目不断总结。

(5) 建筑系统的整体诊断方法

建筑的不同层级和同一层级的不同系统之间有相互影响关系，因此出现层级诊断，其主要通过测试和模拟来进行诊断，在建筑系统级的测量中，比如冷热负荷、电能消耗量、回风温度等可以用来评价建筑系统的性能及确定建筑系统或设备系统是否正常运行。不同层级的系统参数测量也可以用来评价系统的性能及确定系统是否正常运行。在进行系统性能评价或检查系统是否正常运行时，需要用模型对系统的性能进行预测并同测量值进行比较。建筑系统级的能量模型通常有物理原理模型、回归模型、基准模型、神经网络模型、灰色模型、半物理模型等。DOE-2、BLAST、EnergyPlus、HVACSIM＋、TRNSYS等模拟软件用的都是基于物理原理的模型。Claridge等利用多种模拟软件对建筑系统级的性能评估及故障诊断做了大量的工作并取得了很好的经济效益。

这种方法的优点是可以模拟建筑的能耗状况，再与实测能耗进行比较。其缺点是：进行模拟时要进行很多简化，而实际情况复杂多变，软件的可靠性不是很高；况且只限于负荷和能耗的模拟。

OTI诊断方法是目前用得最多的一种方法，下面主要对此方法进行详细的阐述和介绍。

诊断对象的现场测试是节能诊断的一个重要环节。既有建筑节能的基础是对建筑物用能环节和设备现状全面、深入的了解。首先应查阅建筑物内存档的竣工图和能源消耗量记录表等第一手资料，了解建筑物的基本信息和能源消耗现状，并通过与工程管理人员交流，了解建筑物当前的供能系统在运行中存在的问题；然后针对存在的问题进行详细的测试和分析计算，其中包括典型工况；根据运行记录数据分析不同季节下各种运行工况的状态；最后，通过分析和评价找出问题所在之处，并给出解决方案以及能够实现的节能效果。

目前常用的节能诊断测试方式是OTI方法，即观察/交流—测试/计算—判断/解决(见图9-1)。诊断所涉及的每一个环节都分为O、T、I三步来完成，诊断的各个部分包括外围护结构、新风供应、照明系统、空调冷热源和输配系统、通风系统以及各类用电设备、供配电系统，可详细划分为如图9-2所示20个步骤来完成。

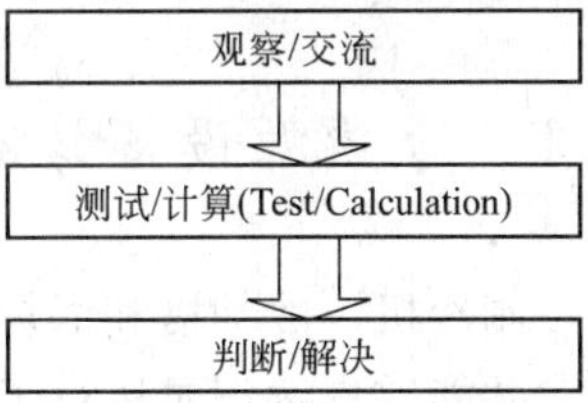

观察/交流

测试/计算(Test/Calculation)

判断/解决

图9-1　OTI诊断方法及流程

OTI方法诊断体系主要由5大部分组成：用能指标核查和负荷需求合理性诊断、冷/热源诊断、冷/热水输配系统诊断、空调及通风系统诊断、照明和其他用电设备诊断。各个诊断内容相互关联，但不存在固定的先后顺序，在实践中可根据被测试建筑的具体情况、测试实施季节和诊断可用的人力、物力等，有侧重点的灵活地组织实施。

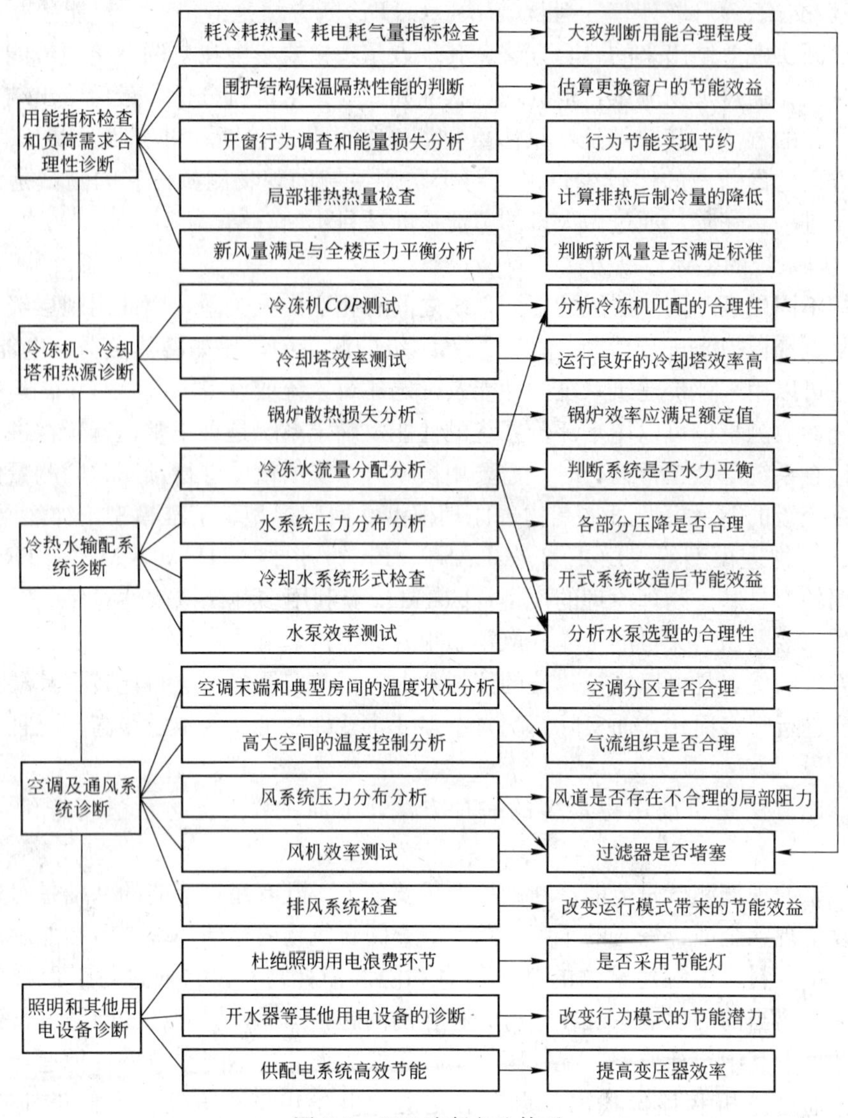

图 9-2　OTI诊断方法体系

9.1　冷热源设备诊断

制冷机、冷却塔和锅炉是空调系统中耗能较大的设备，因此其维护和保养也受到重视，并能够连续记录运行工况的数据以便于分析设备性能。

对于冷热源设备的诊断手段，首先对制冷机、冷却塔和锅炉的典型工况进行测试，并对日常运行工况的设备检测数据进行分析，了解各个设备效率。

9.1.1　冷热源设备测试参数及评判标准

1. 制冷机

随着节能工作的进展，国家对各类制冷机能效规定了最低能效限定值，各种运行正常的制冷机一般应满足表 9-1 内的规定值。

冷热水机组制冷性能系数及综合部分负荷性能系数　　表 9-1

类型		额定制冷量(kW)	性能系数(*COP*)	综合部分负荷性能系数(*IPLV*)
水冷	活塞式/涡旋式	528 528～1163 1163	3.8 4.0 4.2	—
	螺杆式	528 528～1163 1163	4.1 4.3 4.6	4.47 4.81 5.13
	离心式	528 528～1163 1163	4.4 4.7 5.1	4.49 4.88 5.42
风冷或蒸发冷却	活塞式/涡旋式	≤50 >50	2.4 2.6	—
	螺杆式	≤50 >50	2.6 2.8	—
热水型吸收式制冷机		—	0.7	—
蒸汽型吸收式制冷机		—	1.2	—
直燃型吸收式冷热水机组		—	1.2	—

对制冷机的节能诊断，首先对整个制冷系统的冷源设备进行检查：不运行的制冷机的水阀是否关闭，制冷机开启台数和冷剂是否对应，冷水分、集水器之间的旁通阀开关状态，进而了解各台制冷机的水量分配情况，结合制冷机典型工况下的测试和日常运行记录数据(供/回水温度、压缩机电流等)，计算制冷机供冷季的运行效率。把制冷机测试效率和表 9-1 的数据进行比较，同时分析制冷机制冷量和实际制冷负荷大小，进而对制冷机进行诊断。

冷热源的节能诊断应根据系统设置情况，对下列项目进行诊断：

(1) 冷热源运行时间(是否接近或超过正常使用年限)；

(2) 冷热源设备所使用燃料或工质是否满足环保要求；

(3) 空调系统实际供回水温差；

(4) 制冷机冷凝压力和蒸发压力，冷凝温度和蒸发温度；

(5) 典型工况下冷热水机组的性能参数；

(6) 锅炉运行情况及运行效率；

(7) 冷却塔性能(冷却塔效率、风机耗电比)；

(8) 对于吸收机还要检测吸收器的稀溶液浓度和发生器的浓溶液浓度。

冷水机组的制冷量计算公式为：

$$Q_0 = V\rho c_p \Delta t / 3600 \tag{9-1}$$

式中 Q_0——为冷水机组制冷量(kW)；

V——为冷水平均流量，m^3/h；

Δt——冷水进、出口水温差，℃；

ρ——冷水平均密度，kg/m^3；

c_p——冷冻(热)水平均定压比热，kJ/(kg·℃)。

冷水机组的性能系数(*COP*)计算公式为：

$$COP=Q_0/N_i \tag{9-2}$$

式中 Q_0——机组测定工况下制冷量，kW；

N_i——机组的净输入功率，kW。

机组的综合部分负荷性能系数(*IPLV*)计算公式为：

$$IPLV=2.3\%\times A+41.5\%\times B+46.1\%\times C+10.1\%\times D \tag{9-3}$$

式中 A——100%负荷时的性能系数，冷却水进水温度为30℃；

B——75%负荷时的性能系数，冷却水进水温度为26℃；

C——50%负荷时的性能系数，冷却水进水温度为23℃；

D——25%负荷时的性能系数，冷却水进水温度为19℃。

冷却水系统主要靠冷却塔散热。对冷却塔进行节能诊断，应首先诊断冷却水水质情况和冷却塔清洗情况。冷却塔是冷源的组成部分，其功能是排除冷机冷凝侧的热量，冷却效果直接影响冷机的效率。

2. 冷却塔

冷却塔冷却效果应该根据冷却水温度和室外湿球温度的温差来评价。冷却塔的设计参数包括冷却水的供回水温度和室外湿球温度，由此可得到设计工况下的冷却塔效率。冷却塔效率不应低于设计要求的90%，且风机耗电比不应大于0.04kW·h/m^3。

冷却塔效率应下列公式计算：

$$\eta=\frac{t_{in}-t_{out}}{t_{in}-t_w}\times 100\% \tag{9-4}$$

式中 η——冷却塔效率，%；

t_{in}——冷却塔进水温度，℃；

t_{out}——冷却塔出水温度，℃；

t_w——环境空气湿球温度，℃。

冷却塔的实际效率一般都小于额定效率，能达到额定效率的很少。对冷却塔效率的影响比较重要的因素是冷却塔的水量、风量和填料层。水流量、水质、水温差等对冷却塔的效率影响较大，而水的影响因素最重要的是冷却塔布水的均匀性，布水不均匀将导致换热不充分，因此一定要保证布水均匀；冷却塔周围的风量和进风环境对冷却塔的效率影响也较大；填料层的好坏也对冷却塔的效率影响较大。

3. 锅炉

北方地区建筑的采暖方式以城市热力为主，部分距离城市热网较远或有蒸汽使用需求的高档建筑而自备锅炉房。这类建筑物多数处于市区，基本采用燃油、燃气锅炉作为热源。判断锅炉是否高效运行的方法便是测试锅炉效率。

影响锅炉效率的是锅炉的排烟损失、散热损失、给水和蒸汽损失。实际运行正常保养得当的锅炉都应能满足表9-2中的数值。如诊断出不满足条件，应及时进行改造或更换。

燃油(燃气)锅炉运行效率参考值 **表 9-2**

锅炉类型及容量	锅炉效率(%)
水管锅炉标准型(4～40t/h)	85～88
多管直流锅炉标准型(4～40t/h)	83～87
炉筒烟管锅炉标准型(0.5～10t/h)	85～88
水管锅炉节能型	90～92
炉筒烟管锅炉节能型	90～92
多管直流锅炉节能型	90
组合锅炉、真空锅炉等小容量锅炉	85～90

散热损失可通过测试锅炉本体保温层外壁及阀门管道等部件的表面温度来进行简单计算。蒸汽和给水损失实际上就是凝结水的回收效果是节能诊断的重点考察内容。凝结水回收率可通过补水量进行简单核算。运行良好的锅炉供热系统，凝结水回收率可达到85%。凝结水回收后不仅可以减小补给水和软化水的加药量，还节省燃料，提高锅炉效率。一般来说，凝水蕴含的热量占总蒸气总热量的10%～20%，软化水加药成本一般在1～3元/t。

9.1.2 制冷机设备诊断

影响制冷机的制冷量 Q_0 和 *COP* 的因素主要有制冷剂、蒸发温度、冷凝温度、冷冻水和冷却水进出水温差等。

制冷剂的充灌量对制冷机的性能影响较大，每台制冷机都有一个合适的制冷剂充灌量，单位制冷量制冷剂的充灌量受冷凝温度和机组结构的影响。对于给定的制冷机，一般来说，冷凝温度越低，制冷机充灌量就越大。在实际的运行过程中，冷机的冷凝温度常低于额定工况下的冷凝温度，也会出现制冷机充灌量不足的问题，因此也就影响到主机的制冷量和*COP*。

在制冷机的蒸发器侧，冷冻水出水温度与蒸发温度的差值一般在1～3℃。冷冻水的出水温度设定值和蒸发器的换热性能影响蒸发温度，而出水温度的设定值与室内的负荷相关。因此，提高冷水出水温度的设定值，在满足小温差的前提和出水温度设定的影响下，蒸发温度也会提高，可以提高机组的效率。此外，蒸发器的换热影响机组的效率，应加强对蒸发器的清洗和水质处理。冷却侧的小温差是指冷凝温度与制冷机冷却水出水温度的差值，一般也为1～3℃。冷凝温度主要受天气变化、冷却塔和冷却水温差的影响。因此，提高冷却塔的换热效率有利于提高冷机效率。

在系统冷、热负荷不变的情况下，系统所需水量与供回水温差成反比。提高供回水温差，可降低系统所需的介质流量，从而可以减少网路基建投资、循环水泵的容量和运行电耗。由于节能诊断针对的是既有建筑，因此该环节的意义主要是后者。但温差也不可盲目增大，因为温差越大，重力循环作用影响越大，系统容易产生热力失调，对于空调冷水，增加温差有可能引起冷水机组效率下降。另外，流量的减少还会使系统水力稳定性下降，一些换热设备的效率也会受到影响。目前空调冷水系统的供水温度一般为5～9℃，供回水温差为5～10℃，一般为供水7℃，回水12℃。鉴于以上原因，对制冷机的诊断也包括了对制冷机供回水温差的分析。

(1) 制冷机部分负荷下的制冷机 *COP* 偏低，容易产生喘振，制冷机额定制冷量远大于实际峰值制冷量。

这种现象说明制冷机选型过大，造成制冷机长期处于低负载率运行。此问题的解决方案有：增加蓄冷系统，使制冷机充分利用谷价电，同时又可处于满负荷运行状态；增加小型压缩式制冷机，满足过渡季的制冷机高效运行；增加单台制冷机的供冷面积，尽量使制冷机满负荷运行。

(2) 对于压缩式制冷机，在标准工况下制冷机的 *COP* 下降，且冷凝器换热管外壁温度明显较高、换热温差偏大、冷凝压力偏高。

这说明制冷机的冷凝器的水侧发生结垢，应及时清洗冷凝器。一般来说，可通过加强维护和保养来降低结垢的影响，检查水质 1 次/a，清洗冷凝器 1 次/2a。

(3) 对于压缩式制冷机，在标准工况下，制冷机的制冷量减小，吸排气压力都偏低，但排气温度较高，在膨胀阀处，能听到连续的“吱吱”气流声，且响声明显偏大，若调大膨胀阀孔，吸气压力仍无上升，停机后系统的平衡压力可能低于环境温度对应的饱和压力。

这种现象意味着压缩机的制冷剂泄漏量较大，制冷机内的制冷剂严重不足，应查找泄漏点并及时堵漏，充灌制冷剂。

(4) 对于压缩式制冷机，在标准工况下，制冷机的制冷量减小，蒸发压力偏低。

这种现象说明制冷机蒸发器的冷剂侧有较为严重的积油，造成蒸发温度降低，蒸发器换热性能下降，应及时清理。

(5) 对于压缩式制冷机，在标准工况下，制冷机的制冷量减小，系统低压端压力升高，制冷剂沸点升高，若发现制冷机在运转时从视液镜中看不到一点气泡，压缩机停转后也无气泡。

这种情况说明制冷剂过多，在空调系统低压侧的维修口处慢慢地放出一些即可。

(6) 对于压缩式制冷机，在标准工况下，制冷机的制冷量减小，*COP* 下降，压缩机排气温度过高，压缩机的容积效率和指示效率下降。

这种情况说明压缩机内部存在故障，压缩机相互接触的运动部件磨损严重，造成压缩机内部泄露严重，应及时更压缩机部件或压缩机。

(7) 对于吸收式制冷机，在标准工况下，制冷量偏小、*COP* 降低，驱动热媒的出口温度过高。

这种现象说明吸收式制冷机存在泄漏现象，空气等不凝性气体进入，造成吸收压力和冷凝压力偏高。此时应尽快真空泵抽除不凝性气体。空气进入会加速溴化锂溶液对换热铜管的锈蚀速度，产生不凝性气体，并降低换热性能。

(8) 对于吸收式制冷机，在标准工况下，制冷量偏小、*COP* 降低。

发生这种现象是因为冷剂补充量太大，造成浓度差小。因此，制冷量减小，*COP* 降低。此时在未进入吸收机前排出一部分冷剂即可。

(9) 对于吸收式制冷机，在标准工况下，制冷量偏小、*COP* 偏小，冷凝器和吸收器的换热温差处于设计温差之内。

这种情况说明机组存在冷剂污染，若溶液泵和冷剂泵及其配置的液位传感器工作正常，可判断为发生器与冷凝器之间的挡液板被腐蚀，应进行修复或更换。

9.1.3　冷却塔设备诊断

当冷却塔的配水装置、喷溅装置、淋水填料等性能良好、工作正常时，在环境因素和热负荷给定的情况下，冷却水出水温度 t_{w0} 接近环境条件的湿球温度。干球温度和环境相对湿度 φ 对冷却塔的出水温 t_{w0} 影响最为显著，冷却塔出水温的基准值随环境干球温度和相对湿度的变化而变化。

由于自然通风冷却塔内部的换热过程是一个复杂的传热传质过程，且空气的流动是靠塔内的抽力实现的，塔内的淋水填料、配水装置和除水器的阻力变化均影响塔内空气流速。热水在填料上分布的均匀程度也影响水-气的换热效果，故引起冷却塔性能降低的原因可归纳为3类：

(1) 淋水填料的结垢或损坏；

(2) 塔内阻力增加造成的空气流量减少；

(3) 配水装置工作失常，引起水的分布不均。

冷却塔中热交换的主要部位是淋水填料，它对喷溅下落的水珠形成阻拦，在填料表面形成很大的水膜及水滴，与周围的冷空气充分接触，使循环水得到冷却。对已建成的冷却塔，淋水填料完整时，取淋水填料面积为设计值，当运行中由于某种原因导致淋水填料损坏时，填料的有效换热面积减少，淋水密度增大，换热性能下降。

(1) 填料结垢或损坏

冷却塔中热交换的主要部位是淋水填料，它对喷溅下落的水珠形成阻拦，在填料表面形成很大的水膜及水滴，与周围的冷空气充分接触，使循环水得到冷却。对已建成的冷却塔，淋水填料完整时，取淋水填料面积为设计值。当运行中由于某种原因导致淋水填料损坏时，填料的有效换热面积减少，淋水密度增大，换热性能下降。

冷却塔性能降低的另一个原因是淋水填料结垢或生长藻类。其中对冷却塔性能产生影响的因素主要是泥垢，它们粘附在淋水填料上，使冷却塔的通风阻力增大，空气流量减少，水和空气的热交换程度减弱，换热性能下降，冷却塔热力性能下降，导致冷却塔出水温度升高，冷却塔效率明显下降。

与对应的基准工况的总通风阻力相比，冷却塔出水温度偏高、通风阻力增大。此种现象可判断为冷却塔填料出现故障，应加以清洗或更换填料。

(2) 配水分布不均

冷却塔的换热过程主要是在淋水填料中完成的。淋水填料的热力特性和阻力特性是通过性能试验确定的，而且性能试验在配水系统工作正常的条件下进行，此时喷嘴完好、溅水装置对中，配水系统的水分布“均匀”。这里所指的“均匀”是对应着配水系统按设计工况的水分布工作。当个别喷嘴堵塞、损坏或溅水装置不对中时，就使得水分布偏离设计工况。

冷却塔在发生喷嘴损坏或溅水装置不对中等均会引起水分布改变的运行工况，相当于有一部分空气没有参与热质交换，水分布均匀度系数越小，空气与水接触面积减小，冷却塔性能下降越显著。

在冷却塔通风阻力正常(或者通风量正常)的情况下，冷却塔出水温度偏高，冷却塔效率明显下降。

此种现象可判断为配水装置出现故障，应加以维修或更换。

(3) 风机缺乏变频控制

与标准工况相比，当冷却塔的出水温度偏低、冷却塔效率正常，冷却塔耗功较大，造成冷却塔启停频繁。

结合日常运行数据分析，可认为此种现象属于冷却塔的汽水比偏大，并且长期处于汽水比偏大状态。这是由于冷却塔风机长期处于定转速运行，此时应给风机加装变频器及其控制设备，确保风机根据负荷变频运行，减小风机启停，降低风机能耗。

(4) 冷却塔飘滴

在冷却塔实际运行中，出现严重的飘滴现象，补水量过大。

此种情况属于风机选型偏大，在空气流出冷却塔时携带一定量的细水滴。或风机安装位置与配水装置距离太近。

(5) 风机叶片破损或粘附污垢

冷却塔在标准工况和日常运行过程中，冷却水出口温度偏高、冷却塔效率偏低，通风阻力正常的情况下，风机出现振动。

此种现象可判断为风机破损或粘附污垢，应加以更换和清洗。

9.1.4 锅炉设备诊断

燃气锅炉排烟中含有高达18%的水蒸气，其蕴含大量的潜热未被利用，排烟温度高，显热损失也大。

锅炉能耗未能得到充分利用，主要表现在：水处理不到位，锅炉结垢严重；没有对冷凝水进行有效回收；锅炉排烟温度高，烟气余热未回收；还有锅炉设计和运行状态不佳、燃烧不充分等。锅炉节能尚有诸多潜力可挖掘。

锅炉的节能诊断是一个复杂的过程，它包括对锅炉的历史状况进行必要的调查，查阅锅炉机组的设计资料，请专业部门做性能测试，然后进行数据对照分析，寻找问题和判断造成问题的原因。

(1) 排烟温度过高

排烟损失是对锅炉效率影响最大的一项损失，约为5%～8%。排烟温度越高，排烟量越大，排烟损失越大。这由于锅炉的排烟温度过高，具有相当一部分的热量没有得到充分利用，直接排放到大气环境中，属于烟气余热浪费。

这种情况可判断为锅筒和管壁上粘附一层水垢或烟灰，致使换热恶化，烟气余热没有得到充分利用，最终导致排烟温度偏高。因此，应通过除垢或清理换热面的灰尘，提高换热面的换热性能以降低排烟温度。

(2) 锅炉外壁保温层温度偏高

此种现象属于保温层破损，锅炉表面热损失偏大，导致锅炉效率低下，应对保温层进行修复。

(3) 排烟量偏大

这种原因是由于空气系数过大，致使排烟量增大，排烟损失增大。一般来说，这是由于锅炉送风量不能根据负荷大小进行调整，而造成空气系数过大。因此，对锅炉引风机采用变频调速实现锅炉炉膛负压控制，具有节能降耗、调节特性好、更好地满足生产要求的优点。锅炉运行中，能根据用蒸汽量的大小，对锅炉送风机和引风机实现变频调速控制，结合锅炉燃烧的调整，保证燃料的充分燃烧。

(4) 补给水量偏大

这种情况一般来说是因为锅炉冷凝水热损失较大，锅炉软化水损失也较大，没有对冷凝水热进行有效的回收。

9.1.5 冷热源设备改造

重新设计冷热源系统前，应根据系统原有的冷热源运行记录，进行系统设计冷热负荷和整个制冷季、采暖季负荷的分析和计算，保证改造后的设备容量和配置满足使用要求，且冷热源设备在不同负荷工况下，保持高效运行。冷热源进行更新改造时，应在原有暖通空调系统的基础上根据改造后建筑的规模、使用特征，结合当地能源结构以及价格政策、环保规定等，经综合论证后确定。更新改造后，系统供回水温度应能保证原有输配系统和空调末端系统的设计要求。更换后的设备性能应符合附录《公共建筑节能设计标准》(GB 50189)中的相关规定。

对于冬季或过渡季，存在一定量供冷需求的建筑，在保证安全运行的条件下，宜采用冷却塔供冷的方式。在满足使用要求的前提下，对于夏季空调室外计算湿球温度较低、温度的日较差大的地区，空气的冷却过程可考虑采用蒸发冷却的方式。另外还要加强制冷机维护与保养，如表 9-3 所示。

空调设备维护 **表 9-3**

设备		主要检测维护方法	周期
压缩机	半封闭	绝缘测定 拆修	2 次/a 4a 或 8000h
蒸发器	水冷式	水质检查 水回路清洗 盘管涡流探伤检查	1 次/a 1 次/2a 1 次(3～4a)
	空冷式	热交换器清洗	1 次/2a
冷凝器	水冷式	水质检查 水回路清洗 盘管涡流探伤检查	1 次/a 1 次/2a 1 次(3～4a)
	风冷式	热交换器清洗	1 次/2a
送风机	叶轮	清洗	1 次/2a
	轴承	补充润滑油 更换易损零件	1 次/a 1 次/(6～7a)
	皮带	动平衡 更换易损零件	1 次/a 1 次/(2～4a)
泵	连接器 密封套 轴承	动平衡 密封套 P/K 连接器橡胶 更换零件	1 次/a 1 次/4a 1 次/(6～7a)
冷却塔	V 形皮带、电动机 齿轮减速机 电动机 V 形皮带 充填材料 风机 轴承	调节皮带、测定绝缘 更换零件 更换零件 更换零件 更换零件 更换零件 更换零件	1 次/a 1 次/(7～8a) 1 次/10a 1 次/(1～2a) 1 次/8a 1 次/10a 1 次/(2～3a)

续表

设备		主要检测维护方法		周期
电机(风机)	电动机 轴承	测定绝缘 更换零件		1次/10a 1次/5a
加湿器	喷雾式 离心式、超声波式、盆式	更换零件 更换零件		1次/10a 1次/5a
空气清净器	转动式过滤器	滤材 再生	交换 清洗	1次/1～2周 1～2次/a
	电集尘器	预过滤器 再生	清洗 清洗	1次/周 1次/3a

燃气(油)锅炉宜增设烟气热回收装置。燃气(油)锅炉的排烟温度较高，一般为120～250℃，烟气中大量热量未被利用就被直接排放到大气中。通过增设烟气热回收装置可将锅炉的排烟温度降低到70℃以下，锅炉效率提高5%左右。集中供热系统宜增设气候补偿器。

9.2 输配设备诊断

输配系统将冷热量及新风从制冷站或空调机房输送到各个房间。由于水泵运行时间长，而且多数定速运行，不能根据负荷变化而进行调节，再加上普遍存在的水泵选型偏大，导致泵常年在低效点工作。因此，在建筑总能耗中所占的比重甚至与制冷机相当。据调查数据表明，目前建筑系统中水泵的电力消耗(包括集中供热系统水泵电耗)占我国城镇建筑运行电耗的10%以上。输配系统节能可能是目前既有建筑中潜力最大的环节，应给予足够的重视。

9.2.1 输配设备测试参数及评判标准

对输配系统的节能诊断应根据系统设置情况，选择性的对下列项目进行节能诊断：

(1) 管道保温性能；

(2) 冷水流量分配及水系统回水温度一致性；

(3) 水系统供回水温差；

(4) 水系统压力分布；

(5) 水泵效率。

在实际工程中，存在某些区域冬季不暖或夏季不凉的现象，其原因多数是由于工程竣工后空调水系统从未做过水力平衡，导致部分末端水量不足。为满足这部分末端的换热要求，只能增大总水量，使得其他末端的水量也变大。

冷水流量分配及水系统回水温度一致性的节能诊断可以判断各分支冷量的提供情况。检测持续时间内(一般不小于24h)，集中采暖空调与集水器相连的水系统各主分支路回水温度最大差值不应大于1℃。测试用户投诉较多区域的支路水量，核算冷量是否满足要求，进而可判断总流量偏小还是各分支水流量分配不均匀。解决水力不平衡的方法是调节分水器各支路的调节阀，必要时可考虑增设末端加压泵。

水系统压力分布的节能诊断可以判断冷水和冷却水各部分的压降是否合理。正常情况下，冷水系统制冷机蒸发器侧阻力为 8～12mH_2O，末端空调箱或盘管阻力为 5～10mH_2O，管路阻力为 5～10mH_2O，因此冷水泵扬程应为 20～30mH_2O。冷却水系统冷凝器侧阻力为 8～12mH_2O、冷却塔阻力为 3～5mH_2O、管路阻力为 5～10mH_2O，故冷却泵扬程应为 15～25mH_2O。如果某段的阻力大于上述数值，则需重点分析原因。对制冷机、冷却塔和空调箱段，需判断盘管是否有污垢堵塞；对管路，则判断是部分阀门误操作还是由于为防止水泵电机过载运行管理人员不得已将阀门关小。

水泵选型偏大是目前公共建筑中央空调系统中较为普遍的现象。水泵选型偏大，引起实际运行工况点和设计工况点严重偏离，造成冷水泵、冷却泵电耗过大、运行效率低下。水泵的节能诊断就是直接测试水泵的效率。

水泵效率按下列公式计算：

$$\eta = V\rho g H/(3.6N) \tag{9-5}$$

式中 V——水泵流量，m^3/h；

ρ——水的密度，可根据水温由物性参数表查取，kg/m^3；

g——重力加速度，9.8m/s^2；

H——水泵扬程，m；

N——水泵输入功率，kW。

诊断内容不是水泵本身是否为高效产品，而是在输配系统中的水泵的实际工作状况。测试工况下水泵的运行效率应不低于设计和设备铭牌值的 90%。

《空气调节系统及经济运行》(GB/T 17981—2000)规定的推荐值为 60%与水泵额定效率的 0.85 倍之间的值，水泵运行效率偏低说明水泵与水系统阻力特性不匹配，应调整或更换。

9.2.2 输配系统检测

输配能耗是指流体输送设备运行时所消耗的电能，主要包括水系统和风系统中为克服流动阻力而消耗的电能。

1. 水系统检测

供热和空调水系统的作用就是以水为介质在建筑物之间和建筑物内部传递冷量和热量。因而对空调水系统检测不仅是整个空调系统正常运行的重要保证，而且能够有效地节省水泵的耗电量。

(1) 检测项目

1) 温度。测定冷水、热水等的温度，确定它是否达到了设计规定的温度范围。测定方法：测定各供热、空调设备的入口、出口，分水器、集水器，热(冷)源的入口、出口，分支管道和末端装置的入口等处温度。

2) 压力。测定管道内的压力，确认管道内堵塞、污染的状态；判断冷水泵、冷却水泵扬程选择是否偏大，水泵是否长期低负荷运转，各用户之路水力是否平衡。

(2) 测定方法

测定各空调设备出、入口的压力，同时使用压力传感器和压力计，判断它们的可靠度。

1) 流量。测定各供热、空调设备的流量，各分支管线的流量，确定它是否达到了设计值。测定仪器为流量计。

2）热量。测定热水用户使用的热量。测定仪器为热量表。

2. 风系统的检测

空调风系统的作用就是以风为介质在建筑物之间和建筑物内部传递冷量和热量，并向建筑物提供新风。因而对空调风系统检测不仅是整个空调系统正常运行的重要保证，而且能够有效地节省风机的耗电量。

检测项目有：

(1) 温度。测定风管内和送风口空气温度；确定风管保温效果，送风温差是否合理。

(2) 压力。测定风管内和风机进出口的压力；确定风管内是否清洁，过滤器是否堵塞以及风机扬程选择是否合理。

(3) 流速。测定风管内、送风口、排风口等流速；确定送风机选型是否匹配，是否造成室内正压或负压过大。

(4) 新风流量。测定新风口送风量；确定新风机是否变频；是否满足室内卫生要求。

9.2.3　水泵设备诊断

1. 输配系统水泵耗能太大

一般来说，输配系统设计不合理造成水力失调严重，此时通过阀门进行调节，此时需要较高的扬程，开启的加压泵台数偏多，造成输配系统水泵的能耗偏大，此时应选择以变频泵泵代电动阀的方法解决。

2. 泵的选型偏大

一般来说，多数泵的工作流量大于铭牌值，工作点严重偏离泵的高效工作区，致使泵效率低下。这种现象可通过更换泵加以解决。

3. 当定速泵和变频泵并联时，单台变频泵效率偏低

这是由于变频泵可能空转、不出水造成的，对于这种状况应把定速泵都改装成变频泵。对于空调水系统变频调速应根据压差或温差进行调节。

4. 流量不足

影响水泵流量不足的因素多是吸水管漏气、底阀漏气；或进水口堵塞；或底阀入水深度小；或水泵转速太低；或密封环或叶轮磨损过大；或吸水高度超标。

这种现象应检查吸水管与底阀，堵住漏气源；或清理进水口处的淤泥或堵塞物；或根据底阀入水深度必须大于进水管直径的1.5倍，加大底阀入水深度；或检查电源电压，提高水泵转速，更换密封环或叶轮；或降低水泵的安装位置；或更换高扬程水泵。

5. 水泵转速低，流量小

(1) 人为的因素。首先检查配置电机，检查电机是否是原配电机，如果不是原配电机就检查是否与原配电机一致。这可能由于配置电机不可理导致水泵转速低、流量小、扬程低甚至不上水。

(2) 水泵本身的机械故障。如果水泵配置合理，再考虑水泵的机械故障。检查叶轮与泵轴紧固螺母是否松脱或泵轴变形弯曲，造成叶轮位移，直接与泵体摩擦，或轴承损坏，都有可能降低水泵的转速。对于这种情况，应该对产生机械故障进行维修或更换。

6. 配套动力电动机过热

原因如下：

(1) 电压偏高或偏低。在特定负载下，若电压变动范围应在额定值的＋10%～－5%之外会造成电动机过热；电源三相电压不对称，电源三相电电压相间不平衡度超过5%，会引绕组过热。

(2) 选用动力不配套。小马拉大车，电动机长时间过载运行，使电动机温度过高；启动过于频繁、定额为短时或断续工作制的电动机连续工作。应限制启动次数，正确选用热保护，按电动机上标定的定额使用。

(3) 电动机接法错误。将△形误接成Y形，使电动机的温度迅速升高；定子绕组有相间短路、匝间短路或局部接地，轻时电动机局部过热，严重时绝缘烧坏；鼠笼转子断条或存在缺陷，电动机运行1～2h，铁芯温度迅速上升；通风系统发生故障，应检查风扇是否损坏，旋转方向是否正确，通风孔道是否堵塞；轴承磨损、转子偏心扫膛使定转子铁心相擦发出金属撞击声，铁芯温度迅速上升，严重时电动机冒烟，甚至线圈烧毁。

(4) 电动机绕组受潮或灰尘、油污等附着在绕组上，导致绝缘能力降低。应测量电动机的绝缘电阻并进行清扫、干燥处理；环境温度过高。

7. 功率功耗过大

水泵功耗大，且水泵轴承温度偏高，这是由于水泵主轴弯曲或水泵主轴与电机主轴不同心或不平行。对于这种现象，应矫正水泵主轴或调整水泵与电机的相对位置或更换电机的滚珠轴承。

若轴温正常，则检查是否有泥沙或堵塞物；若有堵塞现象，则及时清理。若没有以上几种情况，则可判断为水泵扬程不合适，应更换水泵。

9.3 末端设备诊断

9.3.1 末端设备诊断的目的

供热系统是为建筑服务的，但与建筑寿命相比，设备和管道的使用寿命约为它的1/3～1/2。建筑物竣工之后，通过维护保养工作，使设备和系统维持初期的设计性能，随着使用年限的增加，由许多设备、装置、材料和零部件构成的供热系统产生了不同程度的物理性能劣化现象，出现了室内环境低于设计标准、用户不满并投诉、管道设备漏水、机器故障频率增高维修费增多、能耗增多等问题。随着城市现代化，管理自动化，供热系统社会化、商品化和人民生活水平的提高，已建的供热系统可能不能满足用户的要求，已建设备的性能在节能、节省空间和人力方面，在安全性能方面相应低于新开发的产品，也可能不能适应新颁布的法规要求，供热系统产生了不适应社会发展的问题。无论是解决供热系统出现的问题还是节能改造，对末端设备进行诊断是必不可少的环节。对供热系统或设备诊断的目的：了解和掌握供热系统和设备的现况，进行物理性能劣化(腐蚀、磨损状况)的诊断，性能劣化(机器性能和运行性能)的诊断，并对室内温度进行调查，找出性能变化的原因，推算出设备的寿命，为完善设备的维护保全计划，为设备的维修，改造更新提出指导性意见；了解和掌握供热系统当前的能耗、运行费，分析能耗和运行费偏高的原因，提出降低运行费用、管理费用、节能和节省人力、保障安全供热的措施。了解现代化要求的提高对供热系统的影响。通过维护保全的努力，竣工后20年内，能使设备和系统的性能满足用户的最低要求，但为了满足现代化社会对设备提出的更高要求，应该通过诊断，提出相应的维护、更新改造内容。

9.3.2　末端设备诊断方案

在明确了诊断目的后，应对必要的系统或设备进行诊断，但是为了有效地进行诊断，首先要通过咨询了解设备和系统工程现状，即进行预备调查，了解事故和不合理的情况，充分掌握设备的现况。在此基础上编制诊断计划书，诊断计划书包括一次诊断和二次诊断的内容和形式。一次诊断以观察和咨询为主，对于采用一次诊断不能评价的部分，则采用更高级别的二次诊断(详细调查)方法。根据诊断计划书进行诊断，给出诊断评价结果，并提交诊断报告。

1. 预备调查

向维护管理人员了解如下问题：用户的要求、设备不合理运行的程度、当前设备的概要等，还要通过竣工资料、运行记录和法定检测记录等，大致上掌握设备和系统的现况。

2. 诊断计划

一次诊断评价采用“望、闻、问”等方式，主要是观察或表象的调查或对各种管理记录进行定性诊断。内容包括：

(1) 性能劣化诊断：1)设备：零部件更换、购买的难度，劣化现象的程度，性能降低的程度；2)零部件腐蚀、变色、变形等劣化现象的程度，机械性能状态；3)管道的保温、腐蚀、漏水等劣化现象的程度。

(2) 安全性能诊断：是否符合现行法规的规定，安全指标是否失效等。

(3) 环境性能诊断：各环境因素(温度、湿度、光、声、保健卫生等)，工作环境和各设备机器的整合。

(4) 节能性能诊断：采用节能技术的状况、能耗的现况。

二次诊断评价采用“切”的方式。二次诊断是在一次诊断的基础上进行的，对于采用一次诊断不能评价的部分，必须使用仪器进行调查或根据分解检查、破坏调查等进行的定量诊断。如换热器换热效果的评价，就需要检测一、二次侧流量、温差等参数。

在编制诊断计划书时，应充分研究预备调查的结果，并描述以下所述事项：诊断目的、对象概要、调查内容、调查方法、诊断时间、评价标准和诊断费用等。诊断费用包括完成以上工作所需的人数、日数、材料费、损耗费、养护费、安全费、调查费、诊断费等。

3. 调查、诊断

调查系统各部位物理性能劣化的程度是调查的目的；分析、评价调查的结果是诊断的目的。调查、诊断分为一次调查、一次诊断、二次调查和二次诊断。

一次调查：根据一次调查计划收集以下资料：(1)一般事项：调查有无建筑物概要和系统设备图纸、记录等，收集竣工图、说明书，运行记录和机器、设备明细表；(2)供热系统：能耗、维护管理体制、设备的变更和用户的要求等。(3)现场巡检：了解系统运行现况；(4)详细调查以下内容：运行事故、设备物理性能劣化程度、维护和修理状况、用户改变情况及今后的发展等。

一次诊断：根据一次调查的情况，对各项目进行定性和诊断。对于已有结论的部分，终止调查、诊断。对于不明确的内容，则进行二次调查、诊断。

二次调查、诊断是定量的，需要消耗大量的人力、物力。

二次调查：对根据二次调查、诊断计划，采用计量测试仪器对供热系统和子系统的实际运行状况进行测定，对管道系统还要进行非破坏检查和采样检查。

二次诊断：对供热系统及其子系统的物理性能劣化程度要做出定量的分析评价，并对它们的节能性、安全性、室内外环境保持性和法规适应性等做出定量的分析评价。

4. 诊断评价原则

调查结果应清楚、明确。判断时应注意以下事项：诊断方法的合理性和界限的明确化；调查数据应是定量的或定性的；由于是一个系统且各种设备之间又关系密切，因此数据应相互接近；诊断必须客观，并应与所有者、用户、管理者进行充分协商；⑤诊断前应明确诊断的目的和各项目的重要程度。要明确对设备、机器、材料等提出更新、补修、部分补修的意见，推算它们的剩余使用年数，并提出运行维护保全方法。判断时，不只考虑物理性能的劣性，还要考虑社会要求的提高，即要进行综合的评价。

5. 诊断报告

诊断报告应有如下内容：

(1) 序言：简要地记载设备和系统的现况和诊断的目的；

(2) 诊断概要：描述建筑和设备概要——诊断时间和诊断人员；

(3) 诊断结果：1)综合意见：明确表示对诊断对象的各种设备的主要部分的诊断结论。由于供热系统和设备与建筑物的内装修密切相关，因此，必须从建筑物整体出发提出改造方案，并要考虑社会的进步，进行综合的评价。2)改造方案：改造措施应涉及必要的设备系统、机器和材料、并要考虑今后的发展。3)诊断计划记载诊断项目、对象和调查方法以及诊断的结果。

9.3.3 末端设备调查、诊断

1. 一次调查、诊断

某集中供热系统总供热面积约 622 万 m^2，包括 97 个换热站(供热小区)。通过预备调查了解到系统存在严重的冷热不均现象。根据预备调查的结果初步拟定了诊断计划书，对 97 个换热站及供热小区进行一次调查。一次调查的内容包括换热器、循环水泵、补水泵等的型号、台数、规格等；换热站面积、环境、安全、是否采用节能措施等；设备、管道腐蚀、损坏情况等；各供热小区建筑功能、类型、年限、楼栋数、室内采暖系统形式及用户室温情况等。

通过与换热站工作人员及业主的了解，发现系统既存在一次管网造成的小区之间的冷热不均现象，又存在二次管网造成的用户之间冷热不均现象。由于二次管网造成的用户之间冷热不均的，主要是面积较大的小区，冷热不均现象非常严重，有的业主户内温度达到 30℃，而有的还不足 16℃。很多非新建建筑室内管网采用单管串联方式，垂直失调相当严重，底层和顶层建筑室温相差 6℃以上。对于这种现象最有效的解决措施是实行供水温度分栋调节，在每幢楼热力入口的供回水管上安装旁通管和变速混水泵，将热源出口高温热媒直接输送到楼栋入口，与回水混合降温后送到用户中去，实现小区干管小流量、大温差、高水温，末端用户大流量、小温差、低水温运行，同时通过改变混水比调节供水温度，改变混水泵转速或阀门开度调节楼内循环流量，实现单幢楼宇的供热质、量并调。

非新建集中供热系统一、二次管网均没有自动监测和自动控制设备，只有个别近几年新建的小区二次管网设置了自动监测和自动控制设备；很多非新建小区普遍存在入口架空的支管、干管大量裸露，保温损害严重，缺少维修保养。有些用户发现散热器温度较低时，习惯性地对散热器进行放水，这种现象在室外温度较低时较明显。很多非新建换热站潮湿、通风不良、空间狭小、维修保养不便；温度表、压力计读数不准或者损坏；水泵、管道腐蚀相当严重；时有阀门漏水现象；换热站工作人员专业素质普遍偏低，只负责机械读数，缺少运行维护的常识。

2. 二次调查、诊断

(1) 大流量、小温差运行

用超声波流量计检测了各热力站的一、二次管网的流量；利用点温计检测了一、二次管网的供回水温度。调研测试的 97 个换热站中有近 50%的一、二次管网供回水温差偏低，一次管网温差平均值为 20℃左右，二次管网温差平均值为 8℃左右，一、二次管网温差具体分布情况如图 9-3 和图 9-4 所示。从图 9-3 和图 9-4 可以看出，近 35%的换热站一次管网温差在 20℃以下，有 7%的换热站一次管网温差竟然在 10℃以下；50%以上的换热站二次管网温差在 10℃以下，有 9.7%的换热站二次管网温差在 4℃以下，有的竟然不足 2℃。很显然，一、二次管网目前均处于大流量、小温差运行状态。

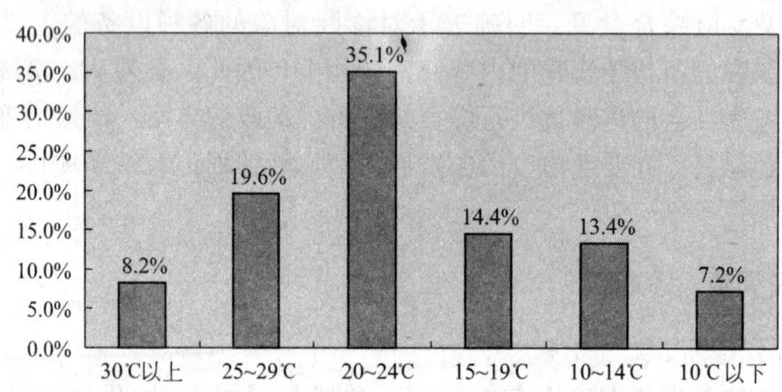

图 9-3　全网各换热站一次网供回水温差分布图

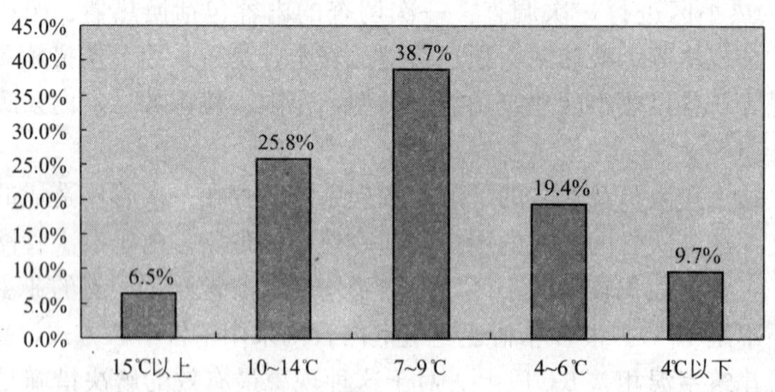

图 9-4　全网各换热站二次网供回水温差分布图

(2) 各供热小区热耗诊断

根据国家的三步节能政策，以20世纪80年代的建筑为参考基准，各类建筑测试期间热耗指标如表9-4所示。因国家没有明确提出公共建筑的热耗指标，在此认为与住宅建筑相同。

不同类型建筑热耗指标 **表9-4**

建筑时间	1990年以前	1990～1999年	2000～2004年	2005年以后
住宅热耗指标(W/m²)	46(60)	32(42)	23(30)	16(21)
公建热耗指标(W/m²)	46(60)	32(42)	23(30)	16(21)
厂房热耗指标(W/m²)	35(50)			

注：测试期间室外日平均温度为－2℃，采暖室外设计温度为－8℃，民用建筑室内设计温度为18℃；厂房室内设计温度为14℃；括号内数值是设计状态单位热耗指标。

将97个供热小区按照建筑功能、建筑年代和建筑类型进行了分类，根据一、二次管网的流量、供回水温差，计算出各换热站供热小区单位面积热耗。去掉极端的最大耗热量和最小耗热量，得出各类建筑的热耗平均值，具体如图9-5所示。

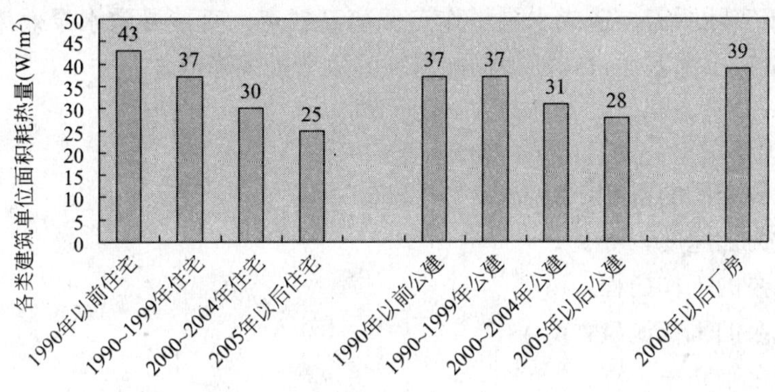

图9-5 各类供热小区热耗平均值

从图9-5和表9-3可以看出，测试的各类建筑除了1990年以前的住宅，其他的均没有达到国家各阶段的节能标准，但是不可否任的是1990年以后的建筑均向节能迈进了一大步。以住宅建筑为例，20世纪90年代的建筑节能约20％，2000～2004年的建筑节能约35％，2005年以后的建筑节能近50％。

(3) 系统冷热不均现象严重

以各年代建筑热耗平均值作为分析指标，计算出各个供热小区热耗偏离百分比，具体见图9-6。从图9-6可知，高于热耗指标15％以上的小区共有37个，达到38％。有3个小区高于热耗指标竟达300％以上；低于热耗指标15％以上的小区共有24个，达到24.7％。从整个测试结果看，整个管网存在较严重的冷热不均现象。

(4) 热源处于大马拉小车状态

测试的集中供热系统总供热面积约622万m²，根据建筑功能、建筑年代及建筑类型计算其所需的总热耗。系统所需总耗热量应为192194kW。而根据监测的数据计算系统实际总热耗为230445kW，实际超过的热耗为38251kW。若按国家三步节能政策规定热耗指

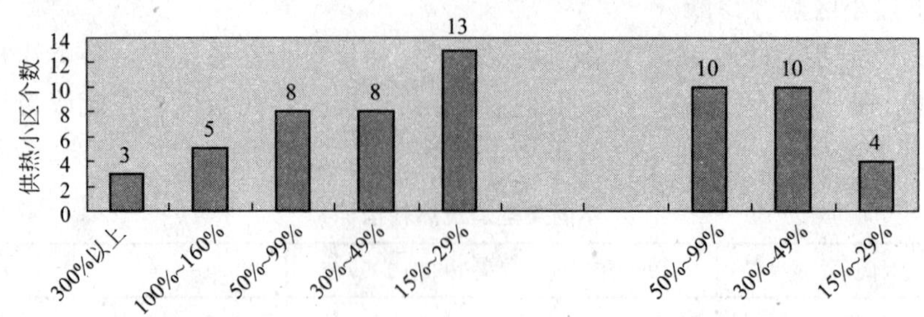

图 9-6　偏离热耗指标 15%以上的小区分布图

标来算，系统需要总热耗应为 154256kW，则系统实际超过的热耗为 76189kW。显然，目前集中供热系统热源处于大马拉小车状态。

(5) 循环水泵选型过大

一次管网循环水泵实际运行扬程约为 91mH_2O，流量为 9041m^3/h。循环水泵的额定扬程为 150mH_2O，额定流量为 2600m^3/h，配用功率为 1600kW，额定效率为 75%，4 台水泵并联运行。根据式(9-6)计算得水泵实际运行效率约为 40%。显然，由于循环水泵的额定扬程远大于实际所需，造成水泵工作点偏离高效点，直接导致水泵效率大幅度降低，管网处于大流量、小温差运行，使得输配系统的效率极大降低。

$$\eta=\frac{N_e}{N}=\frac{\rho gGH}{N}\times100\% \tag{9-6}$$

式中　ρ——输配介质的密度，kg/m^3；

g——重力加速度，m/s^2；

H——水泵的工作扬程，m；

G——水泵的工作流量，m^3/s；

N——水泵轴功率，W。

(6) 输配系统一次能效比偏低

集中供热系统一次管网输配系统能效比是指建筑物的热负荷与输配系统(一次网)耗功率(一次能源量)的比值，其定义式为：

$$PER_s=\frac{Q}{N_s}\eta_f\eta_w \tag{9-7}$$

式中　PER_s——集中供热系统输配系统(一次网)的一次能效比；

Q——输配系统输送至换热站的热量，在数值上等于热源系统制备的热量减去输配系统的热量损失值，kW；

N_s——输配系统(一次网循环水泵)耗功率，kW；

η_f——电厂的发电效率，取 $\eta_f=32\%$；

η_w——电网的输送效率，取 $\eta_w=95\%$。

测试的集中供热系统水泵工作点的扬程为 91mH_2O，流量为 9041m^3/h，运行效率为 40%，配用功率为 6400kW，系统输送至 97 个换热站的总热量为 230445kW，则根据式(9-7)计算得输配系统一次能效比约为 10.4。若选定的循环水泵处于高效区运行，其效率为 75%的话，则一次能效比约为 20。测试的集中供热系统处于大流量小温差运行状态，若提高供回水温差，假定选定的循环水泵均在高效区运行，效率假定为75%，则其一次能效比将大幅度提高，具体值见表9-5。

不同供回水温差时集中供热输配系统一次能效比 **表9-5**

供回水温差(℃)	水泵流量(m^3/h)	水泵扬程(mH_2O)	水泵轴功率(kW)	水泵配用功率(kW)	一次能效比
20	9041	91	2988	3320	20
25	7233	73	1918	2131	31
30	6027	58	1270	1411	47
35	5166	49	919	1022	65
40	4520	43	706	784	85

从以上计算分析可知，由于循环水泵与管网特性不匹配，选型过大，工作点偏离高效区，造成系统处于大温差、小流量运行状态，使得输配系统一次能效比偏低，实际输配系统能效比仅为10.4左右。若选择合适的水泵使其处于高效区，则一次能效比约为20。若供回水温差从20℃提高到40℃，则一次能效比将提高到85，输配系统的电耗将大大降低。

9.4 建筑供能系统节能改造技术

9.4.1 供热系统节能改造技术

既有建筑供热系统的节能改造工作应该是从末端系统改造开始到热源结束的一个过程。只有末端热用户的能量消耗减少才能保证整个系统的能源节约。反过来，若只是针对热源热网的节能改造而忽视了热用户的节能改造，会造成整体能源消耗减少但热用户的基本使用要求难以得到全面满足的局面，这与目前倡导的可持续发展本质上是相违背的。因此，供能系统的节能改造技术也应该针对末端不同的系统进行整体设计。

1. 基于通断时间面积法的供热系统改造技术

通断时间面积法是《供热计量技术规程》(JGJ 173—2009)中明确的我国现阶段可使用的4种计量模式之一。通断时间面积法解决了户用热量表法的计量不公平、设备易堵等问题，同时又能够实现分户的控制、调节和计量，经济实用，并且在根本上消除了位置对于分配的影响，是一种适合我国国情的热计量方法。

(1) 室内采暖系统改造关键技术

系统楼内主立管为双管异程，每户一环，入户供热给水管上装设热计量表，户内为水平单管顺流或水平双管系统，户内不装设散热器恒温阀；热计量表为设计的新型热量表，其基本结构由室内温控器通过导线连接表本体组成，表本体包括流量传感器、温度传感器和电动球阀(二通或三通)。室内温控器可采用机械电子式或可编程电子式，根据设定的室内温度发出通、断信号，通过连接导线控制电动球阀(二通或三通)的启、闭状态，进而控制供热运行，如图9-7

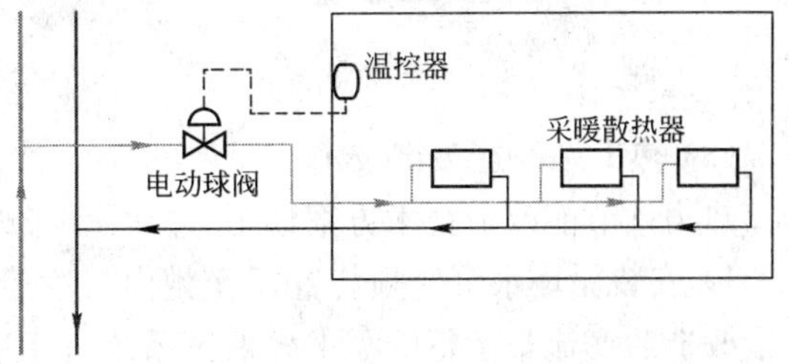

图9-7 新型供热计量控制系统结构示意图

所示。

其控制方式是：根据需要，当家中无人时可将室温控制器的设定温度调低(例如 9～8℃)，家中有人或需要时，可将室温控制器的设定温度调高(例如 18℃)。室温控制器通过感温元件测得室内温度，再与设定温度比较而发出通断信号给热量表，热量表检测到该信号后自动控制电动球阀的启、闭，实现供热控制。

该调节控制模式与温控阀调节模式不同之处在于：温控阀调节模式是靠节流实现供热流体的变流量调节；该调节控制模式是靠电动(电磁)阀的启、闭频率不同实现供热流体的变流量调节。

在总热力入口安装总热量表(测量设备见图 9-8)。

总热量表和通断式温控式热分配表均应具备远传功能。

(2) 二级管网改造关键技术

现阶段供热管网(二级网系统)与室内采暖系统连接主要是直接连接。由于各热力入口直接与室内采暖系统连接，供热计量运行后热用户的调节会导致二次管网的压力变化，即调节用户会间接影响到其他用户的压力、流量。另外，由于有很多用户将自己的系统进行了改造，因为系统上的差异使得每一个单元的各户之间产生了流量的再分配，在一定程度上造成了每一个单元系统内部的水力失调。根据供热系统变流量运行的要求，安装自力式压差控制阀，以保证热用户压力的稳定性。

采用在热力入口的井室内设置自力式压差控制阀，入口井室内改造示意图如图 9-9 所示，将自力式压差控制器安装在热力入口的回水管道上，将其测压孔安装在邻近的供水管道上。

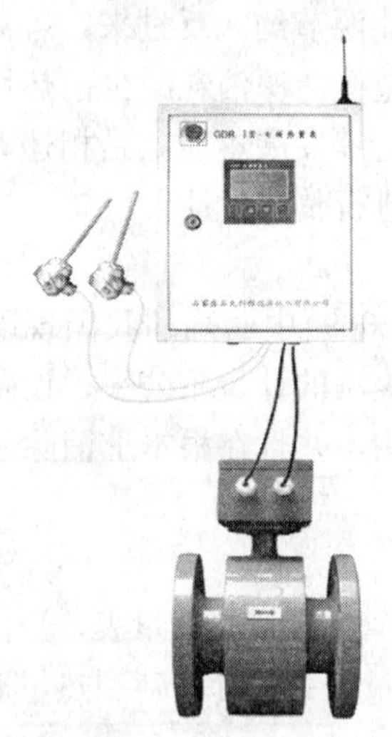

图 9-8　GDR 电磁热量表

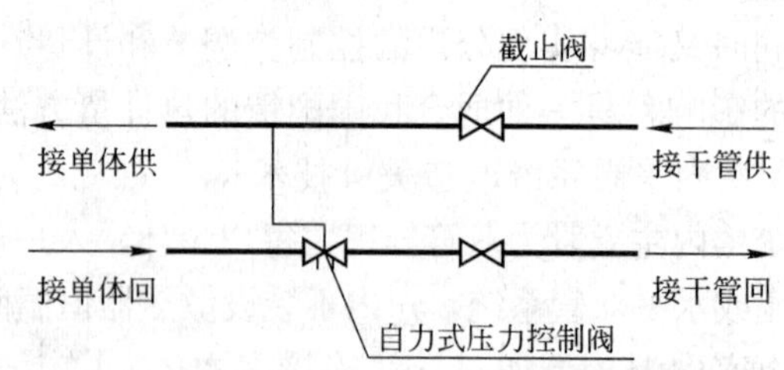

图 9-9　采暖入口井室内改造示意图

(3) 热力站改造关键技术

热力站节能改造技术方案如下：

1) 安装循环水泵变频装置，变频由二次管网侧的供回水压力差控制，满足供热系统计量改造后变流量运行的需求，保证系统可靠运行，减少循环水泵电耗。

2) 一级管网管道上安装电动调节阀，实现调节作用。

3）热力站内二级管网回水管道上安装总热量表、二级管网供回管道上安装压差控制器、温度传感器。总热量表具有数据远传功能，上述设备控制采用换热站DDC自动控制装置集中调控。实现总热量计量、耗热量监测、系统自动优化运行，实现最大节约热量和减少电耗。

4）对补水水泵安装变频装置。系统原理图如图9-10所示，系统结构简图如图9-11所示。

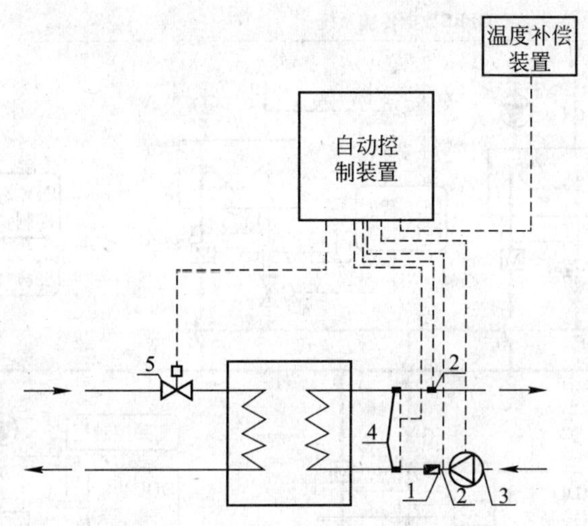

图9-10 热力站自动控制系统原理图

1—热量表；2—温度传感器；3—循环水泵；4—压差传感器；5—电动调节阀

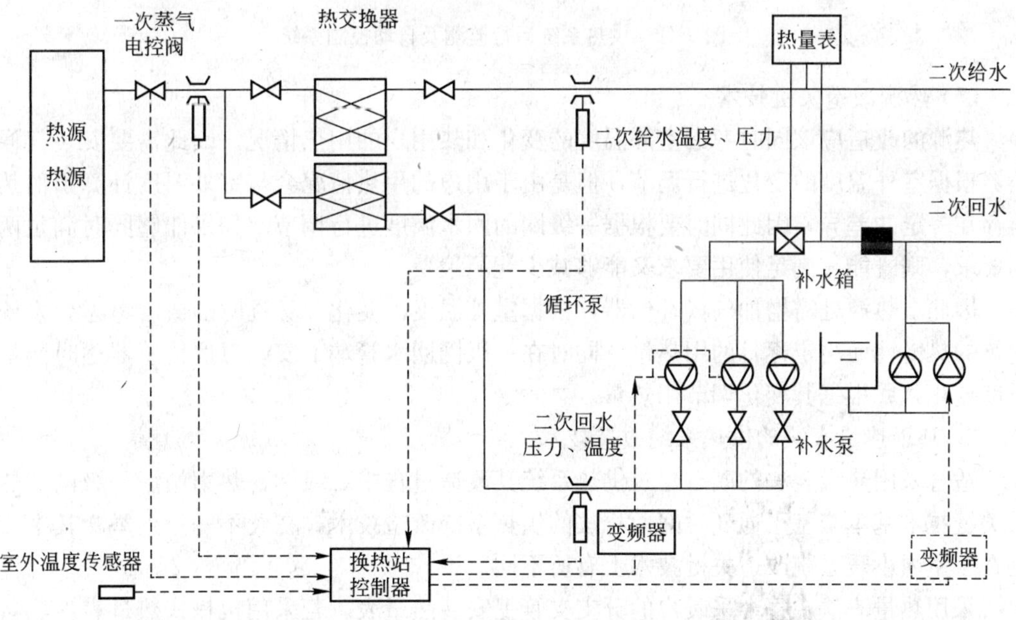

图9-11 热力站自动控制系统结构简图

(4) 一级管网改造关键技术

对于一级管网，主要解决因为各个热力站之间的能量调节带来的流量再次分配使得水力工况发生改变。因此一级管网的最大问题与二级管网类似，要解决水力失调的问题。因此，在目前结构上主要通过各个热力站一级管网上安装的电动调节阀来实现控制。此外，为了从整体上控制一级管网，应将全部一级管网电动调节阀由集中集控装置统一调度，因此需要安装远程调控装置，具体控制系统如图 9-12 所示。

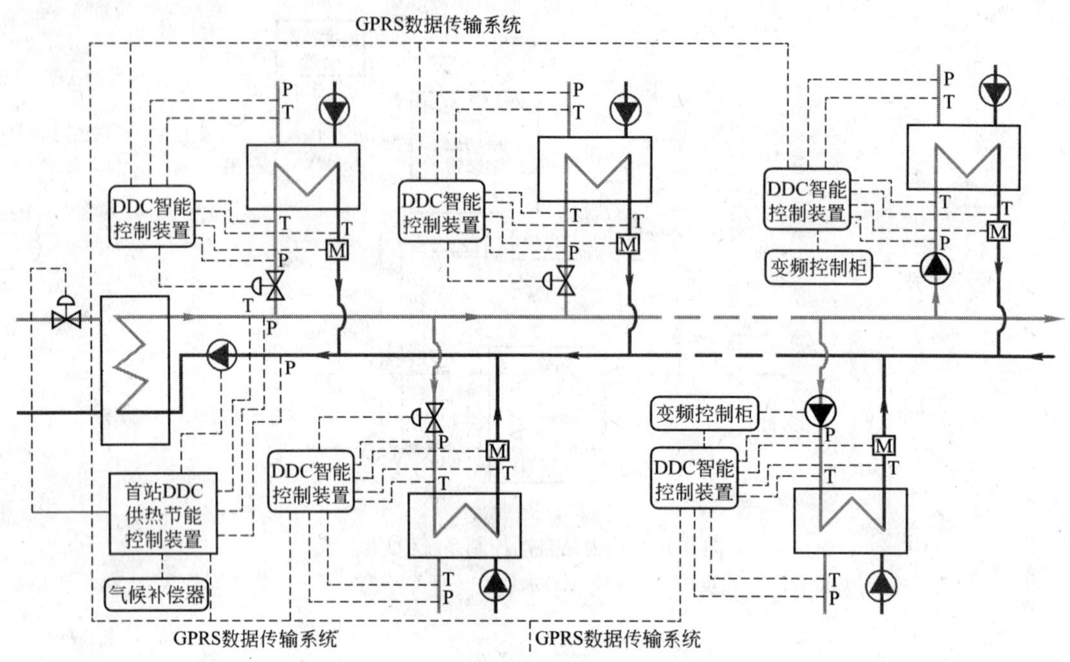

图 9-12　供热系统运行监测及自动控制系统

(5) 热源改造关键技术

热源的改造应该同时考虑室外温度的变化和热用户的用热情况。因此需要安装气候补偿器根据室外温度的变化进行调节，但是由于用户的用热情况会与室外温度计算出的热负荷存在一定的差异，因此同时要根据一级网的回水温度进行调节。如果能够同时满足两者的要求，则既能够满足使用要求又能够减少能源浪费。

因此在热源处需增加气候补偿器，根据室外温度的变化计算逐时的或者考虑到系统和建筑的热惰性而决定逐日的用热量。同时在一级网回水管端上安装温度传感器逐时测量其温度变化，并根据其变化调节用热量。

2. 基于热量表法的供热系统改造技术

适合采用热量表法的既有建筑供热系统其改造过程中二级网、热力站、一级网和热源的关键技术基本与基于通断时间面积法的供热系统改造技术，在此不一一列举，其主要区别在于室内供暖系统改造关键技术上有所不同。

采用热量表法在每个采暖户的分支支管上安装热量表。若采用机械式热量表，热量表之前应安装除污器。室内系统可根据实际情况安装调节装置：散热器采暖情况下宜在每组散热器入口处安装温控阀；低温地板辐射采暖每个环路宜安装手动调节阀。

热量表法主要问题在于热量表的易堵和损坏问题，因此在运行管理过程中要及时监控相关数据，一旦发现热量表出现故障要及时维修或者更换。

3. 基于分时控制模式的既有公共建筑供热系统改造技术

针对既有公共建筑来讲，其改造模式与民用住宅建筑有所区别，主要针对其特点采用分时段控制的原则。具体改造技术如下：

二级网及末端改造关键技术：在整个建筑的总热力入口或者整个建筑群总热力入口安装总热量表和调节阀。总热量表宜采用超声波流量计，调节阀宜安装电动调节阀，根据建筑工作时间进行分时段调节控制，电动调节阀的控制应由相应自动控制装置设定，自动控制设备的安装位置宜安放在建筑总体控制室内。

9.4.2 HOMS 技术应用于既有集中供热系统技术升级改造的工程实例

1. HOMS 技术及其系统

供热系统节能监控中心是掌控整个供热系统调度的枢纽，最主要是管理平台，HOMS 是北京硕人时代科技有限公司开发的供热系统节能管理平台，可以实现远程无线访问，用户只要有一台能上网的计算机或手机通过 IE 访问监控中心服务器即可掌控全网运行。

HOMS 是一套构建于世界先进的 .net 技术平台，全面支持 XML 技术，纯粹的 B/S 结构，基于 Internet 和无线网络技术，支持从工作站到掌上电脑和手机用户的远程访问，可实现数据实时采集、实时调度、实时报警、并且提供多样化的数据报表和曲线棒图分析。HOMS 系统控制终端的组态画面实例如图 9-13 所示。

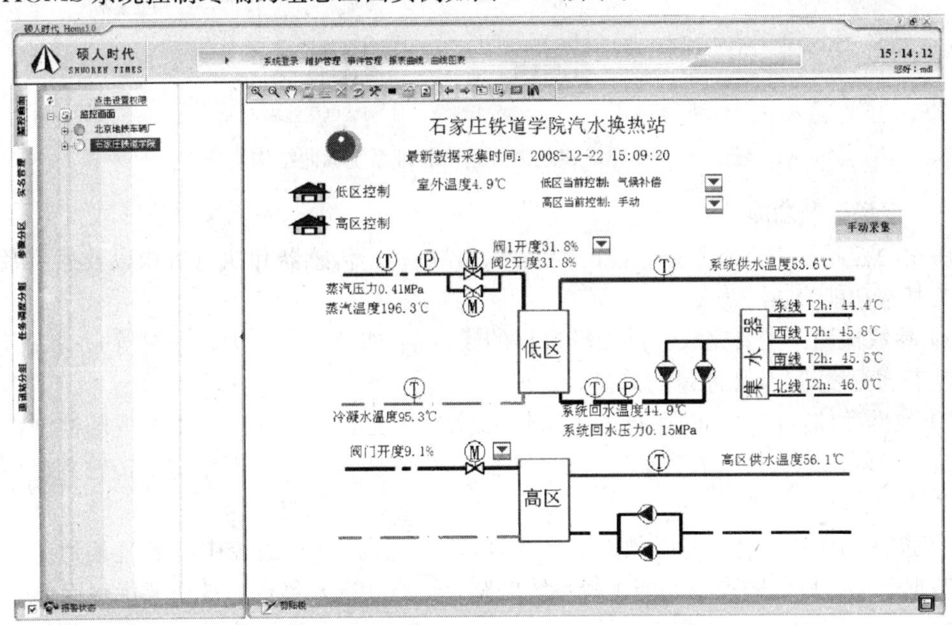

图 9-13 HOMS 系统控制终端的组态画面实例

HOMS 供热调度运行管理系统是建立在原有公共通信的基础上，建立的一个集多种通信模式的管理系统。HOMS 供热运行指挥管理系统如图 9-14 所示，在物理层面上它主要由四部分组成：监控中心、通信网络、现场监控设备、一次仪表；在软件层面上主要包括三部分：现场控制软件、通信软件、中央监控调度软件。

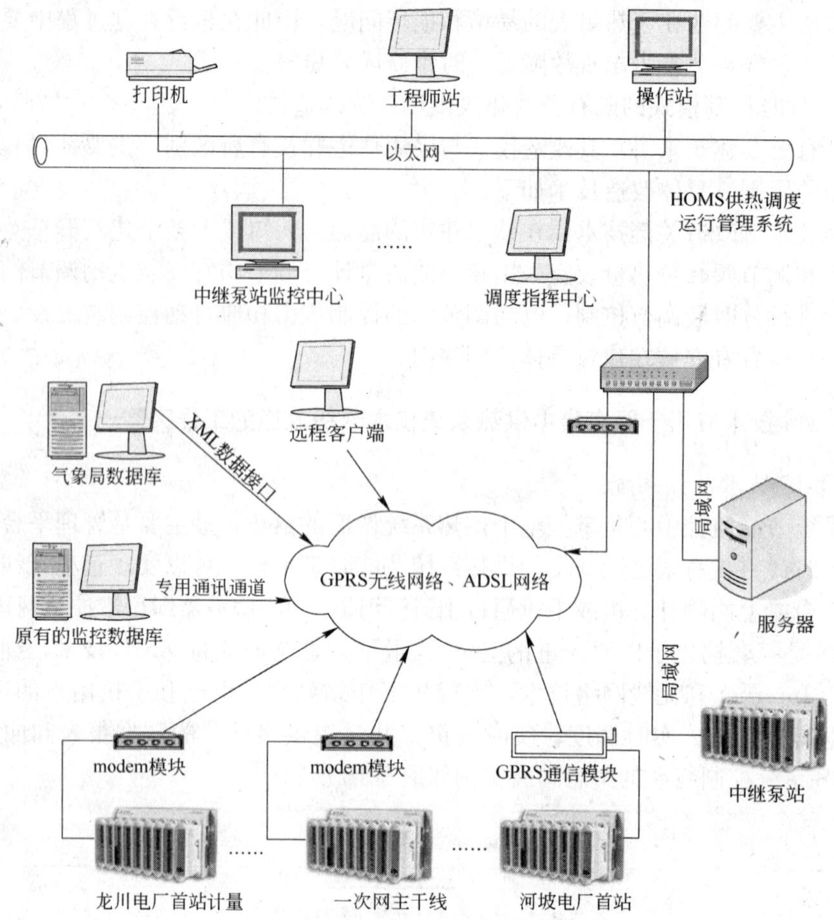

图 9-14　HOMS供热调度运行管理系统纵向结构实例

(1) 现场控制功能

各站的控制是由具有测控功能的控制器、控制柜、传感器和执行机构以及通信系统组成，其基本功能为：

1) 参数检测：主要完成管网现场过程的模拟量(如温度、压力、热量等)、状态量(如泵的状态、温度等)及脉冲量的测量。

2) 数据存储：由于热网运行的大惰性和控制系统的非实时性，要求现场控制设备能按指定的时间间隔进行参数存储，一般情况下这些参数通过通信网络定期传输到监控中心的服务器中。

3) 通信：现场控制设备必须能够在主动或被动方式下与监控中心通过某种通信网络进行数据通信，以便监控中心能了解系统的整个运行状况，做到系统协调优化运行。

4) 显示操作功能：如果有条件的话，现场控制设备应具备液晶显示和操作界面，以方便运行人员在现场对运行状况一目了然，同时可以人工直接控制调节系统运行工况。

5) 报警功能：现场控制设备能够识别参数异常，并做出报警提示、报警上传等故障处理。

6) 控制调节功能：现场控制设备能够灵活的完成室外温度补偿、自动补水、温度调节、流量调节等自动控制环节。

① 温度控制。二次网供温度控制有直接设定控制、室外温度补偿控制等多种控制模

式。其中直接设定控制指在现场控制设备操作街面上运行人员根据经验直接设定合适的二次网供水温度，然后控制设备通过调节一次网电动阀保证二次网供水温度达到设定值；室外温度补偿控制则根据室外温度的变化，随时调整二次网供水温度。既可以通过对照查表，也可以通过设定曲线的方式实现。

② 压力(流量)控制。根据二次网的供水压力或供回水压差来控制二次网循环水泵的运行台数或频率，取压点的位置可以在二次网的供回水管上，有条件的场合可以将测压点放在系统最不利用户的供回水干管上。该控制模式下也可以称为变流量运行控制。

③ 补水控制。自动补水主要可以分为膨胀水箱定压补水、变频定压补水、旁通定压补水等三种方式。

(2) 通信系统

通信是整个热网控制系统联络的枢纽，各个热力站、热源、管道监控节点和泵站通过通信系统形成一个统一的整体。为了实现运行数据的集中监测、控制、调度，必须建立连接所有监控点的通信网络。整个通信系统分上位机、下位机和通信网络三个部分，其中各部分实现的功能如下：

1) 通信系统上位机

① 定时数据采集：即用户可以自己指定哪些下位机在什么时间来进行数据采集，其中采集顺序可以灵活设定。

② 单站采集，即由用户指定采集某一个站的数据，单站采集中又分为采集单站的实时数据和采集单站的历史数据两种。

③ 实时循环采集，即由上位机按照用户指令每隔多长时间统一采集各站数据，比如每 1min 对所有的下位机进行数据采集。

④ 控制功能：可通过通信程序来实现远程控制现场的目的。

⑤ 接收下位机上传的故障：当下位机判断现场有故障时，比如哪个执行器坏了，或现场断电了(此种功能必须在 UPS 支持下才可以成功)会主动通知上位机。

2) 通信系统下位机

下位机通信主要是现场控制设备必须具备相应的通信接口设备，如接电话的串口、接工业以太网的网卡、接工业总线的 RS485 等硬件接口，同时必须具备相应的软件协议。可以实现以下功能：

① 自动响应中央站呼叫，接收上位机通信程序的各种控制指令。

② 主动将报警信息，发往控制中心报警点。

③ 按要求给上位机提供各种数据等服务。

3) 通信网络

通信网络相当于一个邮政系统，把每个人发送的信件及时准确的传送的目的地，对于用户而言，通信网络应该是“透明”的，即用户只需要关心自己要发送什么信件，而不必关心邮局是如何组织的。目前，较为可靠的通信网络有公用电话网、工业以太网、工业总线、无线通讯、GSM/GPRS 移动通信网，各地的通信方式收费不一样，根据当地的网络建设情况和投资费用等因素综合考虑。

目前阳泉市 HOMS 供热运行指挥管理系统集合了多种通信方式，包括 ADSL、GPRS 通信、局域网通信等，充分利用了现有公共通信，并可以兼容多种通信模式。

(3) 监控中心软件功能

监控中心是整个供热运行系统的大脑，根据各站的实时数据，综合调度全网运行。HOMS供热调度运行管理系统安装在监控中心的服务器上，为管理人员提供运行管理平台。HOMS具备以下功能：

1) 支持多种通信方式：支持所有常用通信方式，包括以太网、光纤、ADSL、GPRS、CDMA、APN、VPDN、电话拨号、电力载波、无线局域网等，并支持ModBus、TCP/IP、HTTP、XML、OPC等协议。

2) 通信调度：采用多线程并发技术，通信资源得到最大限度的利用，性能得到最大的优化。同时，通信任务分配、调度、执行与记录机制使得通信资源的利用可以自由配置组态，通信成本得到很好的控制，通信制造情况得到管理，大大方便通信系统的调试与维护。同种通信方式下的数据采集任务，各个调度任务之间互不影响。

3) 矢量图显示：支持超大的监控画面，以大尺度平面图的方式显示大面积的监控系统全图形式。实时画面监控参数以及运行状态。

4) 数据实时采集：通过现场STEC系列控制器，实时采集各站运行参数；可进行通讯参数和数据采集的设置；并能够查看通信调度日志和控制日志。

5) 数据存储和处理：数据中心分为实时数据库、事件记录模块、XML数据源层、OPC服务器和客户端、数据处理模块、数据报警检查模块。

实时数据库特别为监控系统中心设计，支持海量数据存储、支持高频率的数据采集。

数据中心提供强大的数据处理能力，在记录原始数据的同时，将原始数据按存储间隔以分为六个层次(年、月、周、日、时、分)进行统计与计算，计算出分时段的最大值、最小值和平均值。

6) 报表的组态与配置：报表是监控软件的基本功能。HOMS 5除提供了基本数据报表功能外，还提供了带分析统计的报表。HOMS 5提供内置到FrontPage中的报表组态工具，工程师还可以根据用户的需要轻松地定制报表。

报表可按站或按时间等方式排列。可以通过输入查询条件生成满足要求的报表。

① 历史数据的查询、打印和导出。

② 报警功能：

✧ 对所有的参数都可以设置报警；

✧ 多种报警方式，包括报警提示、语音报警和手机短信报警等；

✧ 提供多种报警管理功能，包括基于事件的报警、报警分组管理、报警优先级、报警过滤等，以及网络的远程报警管理；

✧ 一个参数可以设置多个不同条件的报警；

✧ 每条报警都拥有自己惟一的描述信息，该信息会在报警参数配置时显示在报警类型列表当中，报警有详细的记录，可以随时查询；

✧ 根据报警的级别，有选择地进行短信报警；报警内容可以定制；当参数产生报警时，监控中心会以自动将报警发给指定号码的手机。同一个报警可以发给多个手机号码；

✧ 监控参数的语音报警：监控参数的报警配置，可以定制为语音报警，当参数产生报警时，电脑会以语音的形式将报警内容以声音的方式传递给用户。

(4) 视频监控

随着供热系统规模的不断发展，不少热力站只能做到无人值守，运行人员轮训检查，为了保障热力安全，视频监控越来越受到关注。阳泉市供热运行指挥管理系统采用网络视频服务器建立视频监控子系统。

网络视频服务器是第三代全数字化视频分散/集中监控系统的核心设备，属于最新的数字化监控产品，利用它可以将传统摄像机捕捉的图像以及报警探头的报警信号进行数字化编码处理后，通过局域网、广域网、无线网络、Internet 或其他网络方式传送到网络所延伸到的任何地方，千里之外的网络终端用户通过普通电脑就可以对远程图像进行实时的监控、录像、管理。

监控中心设置视频服务器，利用客户端软件，在权限允许的监控区域和监控点，可分别实现对远程现场的实时监控、对镜头、云台进行控制或浏览。监控的图像可根据地点、权限分成监控组，以 1 分屏、4 分屏、9 分屏、16 分屏显示，组内图像可自动轮巡，切换时间可以任意调节。同时，视频监控系统提供远程访问功能，维护人员不必到达设备现场就可修改设备的各项参数，提高了设备的维护效率。

(5) 水压图分析

HOMS 系统支持开发动态水压图，随着热电厂首站、中继泵站以及一次网各运行关键点压力的变化实时调整水压图，同时支持直接打印水压图。水压图上显示各站的地势标高、各站的表压值和绝对压力，如图 9-15 所示。

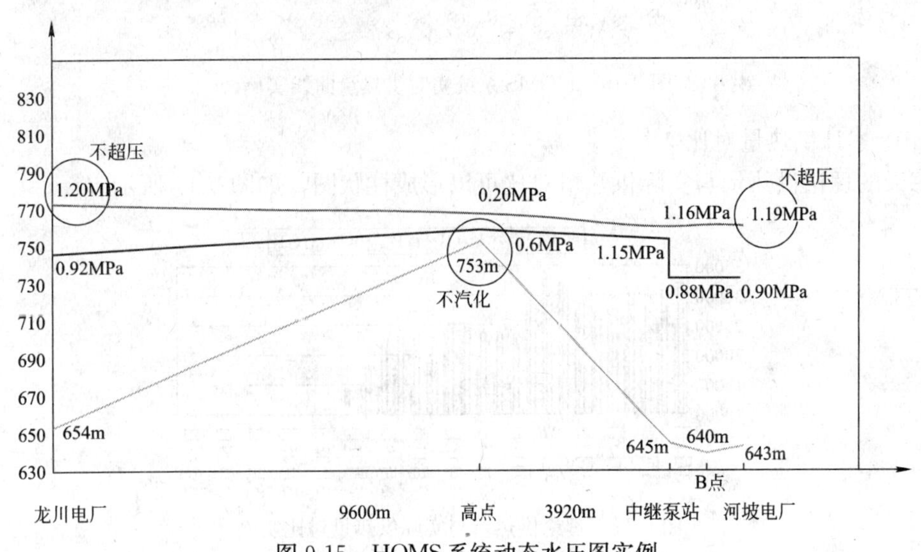

图 9-15 HOMS 系统动态水压图实例

从水压图上可以清楚地看到管网运行情况，为了保证安全运行，电厂出口不能超压、最高点不倒空。

(6) 气象参数的接收

气象参数是由当地气象局发送到 HOMS 服务器，HOMS 供热运行指挥管理系统的 XML 数据源层向外提供 XML 格式的数据接口，使得外部系统、软件或设备可以非常容易地与 HOMS 集成。同时提供 OPC 服务器和客户端接口，以兼容支持这种接口的软件和硬件。

气象参数可分成两类：

第一类为实时气象：整点室外温度；

第二类为气象预报：一周的最低气温和最高室外温度、当天和第二天的48h整点时刻的室外气温等。

(7) 供水温度调节

HOMS供热运行指挥管理系统根据实时室外温度，给出一次网理论供水温度和二次网理论供水温度，并结合实际运行温度不断锻炼理论供水温度的神经网络算法。

(8) 供热量分析

1) HOMS供热运行指挥管理系统根据明天的最高和最低室外温度，可以自动计算预测出明天瞬时供热量的上限和下限。

2) 根据气象参数，自动计算出每天的理论供热量。

(9) 瞬时供热量曲线分析

采集实际供热量，自动形成曲线，曲线中标记出理论瞬时供热量的上下限曲线，如图9-16所示。

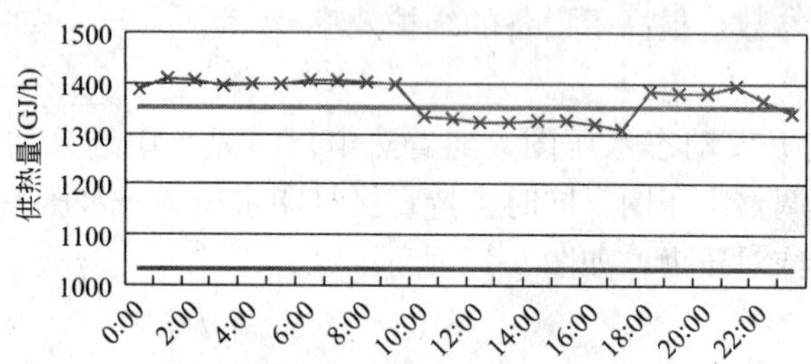

图9-16 HOMS系统实时供热量曲线实例

(10) 累计供热量对比

每天的理论供热量与实际供热量对比可以形成柱状图，如图9-17所示。

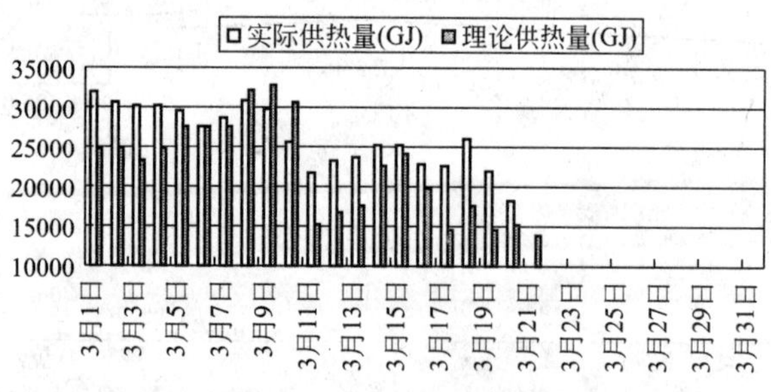

图9-17 理论供热量与实际供热量对比实例

2. HOMS工程应用实例

(1) 阳泉热力公司应用实例

针对阳泉市的供热管网特点，2009年采暖季前配置一套HOMS供热指挥管理系统。对热电厂计量站、中继泵站、供热管网主要节点、各换热站进行实时监控，形成动态水压图，时刻关注管网压力变化，防止超压或汽化；根据气象局提供的气象参数协调调度电厂供热，同时实现调整各换热站的热量；对中继泵站进行厂站现场监控，保证回水加压泵安全稳定运行。经过2009～2010年一个采暖季的试运行，运行稳定，结果令人满意。

阳泉市热力公司在使用HOMS供热运行指挥管理系统后，在2009年采暖季已经监控了全市的2个热源厂、1个中级泵站和近70个换热站，运行稳定，增强了以下几个方面的管理：

1）缩短了故障的发现处理时间：由于中继泵在整个供热管网中非常重要，因此对中级泵站的监控是实时在线，一旦回水加压泵有异常，立即报警通知值班和管理人员，并根据报警自动处理故障，有效降低了严重事故的发生概率。同时还监控各主干网和换热站的运行，能随时监测运行情况。

2）缩短了调度时间：由于实时监测从热源、中继泵站、主干网到换热站的运行，避免了调整滞后，提高了供热管理人员的工作效率。

3）提高了管理精度：经过神经网络算法，计算出了理论值，让运行管理有理有据；存储了大量数据进行后台数据分析，大大提高了管理精度。

（2）工厂蒸汽供热系统节能改造实例

1）项目概述

北京市地铁运营有限公司车辆厂锅炉房（简称车辆厂锅炉房）始建于 1960 年，原为燃煤蒸汽锅炉房，2003 年改建为燃气蒸汽锅炉房。

车辆厂锅炉房现有燃气蒸汽炉 2 台 10t/h 和 1 台 20t/h，运行一台 10t/h 和一台 20t/h 的蒸汽锅炉。车辆厂总供热面积约 10.7 万 m^2，高大厂房（建筑高度达 18m 以上）供热面积为 47492.4m^2，直接采用蒸汽排管散热；住宅、办公楼及部分厂房供热面积为 59708.77m^2，采用蒸汽换热成热水采暖，锅炉房热力系统如图 9-18 所示。

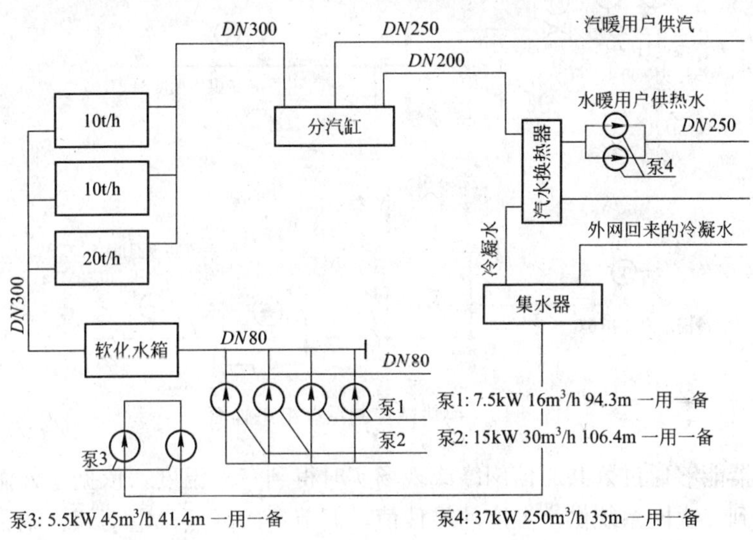

图 9-18 锅炉房热力系统图

车辆厂锅炉房内设置一组板式换热器，汽水交换成热水后给办公楼、住宅和部分厂房采暖，分汽缸压力恒定为 4.4kgf/cm^2，车间末端压力恒定为 2kgf/cm^2 左右。

经过实际考察，发现系统存在的问题：车间、办公楼和住宅混杂在系统中，不能实现车间和办公楼等公共建筑不能分时段调节；蒸汽换热系统供热量不能精细调节；管网水平失调，某些用户室温偏高，某些用户室温不够。

对系统进行详细设计分析后，采取如下节能改造措施：

① 建立一个供热系统节能监控中心，实时监控车辆厂燃气锅炉房热量供给情况、各车间和办公楼的分时分区供热等；

② 蒸汽换热系统增设气候补偿器，实现热量的按需供给；

③ 在车间、大型办公楼等公共建筑的分支管上或热力入口增设公共建筑供热节能器，实现公共建筑的分时段供热；

④ 通过对现有及改造后的系统进行分析，对公共建筑实行分时分区改造后，系统减小的流量将流入住宅区系统，进而改善住宅区的供热状况，也有可能使得某些室温偏高，因此应进行全网的水力平衡，加装自力式平衡阀。

2）供热系统节能监控中心

供热系统节能监控中心是掌控整个供热系统调度的枢纽，最主要的是管理平台，车辆厂供热节能监控采用北京硕人时代公司研发的 HOMS 供热系统节能管理平台，实现远程无线访问，用户只要有一台能上网的计算机或手机通过 IE 访问监控中心服务器即可掌控全网运行。其换热站的控制系统组态画面如图 9-19 所示。

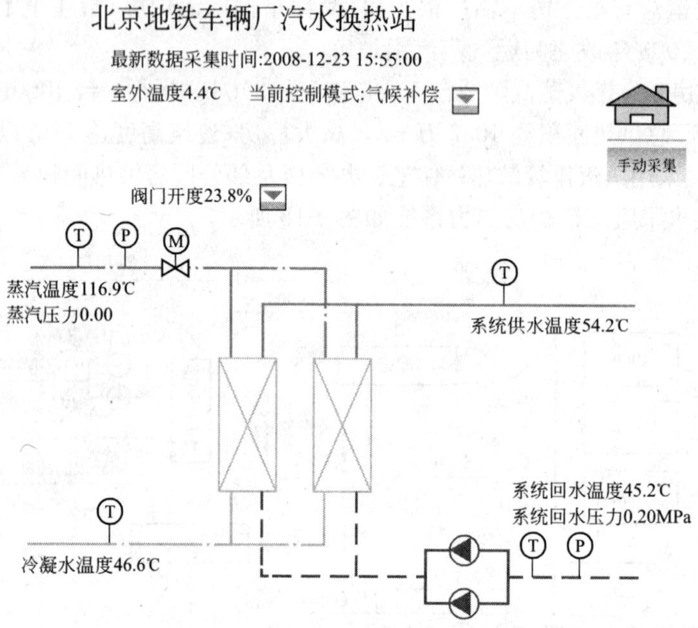

图 9-19　换热站控制系统组态画面

气候补偿器能够通过公共通信网络或现场实时得到室外温度，依据室外温度，通过优化分析计算得到二次网系统供水温度的最佳值，调节一次网蒸汽电动阀，调整进入换热器的蒸汽流量，使二次网供水温度达到最佳值，实现按需供热的目的，从而节约能源。

地铁车辆厂燃气锅炉供热系统给采暖用户供热，设有一组汽水换热器，在汽水换热系统上安装气候补偿器 QHOMS-5 型，实现供水温度的气候补偿调节，其功能有：

① 远程通过计算机监控气候补偿器工作，得到供热运行参数；

② 远程通过手机监控气候补偿器工作，得到供热运行参数；

③ 远程和现场设定系统的供水温度；

④ 远程和现场实现供水温度气候补偿；

⑤ 远程和现场调节电动阀；

⑥ 现场液晶显示运行画面和参数；

⑦ 通过公共通信网络实时得到发布的室外温度；

⑧ 现场液晶显示室外温度；

⑨ 远程和现场液晶显示供水温度调节曲线；

⑩ 手机短信得到气候补偿器工作状况及异常报警；

⑪ 通过现场液晶面板手动输入耗气量、耗电量、失水量等参数，进入计算机，便于进行能耗分析。

3）分时分区

通过在车间热入口设置公共建筑供热节能器 PB-HOMS，实现了车间的分时分区供热。无人使用时关闭或关小阀门，保证值班温度为 5～8℃；上班前提前打开阀门，保证职工上班时室内温度达到国家标准要求的 14℃±2℃。

公共建筑供热节能器由现场检测仪表、现场执行机构、现场控制器和监控中心四部分组成，根据地铁车辆厂的实际情况，提供三种控制模式：

① 自动控制：将整个采暖时间分为工作模式、周末模式、临时模式。在各个模式下的每一天还可以分成几个时间段，各个时间段的起始点都可以根据实际情况进行修改。通过液晶操作面板或监控中心上位机软件一次设定，可实现全年无人看守运行。

工作模式：顾名思义是应用于每周工作日的运行模式。

周末模式：周末无人使用时，结合室外温度，分时段修正阀门开度，保持建筑物内达到值班温度即可。周末模式不用重复设定，现场控制器有自动对表功能，可以自己判断何时执行周末模式。

临时模式：工厂车间可能需要临时加班等情况，这是启动临时模式。

② 温度控制模式：直接监测室内温度，根据此温度控制电动调节阀(电磁阀)，达到控制供水(回水)温度或者控制室内温度的要求。

③ 手动控制模式：直接按照不同的时间段手动给定电动调节阀(电磁阀)的开度，手动调节热量。

公共建筑供热节能器调节策略可自动形成曲线报表，如图 9-20 和图 9-21 所示。

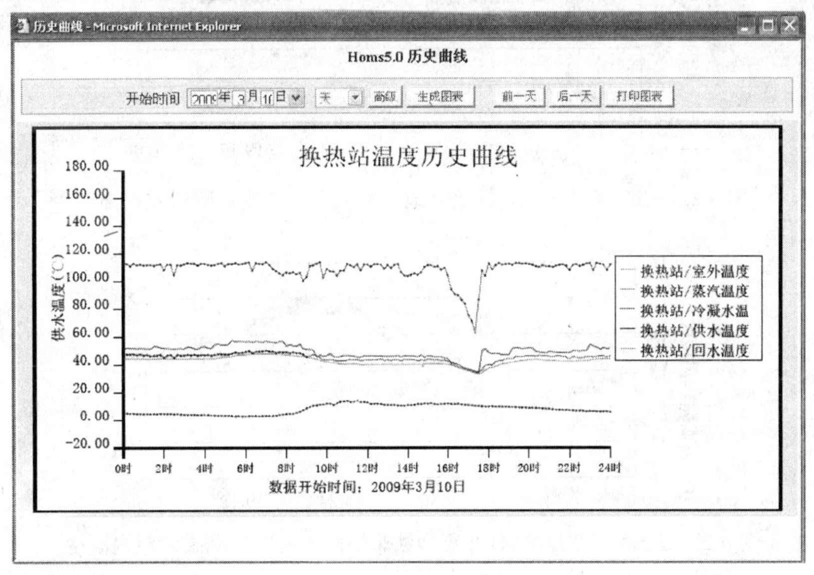

图 9-20 自动形成曲线报表(一)

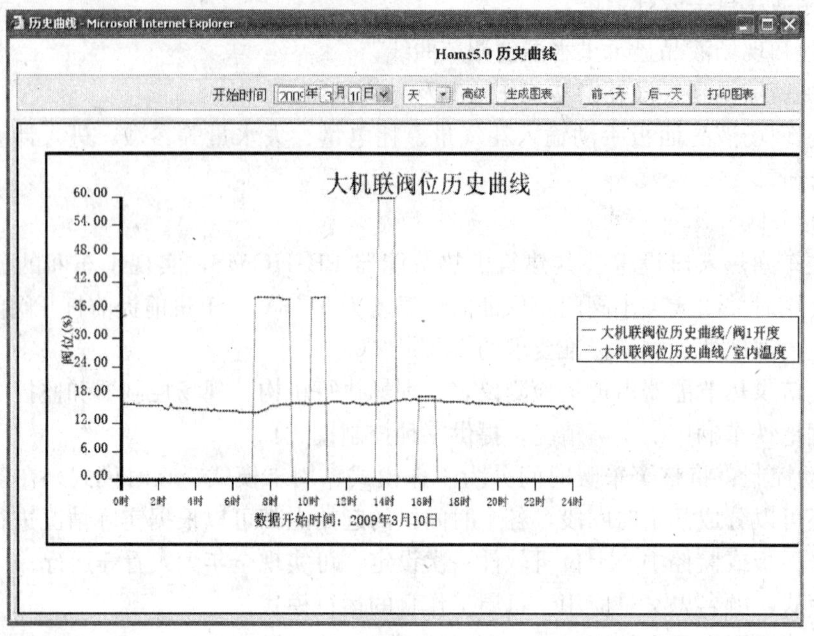

图 9-21　自动形成曲线报表(二)

4）节能改造后效果分析

供热节能改造后，汽水换热机组上采用气候补偿调节，并且车间的分时分区调节，这样的频繁调节是否会影响供热质量呢？第三方检测机构 72h 连续监测 9 个住宅用户的温度记录显示，取 2009 年 2 月 28 日(星期六)，住宅区 1 楼 3 门 102 室和 5 楼 3 门 302 室 24h 的室内温度形成曲线，如图 9-22～图 9-26 所示。

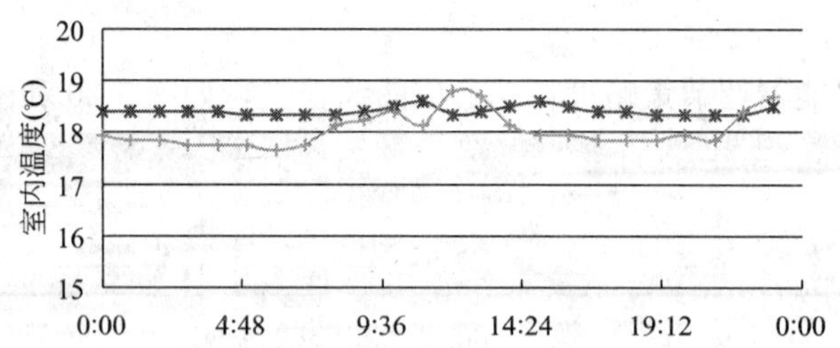

图 9-22　2009 年 2 月 28 日北京地铁车辆厂住宅用户瞬时室内温度

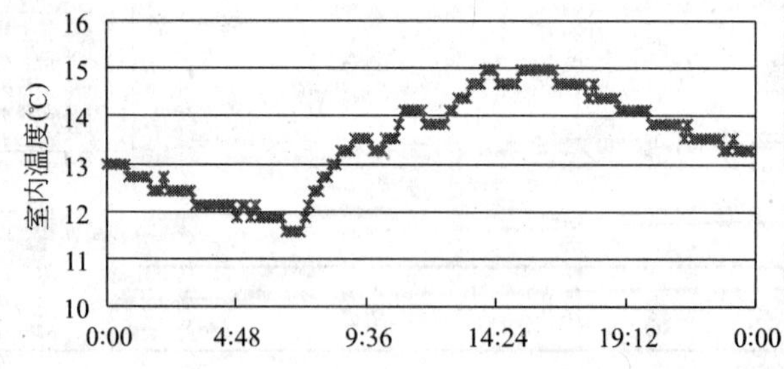

图 9-23　2009 年 2 月 27 日北京地铁车辆厂大机联车间瞬时室内温度

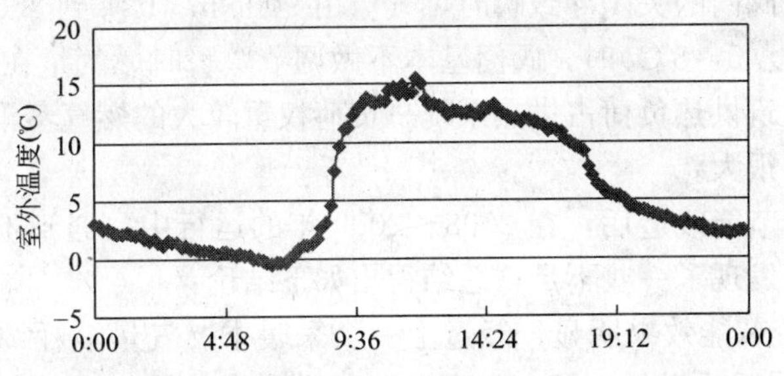

图 9-24 2009 年 2 月 27 日(星期五)瞬时室外温度

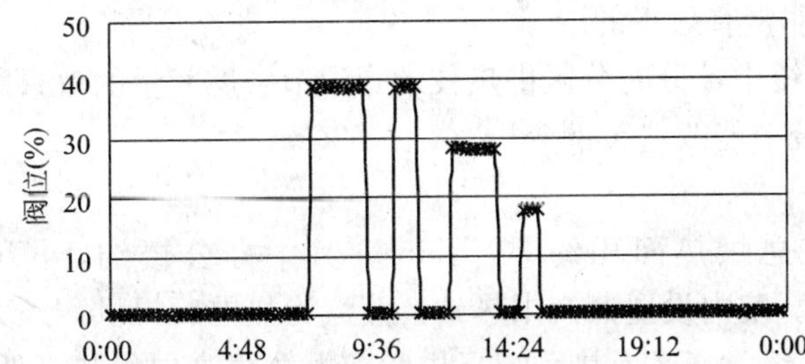

图 9-25 2009 年 2 月 27 日北京地铁车辆厂大机联车间调节曲线

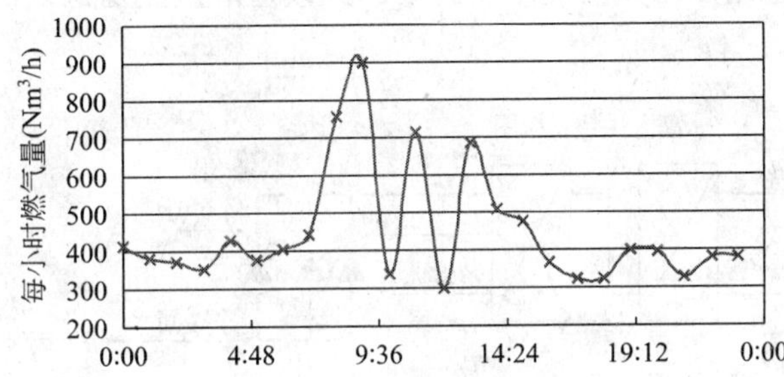

图 9-26 2009 年 2 月 27 日北京地铁车辆厂燃气蒸汽锅炉房瞬时燃气量

由图 9-22 和图 9-23 可以看到，住宅室内温度保持在 18℃±1℃内，车间室内温度在规定的 14℃±2℃内。显而易见，各车间实施分时分区控制后，车间的室内温度较稳定，且对住宅的供热几乎没有什么影响。

综合分析图 9-26 可以看到，车间在 7：00～16：00 为间歇供热，16：00 以后阀门关闭车间停止供热；每小时燃气的消耗：在 7：00～16：00 这段时间内波动较大，而在 16：00～第二天 7：00 这段时间内波动较小。

住宅区是全天 24h 供热，根据室外温度的变化，气候补偿器自动调节系统供水温度；生产车间根据工作需求，采用分时段控制的办法。结合每小时瞬时燃气量的变化不难得出：瞬时燃气量的变化和车间阀门开度的变化几乎同步，说明在蒸汽供热系统中，关闭或调小阀门就可以节省燃气量。

瞬时燃气量通常应该与室外温度变化趋势相反，但图中显示在室外温度较高的时段瞬时燃气量也较高。占地铁车辆厂总供热面积将近一半的高大厂房实施了分时段供热，导致了供热需求的变化。

车间用热期间，阀门的关闭导致瞬时燃气量由 900Nm³/h 降到 300Nm³/h，下降了 2/3；车间保持值班温度(5～8℃)时，阀门基本不做调节，瞬时燃气量在 300～400Nm³/h 之间变化。说明公共建筑供热负荷占供热系统总负荷权重较大的燃气蒸汽锅炉供热系统采用分时段供热节能潜力很大。

北京地铁车辆厂节能改造后，在 2008～2009 年的运行中，遇到不少的突发状况，总结了不少管理经验也发现了一些不足，总结得出如下结论：

① 蒸汽供热系统节能效果明显，经过上一个采暖季燃气量消耗 205 万 Nm³，节能改造后 2008～2009 年采暖季燃气消耗 165 万 Nm³，节省燃气量达到 19.5%。

② 蒸汽供热系统的节能改造，采用气候补偿调节、分时分区和管网平衡的三项节能技术相结合的方案是非常有效果的。

③ 在蒸汽供热系统中，分时分区供热技术导致节省燃气量的效果最好。

(3) 高校供热系统节能改造案例分析

1) 项目概述

石家庄铁道学院总供热面积约 33 万 m²，其中办公楼约 10 万 m²，学生公寓约 7 万 m²，其余为住宅。院内设置蒸汽供热站，蒸汽为热电厂提供，压力为 0.6MPa，温度 220℃。现有换热器 2 组，高区换热系统只供学院办公楼高层供热；低区换热系统给学院内所有多层建筑(包括学生公寓、教学楼、实验楼和住宅等)和办公楼低区供热。低区换热系统，带供热面积大且用户用热时间不一致，因此改造的重点是低区供热系统，如图 9-27 所示。

高区供热系统图

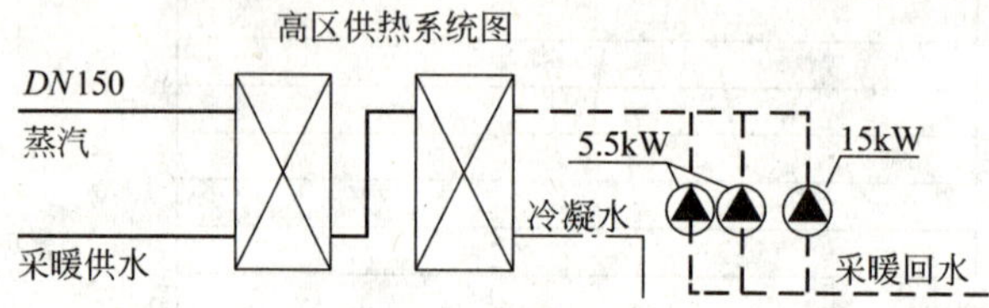

低区供热系统图

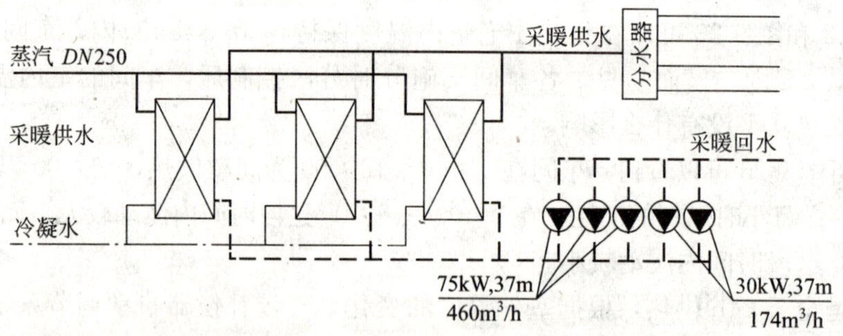

图 9-27　石家庄铁道学院供热系统

2) 系统节能改造方案

经过实际考察，发现系统现状如下：由于办公楼和学生公寓的系统与住宅混合在一起，因此其运行模式只能是同步供热，不能对办公楼、学生公寓实行分时分区的供热，造成了热量浪费；蒸汽换热系统供热量不能精细调节；用户室内温度差别较大。当前节能改造如下：

① 立一个供热系统节能监控中心，实时监控热力站热量供给情况、供热末端公共建筑分时分区供热等；

② 蒸汽换热系统增设气候补偿器，实现热量的按需供给；

③ 办公楼、学生公寓等公共建筑的分支管上或热力入口增设公共建筑供热节能器，实现公共建筑的分时段供热。

考虑到石家庄铁道学院供热系统的实际情况，选择能远程监控的气候补偿器 QHOMS-5 型一套，用户可以随时在上网通过电脑或手机查看气候补偿器的工作，得到供热运行的蒸汽压力、蒸汽温度、供水温度、回水温度、室外温度等参数；通过手机短信也能得到供热运行参数，以及某些故障报警情况，为后期的数据分析提供大量的运行数据。

监测参数：一次网蒸汽温度、蒸汽压力、一次凝结水温度、二次网供水温度、二次网回水温度、二次回水压力、电动阀开度、室外温度等。

气候补偿器能够通过公共通信网络或现场实时得到室外温度，依据室外温度，通过优化分析计算得到二次网系统供水温度的最佳值，调节一次网蒸汽电动阀，调整进入换热器的蒸汽流量，使二次网供水温度达到最佳值，实现按需供热的目的，从而节约能源，系统图如图 9-28 所示。

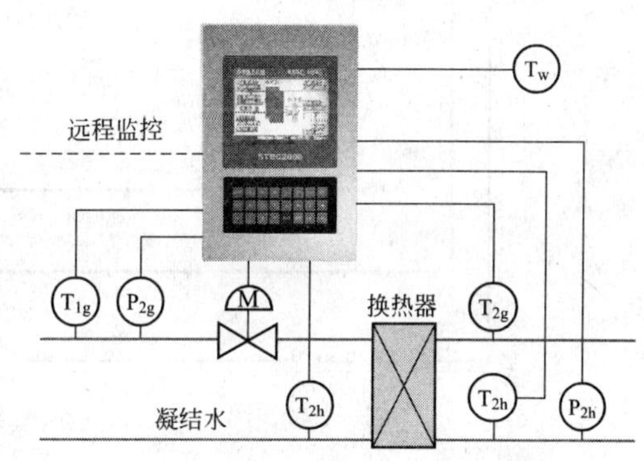

图 9-28 气候补偿系统图

换热站热量控制主要是实现室外温度补偿的供热量和需热量一致的调节，在控制器的程序中有三种气候补偿控制方法，用户可以根据需要自行选择：带室外气候补偿的二次网供水温度或回水温度或二次网的供回水平均温度经验法、带室外气候补偿的二次网供水温度或回水温度或二次网的供回水平均温度公式法、分时段修正法。

气候补偿器的分时段控制：大致可分为三个阶段。早晨，由于用户刚起床，所以供水温度设定较高；中午时分，可根据日照的情况调节；晚上，用户入睡后，可适当降低供水温度。

气候补偿器按照气象条件控制：除了按照室外温度的变化自动调整系统的供水温度外，还可以根据室外气象条件，如阴天、雨天、雪天、大风天和晴天五种室外气象情况，自动调整系统供水温度。

以上控制配合公共建筑分时分区的控制，即可实现供热系统的质和量调节，达到理想的节能效果。

供水温度的实际值与设定值的偏差小于 1℃，完全低于《板式换热机组》中关于温度控制精度为±2℃的规定，可以说明控制方式精度很高。

采用 GPRS 通信，且租用移动的服务器，可以在任何能上网的计算机上登陆查看供热状况，同时手机也可以作为一个终端上网查看供热运行情况。

通过在教学楼、办公楼和学生公寓热入口设置公共建筑供热节能器 PB-HOMS，实现了车间的分时分区供热。教学楼、办公楼在无人使用时关闭或关小阀门，保证值班温度为 5～8℃；上班前提前打开阀门，保证教职工上班时室内温度达到国家标准要求的 18℃±

2℃；学生公寓在学院放假期间关闭或关小阀门，保证值班温度为 5～8℃，其余时间保证 18℃±2℃。系统控制的历史曲线实例如图 9-29 和图 9-30 所示。

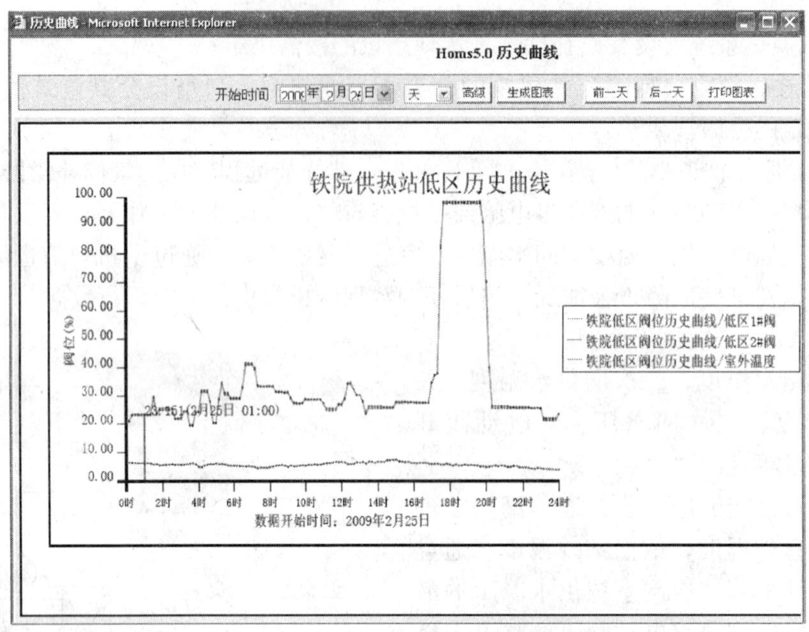

图 9-29　HOMS 系统控制历史曲线报表

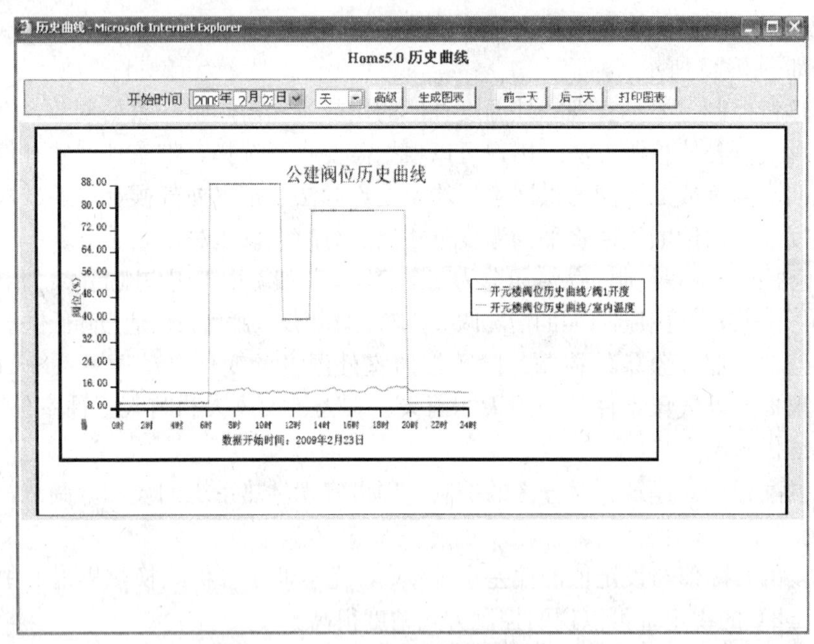

图 9-30　HOMS 系统控制历史曲线报表

3）节能改造效果分析

供热节能改造后，低区蒸汽换热机组上采用气候补偿调节，并在教学楼、办公楼和学生公寓实施的分时分区调节。

① 气候补偿调节

取 2009 年 2 月 27 日低区供热系统运行数据，气象参数为：白天晴间多云，风向风速偏北风 2～3 级，最高气温 8℃；夜间晴间多云，风向风速偏北风 1～2 级，最低气温 0℃。室外温度和供水温度的记录数据如图 9-31 和图 9-32 所示。

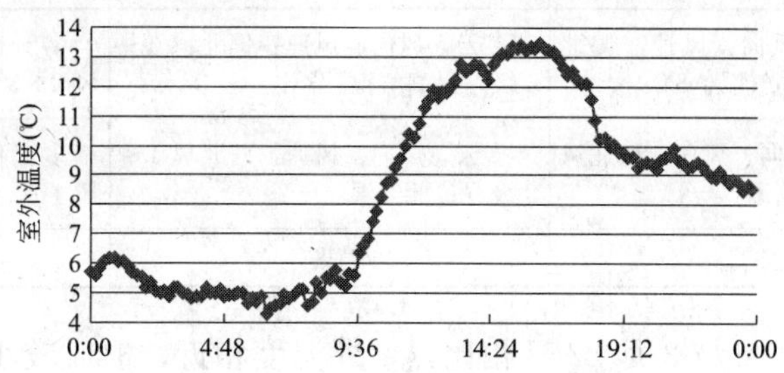

图 9-31　2009 年 2 月 27 日石家庄铁院瞬时室外温度

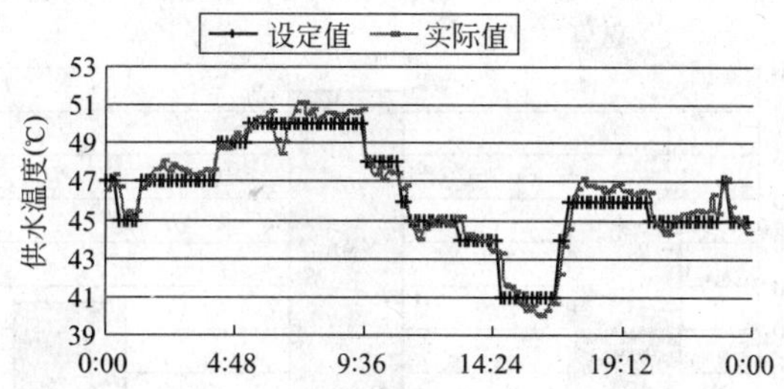

图 9-32　2009 年 2 月 27 日石家庄铁院瞬时供水温度设定值与实际值

从图 9-31 和图 9-32 可以看出：

(*a*) 随着室外温度的升高，二次供水温度随之降低，说明蒸汽供热站实现了供水温度的按室外温度补偿调节。

(*b*) 分时段修正：早晨，考虑到此时住户刚起床，虽然室外温度升高，但供水温度反而适当提高几度，保持较高的室内温度；中午，太阳辐射较强，因此适当降低供水温度；晚上，室内活动较多，供水温度适当提高。

(*c*) 由图 9-32 可以看到，供水温度在设定值±1℃范围内，达到了设计控制精度。

② 2 月份蒸汽耗量趋势

取 2009 年 2 月份的运行数据，如图 9-33 和图 9-34 所示。

图 9-33　2009 年 2 月份石家庄铁院平均室外气温

图 9-34　2009 年 2 月份石家庄铁院每天蒸汽耗量

由图 9-33 和图 9-34 可以看出，2 月份蒸汽耗量随着室外温度的升高而降低，反之亦然，充分说明了气候补偿调节控制的作用。

③ 不同室外气象条件下蒸汽耗量比较

2009 年 2 月 22 日、2 月 25 日和 3 月 1 日室外气候条件如表 9-6 所示。

气象记录表　　　　**表 9-6**

	2 月 22 日	2 月 25 日	3 月 1 日
白天预报	晴间多云，风向、风速：偏北风3～4 级，最高气温：8℃	多云，风向、风速：偏北风 3～4 级，最高气温：3℃	多云间晴，风向、风速：偏北风 2～3 级，最高气温：7℃
夜间预报	多云间晴，风向、风速：偏北风 1～2 级，最低气温：－1℃	多云，风向、风速：西北风 1～2 级，最低气温：－2℃	多云间晴，风向、风速：偏北风 1～2 级，最低气温：－2℃
室外温度	8.43℃	5.08℃	8.93℃

可以看到，3 月 1 日与 2 月 22 日相比，室外温度相近，但风较小；2 月 25 日与 2 月 22 日相比，风力相近，但室外温度有所降低。

2 月 22 日、25 日和 3 月 1 日全天蒸汽耗量对比，如图 9-35 所示。

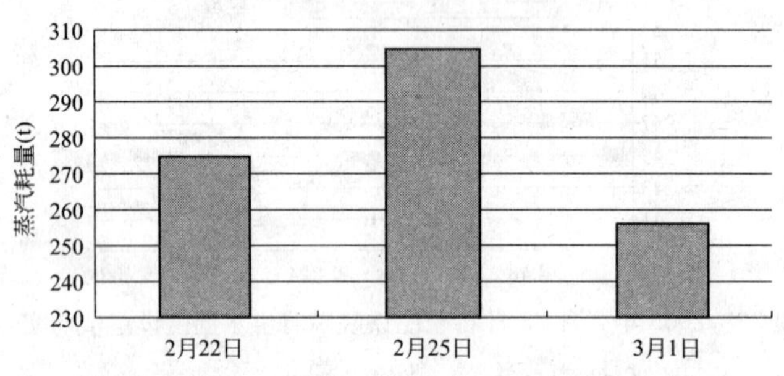

图 9-35　近似气候条件下石家庄铁院的蒸汽耗量

由图 9-35 可以看到，2 月 25 日室外温度较低，蒸汽耗量较高；2 月 22 日和 3 月 1 日，室外温度较高，蒸汽耗量也较低。

根据实时采集的这三天的室外温度形成曲线如图 9-36 所示。

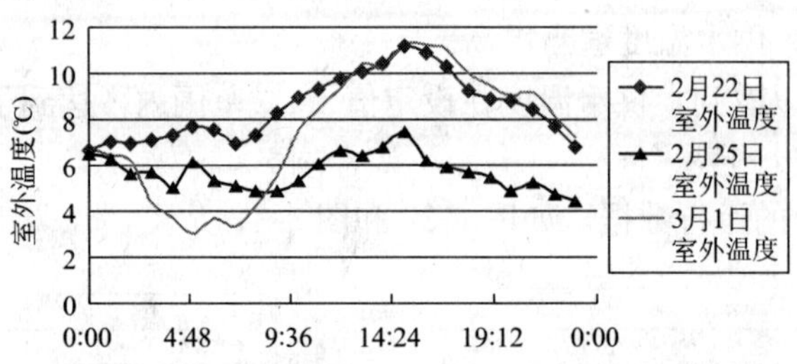

图 9-36　2 月 22 日、2 月 25 日和 3 月 1 日瞬时室外温度趋势

整理这三天各时段的蒸汽消耗量如图 9-37 所示。

综合分析图 9-37，可以看到：

(*a*) 14：00～18：00，太阳辐射较多，供水温度根据分时段修正控制策略适当降低几度，导致耗蒸汽量下降。

(*b*) 2 月 22 日晴间多云，风力为 3～4 级转 2～3 级，随着太阳辐射的增强，室外温度也随之上升，各时段蒸汽耗量基本随室外温度的升高而降低。

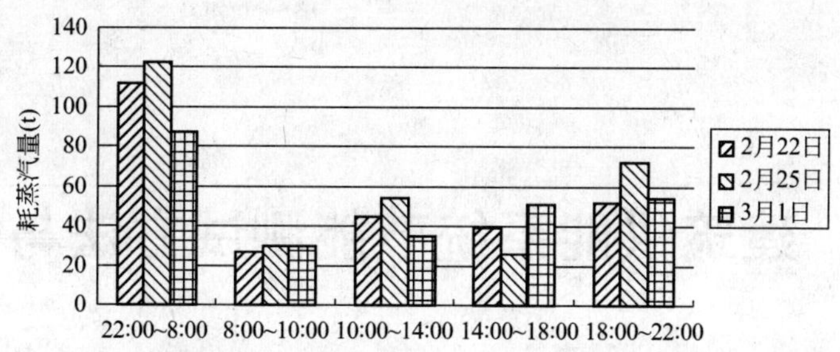

图 9-37 2 月 22 日、2 月 25 日和 3 月 1 日各时段耗蒸汽量柱状图

(*c*) 2 月 25 日多云，风力为 3～4 级转 2～3 级，太阳辐射较弱，室外温度曲线也较平缓，没有了太阳辐射在午休时间适当提高供水温度，因此蒸汽耗量与晴天相比略有上升，但蒸汽耗量还是随着室外温度的升高而降低。

(*d*) 3 月 1 日晴间多云，风力为 2～3 级转 1～2 级，太阳辐射较强，可以看到室外温度呈波浪装起伏。

石家庄铁道学院节能改造后，经过一年的管理和数据分析，得出如下结论：

(*a*) 高校供热系统节能潜力很大，经过一个冬天的运行，与上三个采暖季的平均数据相比，节省蒸汽量达到了 16.7%。

(*b*) 高校供热系统中，气候补偿调节和分时分区节能结合的运行调节是非常有效的管理手段。

(*c*) 不足之处：由于节能改造时间紧，没有安装平衡阀，系统没有进行管网平衡调节，系统存在一定的水力失调现象。

参考文献

[1] 李先瑞. 供热、空调设备和系统的诊断 [J]. 供热制冷，2003，4：58～61

[2] 臧洪泉. 集中供热系统节能运行的评价体系 [D]. 天津大学硕士论文，2007

[3] 江亿. 我国供热节能中的问题和解决途径 [J]. 暖通空调，2006，363：37～41

[4] 清华大学建筑节能研究中心. 中国建筑节能年度发展研究报告 2008 [M]. 北京：中国建筑工业出版社，2008

[5] 刘兰斌，付林，江亿. 小区集中供热系统循环水泵电耗实测分析 [J]. 暖通空调，2008，38(1)：123～127

[6] 付祥钊，肖益民. 建筑节能原理与技术 [M]. 重庆：重庆大学出版社，2008

第 10 章 建筑供能系统节能测试方法与数据分析

10.1 建筑节能测试概述

随着我国经济体制改革的深入和对外开放领域的扩大，各行各业的发展日新月异，建筑业也不例外。建筑能耗占全社会总能耗的比例逐年增大，势必会影响我国经济和社会发展战略目标的实现。建筑用能系统节能的需要，使得节能监测与控制技术得到了发展。这些技术的发展主要取决于传感器、仪器、设备技术的进步，也有赖于工程测试和控制技术的发展。

10.1.1 建筑节能监控与测试的必要性、目的和作用

首先，建筑节能备受政府关注。国家通过一系列对国家机关办公建筑和大型公共建筑的能耗统计、审计、监测行为，意在准确掌握相关建筑的能耗水平，从相关的统计监测数据中寻找科学管理建筑用能的依据，依此制定建筑用能制度和建筑节能改造政策。这种科学的调查、统计方法也为其他建筑提供借鉴。

其次，现场节能检测是建筑节能工作的必需手段。当前，很多人认为节能工程并不一定要进行现场检测，但从建设环节来考虑，由于我国工程建设单位和施工单位不规范运作、缺乏诚信，导致工程存在质量问题，若采取必要的科学的现场检测手段，可以起到很好的威慑和约束作用，从而保证工程质量。虽然建筑节能现场检测费用较高，但它所产生的价值是巨大的。

建筑节能设计内容广泛，工作面广，是一项系统工程。从建设程序看，建筑节能与规划、设计、施工、监理等过程都密切相关，不可分割；从建筑技术看，建筑节能包含了众多技术，如围护结构保温隔热技术、建筑遮阳技术、新型供冷供热技术、照明节能技术等；从建筑材料看，建筑节能包含了墙体材料、节能型门窗、节能玻璃、保温材料等。

建筑节能监控和检测对以下工作提供了必要的技术支持，甚至起着非常重要的作用：

(1) 政府对国家机关办公建筑和大型公共建筑能耗信息掌握；

(2) 建筑用能系统管理、合同能源管理；

(3) 新建建筑节能验收、能效测评与标识；

(4) 既有建筑节能评估、改造效果评价；

(5) 建筑节能技术研究；

(6) 节能产品验收。

10.1.2 我国建筑节能检测工作的进展及相关标准规范

20 世纪 80 年代，我国的建筑科技工作者就开始对建筑物的能耗进行检测，那时的工

作属于研究性质，主要由大专院校和科研单位实施。由中国建筑科学研究院主编、哈尔滨工业大学土木工程学院和北京市建筑设计研究院参编的《采暖居住建筑节能检验标准》(JGJ 132—2001)自2001年6月1日起施行。该标准的颁布实施一举改变了十多年来采暖居住建筑节能效果检测评定无法可依的局面，首次提出现场对建筑节能的效果进行实际检测评定，也标志着我国建筑节能检测工作的正式开展。这个措施对推进我国建筑节能工作的深入开展具有重要的现实意义。

现在建筑节能检测依据的标准规范由3大部分构成：

1. 国家建筑节能标准

国家建筑节能标准主要有《居住建筑节能检测标准》、《公共建筑节能检测标准》和《建筑节能工程施工质量验收规范》(GB 50411—2007)，前两个标准的前身是《采暖居住建筑节能检验标准》(JGJ 132—2001)。

2. 专业标准

主要是建筑工程上使用的用能设备，其检测依据各个行业的专业技术标准，如采暖锅炉的效率检测标准《生活锅炉热效率及热工试验方法》(GB/T 10820—2002)、《建筑外窗三性检测方法》(JG/T 211—2007)、门窗的保温性能检测标准《建筑外窗保温性能分级及检测方法》(GB/T 7106—2002)等。

3. 地方标准

在建筑节能工作进展较好的地方都编制了地方性的建筑节能检测验收标准或规范，如北京市地方标准《民用建筑节能现场检验标准》(DB 11/T 555—2008)、《公共建筑节能施工质量验收规程》(DB 11/510—2007)，上海市工程建设规范《住宅建筑节能检测评估标准》(DG/TJ 08—801—2004)，甘肃省工程建设标准《采暖居住建筑围护结构节能检验评估标准》(DBJT 25—3036—2006)，江苏省工程建设标准《建筑节能标准——民用建筑节能工程现场热工性能检测标准》(DGJ 32/J 23—2006)，天津市工程建设标准《居住建筑节能检测标准》(J 10431—2004)等。

10.1.3 建筑节能检测内容

建筑能耗的多少可以通过直接监测能源使用情况而得到体现。监测可以局部的，也可以是全面的。为了分析建筑能耗的相关环节，建筑用能系统的能耗测试应该尽量做到分项计量，以使得到的数据具有更大的价值。

在建筑节能技术研究和产品开发中，节能测试是很有必要的。这些测试包括产品的性能、节能技术的测试数据、研究的成果验证等。新建建筑和既有建筑(特别是新建建筑)进行节能分项验收或节能评估时必须进行建筑围护结构实体现场检验和暖通空调、照明配电等系统的系统节能性能现场检测。

建筑节能检测从检测到场合来分，有实验室检测和现场检测两部分，主要是建筑结构材料、保温隔热材料、建筑构件的实验室检测，建筑构件、建筑物、供热供冷系统的现场检测；从检测对象分，有覆盖材料、建筑构件、建筑物实体3部分；从建筑物性质分，有居住建筑和公共建筑两部分。实验室检测部分由于有完善的检测标准、规程，设备固定，实验条件易于控制等有利条件，相对容易完成。现场检测部分由于起步较晚，技术上的积累和经验较少，现场条件复杂不易控制，是当前建筑节能检测工作的重点内容，也是难点。

由于我国地域广阔，地形复杂，气候差异很大，同一时间从南方到北方可能经历四季天气特征。从建筑气候的角度分为5个大的建筑气候区：严寒地区、寒冷地区、夏热冬冷地区、夏热冬暖地区、温和地区，每个地区对建筑节能的要求不一样，实施建筑节能的技术措施不一样，应用的节能材料不一样，验收和检测的项目不同、技术指标也不同，采用的方法就不同。如严寒地区和寒冷地区建筑节能主要考虑节约冬季采暖能耗，兼顾夏季空调制冷能耗，因此采用高效保温材料和高热阻门窗作建筑物的围护结构，以求达到最佳的保温效果，这类工程节能验收的主要内容是检测墙体、屋面的传热系数；夏热冬暖地区建筑节能主要考虑夏季空调能耗，采取的技术措施是为了提高围护结构的热阻以求达到最佳的隔热性能，这类工程节能验收的主要内容是围护结构传热系数和内表面最高温度；夏热冬冷地区则既要考虑节约冬季采暖能耗又要降低夏季空调能耗，建筑节能的检测就更复杂一些。同时，同一气候区域的建筑物又有几种形式，检测内容也不同。

10.1.4　建筑节能检测流程

影响建筑能耗的因素有：外部条件，以气象为主的外部环境，是不以人们意志而改变的，如温度、湿度、风速、日射、噪声等的变化；建筑手法和构造，建筑外围护结构的不同其耗能结果不同，如隔热性能、通风性能、透湿性能、遮日照性能、遮声性能以及热容量等；室内条件，根据在室内生活或行为的目的的不同而变化。为了维持人们舒适的环境，第二项是主要的，在可能的范围内调整外部条件，采取建筑手法可以减缓激烈变化的外部条件对室内的影响。

1. 节能工程的测量与验证方案的一般指导原则

一般来说，节能可以通过测量系统设备运行参照年份的能耗指标和进行改造后的能耗指标，然后将参照年份的能耗指标与改造后的能耗指标比较来确定。

节能工程的测量与验证方法的选择取决于节能工程的性质及测量设备的适用性，它们用来决定一个通用的节能工程的节能。有4种通用的节能工程的测量与验证方案——A、B、C、D(见表10-1)。节能效果是由这4种测量与验证方案所产生的不确定性成本而各不相同。

节能工程的测量与验证方案概述　　**表10-1**

选项	名称	节能计算	一般应用
方案A	固定的设备使用率，测量效率	采用短期的或者连续的测量来进行工程计算	用于单一的节能工程，其效率是可测得的，但它的运行状况是假设的
方案B	测量设备使用率，测量功效性能	采用短期或者连续的测量进行工程计算	用于单一的节能工程，测量节能工程的性能和运行情况
方案C	整个区域(或建筑物)的测量	采用简单比较回归分析法处理整个区域或者建筑物的仪表或者子仪表的连续数据	用于整个区域(或者建筑物)的单一节能工程或者多个节能工程(节能工程之间有无耦合均可)。需要至少测量参照年份的12个月的能量使用数据和改造后所有时期的能量使用数据

续表

选项	名称	节能计算	一般应用
方案D	有参数校正的仿真	采用每个小时或者每个月的设备账单数据，或者仪表测量的能量使用数据进行校正仿真	在没有参照年份能耗数据使用的前提下，用于整个区域(或者建筑物)的单一节能工程或者多个节能工程(节能工程之间有无耦合均可)。改造后的数据用于校正仿真模型。参照年份的能耗数据和能耗需求由仿真模型计算产生

2. 建筑节能检测的前提条件

对建筑物进行现场节能检验时，应在下列有关技术文件准备齐全的基础上进行。

(1) 审图机构对工程施工图节能设计的审查文件；

(2) 工程竣工设计图纸和技术文件；

(3) 由具有建筑节能相关检测资质的检测机构出具的对从施工现场随机抽取的外门(含阳台门)、户门、外窗及保温材料所作的性能复验报告(即门窗传热系数、外窗的气密性能等级、玻璃及外窗的遮阳系数、保温材料的导热系数、密度、比热容和强度等)；

(4) 热源设备、循环水泵的产品合格证和性能检测报告；

(5) 热源设备、循环水泵、外门(含阳台门)、户门、外窗及保温材料等生产厂商的质量管理体系认证书；

(6) 外墙墙体、屋面、热桥部位和采暖管道的保温施工做法或施工方案；

(7) 有关的隐蔽工程施工质量的中间验收报告。

3. 建筑节能检测方法

建筑节能检测是竣工验收的重要内容，其目的是通过实测来评价建筑物的节能效果。由于建筑节能的最终效果是节约建筑物使用过程中消耗的能量，因而评价建筑节能是否达标，首先要得到建筑物的耗能量指标。目前得到建筑物耗能指标可以采用两种方法：直接法和间接法。

(1) 直接法

在热源(冷源)处直接测取采暖耗煤量指标(耗电量指标)，然后求出建筑物的耗热量(耗冷量)指标的方法称为热(冷)源法，又称为直接法。

直接法主要测定试点建筑和示范小区，评价对象是试点建筑和示范小区。根据检测对象的使用状况，分析评定试点建筑和示范小区的建筑所采用的设计标准、所使用的建筑材料、结构体系、建筑形式等各因素对能耗的影响，进而分析建筑物、室外管网、锅炉等耗能目标物的耗能率、能量输送系统的效率、能量转换设备的效率，计算能量转换、能量输送、耗能目标物占采暖(制冷)过程总能耗的比率，分析各个环节的运行效率和节能的潜力。这种方法检测的内容较多，不仅要检测建筑物、能量转换、输送系统的技术参数，还要检测记录当地气候数据，内容繁多复杂，并且耗时长，一般要贯穿整个采暖季或空调季。因为试点建筑和示范小区带有一种“试验”的性质，它是就某种材料或是某种结构体系或是设计标准等某种特定目的实验的工程项目。既然是试点示范工程，就担负着推广普及前的试验工作，根据这些试验工程的测试结果来验证试验的目的是否达到，为下一步能否推广普及提出结论性意见及应该采取的修订措施。因此，对这种类型建筑工程的检测以直接法为主进行全面检测，目的是获得一个正确、全面、系统的试验结果，这个结果是试验工程项目投资的目的，也是推广普及的依据。

（2）间接法

在建筑物处，通过检测建筑物热工指标和计算获得建筑物的耗热量(耗冷量)指标，然后参阅当地气象数据、锅炉和管道的热效率，计算出所测建筑物的采暖耗煤量(耗电量)指标的方法称为建筑热工法，又称为间接法。

应用间接法获得建筑物耗热量指标时有两部分内容，通过 3 个步骤完成，检测流程示意图如图 10-1 所示。有两部分内容：一部分是实际测量，另外一部分是根据热工规范的要求进行计算。3 个步骤：第一步实测建筑物围护结构传热系数，主要是墙体、屋顶、地下室顶板；第二步实测建筑物气密性；第三步根据标准规范给出的建筑物耗热量计算公式算出所测建筑物的耗热量指标和耗煤量指标。

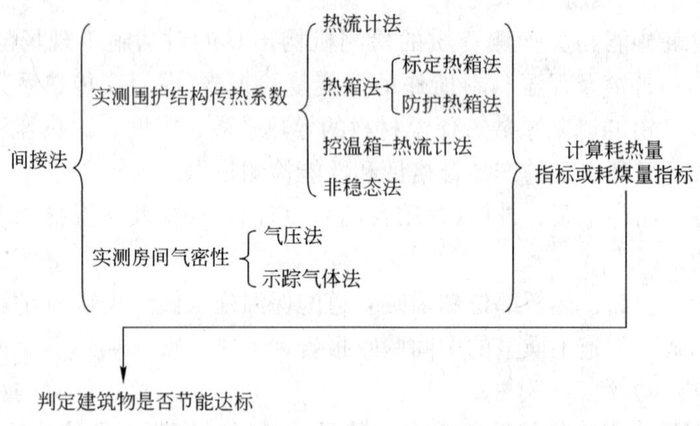

图 10-1　间接法获得建筑物耗热量指标

间接法主要测定一般的建筑工程，按现行的建筑设计标准和设计规范进行取值设计，建筑节能现场检测的目的就是为了探究施工过程是否严格按施工图设计方案进行，采用的墙体材料和保温材料的有关参数是否符合设计取值，施工质量是否合格。因此，这种检测是工程验收的一部分，所测对象的结果具有单件性，只是对自身有效，不会对别的工程有影响。所以对这类工程项目的检测方法要求简捷实用、耗时短，检测内容以关键部位为主，目前大多是采用建筑热工法。

10.1.5　建筑物节能达标的判定

建筑物是否节能的判定思路是通过现场及实验室检测或建筑能耗计算软件得出建筑构件的传热性能指标或建筑物的能耗指标，将其与现行的建筑节能设计规范和标准的规定值进行比较，满足要求即可判定被测建筑物是节能的，反之则是不节能的。

目前有 4 种方法可用来判定目标建筑物的节能性能，分别是耗热量指标法、规定性指标法、性能性指标法和比较法，4 种方法运用的指标不尽相同，在实际工作中针对具体的建筑物特点可以选择相应的方法。

1. 耗热量指标法

耗热量指标法判定的依据是建筑物的耗热量指标。用直接法测量建筑物耗热量指标时，测得的建筑物耗热量指标(q_F)，符合建筑节能设计标准要求时，评定该建筑物为符合建筑节能设计标准，反之为不符合建筑节能设计要求。

用间接法检测和计算得到建筑物耗热量指标时，采用实测建筑物围护结构传热系数和房间气密性，计算在标准规定的室内外计算温差条件下建筑物单位耗热量，符合建筑节能设计标准要求时，评定该建筑物为符合建筑节能设计标准，反之为不符合建筑节能设计标准。

建筑物耗热量指标也可以用专门的软件计算得到，软件计算宜符合以下要求：

(1) 计算前对构件热工性能进行检验；

(2) 建筑节能评估计算采用国家认可的软件进行。

2. 规定性指标法

规定性指标法(也叫构件指标法)是指建筑物的体形系数和窗墙面积比符合设计要求时，围护结构各构件的传热系数等指标达到设计标准，则该建筑为节能建筑。

主要的构件部位有：屋顶、外墙、不采暖楼梯间、窗户(含阳台门上部)、阳台门下部门芯板、楼梯间外门、地板、地面、变形缝等。

(1) 屋顶

瑞典规定屋顶传热系数为 0.12W/(m^2 · K)，加拿大规定屋顶传热系数为 0.17～0.40W/(m^2 · K)，丹麦规定屋顶传热系数为 0.20W/(m^2 · K)，英国规定屋顶传热系数为 0.45W/(m^2 · K)。目前我国还未颁布 65％节能目标的国家设计标准，各地制定的地方节能设计标准规定了屋顶传热系数限值，如北京 4 层及以下建筑屋顶传热系数小于 0.45W/(m^2 · K)，5 层及以上建筑屋顶传热系数小于 0.6W/(m^2 · K)；兰州体形系数小于 0.3 的建筑屋顶传热系数小于 0.6W/(m^2 · K)，体形系数为 0.3～0.33 的建筑物，屋顶传热系数小于 0.4W/(m^2 · K)。

实验室检测得到的传热系数直接作为评估屋顶传热系数的依据，在实验室可以检测主体墙的传热系数，也可以做成与实际建筑物一致的热桥，检测热桥部位外墙的传热系数，作为评估建筑物的依据。这是因为在现场检测热桥是非常困难的，甚至有些热桥是不能检测的。

现场检测得到的传热系数，用热流计法，如果受到现场条件限制(如采用页岩颗粒防水卷材的屋顶不光滑)，如果不进行处理就不能够精确测得外表面温度。有的用石膏、快硬水泥等先抹出一块光滑的表面，再贴温度传感器测量温度，这样不可避免会带来附加热阻，并且由此引起的误差无法精确消除。还有一种较为可行的做法是在内外表面温度不易测定时，可以利用百叶箱测得内外环境温度 T_a、T_b 以及通过热流计的热流 E，检测屋顶两侧的环境温度，用环境温度以根据下式计算传热阻 R_0 和传热系数 K。

$$R_0=\frac{T_a-T_b}{E\cdot C} \tag{10-1}$$

$$R_0=R_i+R+R_e \tag{10-2}$$

$$K=\frac{1}{R_0} \tag{10-3}$$

式中 R_0——墙体传热阻，(m^2 · K)/W；

T_a——热端环境温度，℃；

T_b——冷端环境温度，℃；

E——热流计读数，mV；

C——热流计测头系数，W/(m^2 · mV)，热流计出厂时已标定；

R_i——内表面换热阻，m^2 · K/W，按热工设计规范 GB 50176—93 的规定取值；

R_e——外表面换热阻，m^2 · K/W，按热工设计规范 GB 50176—93 的规定取值；

K——传热系数，W/(m^2 · K)。

(2) 外墙(包括不采暖楼梯间隔墙)

外墙传热系数实验室检测：可按《建筑构件稳定热传递性质的测定和防护热箱法》(GB/T 13475)规定的方法或采用热流计法(或控温箱-热流计法)测量主墙体传热系数，然后通过计算平均传热系数 K_m，作为外墙传热系数评估依据。

外墙传热系数现场检测：检测主墙体的传热系数后，按下式计算评估用外墙传热系数：

$$K'P=1/\ (R_i+R+R_e) \tag{10-4}$$

然后再根据实际墙体构造，计算其平均传热系数 K_m，作为外墙传热系数评估依据。

(3) 外窗

外窗传热系数应采用实验室检测数据作为评估依据。由于现场检测很复杂，且不能与窗框墙体有效传热隔绝，故不采用现场检测的方法。

外窗的保温性能按其传热系数大小分为 10 级，按 GB/T 8484—2002 规定的分级方法，分级方法和具体指标如表 10-2 所示。

外窗保温性能分级[W/(m^2 · K)]　　表 10-2

分级	1	2	3	4	5
分级指标值	$K\geqslant5.0$	$5.0>K\geqslant4.0$	$4.0>K\geqslant3.5$	$3.5>K\geqslant3.0$	$3.0>K\geqslant2.5$
分级	6	7	8	9	10
分级指标值	$2.5>K\geqslant2.0$	$2.0>K\geqslant1.6$	$1.6>K\geqslant1.3$	$1.3>K\geqslant1.1$	$K<1.1$

外窗保温性能检测的原理和方法是基于稳定传热原理的标定热箱法，检测窗户保温性能试件一侧为热箱，模拟采暖建筑冬季室内气候条件；另一侧为冷箱，模拟冬季室外气候条件。在对试件缝隙进行密封处理，试件两侧各自保持稳定的空气温度、气流速度和热辐射条件下，测量热箱中电暖气的发热量，减去通过热箱外壁和试件框的热损失，除以时间面积与两侧空气温差的乘积即可计算出试件的传热系数 K 值，检测原理示意图如图 10-2 所示，检测结果按式(10-5)计算。通过热箱外壁和试件框的热损失在同一试验室和相同的检测条件下可视为常数，其值经过专门的标定试验确定。

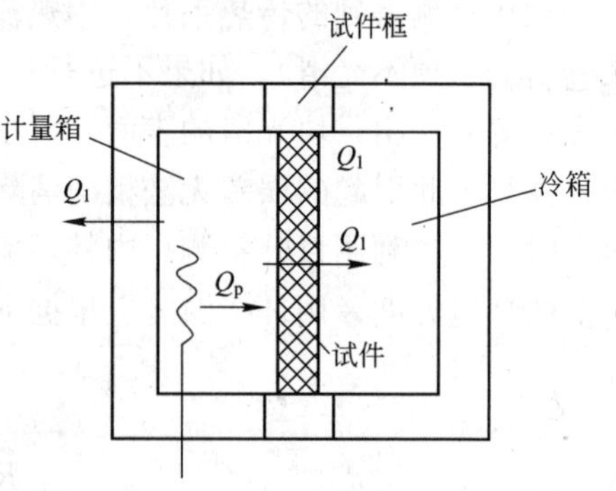

图 10-2　标定热箱法检测原理示意图

$$K=\frac{Q-M_1\cdot\Delta\theta_1-M_2\cdot\Delta\theta_2-S\cdot\lambda\cdot\Delta\theta_3}{A\cdot\Delta t} \tag{10-5}$$

式中　Q——电暖气加热功率，W；

M_1——由标定试验确定的热箱外壁热流系数，W/K；

M_2——由标定试验确定的试件框热流系数，W/K；

$\Delta\theta_1$——热箱外壁内、外表面面积加权平均温度之差，K；

$\Delta\theta_2$——试件框热侧冷侧表面面积加权平均温度之差，K；

S——填充板的面积，m^2；

λ——填充板的热导率，W/($m^2 \cdot K$)；

$\Delta\theta_3$——填充板两表面的平均温差，K；

A——试件面积，m^2，按试件外缘尺寸计算，如试件为采光罩，其面积按采光罩水平投影面积计算；

Δt——热箱空气平均温度 t_h 与冷箱空气平均温度 t_c 之差，K；

如果试件面积小于试件洞口面积时，式中分子 $S \cdot \lambda \cdot \Delta\theta_3$ 项为聚苯乙烯泡沫塑料填充板的热损失。

外窗气密性应采用实验室监测数据或者现场监测数据作为评估气密性是否达标的依据。

(4) 外门

外门传热系数应采用实验室监测数据作为评估依据，不采用现场检测。外门气密性应采用实验室检测数据或现场检测数据作为评估气密性是否达标的依据。

(5) 地板

地板的检测与评估参照屋顶。

3. 性能性指标法

性能性指标由建筑热环境的质量指标和能耗指标两部分组成，对建筑的体形系数、窗墙面积比、围护结构的传热系数等不作硬性规定。设计人员可自行确定具体的技术参数，建筑物同时满足建筑热环境质量指标和能耗指标的要求，即为符合建筑节能要求。

4. 比较法

在对构件的热工性能检测后，按建筑节能设计标准最低档参数(窗墙面积比，窗户、屋顶、外墙传热系数等)，计算出标准建筑物的耗热量、耗冷量或者耗能量指标；然后将测得的构件传热系数带入同样的计算公式，计算出建筑物的耗热量、耗冷量或者耗能量指标。如果建筑物的指标小于标准建筑指标值，则该建筑即为节能达标建筑。

节能减排是我国的一项基本国策，节能监测和检测为节能减排保驾护航，同时也为国家政策的制定和实施提供有力的数据分析和技术保障。现阶段节能检测还存在很大的不足，需要大力开发和发展新的节能检测技术。

10.2 测量误差分析与数据处理

鉴于建筑节能现场测试是目前我国建筑热工与暖通空调领域研究的热点、难题，所以对建筑节能测试进行误差分析和数据处理是十分有必要的。

我国从建筑节能工作开展以来，取得了一些成绩，但建筑能耗的降低并不显著。以采暖能耗为例，建筑能耗可分为建筑物本身的耗热量和采暖系统能耗两部分。从建筑物本身的耗热量分析，主要原因有：(1)节能材料的实验室检测数据与工程使用的数据不同，实验室是在干燥至恒重状态下测试的数据，而工程使用的材料，根据使用环境的湿度不同，会吸收一定的水分，随着吸湿量的增加，其节能效果会有所降低，因而在使用时应考虑其差异。(2)厂家送检的材料与工程上使用的材料性能会有一定的差别，如样板制作与大面积施工的差别、材料性能的差别等。因此，对进场的材料应进行主要性能现场复检。(3)施工构造与设计构造有一定差异。

10.2.1　测量误差分析

1. 误差理论

误差是测得值与被测量的真值之间的差。表达式为：误差＝测得值－真值。研究误差，可以正确认识误差的性质，分析误差产生的原因，从根本上消除或减小误差；可以正确处理测量和实验数据，合理计算所得结果，通过计算得到更接近真值的数据；可以正确组织实验过程，合理设计、选用仪器或测量方法，根据目标确定最佳系统。

(1) 系统误差

在重复性条件下，对同一被测量进行无限多次测量所得结果的平均值与被测量的真值之差称为系统误差。它在相同条件下，多次测量同一量值时，该误差的绝对值和符号保持不变，或者在条件改变时，按某一确定规律变化的误差。由于系统误差具有一定的规律性，因此可以根据其产生的原因采取一定的技术措施，设法消除或减小；也可以在相同条件下对已知约定真值的标准器具进行多次重复测量的办法，或者通过多次变化条件下的重复测量的办法，设法找出其系统误差的规律后，对测量结果进行修正。

系统误差的特征是在同一条件下多次测量同一测量值时，误差的绝对值和符号保持不变，或者在条件改变时，误差按一定的规律变化。由系统误差的特征可知，在多次重复测量同一值时，系统误差不具有抵偿性，它是固定的或服从一定函数规律的误差。从广义上讲，系统误差是指服从某一确定规律变化的误差。系统误差分为不变系统误差和变化系统误差两大类。

系统误差的减小和消除的方法有以下几种：

1) 消误差源法

用排除误差源的方法消除系统误差是最理想的方法。它要求测量人员对测量过程中可能产生系统误差的各个环节作仔细分析，并在正式测试前就将误差从产生根源上加以消除或减弱到可忽略的程度。由于具体条件不同，在分析查找误差源时，并无一成不变的方法，但以下几方面是应予考虑的：

① 所用基准件、标准件(如量块、刻尺、光波容器等)是否准确可靠；

② 所用量具仪器是否处于正常工作状态，是否经过检定，并有有效周期的检定证书；

③ 仪器的调整、测件的安装定位和支承装卡是否正确合理；

④ 所采用的测量方法和计算方法是否正确，有无理论误差；

⑤ 测量的环境条件是否符合规定要求，如温度、振动、尘污、气流等；

⑥ 注意避免测量人员带入主观误差，如视差、视力疲劳、注意力不集中等。

2) 加修正值法

这种方法是预先将测量器具的系统误差检定出来或计算出来，取与误差大小相同而符号相反的值作为修正值，将测得值加上相应的修正值，即可得到不包含该系统误差的测量结果。如量块的实际尺寸不等于公称尺寸，若按公称尺寸使用，就要产生系统误差。因此，应按经过检定的实际尺寸(即将量块的公称尺寸加上修正量)使用，就可避免此项系统误差的产生。

3）改进测量方法

在测量过程中，根据具体的测量条件和系统误差的性质，采取一定的技术措施，选择适当的测量方法，使测得值中的系统误差在测量过程中相互抵消而不带入测量结果之中，从而实现减弱或消除系统误差的目的。

① 消除恒定系统误差的方法：在没有条件或无法获得基准测量的情况，难以用检定法确定恒定系统误差并加以消除。这时必须设计适当的测量方法，使恒定系统误差在测量过程中予以消除，常用的方法有：反向补偿法、代替法、抵消法、交换法。

② 消除线性系统误差的方法——对称法。

③ 消除周期性系统误差的方法——半周期法。

④ 消除复杂规律变化系统误差的方法。

(2) 随机误差

测得值与在重复性条件下对同一被测量进行无限多次测量结果的平均值之差称为随机误差，又称为偶然误差。它在相同测量条件下，多次测量同一量值时，绝对值和符号以不可预定方式变化的误差。实验条件的偶然性微小变化，如温度波动、噪声干扰、电磁场微变、电源电压的随机起伏、地面振动等都会产生随机误差。随机误差的大小、方向均随机不定，不可预见，不可修正。虽然一次测量的随机误差没有规律，不可预定，也不能用实验的方法加以消除。但是经过大量的重复测量可以发现，它是遵循某种统计规律的。因此，可以用概率统计的方法处理含有随机误差的数据，对随机误差的总体大小及分布做出估计，并采取适当措施减小随机误差对测量结果的影响。

随机误差的分布可以是正态分布，也有在非正态分布，而多数随机误差都服从正态分布。正态分布的分布密度 $f(\delta)$与分布函数 $F(\delta)$为：

$$f(\delta)=\frac{1}{\sigma\sqrt{2\pi}}e^{-\delta^2/(2\sigma^2)}$$

$$F(\delta)=\frac{1}{\sigma\sqrt{2\pi}}\int_{-\infty}^{\delta}e^{-\delta^2/(2\sigma^2)}\mathrm{d}\delta \tag{10-6}$$

式中 σ——标准差(或均方根误差)。

它的数学期望为：

$$E=\int_{-\infty}^{+\infty}\delta f(\delta)\mathrm{d}\delta=0 \tag{10-7}$$

它的方差为：

$$\sigma^2=\int_{-\infty}^{+\infty}\delta^2 f(\delta)\mathrm{d}\delta \tag{10-8}$$

其平均误差为：

$$\theta=\int_{-\infty}^{+\infty}|\delta|f(\delta)\mathrm{d}\delta\approx\frac{4}{5}\sigma \tag{10-9}$$

从以上内容可以看出，1)分布具有对称性，即绝对值相等的正误差与负误差出现的次数相等，这称为误差的对称性；2)当 $\delta=0$ 时推知单峰性，即绝对值小的误差比绝对值大的误差出现的次数多，这称为误差的单峰性；3)虽然函数 $F(\delta)$的存在区间是 $[-\infty, +\infty]$，但实际上，随机误差 δ 只是出现在一个有限的区间内，即 $[-k\sigma, +k\sigma]$，称为误差的有界性；4)随着测量次数的增加，随机误差的算术平均值趋向于零，即 $\lim\limits_{n\to\infty}\frac{\sum_{i=1}^{n}\delta_i}{n}=0$，这称为误差的补偿性。

图 10-3 为正态分布曲线以及各精度参数在图中的坐标。σ 值为曲线上拐点 A 的横坐标，θ 值为曲线右半部面积重心 B 的横坐标，ρ 值的纵坐标线则平分曲线右半部面积。

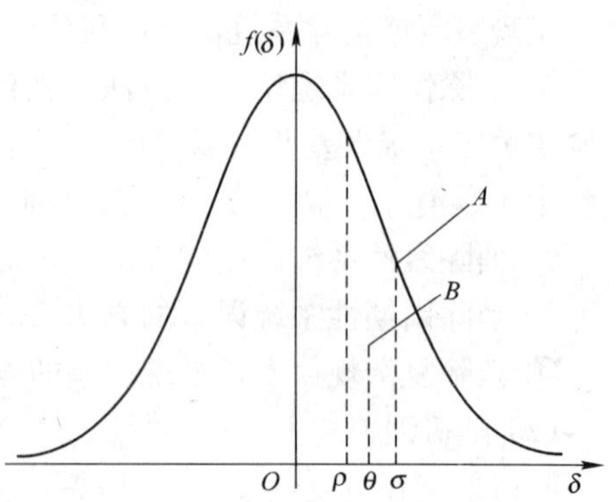

图 10-3　正态分布曲线以及各精度参数

由于 σ 值反映了测量值或随机误差的散布程度，因此 σ 值可作为随机误差的评定尺度。σ 值越大，函数 $f(\delta)$减小得越慢；σ 值越小，$f(\delta)$减小得越快，即测量到的精密度越高。标准差 σ 不是测量到中任何一个具体测量值的随机误差，σ 的大小只说明在一定条件下等精度测量列随机误差的概率分布情况。在该条件下，任一单次测得值的随机误差 δ，一般都不等于 σ，但却认为这一系列测量列中所有测得值都属于同样一个标准差 σ 的概率分布。在不同条件下，对同一被测量进行两个系列的等精度测量，其标准差也不相同。

正态分布是随机误差最普遍的一种分布规律，但不是唯一分布规律，还有均匀分布、反正弦分布、三角形分布、χ^2 分布、t 分布、F 分布等，在此就不一一列举了。

(3) 粗大误差

明显超出统计规律预期值的误差称为粗大误差，又称为疏忽误差、过失误差或简称粗差。是由某些偶尔突发性的异常因素或疏忽所致。比如测量方法不当或错误，测量操作疏忽和失误(如未按规程操作、读错读数或单位、记录或计算错误等)；测量条件的突然变化(如电源电压突然增高或降低、雷电干扰、机械冲击和振动等)。由于该误差很大，明显歪曲了测量结果。故应按照一定的准则进行判别，将含有粗大误差的测量数据(称为坏值或异常值)予以剔除。

判别粗大误差的准则有 3σ 准则、格拉布斯(Grubbs)准则、狄克松准则、罗曼诺夫斯基准则。大样本情况($n>50$)用 3σ 准则最简单方便，虽然这种判别准则的可靠性不高，但它使用简便，不需要查表，故在要求不高时经常使用；$30<n\leqslant 50$ 时，用格拉布斯准则效果较好；$3\leqslant n<30$ 时，用格拉布斯准则适于剔除一个异常值，用狄克逊准则适于剔除一个以上异常值。当测量次数比较小时，也可根据情况采用罗曼诺夫斯基准则。在较为精密的实验场合，可以选用两三种准则同时判断，当一致认为某值应剔除或保留时，则可以放心地加以剔除或保留。当几种方法的判断结果有矛盾时，则应慎重考虑，一般以不剔除为妥。因为留下某个怀疑的数据后算出的 σ 只是偏大一点，这样较为安全。另外，可以再增添测量次数，以消除或减少它对平均值的影响。

防止与消除粗大误差的方法：对粗大误差，除了设法从测量结果中发现和鉴别而加以剔除外，更重要的是要加强测量人员的工作责任心和以严格的科学态度对待测量工作；此外，还要保证测量条件的稳定，或者应避免在外界条件发生激烈变化时进行测量。如能达到以上要求，一般情况下是可以防止粗大误差产生的。在某些情况下，为了及时发现与防止测得值中含有粗大误差，可采用不等精度测量和互相之间进行校核的方法。例如对某一测量值，可由两位测量者进行测量、读数和记录；或者用两种不同仪器、或两种不同测量方法进行测量。

(4) 三类测量误差处理的方法总结

系统误差和随机误差的定义是科学严谨，不能混淆的。但在测量实践中，由于误差划分的人为性和条件性，使得它们并不是一成不变的，在一定条件下可以相互转化。也就是说一个具体误差究竟属于哪一类，应根据所考察的实际问题和具体条件，经分析和实验后确定。

1) 随机误差具有抵偿性，这是它最本质的特性，算术均值和标准差是表示测量结果的两个主要统计量；系统误差则违背抵偿性，因而会影响算术均值，变化的系统误差还影响标准差；粗大误差则存在于个别的可疑数据中，也会影响算术均值和标准差。

2) 随机误差服从统计规律，是无法消除的，但通过适当增加测量次数可提高测量精度；系统误差则是有确定性规律的，在掌握这个规律后，可以采取适当的措施消除或减小它；粗大误差既违背统计规律，又违背确定性规律，可用物理或统计的方法判断后剔除。

3) 为处理一组测量数据，往往先找出个别可疑数据，经统计判断确认无粗大误差后，再用适当的方法检验数据中是否含有明显的系统误差，如确认以无系统误差，最后处理随机误差，统计算术平均值、标准差及极限误差，以正确的表达方式给出测量结果。

2. 最小二乘法

最小二乘法(又称最小平方法)是一种数学优化技术。它通过最小化误差的平方和寻找数据的最佳函数匹配。利用最小二乘法可以简便地求得未知的数据，并使得这些求得的数据与实际数据之间误差的平方和为最小。最小二乘法还可用于曲线拟合。其他一些优化问题也可通过最小化能量或最大化熵用最小二乘法来表达。

设直接测量 Y_1，Y_2，…，Y_n 的估计值为 y_1，y_2，…，y_n，

则有

$$\left.\begin{array}{l} y_1=f_1(x_1, x_2, \cdots, x_t) \\ y_2=f_2(x_1, x_2, \cdots, x_t) \\ \quad\vdots \\ y_n=f_n(x_1, x_2, \cdots, x_t) \end{array}\right\} \tag{10-10}$$

由此得测量数据的残余误差为：

$$\left.\begin{array}{l} v_1=l_1-f_1(x_1, x_2, \cdots, x_t) \\ v_2=l_2-f_2(x_1, x_2, \cdots, x_t) \\ \quad\vdots \\ v_n=l_n-f_n(x_1, x_2, \cdots, x_t) \end{array}\right\} \tag{10-11}$$

若 l_1，l_2，…，l_n不存在系统误差，相互独立并服从正态分布，标准差分别为 σ_1，σ_2，…，σ_n，则 l_1，l_2，…，l_n 出现在相应真值附近 $d\delta_1$，$d\delta_2$，…，$d\delta_n$ 区域内的概率为：

$$P_i=\frac{1}{\sigma_i\sqrt{2\pi}}e^{-\delta_i^2/(2\sigma_i^2)}\mathrm{d}\delta_i \quad (i=1, 2, \cdots, n) \tag{10-12}$$

由概率论可知，各测量数据同时出现在相应区域的概率为：

$$P=\prod_{i=1}^{n}P_i=\frac{1}{\sigma_1\sigma_2\cdots\sigma_n\sqrt{2\pi}}e^{-\sum_{i=1}^{n}\delta_i^2/(2\sigma_i^2)}\mathrm{d}\delta_1\mathrm{d}\delta_2\cdots\mathrm{d}\delta_n \tag{10-13}$$

等精度测量的最小二乘原理：

$$v_1^2+v_2^2+\cdots v_n^2=\sum_{i=1}^{n}v_i^2=\text{最小} \tag{10-14}$$

不等精度测量的最小二乘原理：

$$p_1v_1^2+p_2v_2^2+\cdots p_nv_n^2=\sum_{i=1}^{n}p_iv_i^2=\text{最小} \tag{10-15}$$

综上所述，最小二乘原理是测量结果的最可信赖值应使残余误差平方和(或加权残余误差平方和)最小。

3. 误差分析实例

以热箱法测试传热系数的误差分析为例来说明。

(1) 测试原理

热箱法检测传热系数是基于“一维传热”的基本假定，被测部位的内侧用热箱模拟采暖建筑室内条件，并使热箱内空气温度和室内空气温度保持一致，另一侧为室外自然条件。维持热箱内温度高于室外温度8K以上，形成人为的一维传热环境，当热箱内加热量与通过被测部位传递的热量达到平衡时，热箱的加热量就是被测部位的传热量。

(2) 特点

该检测仪使用简便、显示直观、温度控制精度高、抗干扰能力强。系统在断电后，自动记忆初始参数和断电前的数据，重新通电后自动回到断电前的测试状态；可在现场或回到实验室进行数据分析和生成报告；若系统发生超温失调，系统会自动停机以避免事故。

热箱法被测的部位是“面”，避免了因被测围护结构的局部热工缺陷而导致测试数据发生较大误差。热箱法现场测试时间根据工程竣工的时间不同而不同，一般为3～7d。该方法受季节影响较小，秋、冬和春季均可测试。但是热箱法也有一定的局限性：不能测试热桥部位，而测试孔洞贯穿的围护结构时误差较大。

综上所述，热箱法相对来说能适用于节能工程的质量控制和节能工程竣工的验收。

(3) 数值比较

用热箱法对建筑物围护结构的墙面、屋面、楼梯间隔墙、外窗等部位进行测试，实测传热系数与设计传热系数比较最小绝对误差为零，最大绝对误差为12.9%，平均绝对误差为5.1%。

用热箱法对建筑物不同结构的墙面进行测试，实测传热系数与计算传热系数比较，最小绝对误差为0.9%，最大绝对误差为8.2%，平均绝对误差为4.3%。

从以上热箱法测试结果与设计值和计算值的比较，说明此方法在实际工程检测中是可行的。

(4) 影响建筑节能检测结果的外界因素

影响检测结果的外界因素很多，在此着重分析室内外温差和太阳辐射对测试结果的影响。太阳辐射直接影响测试结果的准确性，因此在测试时应采取遮挡措施，以尽可能地减少太阳辐射的影响。测试期间室内外温差越小，多维传热越明显，热损失相对增大，K 值测试误差也越大，反之，K 值测试误差越小。所以室内外温差宜控制在 10～20℃。

从原理上讲，室内外温差越小，热损失相对增大，K 值误差越大，反之，K 值误差越小；阵风时墙体热损失相对增大，K 值相应增大；潮湿天气围护结构的传热系数相对增大；室内和热箱空气温度的差异也直接影响到测试结果 K 值的大小。由于实测资料有限，上述因素对所测传热系数的影响程度及修正将有待于在今后的工程检测实践中总结，不当之处还望诸多同仁能予以指正。

用热箱法测试围护结构传热系数时室内外温差宜控制在 10℃以上，最小温差大于 8℃的条件下，只要测试人员严格按照测试方法操作，可以将外界影响因素降到最低，使测试结果有可比性，更接近真值。这种测试方法的最大特点是秋、冬和春季均可测试，主体结构完工后即可测试，是一种适用于节能工程的质量控制和节能工程竣工验收的快测方法。

4. 建筑节能测试误差分析

由于传热阻与传热系数均属于稳定传热范畴，所以测定这两个值时无需知道实际的气象条件，只要能测出"一维稳定传热"条件下围护结构内、外表面的温度和热流，即可求得这两个值。这一点非常重要，它使得测试条件大为简化，从而确保在实验室内就可以很容易地测试出试件的传热阻。防护热板法、热流计法和热箱法就是依据这一理论建立起来的，而且已经非常成熟。只是在现场测试条件下，尤其是对于楼层较高的情况，安装防护热板和热箱很不方便，而又不可能把墙体与屋顶带回实验室，因为取样会大大破坏原有的建筑围护结构(门扇与窗扇除外)(当然，完全可以要求施工队在砌筑墙体和屋顶时用同一材料和相同的做法制作样品，这样，只要测试样品就可知道实际结构的性能。但实际情况往往是样品的质量明显优于实际的结构，从而使得两者无法等同)。

热流计法用热电偶测量温度，用热流计测量热流，然后计算出被测量结构的传热阻。由于组成的元配件较轻，便于携带，因而常常用于现场测试。只是测定的结果往往与理论计算的结果相差达 10%左右，当测试的对象是南墙和坡屋顶时误差更大，而且窗户越大误差越大。原因来自以下几个方面：

(1) 热电偶。选材不好，如直径不均匀，有裂痕等；制作不规范，如测量端焊接不牢，不呈球状表面不光滑，有气孔和夹渣等；使用不当，如测量端粘贴不牢，不作防辐射处理，电偶丝打折、曲，这样会引进寄生电势，增加测量误差。

(2) 热流计，这是引起误差的主要原因之一。热流计在使用时需要贴在被测量构件的表面上或埋入构件内部。由于改变了表面原有的热状态，所以必然引起构件内部和热流计周围温度场发生畸变，造成测量结果与实际情况不符，这就是热流计测量误差。由于热流计的测头是一块有一定大小与厚度的物体，它所引起的传热状况改变是一个复杂的三维传热问题，但是如果热流计测头的导热系数与原有保温覆盖层或被测构件材料的导热系数相当接近，且测头厚度较小时，可以用一维导热来估算测量误差。

除热流计本身存在误差外，热流计粘贴表面的粗糙度、胶粘剂的种类、热流计与粘贴表面的紧密程度以及无法控制的空气自由对流换热都会引起测量误差。

总的来说，由于热流计传热过程的复杂性以及安装后引起原有表面附近温度场发生畸变，所以热流计的测量精度一般不高，能达到 5%已属优良。

（3）巡检记录仪本身存在误差。

（4）测试现场存在较强的电磁场。

（5）测试周期内天气不稳定，达不到“一维稳定传热”的要求，这是引起误差的另一个主要原因。注：若要测量外围护结构的热扩散率和传热频率响应（即衰减倍数与延迟时间），则要求连续 3 天以上室外温度呈现出比较理想的周期性。

（6）围护结构未干透、热桥影响也会引起误差。

10.2.2　数据处理

1. 数据处理原理

数据处理（data processing）是对数据的采集、存储、检索、加工、变换和传输。数据是对事实、概念或指令的一种表达形式，可由人工或自动化装置进行处理。数据的形式可以是数字、文字、图形或声音等。数据经过解释并赋予一定的意义之后，便成为信息。数据处理的基本目的是从大量的、可能是杂乱无章的、难以理解的数据中抽取并推导出对于某些特定的人们来说是有价值、有意义的数据。数据处理是系统工程和自动控制的基本环节。数据处理贯穿于社会生产和社会生活的各个领域。数据处理技术的发展及其应用的广度和深度，极大地影响着人类社会发展的进程。数据处理离不开软件的支持，数据处理软件包括：用以书写处理程序的各种程序设计语言及其编译程序、管理数据的文件系统和数据库系统以及各种数据处理方法的应用软件包。为了保证数据安全可靠，还有一整套数据安全保密的技术。

根据处理设备的结构方式、工作方式以及数据的时间空间分布方式的不同，数据处理有不同的方式。不同的处理方式要求不同的硬件和软件支持。每种处理方式都有自己的特点，应当根据应用问题的实际环境选择合适的处理方式。数据处理主要有 4 种分类方式：（1）根据处理设备的结构方式区分，有联机处理方式和脱机处理方式；（2）根据数据处理时间的分配方式区分，有批处理方式、分时处理方式和实时处理方式；（3）根据数据处理空间的分布方式区分，有集中式处理方式和分布处理方式；（4）根据计算机中央处理器的工作方式区分，有单道作业处理方式、多道作业处理方式和交互式处理方式。

目前对建筑节能现场检测围护结构的传热系数的方法主要有 4 种，即热流计法、热箱法、控温箱-热流计法和常功率平面热源法。另外，红外热像仪法作为目前热故障诊断和检测领域的先进手段之一，也常用于围护结构热工性能的检测。

如前文所提到的，热箱法检测的后期数据处理采用人工操作，具有较大的随意性。同样的测试原始记录，不同的人处理，结果可能会有较大差别。这就要求检测人员应严格遵循只剔除过失误差和粗大误差的原则，本着实事求是的态度，尽量给出科学公正的实验结果。而这一点已经建议厂家升级数据处理软件，运用成熟的数理统计理论编程，自动处理原始数据。一方面大大减少检测后期数据处理的简单重复劳动；另一方面也能将数据处理过程中人为误差降到最小，从而保证数据的准确性和检测工作的公正性。

2. 现场测试的数据处理

现场测试数据处理常用的是稳态算法，这种方法把传热过程简化为一维稳态传热，在两侧温差为 Δt 时，根据傅立叶定律来计算墙体的导热热阻。这种方法所要求的条件苛刻，需要稳定的时间较长，所以在现场测试中运用时，一般得到不是很精确的结果。同时，由于墙体的蓄热和侧向传热作用始终存在，其计算误差较大。因此有人提出了导热损失和不同保温围护结构的传热系数的修正。另外，在有限元法的基础上提出了动态分析法，在温度和热流变化较大的情况下，采用动态分析方法可从对热流计测量数据的分析，求得建筑物围护结构的稳态热性能。目前围护结构传热非稳态的算法主要有反应系数法、Z 传递函数法、拉普拉斯变换函数法以及国内频域回归方法(FDR 方法)。针对非稳态传热设计了测试系统，并编制了非稳态导热的程序，辨识了传热系数。但是这些方法都存在一些困扰和问题，如计算结果易出现差错、计算收敛性、计算结果难以验证、实现难度大等。

目前有 3 种采集数据方法及其相应设备，这 3 种方法在数据采集与处理自动化程度方面有很大区别。显然，采集数据方法的选择取决于被测项目所预定的目的。实际工作中，在测定当时就可选定能完成全部采集过程的某种设备。但不可避免的问题往往发生在评估期间，例如丢失数据、数据量过大而不能恰当地处理、或媒体(如磁带)中数据不能从现有设备中读出等。

3. 人工读数

人工读数是简易直接的测量方法，这种方法在统计普查中是常用的。人工采集数据的成本可能很低，例如与住户协商免费合作、由锅炉房工人定期负责读数等。如果选用这种方法，则需要把大量数据输入到合适的评估程序中。对于规模较小的调研工作，可以采用这种方法。

能量表与水表可直接读数，为了有可能记录下模拟信号如室内外空气温度，需要专用设备，为此研制成专用装置，它使用了前述自动测量设备中的模拟-频率转换器。读数记录在计数器内，仪表可显示出两个连续状况下的差值，此连续状况代表了读数时的时间差之间模拟信号平均值。该设备内设有故障报警时钟，这样运行过程中若发生故障可及时纠正。

在许多情况下，人工读数可能是自动测量的一种适当补充。

4. 读数的归纳与评估

光凭测定数据就提出结论性的、普遍适用的评估意见是不可能的。根据经验和使用者的想法才能决定如何进行数据处理。然而，作为指导性的方法，在此提出以下有关数据评估与归纳纲要。

(1) 读数评估

1) 收集数据；

2) 分析测量全过程，选择合适的评估时段；

3) 对于已选定的时段，增加读数量并加以纠正；

4) 对于特别感兴趣的时段，应规定其变化和协变，如适当地确定气候条件：寒冷和晴朗、多云和寒冷、暖和与晴朗及暖和与多云等；

5) 确定被测物理量之间的关系，如能耗与室内外空气温度差之间的关系，这种关系用数学与图来表示；

6) 表示所测物理量之间的理论关系并同测定结果关系相互比较；

7) 汇总与统计家庭消耗量；

8) 估算从居住者散发出的得热量，当面洽谈调查，家庭人口总数和普查数据可作为辅助手段和资料；

9) 通过测定太阳辐射强度计算太阳能得热量；

10) 制订年能量平衡分析表；

11）计算子系统的效率，如热泵的性能系数；

12）讨论和结论。

为使抽样取数测定项目的结果可以归纳出一般性的规律，必须使用合适的物理模型。此模型必须计算机化，这样计算时才能考虑大量可变因素，这些因素往往影响测定对象的真实性。

（2）测量数据的归纳步骤

1）选择一个合适的理论模型；

2）确定该模型所需几何尺寸与物理量输入数据；

3）利用所测得的气候数据，对选定的评估期建立气候文档；

4）计算出测量时段，把测得数据与模拟值对比；

5）如需要的话对模型作适当的调整，但应说明该模型为何要修正并已完成了模型调整工作；

6）如测定数据与模拟数据相吻合，已达到令人满意的一致性，那么该模型就可用来分析与归纳测定数据；如有更改，必须把更改的数据输进模拟程序中；

7）采用变参数研究可使归纳系统化。

建筑节能现场测试无论从理论上还是从技术上都亟待有新的突破，传统的方法显然难以满足快速、准确和全天候的要求。建筑节能现场检测技术是推行建筑节能政策、标准的重要内容，因为我国地域广阔，各地气候条件和建筑特色各异，且传热复杂，容易受环境影响，从测试到数据处理均需逐步改进，测试条件也由稳态向非稳态，由复杂限制条件到适合现场测试的简单条件，由忽略环境影响到研究环境影响发展。为了全面推广建筑节能现场检测，必须完善测试误差分析及数据处理方法，这将对落实建筑节能起到一定的促进作用。

10.3　工程实例

1. 工程概况

（1）工程概述

某大学办公综合楼空气源热泵空调工程，该工程总建筑面积为 20000m^2。地下一层为汽车库及设备房，二～十一层为办公用房，十二层为活动中心。整个设计分为两个系统，东楼空调系统和西楼空调系统。根据现场实际情况，对东楼空调系统进行了测试，其设计指标中夏季空调总冷负荷为 1300kW，冬季空调总热负荷为 950kW。

整个热泵空调系统采用 2 台约克公司生产的 AWHC-L200 型空气源热泵机组进行供冷、供热，空调末端为风机盘管加新风系统。

（2）测试工况

测试按照机组现状条件下供给办公综合楼东楼的实际运行工况(整个系统一天的启停时间为 7：00～21：30)进行测试，实际测试时间取：2007-03-08　17：30～2007-03-09　17：30，一个连续测试周期的运行工况。

热泵机组开启情况：整个测试过程中系统只开启 1 台双机头机组，每台压缩机均可实现 25%、50%、75%、100%调节。

水泵阀门状态：整个测试过程中系统开启 2 台末端循环水泵(根据大楼实际运行工况

而定），其他机组和水泵的进出口阀门均保持原始状态。

2. 测试结果分析

(1) 典型房间室内效果

根据综合办公楼的建筑结构特点，选取典型房间，对其室内的温度进行监测，具体监测结果见图 10-4。根据监测结果进行分析计算得到，综合办公楼的空调效果在测试周期内较好，且平均温度达到 19.56℃，上班期间供热温度保证率达到 100%，满足使用要求。

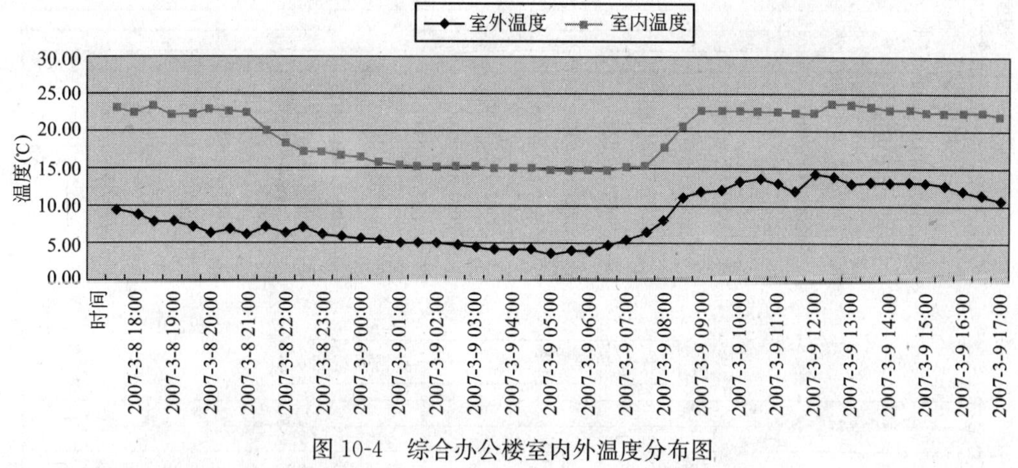

图 10-4 综合办公楼室内外温度分布图

(2) 机组、热源系统综合性能分析

对影响空气源热泵机组及整个热源系统综合性能水平的参数进行测试，经分析计算得到制热工况下整个测试周期内机组、热源系统的综合性能参数，如表 10-3 所示。

测试周期内机组、热源系统综合性能参数测试结果 **表 10-3**

序号	测试项目		测试结果
1	室外平均温度	(℃)	8.37
2	机组循环水侧出水平均温度	(℃)	42.57
3	机组循环水侧进水平均温度	(℃)	41.07
4	机组循环水侧进出水平均温差	(℃)	1.50
5	机组循环水侧平均流量	(m^3/h)	100.0
6	机组累积制热量	(kWh)	2394.38
7	机组累积耗电量	(kWh)	960.04
8	机组平均性能系数 *COP*		2.49
9	热源系统供水平均温度	(℃)	41.82
10	热源系统回水平均温度	(℃)	41.06
11	热源系统供回水平均温差	(℃)	0.76
12	热源系统循环水平均流量	(m^3/h)	186.7
13	热源系统累积供热量	(kWh)	2310.58
14	热源系统累积耗电量	(kWh)	1369.14
15	热源系统平均能效比	*EER*	1.69

分析计算生成机组循环水侧进出水温度变化曲线、热源系统供回水温度变化曲线及部分负荷工况下机组的运行曲线，如图 10-5～图 10-8 所示。

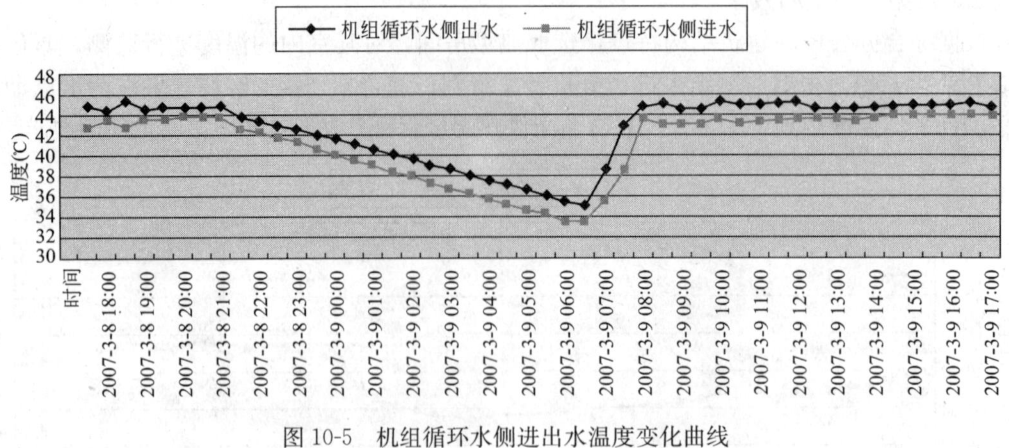

图 10-5　机组循环水侧进出水温度变化曲线

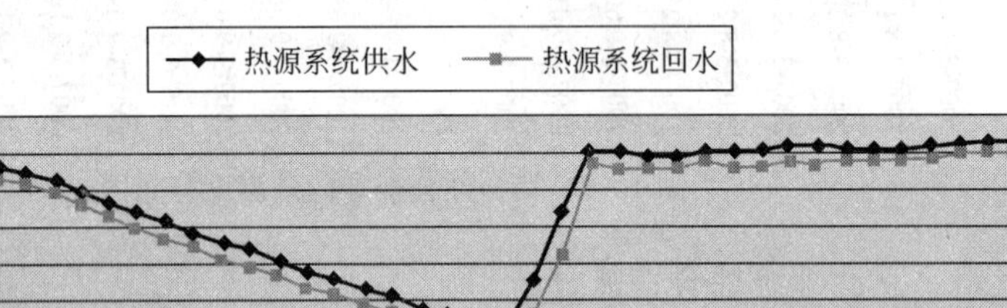
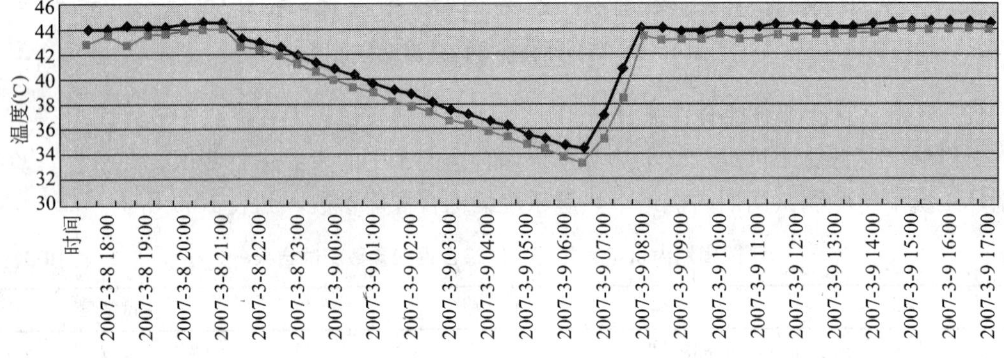

图 10-6　热源系统供回水温度变化曲线

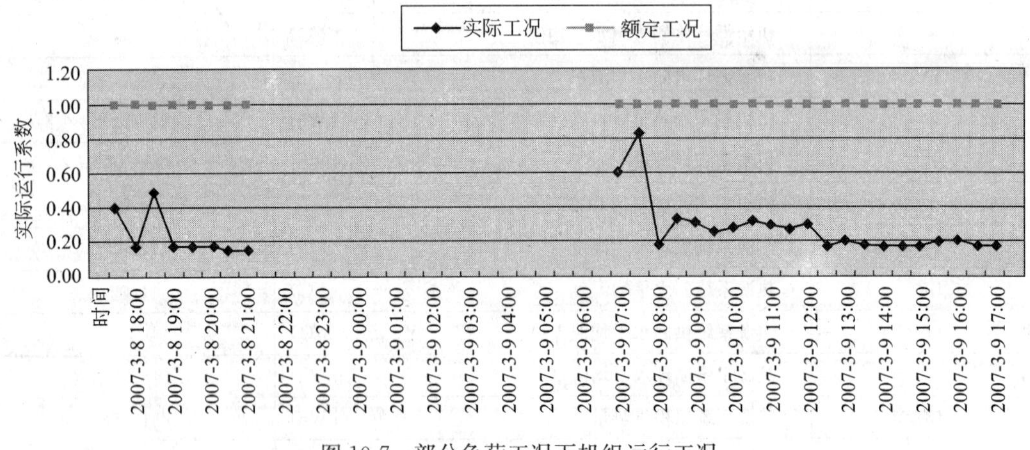

图 10-7　部分负荷工况下机组运行工况

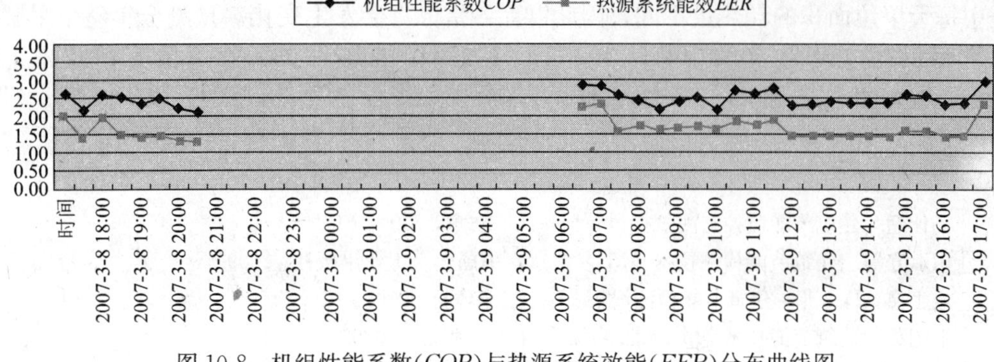

图 10-8 机组性能系数(*COP*)与热源系统效能(*EER*)分布曲线图

由此可见：

1）机组循环水侧进水与出水的温度变化曲线以及整个热源系统循环水供水与回水的温度变化曲线基本一致。且从监测数据可以看出，二者的平均温差分别 1.5℃和 0.76℃，这也说明了整个测试周期内另一台机组虽然并未启动，但是其阀门仍然处于开启状态，循环水流经机组后直接与工作机组循环水侧出水混合后作为系统的总供水，其结果因产生“冷热抵消”而必然导致整个热源系统的供热效率有所降低。

2）监测所示测试周期内各个时刻空气源热泵机组的制热量均小于其额定制热量(624kW)。计算得到，整个测试周期内，实际制热量最大才达到其额定制热量的 84%，最小为 15%，平均约占 26%左右。

3）按照机组铭牌参数计算可知，机组额定工况下的性能系数 *COP* 为 3.07，但实际测试周期内机组性能系数的最大值为 2.91，最小值为 2.09，平均 *COP* 为 2.49；热源系统的在测试周期内的能效比 *EER* 最大值为 2.35，最小值为 1.24，平均为 1.69。因此，对于整个供热系统而言，其能耗水平是相对较高的。

(3) 系统存在的问题

1）整个测试周期内另一台机组虽然并未启动，但是其阀门仍然处于开启状态，循环水流经机组后直接与工作机组循环水侧出水混合后作为系统的总供水，其结果因产生“冷热抵消”而必然导致整个热源系统的供热效率有所降低。

2）小温差运行的工况使得整个机组和系统在测试周期内基本是在部分负荷状态即低负荷状态下运行的，经调查得知，整个水系统循环水泵设计为定流量运行，这样就造成整个水系统常常处于“大流量，小温差”的状态下工作，其最终结果必然增加了水泵的耗电量，且增大了管路系统的冷热量损失。即便是该机组压缩机可以实现分段调节，但整个输送系统能源浪费仍然较为严重。

3）工作机组为模块式机组，由 2 个模块机组成，即便如此，那么始终处于工作状态的那个模块机组的实际制热量最小则为 30%，平均为 50%左右。因此，整个热泵机组一直是处在效率较低的工况下运行的。

3. 节能与经济性分析

经计算分析，办公综合楼空气源热泵空调工程在一个测试周期内单位面积耗电量为 0.16kWh。与传统的燃煤锅炉相比，一个测试周期内单位面积节约标准煤 0.0021kg，单

位面积减排 CO_2 0.059kg、SO_2 0.0464g、NO_x 0.0211g、烟尘 0.0359g。由于系统在运行过程中每天单位面积的耗热量不同，因此以上各指标将会发生变化。预测全年整个采暖期内单位面积耗电量为 80.69kWh，单位面积节约标准煤 1.06kg，单位面积减排 CO_2 2.93kg、SO_2 23.21g、NO_x 10.55g、烟尘 17.94g。

参考文献

[1] 杨仕超. 建筑节能监控与测试探讨 [J]. 认证技术，2009：(4).

[2] 田斌守等. 建筑节能检测技术 [M]. 北京：中国建筑工业出版社，2009.

[3] 戚丁文，马一菲. 建筑节能检测浅析 [J]. 辽宁建材，2009：(10).

[4] 李德英. 建筑节能技术 [M]. 北京：机械工业出版社，2006.

[5] 蔡文剑，贾磊，王雷，杜晓通. 建筑节能技术与工程基础 [M]. 北京：机械工业出版社，2007.

[6] 中华人民共和国国家标准. 建筑外门窗保温性能分级及检测方法 (GB/T 8484—2002).

[7] 覃密道，马承伟，刘瑞春. 热箱法测定园艺设施覆盖材料传热系数的研究进展 [J]. 农业工程学报，2005：(2).

[8] 费慧慧，段恺. 建筑节能现场检验方法及其影响因素 [J]. 施工技术，2000：(7).

[9] 魏剑侠. RX-Ⅱ型传热系数检测仪检测实例及应注意问题 [J]. 墙材革新与建筑节能，2003：(4).

[10] 彭昌海. 关于建筑节能现场测试的几点思考 [J]. 暖通空调，2005：(3).

[11] 姚建波，王沣浩，王东洋，孟祥兆，王新轲. 既有建筑围护结构传热系数现场检测方法研究 [S]. 全国暖通空调制冷 2008 年学术年会论文集，2008.

[12] 周景德，管康雄. 瑞典建筑节能现场测试与数据分析方法 [J]. 房材与应用，2002：(6).

[13] 杨仕超. 建筑节能监控与测试探讨 [J]. 认证技术，2009：(4).

[14] 田斌守等. 建筑节能检测技术 [M]. 北京：中国建筑工业出版社，2009.

[15] 戚丁文，马一菲. 建筑节能检测浅析 [J]. 辽宁建材，2009：(10).

[16] 李德英. 建筑节能技术 [M]. 北京：机械工业出版社，2006.

[17] 蔡文剑，贾磊，王雷，杜晓通. 建筑节能技术与工程基础 [M]. 北京：机械工业出版社，2007.

[18] 中华人民共和国国家标准. 建筑外门窗保温性能分级及检测方法 (GB/T 8484—2002).

[19] 覃密道，马承伟，刘瑞春. 热箱法测定园艺设施覆盖材料传热系数的研究进展 [J]. 农业工程学报，2005：(2).

[20] 费慧慧，段恺. 建筑节能现场检验方法及其影响因素 [J]. 施工技术，2000：(7).

[21] 魏剑侠. RX-Ⅱ型传热系数检测仪检测实例及应注意问题 [J]. 墙材革新与建筑节能，2003：(4).

[22] 彭昌海. 关于建筑节能现场测试的几点思考 [J]. 暖通空调，2005：(3).

[23] 姚建波，王沣浩，王东洋，孟祥兆，王新轲. 既有建筑围护结构传热系数现场检测方法研究 [S]. 全国暖通空调制冷 2008 年学术年会论文集，2008.

[24] 周景德，管康雄. 瑞典建筑节能现场测试与数据分析方法 [J]. 房材与应用，2002：(6).